普通高等教育"十二五"规划教材

结构力学教程

JIEGOU LIXUE JIAOCHENG

蒋玉川 阎慧群 徐双武 胡耀华 编著

U0389826

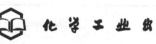
化学工业出版社

·北京·

内 容 提 要

本书是根据土木工程、水利工程和工程力学专业的教学大纲要求，针对土木工程、水利工程和工程力学专业的特点编写的。全书共分 10 章，包括：绪论及体系的几何构造分析；各类静定结构的内力计算和静定结构的位移计算；静定梁、刚架、桁架的影响线的作法；用力法、位移法和渐进法计算超静定结构在荷载、温度及支座移动下的内力；利用矩阵位移法计算杆系结构；单自由度和多自由度体系的自由振动和受迫振动。在第 9 章中用 FOR-TRAN90 语言编写了平面刚架的上机程序和程序说明。

本书可供高等工科院校土木工程、水利工程及工程力学专业学生学习结构力学之用，也可供其他专业的学生选用，还可供相关专业技术人员参考阅读。

图书在版编目（CIP）数据

结构力学教程/蒋玉川等编著. —北京：化学工业出版社，2014.1（2022.6重印）
普通高等教育"十二五"规划教材
ISBN 978-7-122-19001-7

Ⅰ.①结… Ⅱ.①蒋… Ⅲ.①结构力学-高等学校-教材 Ⅳ.①O342

中国版本图书馆 CIP 数据核字（2013）第 271594 号

| 责任编辑：满悦芝 | 文字编辑：张绪瑞 |
| 责任校对：蒋 宇 | 装帧设计：尹琳琳 |

出版发行：化学工业出版社（北京市东城区青年湖南街 13 号　邮政编码 100011）
印　　装：天津盛通数码科技有限公司
787mm×1092mm　1/16　印张 23½　字数 606 千字　2022 年 6 月北京第 1 版第 4 次印刷

购书咨询：010-64518888　　　　　　　　售后服务：010-64518899
网　　址：http://www.cip.com.cn
凡购买本书，如有缺损质量问题，本社销售中心负责调换。

定　　价：69.80 元

前　言

　　结构力学是土木工程、水利工程专业和工程力学专业的一门必修专业基础课，在土木工程、水利工程和工程力学专业学生的专业培养中具有重要的地位，本书是结合上述专业的大纲要求，针对土木工程、水利工程专业的特点编写的，主要介绍杆系结构静力计算、动力计算和稳定计算的原理和方法以及各类结构的受力性能，培养学生结构分析计算的能力。全书共分 10 章，包括：绪论及体系的几何构造分析；各类静定结构的内力计算和静定结构的位移计算；静定梁、刚架、桁架的影响线的作法；用力法、位移法和渐进法计算超静定结构在荷载、温度及支座移动下的内力；利用矩阵位移法计算杆系结构；单自由度和多自由度体系的自由振动和受迫振动。在第 9 章中用 FORTRAN90 语言编写了平面刚架的上机程序和程序说明。

　　本书的主要特点是从内容和语言上力求精练，在加强对传统手算和基本方法训练的同时，介绍结构矩阵分析方法，并结合结构分析软件 MIDAS/Gen 介绍现代结构的计算，包括：空间刚架、空间桁架（网架）、框架-剪力墙及大跨越结构等的计算。对各种现代结构形式、受力特点进行充分地接触、了解，起到抛砖引玉和开窗口的效果。另外，本书除了突出土木工程、水利工程专业的特点外，在具体的解题方法上力求有所创新。全书体现了编者在长期结构力学教学和科研中的体会。

　　本书可供高等工科院校土木工程、水利工程及工程力学专业学生学习结构力学之用，也可供其他专业的学生选用。讲授完本教材的基本内容需要 80～90 学时。另外，介绍"MIDAS 在结构力学和结构大赛中的应用"需要 10～20 个学时。

　　本书由四川大学蒋玉川、阎慧群、徐双武、胡耀华共同编著，其中：蒋玉川教授总体负责全书内容的协调组织，并负责编写第 4、6、7、10 章，阎慧群负责编写第 3、8 章，徐双武负责编写第 9 章，胡耀华负责编写 1、2、5 章。在编写本教材的过程中，四川大学的熊峰教授、王启智教授、王清远教授、张建海教授、于建华教授、李章政教授和张新培教授提出了宝贵的意见，在此表示感谢。

编者

2014 年 1 月

目　录

第1章 绪 论

1.1 结构力学的研究对象和基本任务

由若干简单构件（如杆件、板、壳等）按某种合理方式组成，用以支承或传递荷载的骨架部分称为结构。如房屋建筑中的梁柱体系，土木工程中的桥梁，各种地下洞室及支挡，以及水利工程中的水坝、闸门等，都是结构的典型例子。

结构力学以结构为研究对象，其基本任务是研究结构在外因（包括荷载、温度变化、支座移动、制造误差等）作用下的内力、变形和稳定的计算原理和计算方法以及结构的组成规律和合理形式。

结构力学的研究内容包括以下几个方面：

① 探讨结构的组成规律和合理形式。

② 研究结构在荷载等因素作用下所产生的内力。

③ 计算结构在荷载等因素作用下所引起的变形。

④ 讨论结构的稳定性以及在动力荷载作用下的结构反应。

进行强度和稳定计算的目的在于保证结构满足安全和经济的要求。计算刚度的目的在于保证结构不致发生实用上不能允许的过大变形。对于结构的强度、刚度和稳定，不仅在设计新的结构时需要进行计算，而且在建成的结构需要承受以往没有预计的荷载时，也需要进行核算，以确定是否需要加固和如何加固。研究组成规律的目的是保证结构各部分不致发生相对运动，而能承受荷载并维持平衡。探讨结构的合理形式是为了有效地利用材料，使其性能得到充分发挥。

结构力学问题的研究手段包含理论分析、实验研究和数值计算三个方面。在结构力学课程中讨论理论分析和数值计算方面的内容。

结构力学知识与结构设计工作具有非常密切的联系。结构工程师的主要任务是通过分析、计算，合理地选择结构各部分的材料和截面尺寸。在实现结构预期功能的同时，保证所设计的结构物能够安全地承受各种可预见的外因作用。根据结构力学的计算原理和方法进行结构分析，并取得有关的内力和位移等数据，为下一步对结构各部件（简称构件）进行截面设计提供依据。由此可见，掌握和熟练运用结构力学知识，是顺利进行结构设计的重要基础。

1.2 结构的计算简图和结构的分类

1.2.1 结构的计算简图

在结构分析中，完全按照结构的实际情况进行力学分析是不可能和不必要的，这是由实际结构的复杂性和工程设计要求所决定的。因此，在对实际结构进行分析之前必须加以简化，略去相对次要的因素与作用，保留反映结构行为的基本特点，用一个简化的计算图形代替实际结构。这种图形称为结构计算简图。

计算简图是对结构进行力学分析的依据。选择结构的计算简图是结构分析的首要工作，极为重要。要正确地解决这个问题，需要有比较丰富的结构设计经验，对结构构造、施工等各方面具备较宽的知识面，并且对结构各部分的受力情况具有正确的定性判断能力。所以必须缜密地选择计算简图。计算简图的选择应遵循下列两条规则：

① 从实际出发——计算简图要反映实际结构的主要性能，使计算结果接近实际情况。

② 分清主次，略去细节——计算简图要便于分析和计算。

计算简图地选择，受到许多因素地影响。其主要因素如下。

① 结构的重要性：对重要的结构应采用比较精确的计算简图，以提高计算的可靠性。反之，可用较粗略的计算简图。

② 设计阶段：在初步设计阶段可使用较粗略的计算简图；在技术设计阶段再使用比较精确的计算简图。

③ 计算问题的性质：通常对于结构的静力计算，可使用比较复杂的计算简图；对于结构的动力和稳定计算，由于计算比较复杂，要采用比较简单的计算简图。

④ 计算工具：使用的计算工具越先进，采用的计算简图就可以更精确些。

对实际结构进行简化，通常包括对结构体系的简化、对实际支座的简化和对构件（杆件）与构件相互连接处（称为结点）的简化。下面简要地说明结构计算简图的简化要点。

（1）杆件的简化

杆件的截面尺寸（宽度、厚度）通常比杆件长度小得多，截面上的应力可根据截面的内力（弯矩、轴力、剪力）来确定。因此，在计算简图中，杆件用其轴线表示，用杆轴线所形成的几何轮廓来代替原结构，杆件之间的连接区用结点表示，杆长用结点间的距离表示，而荷载的作用点也转移到轴线上。

（2）结点的简化

结构中杆件与杆件之间的连接处称为结点。钢、木或钢筋混凝土结构的结点有很多种构造形式。在计算简图中常将实际的结点简化为理想铰结点、刚结点和二者的组合——组合结点三种。

① 铰结点　理想铰结点的特征是被连接的各杆可以绕结点中心自由转动。实际上，工程结构中难以做到无摩擦的理想铰，多少具有一定的刚性。钢桥中的拴接结点、木屋架的结点比较接近于铰结点。图 1-1（a）表示木屋架的结点 D 的构造示意图。理想铰结点在计算简图上用一个小圆圈表示，如图 1-1（b）中所示。

② 刚结点　图 1-2（a）表示一钢筋混凝土框架边柱与梁的交汇结点的构造示意图。上柱、下柱和梁用混凝土浇筑成整体，钢筋的布置使各杆端能抵抗弯矩。刚结点的特征是当结构发生变形后，交汇于该结点的各杆之间的夹角保持与变形前的相同。该结点在计算简图上如图 1-2（b）所示。

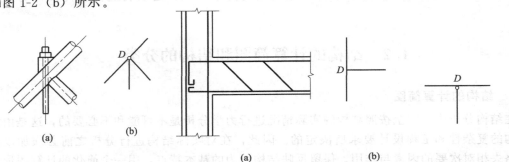

图 1-1　　　　　　　　　　图 1-2　　　　　　　　图 1-3

③ 组合结点 若在同一结点处，出现上述两种结点结合的情况，则该结点称为组合结点。图 1-3 为某组合结点 D 的计算简图。其中左、右两杆之间为刚结，而竖杆与横杆之间为铰接。

（3）支座的简化

把结构与基础或其他支承物（如墩台）连接起来用以固定结构的位置，并将结构上的荷载传至支承物或地基的装置称为支座。支座对结构的反作用力称为支座反力。

平面结构常用的支座有如下四种。

① 滚轴支座（可动铰支座） 图 1-4（a）表示这种支座的构造示意图。上部结构（如桥跨）与支座的上摆 B 一起，可以绕柱形铰 A 转动，其下摆 C 与支承面 $m—n$ 之间装有滚轴，因而可以沿支承面水平移动，但不允许 A 点发生垂直于支承面方向的位移。这种支座的反力一定通过铰中心，并与支承面 $m—n$ 互相垂直，因此支座反力 F_{Ay} 的方向和作用点是确定的。图 1-4（b）表示用一根支座链杆（简称支杆）表示的滚轴支座计算简图。支杆中的内力等于该支座反力 F_{Ay} 的大小。图 1-4（c）为这种支座的相应示力图。

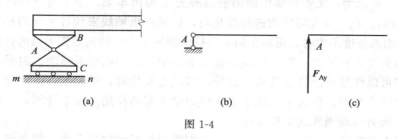

图 1-4

② 固定铰支座 图 1-5（a）表示这种支座的构造示意图。它的上部能绕 A 点转动，但因其下摆 C 与支承物固定在一起，故这种支座 A 点的水平位移和竖向位移都被阻止。相应的水平反力为 F_{Ax}，竖向反力为 F_{Ay}，在略去摩擦力的情况下，显然都应该通过铰 A 的中心。图 1-5（b）代表用两根支杆表示的铰支座和用一个铰表示的铰支座的计算简图。图 1-5（c）为其相应的示力图。

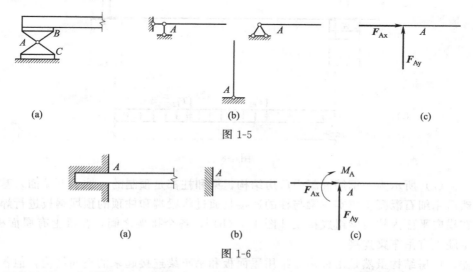

图 1-5

图 1-6

③ 固定支座 当结构的一端被插入基础或地基，并通过构造保证使二者结合成一个整体，如地基的变形极小，则结构可视作被完全固定于基础顶面，此处不发生任何移动和转

动，这种支座称为固定支座，如图 1-6（a）所示。图 1-6（b）表示固定支座的计算简图。图 1-6（c）为相应的示力图。

④ 定向支座 图 1-7（a）表示定向支座的构造示意图。这种支座允许结构沿滚轴方向有水平移动，但竖向移动和转动受阻。图 1-7（b）代表用两根平行支杆表示的定向支座计算简图。图 1-7（c）为相应的示力图。

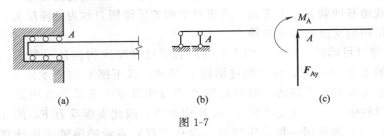

图 1-7

下面举例说明结构计算简图的选取方法。

图 1-8（a）所示为一工业厂房中的钢筋混凝土 T 形吊车梁，梁上铺设钢轨，吊车的最大轮压为 F_{P1} 和 F_{P2}。在对其实际结构进行简化时，以梁的纵轴线来代替实际的吊车梁，当梁两端与柱子接触面的长度不大时，可取梁两端与柱子接触面中心的间距作为梁的计算跨度 l。

梁的两端搁置在柱子上，整个梁既不能上下移动，也不能水平移动。但梁承受荷载微弯时，梁的两端可以作微小的自由转动。此外，当温度变化时，梁还能自由伸缩。此梁两端的支承情况虽然完全相同，但为了反映上述支座对梁所起的作用并便于计算，将梁的一端当作可动铰支座，而另一端当作固定铰支座。

作用在梁上的荷载有钢轨和梁的自重，它们沿梁长是均匀分布的，因此将其简化为作用在梁纵轴线上的均布荷载 q，还有轮压 F_{P1} 和 F_{P2}，由于它们与钢轨的接触面积很小，可看成是集中力。综上所述，此吊车梁的计算简图如图 1-8（b）所示。

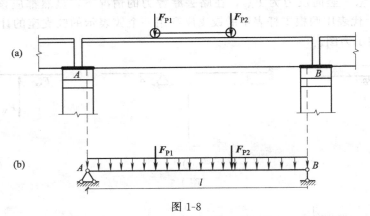

图 1-8

图 1-9（a）所示为一钢筋混凝土厂房结构，梁和柱都是预制的。柱子下端插入基础的杯口内，然后用细石混凝土填实。梁与柱的连接是通过将梁端和柱顶的预埋钢板进行焊接而实现的。在横向平面内柱与梁组成排架［图 1-9（b）］，各个排架之间，在梁上有屋面板连接，在柱的牛腿上有吊车梁连接。

首先，厂房结构虽然是由许多排架用屋面板和吊车梁连接起来的空间结构，但各排架在纵向一定的间距有规律地排列着。作用于厂房上的荷载，如恒载、雪载和风载等一般是沿纵向均匀分布的，通常可把这些荷载分配给每个排架，而将每一排架看作一个独立的体系，

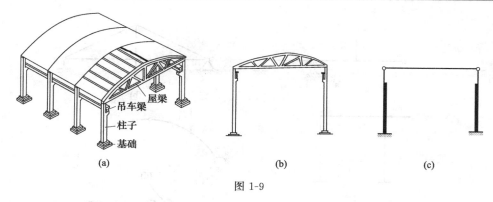

图 1-9

于是实际的空间结构便简化成平面结构 [图 1-9 (b)]。

其次，梁和柱都用它们的几何轴线来代表。由于梁和柱的截面尺寸比长度小得多，轴线都可近似地看作直线。

梁和柱的连接只依靠预埋钢板的焊接，梁端和柱顶之间虽不能发生相对移动，但仍有发生微小相对转动的可能，因此可取为铰结点。柱底和基础之间可以认为不能发生相对移动和相对转动，因此柱底可取为固定端。

计算上述的厂房结构时，可采用图 1-9 (c) 所示的计算简图。

1.2.2 结构的分类

在实际工程中，结构的类型很多，按照不同的特征可以有不同的分类。按照空间观点，结构可以分为平面结构和空间结构两类。如果组成结构的所有杆件的轴线都位于某一平面内，并且荷载也作用在此同一平面内，则此结构为平面结构。否则，便是空间结构。按几何形状结构可分为杆件结构、薄壁结构和实体结构三类。杆件结构由直线或曲线形杆件组成。所谓杆件即尺寸要比长度小得多的构件。杆件结构是杆件按照一定方式连接而成，且能承受荷载作用的体系（见图 1-10），其中图 1-10 (a) ～图 1-10 (e) 为平面结构，图 1-10 (f)、图 1-10 (g) 为空间结构。薄壁结构的厚度要比长度和宽度小得多。典型的薄壁结构为建筑中采用的平板与壳体结构（图 1-11），图 1-11 (a) 多用于楼板，图 1-11 (b) 根据建筑要求，筑成具有一定曲面形状（如双曲抛物面）的屋盖。实体结构的长度、宽度与厚度尺寸相近。重力坝和挡土墙属于实体结构（图 1-12）。

杆件结构是结构工程领域中应用最多的一种结构，是结构力学的研究对象，这也是结构力学与材料力学的基本区别所在。杆件结构有下列几种类型：

① 梁 梁 [图 1-10 (a)] 是一种受弯构件，其轴线通常为直线。梁可以是单跨的或多跨的。

② 梁 拱 [图 1-10 (d)] 的轴线为曲线，其力学特点是在竖向荷载作用下有水平支座反力（推力）。

③ 桁架 桁架 [图 1-10 (b)、(g)] 由直杆组成，所有结点都为铰结点。

④ 刚架 刚架 [图 1-10 (c)、(f)] 也是由直杆组成的，其结点通常为刚结点。

⑤ 组合结构 组合结构 [图 1-10 (e)] 是桁架和梁或刚架组合在一起形成的结构，其中含有组合结点。

除上述分类外，按计算特性，结构又可分为静定结构和超静定结构。如果结构的内力和支座反力可由平衡条件唯一确定，则此结构称为静定结构 [图 1-10 (b)、(d)]。如果结构的内力和支座反力由平衡条件还不能唯一确定，而必须同时考虑变形条件才能唯一确定，则此结构称为超静定结构 [图 1-10 (a)、(c)、(e)]。

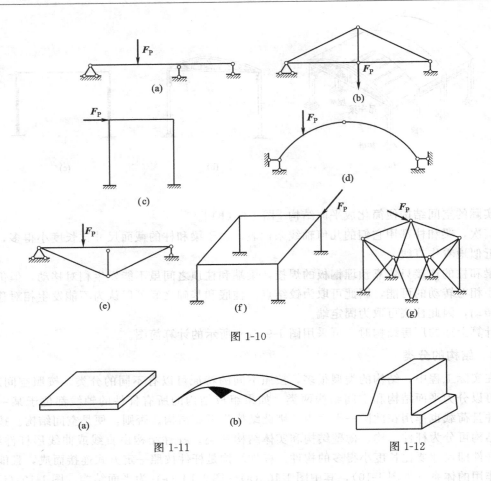

图 1-10

图 1-11　　　　　　　　　　　　　　　　　　图 1-12

1.3　荷载及其分类

　　荷载是主动作用于结构上的外力，例如结构的自重、结构上的设备的重力、施加于结构的水压力和土压力等。除外力以外，还有一些因素可以使结构产生内力或变形，如温度变化、基础沉陷、材料的收缩与徐变等。这些因素也可以称为广义荷载。

　　众所周知，任何一个工程结构在其施工过程中或其使用期间都必须是安全的。结构设计者一定要周密和谨慎地估计到结构可能遇到的各种荷载。

　　作用在结构上的荷载，根据荷载作用时间的久暂，分为恒载和活载两类。恒载是指永久作用在结构上的不变荷载，如结构自身和固定在结构上的设备的重力等。房屋建筑中的梁、柱和墙体重量，铁路桥梁上的轨、枕重量等都属于此类荷载。恒载的大小、方向和作用位置都是固定不变的。活载是指那些非永久性的、有多种来源的暂时性作用的荷载。例如房屋结构中的屋面与楼面荷载，由于风对建筑物的作用产生的压力和吸力，工业厂房中的吊车荷载，通过桥梁的车辆荷载及其制动或加速时产生的惯性力等。

　　有些活载，如风荷载、雪荷载，它们在结构上的作用位置可以认为是固定不变的，这种荷载称为固定荷载（恒载都属于固定荷载）。另一类活载如车辆荷载、吊车荷载等，它们在结构上的位置是移动的，这种荷载称为移动荷载。解决移动荷载作用下的结构分析问题自然要比固定荷载作用时复杂一些，本书将有专门章节讨论此类问题。

在进行结构设计时，设计者应该对恒载与活载的各种组合结果进行比较，以确定对结构说来最为不利的荷载情况。荷载的组合方法及规定，在国家颁布的荷载规范中有明确规定。

如果从荷载是否显著地引起结构冲击和振动来分类的话，荷载尚可分为静力荷载和动力荷载两类。静力荷载是指其数值、方向和位置几乎不随时间变化，从而不使结构产生显著的运动。动力荷载则随时间迅速变化，其施加过程将引起结构运动状态的改变，产生加速度，从而出现了惯性力。动力机械运转时产生的荷载或冲击波的压力都是动力荷载的例子。车辆荷载、风荷载和地震力通常在结构设计中被视作静力荷载，但在特殊情况下应按动力荷载考虑。

1.4 结构力学的学习方法

学习要讲究方法。要学会，更要会学。在学习中，还要会问、会用、注意创新。作学问，要既学又问，问是学习的一把钥匙。学和用要结合，在学中用，在用中学，用是学的继续、检验和深化。在学习中要有创新意识，有所创新。

结构力学以理论力学和材料力学的知识为基础。理论力学着重讨论物体机械运动的基本规律，是所有力学课程的基础；材料力学以单根杆件为主要研究对象，着重讨论单根杆件的强度、刚度和稳定性等问题；而结构力学虽以杆件结构为研究对象，但在结构的内力分析时，是将结构拆成单根杆件来进行分析的。所以结构力学和理论力学、材料力学的关系十分密切。

在结构力学课程中培养计算方面的能力包含三个方面：具有对各种结构进行计算或确定计算步骤的能力；具有对计算结果进行定量校核或定性判断的能力；初步具有使用结构计算程序的能力。在此三项中，计算能力是基础——不会计算，也就不会校核。不会手算，则电算是盲目的。校核和判断能力可以说比计算能力要更高一层——校核并不是重复计算一遍，而是要求用另一方法来核算。这里要求校核者能掌握多种算法并能灵活地运用。判断则要求能用简略的办法确定计算结果的合理范围，这里要求评判者通晓结构的力学性能和各种近似算法。使用计算程序的能力日益显得更加重要——不会电算就无法计算大型问题，也无法提高计算效率。

作题练习，是学习结构力学的重要环节。不作一定数量的习题，就很难对基本概念和方法有深入的理解，也很难培养较好的计算能力。但是，作题也要避免各种盲目性。同时作业要整洁、清晰、严谨。

第2章 平面体系的几何构造分析

2.1 概 述

杆件结构是由若干杆件互相联结所组成的体系,并与地基联结成一整体,用来承受荷载的作用。当不考虑各杆件本身的变形时,杆件结构的各个杆件之间以及整个结构与地面之间,不发生任何相对运动,以保持其原有几何形状和位置不变,这一特性就称为结构的几何不变性。

体系受到任意荷载作用后,在不考虑材料应变的条件下,若能保持其几何形状和位置不变者,称为几何不变体系,如图 2-1 (a) 所示。可是另一类体系,由于体系本身的组成或支撑条件不够完善,即使在很小的荷载作用下也会发生机械运动而改变其几何形状和位置,这类体系称为几何可变体系,如图 2-1 (b)、(c) 所示。显然,工程结构不能采用几何可变体系,而只能采用几何不变体系。

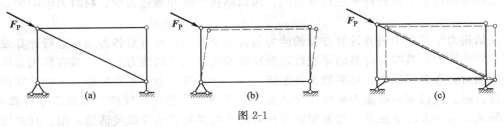

图 2-1

分析体系的几何组成,以确定它们属于哪一类体系,称为体系的几何组成分析。作这种分析的目的在于:判别某一体系是否几何不变,从而决定它能否作为结构;研究几何不变体系的组成规则,以保证所设计的结构能承受荷载而维持平衡;同时也为正确区分静定结构和超静定结构以及进行结构的内力计算打下必要的基础。

在本章中,只讨论平面杆件体系的几何组成分析。

(1) 自由度

为了便于对体系进行几何组成分析,先讨论平面体系自由度的概念。所谓体系的自由度,是指该体系运动时,可以独立变化的几何参数的数目,或确定其位置所需独立坐标的数目。在平面内的某一动点 A,其位置要由两个坐标 x 和 y 来确定 [图 2-2 (a)],所以一个点的自由度等于 2。在平面体系中,由于不考虑材料的应变,所以可认为各个构件没有变形。于是,可以把一根梁、一根链杆或体系中已经肯定为几何不变的某个部分看作一个平面刚体,简称刚片。一个刚片在平面内运动时,其位置将由它上面的任一点 A 的坐标 x、y 和过 A 点的任一直线 AB 的倾角 θ 来确定 [图 2-2 (b)]。因此,一个刚片在平面内的自由度等于 3。

一般说来,如果一个体系有 n 个独立运动方式,就说这个体系有 n 个自由度。凡是自由度大于零的体系都是几何可变体系。

(2) 约束

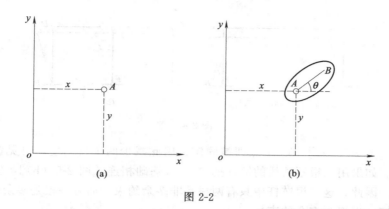

图 2-2

对刚片加上约束装置，它的自由度将会减少，凡能减少一个自由度的装置称为一个约束。体系中常用的约束有链杆和铰。

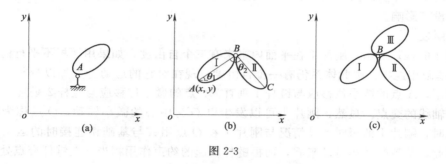

图 2-3

在体系几何组成分析中，链杆本身可以视为一个刚片且只在两端用铰与其他物体相连。图 2-3（a）所示为用一根链杆将一个刚片与地基相连，故刚片将不能沿链杆方向移动，只能绕 A 点转动。没有链杆时，刚片在平面内有三个自由度。加上链杆后，自由度由 3 减为 2，因此一根链杆装置能减少一个自由度，相当于一个约束。

图 2-3（b）所示为用一个铰 B 将刚片Ⅰ和刚片Ⅱ连接起来，如前所述，刚片Ⅰ的位置由点 A 的坐标 x 和 y 及倾角 θ_1 共三个参数来确定，刚片Ⅱ相对于刚片Ⅰ而言，其位置需通过倾角 θ_2 来确定。这样，两个刚片之间无铰连接时在平面内自由度为 6，用一个铰相连后自由度即减为 4。因此，一个连接两个刚片的铰（称为单铰）能减少两个自由度，相当于两个约束，也相当于两根链杆的作用。图 2-3（c）所示是用一个铰连接三个刚片时的情形，读者不难得知其自由度为 5。因此，一个连接三个刚片的铰（称为复铰）减少 4 个自由度，即这样的铰相当于两个单铰的约束作用。推广至一般，连接 n 个刚片的复铰，相当于（$n-1$）个单铰的约束作用，能减少 2（$n-1$）个自由度。

为了使几何可变体系成为几何不变体系，可以通过增添约束的方法实现，但增添何种约束必须有的放矢，一定要避免盲目性。如图 2-4（a）是一个有一个自由度的铰接四边形，增加一根链杆（相当于增添一个约束）得到图 2-4（b），可以看出新增一根链杆并不能阻止该体系的横向运动。因此图 2-4（b）仍然是几何可变体系。

（3）多余约束

如果在一个体系中增加一个约束，而体系的自由度并不因而减少，则此约束称为多余约束。例如，平面内一个自由点 A 原来有两个自由度；如果用两根不共线的链杆 1 和 2 把 A

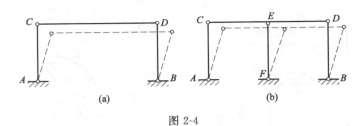

图 2-4

点与基础相连 [图 2-5 (a)]，则 A 点即被固定，因此减少两个自由度，可见链杆 1 或 2 都是非多余约束。如果用三根不共线的链杆把 A 点与基础相连 [图 2-5 (b)]，实际上仍只减少两个自由度。因此，这三根链杆中只有两根是非多余约束，而有一根是多余约束（可把三根链杆中的任何一根视为多余约束）。

由上述可知，一个体系中如果有多个约束存在，那么，应当分清楚：哪些约束是多余的，哪些约束是非多余的。只有非多余约束才对体系的自由度有影响，而多余约束则对体系的自由度没有影响。

（4）瞬铰

如图 2-6 (a) 所示，刚片 I 在平面内本来有三个自由度，如果用两根不平行的链杆 1 和 2 把它与基础相连接，则此体系仍有一个自由度。现在对它的运动特点加以分析。由于链杆的约束作用，A 点的微小位移应与链杆 1 垂直，C 点的微小位移应与链杆 2 垂直。以 O 表示两根链杆轴线的交点。显然，刚片 I 可以发生以 O 为中心的微小转动，O 点称为瞬时转动中心。这时，刚片 I 的瞬时运动情况与刚片 I 在 O 点用铰与基础相连接时的运动情况完全相同。因此，从瞬时微小运动来看，两根链杆所起的约束作用相当于在链杆交点处的一个铰所起的约束作用。这个铰可称为瞬铰。显然，在体系运动的过程中与两根链杆相应的瞬铰位置也随着在改变。

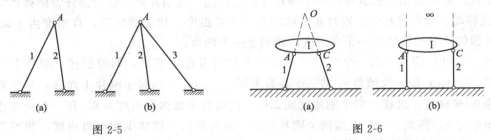

图 2-5   图 2-6

用瞬铰替换对应的两个链杆约束，这种约束的等效变换只适用于瞬时微小运动。

如果用两根平行的链杆 1 和 2 把刚片 I 与基础相连接 [图 2-6 (b)]，则两根链杆的交点在无穷远处。因此，两根链杆所起的约束作用相当于无穷远处的瞬铰所起的约束作用。由于瞬铰在无穷远处，因此绕瞬铰的微小转动就退化为平动，即沿两根链杆的正交方向产生平动 [在图 2-6 (b) 中，A 点和 C 点的微小位移都垂直于两根链杆]。在几何构造分析中应用无穷远处瞬铰的概念时要注意，每个方向有一个 ∞ 点（即该方向各平行线的交点）；不同方向有不同的 ∞ 点；各 ∞ 点都在同一直线上，此直线称为 ∞ 线；各有限点都不在 ∞ 线上。

（5）体系的计算自由度

对于一个平面体系，设其刚片数为 m，换算单铰数为 c，支承链杆数为 h，则体系自由度 W 的计算公式为

$$W = 3m - (2c + h) \tag{2-1}$$

正如前面通过图 2-4 所讨论的，不是每一个约束都一定能使体系减少一个自由度的，它与约束的具体设置情况有关。因此，由式（2-1）算得的 W 不一定能反映体系实际的自由度，故这里将 W 称为体系的计算自由度。然而，根据计算自由度 W，有助于判断体系中约束的数目是否足够。例如，图 2-4（a）所示体系，其刚片数为 3，单铰数为 2，支杆数为 4（与地基相连的铰 A 和 B，各相当于两根支杆的作用），故 $W=3\times3-(2\times2+4)=1$，即可断定该体系缺少 1 个约束。因此，该体系是几何可变的。

对于如图 2-7（a）所示铰接链杆体系，如用式（2-1）计算自由度，则刚片数 $m=9$，换算单铰数 $c=12$，支杆数 $h=3$，故 $W=3\times9-(2\times12+3)=0$。

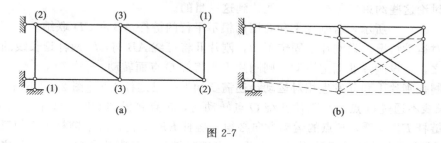

图 2-7

图中铰结点处圆括号内的数字，分别表示该处约束的换算单铰数。对于这类体系的计算自由度，除可用式（2-1）计算外，还可用更简便的公式计算。设 j 代表铰结点数，b 表示杆件数，h 为支杆数。如为平面铰接体系，每个铰结点有两个自由度，共为 $2j$ 个自由度，由于连接各结点的每一根杆件都能起到一个约束的作用，因此平面铰接体系的计算自由度也可使用下式计算

$$W=2j-(b+h) \tag{2-2}$$

对于图 2-7（a）所示体系，$j=6$，$b=9$，$h=3$，故

$$W=2\times6-(9+3)=0$$

与按式（2-1）算得的结果相同。必须注意，式（2-2）只能用于计算平面铰接体系的计算自由度。由于避开了各结点处的换算单铰数，故使用该式时比较简便。

按照公式（2-1）、公式（2-2）计算的结果，将有以下三种情况。

① $W>0$：表明体系缺少足够约束，因此是几何可变的。

② $W=0$：表明体系具有成为几何不变所必需的最少约束数目。

③ $W<0$：表明体系具有多余约束。

有时需要研究那些不带支座链杆的体系本身几何图形的不变性。此时，由于体系几何图形本身作为一个刚片（或刚体）在平面内有 3 个自由度（或在空间内有 6 个自由度），因此，体系本身几何图形为不变时，必须满足 $W\leqslant3$（或空间 $W\leqslant6$）的条件。

必须强调，一个平面体系满足了 $W\leqslant0$（或无支杆体系几何图形 $W\leqslant3$）的条件，不一定就是几何不变的。因为虽然体系总的约束数目足够甚至还有多余，但若布置不当，则体系仍有可能成为几何可变。如图 2-7（b）所示体系，虽然 $W=0$，但由于杆件（约束）布置不当，造成右方多一根杆件而左方却缺少一根杆件，因而体系仍然是几何可变的。图 2-7（b）中的虚线，表示其几何图形可变的趋势。所以 $W\leqslant0$（或无支杆体系几何图形 $W\leqslant3$）是几何不变体系的必要条件并非充分条件。通常为了保证体系的几何不变性，除了用式（2-1）来计算体系的自由度外，尚需进行几何组成分析。因此，直接进行几何组成分析就可判断体系是否几何不变的。

2.2 平面几何不变体系的组成规则

为了确定平面体系是否几何不变，须研究几何不变体系的组成规则。现就三种常见的基本情况来分析平面几何不变体系的简单组成规则。

(1) 两刚片的组成规则

平面中两个独立的刚片，共有六个自由度，如果将它们组成为一个刚片，则只有三个自由度。由此可知，在两刚片之间至少应该用三个约束相联，才可能组成为一个几何不变的体系。下面讨论这些约束应怎样布置才能达到这一目的。

如图 2-8 (a) 所示，若刚片 Ⅰ 和 Ⅱ 用两根不平行的链杆 AB 和 CD 联结。为了分析两刚片间的相对运动情况，设刚片 Ⅰ 固定不动，刚片 Ⅱ 将可绕 AB 与 CD 两杆延长线的交点 O 而转动；反之，若设刚片 Ⅱ 固定不动，则刚片 Ⅰ 也将绕 O 点而转动。

为了制止刚片 Ⅰ 和 Ⅱ 发生相对运动，还需要加上一根链杆 EF［图 2-8 (b)］。如果链杆 EF 的延长线不通过 O 点，当刚片 Ⅱ 绕 O 点转动时，F 点将沿与 OF 连线垂直的方向运动。但是，从链杆 EF 来看，F 点的运动方向必须与链杆 EF 垂直。由于链杆 EF 的延长线不通过 O 点，所以 F 点的这种运动不可能发生，也就是链杆 EF 阻止了刚片 Ⅰ 和 Ⅱ 之间的相对运动。这时，所组成的体系是几何不变的。于是，得出第一个组成规则：**两刚片用不全交于一点也不全平行的三根链杆相联，则所组成的体系是几何不变且无多余约束。**如果链杆 CD、EF 的作用用一个铰 C 来代替，如图 2-8 (c) 所示，显然它也是一个几何不变且无多余约束的体系，所以两刚片规则也可这样描述：**两刚片用一个铰和一根不通过该铰的链杆相联，则组成的体系是几何不变且无多余约束。**

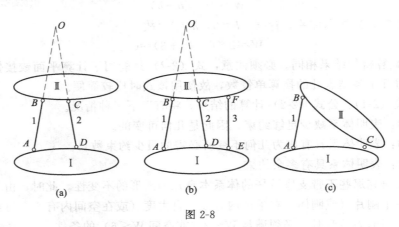

图 2-8

(2) 三刚片的组成规则

平面中三个独立的刚片，共有九个自由度，而组成为一个刚片后便只有三个自由度。由此可见，在三个刚片之间至少应加入六个约束，方可能将三个刚片组成为一个几何不变的体系。

为了确定这六个约束的布置原则，现考察图 2-9 (a)，其中刚片 Ⅰ、Ⅱ、Ⅲ 用不在同一直线上的 A、B、C 三个铰两两相联。这一情况如同用三条线段 AB、BC、CA 作一三角形。由平面几何知识可知，用三条定长的线段只能作出一个形状和大小都一定的三角形，也就是说，由此得出的三角形是几何不变的。从运动上看，如将刚片 Ⅰ 固定不动，则刚片 Ⅱ 只能绕

A 点转动，其上的 C 点必在半径为 AC 的圆弧上运动；而刚片Ⅲ则只能绕 B 点转动，其上的 C 点又必在半径为 BC 的圆弧上运动。由于 AC 和 BC 是在 C 点用铰联在一起的，C 点不可能同时在两个不同的圆弧上运动，因此刚片之间不可能发生相对运动，所以这样组成的体系是几何不变的。于是，得出第二个组成规则：三刚片用不在同一直线上的三个铰两两相联，则所组成的体系是几何不变且无多余约束。

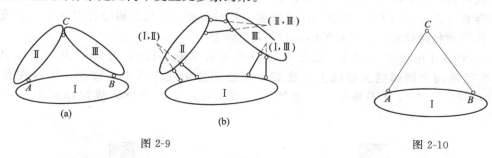

图 2-9　　　　　　　　　　　　　　　　　　图 2-10

图 2-9 （a）中任一个铰可以换为由两根链杆所组成的虚铰，得出如图 2-9 （b）所示的体系。显然，这种体系也是几何不变的。

（3）二元体规则

如将图 2-9 （a）中的刚片Ⅰ与Ⅱ看作链杆，就得到如图 2-10 所示的体系。显然，它是几何不变的。这种由两根不共线的链杆联结一个新结点的装置（例如图 2-10 中的 A-C-B）称为二元体。由上节已知，一个结点的自由度等于 2，用两根不在同一直线上的链杆相联，其约束数也等于 2。所以增加一个二元体对体系的实际自由度无影响。于是，得出第三个组成规则：在一个刚片上增加一个二元体所组成的体系是几何不变且无多余约束。据此推知，如在一个体系上撤去一个二元体，则也不会改变原体系的几何组成性质。因此，在分析体系的几何组成时，宜先将二元体撤除，再对剩余部分进行分析，所得结论就是原体系几何组成分析的结论。

2.3　瞬 变 体 系

在上述平面几何不变体系的三个组成规则中，都提出了一些限制条件。如果体系的几何组成不满足这些限制条件时，将会出现下面所述的情况。

如图 2-11 （a）所示的两个刚片用三根链杆相联，链杆的延长线全交于 O 点，此时，两

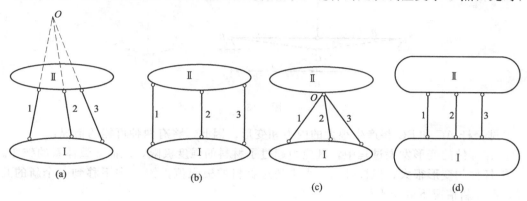

图 2-11

个刚片可以绕 O 点作相对转动，但在发生一微小转动后，三根链杆就不再全交于一点，从而将不再继续发生相对运动。这种在某一瞬时可以产生微小运动的体系，称为瞬变体系。又如图 2-11（b）所示的两个刚片用三根互相平行但不等长的链杆相联，此时，两个刚片可以沿着与链杆垂直的方向发生相对移动，但在发生一微小移动后，此三根链杆就不再互相平行，故这种体系也是瞬变体系。应该注意，若三链杆实际相交于一点 ［图 2-11（c）］ 或相互平行且等长 ［图 2-11（d）］，则在两刚片发生一相对运动后，此三根链杆仍交于一点或互相平行，故运动将继续发生，这样的体系就是常变体系。

如三个刚片用位于一直线上的三个铰两两相联（图 2-12），此时 C 点位于以 AC 和 BC 为半径的两个圆弧的公切线上，故 C 点可沿此公切线作微小的移动。不过在发生一微小移动后，三个铰就不再位于一直线上，运动也就不再继续，故此体系也是一个瞬变体系。

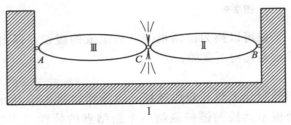

图 2-12

瞬变体系只发生微小的相对运动，似乎可以作为结构；但实际上当它受力时将可能出现很大的内力而导致破坏，或者产生过大的变形而影响使用。例如图 2-13（a）所示瞬变体系，在外力 F_P 作用下，铰 C 向下发生一微小的位移而到 C' 的位置，由图 2-13（b）所示隔离体的平衡条件

$$\sum F_y = 0, F_N = \frac{F_P}{2\sin\theta}$$

因为 θ 为一无穷小量，所以

$$F_N = \lim_{\theta \to 0} \frac{F_P}{2\sin\theta} = \infty$$

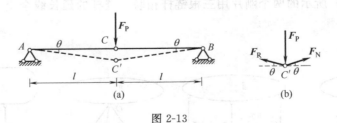

图 2-13

可见，杆 AC 和 BC 将产生很大的内力和变形。因此，将有两种可能的情况：

① 在杆件的变形发展过程中，其应力超过了材料的强度极限，从而导致体系的破坏。

② 杆件的变形很大，但杆件的应力未超过材料的极限值，铰 C 向下移到一个新的几何位置，而在新情况下处于平衡。

由此可知，在工程中是决不能采用瞬变体系的。

2.4　几何组成分析举例

例 2-1　试对图 2-14 所示体系作几何组成分析。

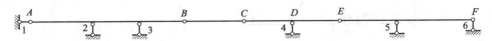

图 2-14

解：图示体系可以将基础作为一个刚片，杆件 AB 作为另外一个刚片，两个刚片之间由三根不交于一点的链杆 1、2、3 相联，构成了一个几何不变的部分，把它们定义为刚片Ⅰ，再将 CE 和 EF 作为刚片Ⅱ和Ⅲ，刚片Ⅰ、Ⅱ由链杆 BC 和链杆 4 相联交于 D 点，刚片Ⅱ、Ⅲ由铰 E 相联，刚片Ⅰ、Ⅲ由链杆 5 和 6 相联交于无穷远处。根据三刚片规则，整个体系是几何不变且无多于约束的体系。

例 2-2　试对图 2-15 所示体系作几何组成分析。

解：将图示 A-B-C 可看成是一个二元体将其去掉，使体系简化。再将基础作为刚片Ⅰ，EAD 作为刚片Ⅱ，GCD 作为刚片Ⅲ，刚片Ⅰ、Ⅱ由铰 E 相联，刚片Ⅱ、Ⅲ由铰 D 相联，刚片Ⅰ、Ⅲ由 G 处相互平行的两根链杆相联交于无穷远处。根据三刚片规则，这三个刚片构成一个几何不变的部分，最后再加上二元体 D-F-H，所以整个体系是几何不变且无多于约束的体系。

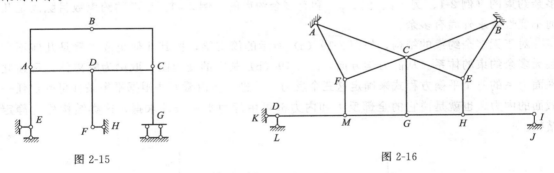

图 2-15　　　　　　　　　　　　　　　　图 2-16

例 2-3　试对图 2-16 所示体系作几何组成分析。

解：将基础作为刚片Ⅰ，铰△AFC 和铰△BEC 分别作为刚片Ⅱ和Ⅲ，刚片Ⅰ、Ⅱ由铰 A 相联，刚片Ⅱ、Ⅲ由铰 C 相联，刚片Ⅰ、Ⅲ由铰 B 相联，根据三刚片规则，这三个刚片构成一个几何不变的部分，再依次加上二元体 K-D-L、D-M-F、M-G-C、G-H-C、H-I-J，所以整个体系是几何不变且无多余约束的体系。

例 2-4　试对图 2-17 所示体系作几何组成分析。

解：GH 连同基础一起是一根静定的悬臂梁可看成一个刚片，将铰△DFG 看成第二个刚片，它们之间通过铰 G 和不过该铰的链杆 2 相联，组成一个几何不变的部分，把它看成一个刚片Ⅰ；再将杆 BE 看成一个刚片Ⅱ，它们之间通过链杆 1、EF、CD 相联，组成一个几何不变的部分，把它看成一个刚片Ⅲ，将杆 AB 看成刚片Ⅳ，它们之间通过铰 B 和支座 A 处的一根链杆相联，组成一个几何不变的部分，支座处的另外一根链杆就是多余约束。所以整个体系是几何不变但有一个多余约束的体系。

例 2-5　试对图 2-18 所示体系作几何组成分析。

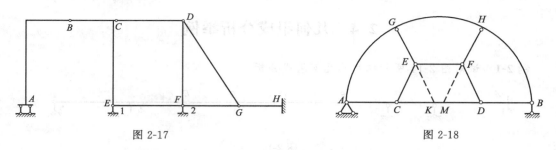

图 2-17　　　　　　　　　　　　　　　　图 2-18

解： 由于体系本身与基础之间通过一个固定铰支座和一个活动铰支座相联，所以进行几何组成分析时可只考虑体系本身。将杆 $AGHB$ 作为刚片Ⅰ，链杆 EC 为刚片Ⅱ，链杆 FD 为刚片Ⅲ，刚片Ⅰ和Ⅱ由两根链杆 GE 和 AC 相联交于 K 点，刚片Ⅰ和Ⅲ由两根链杆 HF 和 BD 相联交于 M 点，刚片Ⅱ和Ⅲ由两根相互平行的链杆 EF 和 CD 相联交于无穷远处。由于 K、M 连线与链杆 EF 和 CD 平行，所以三点共线，整个体系是一个瞬变体系。

2.5　体系的几何构造分析与静定特性的关系

　　体系的几何组成分析除了判别体系是否几何不变外，还可以鉴别与体系对应的结构的静定性。

　　前已述及，用来作为结构的杆件体系，必须是几何不变的，而几何不变体系又可分为无多余约束的（例 2-1、例 2-2、例 2-3）和有多余约束的（例 2-4）。后者的约束数目除满足几何不变性要求外尚有多余。

　　对于无多余约束的结构，如图 2-19（a）所示的简支梁，按其几何组成来看是几何不变且无多余约束的体系。从静力学方面，图 2-19（b）是它的受力图，取梁为隔离体，可建立平面力系的三个平衡方程式来确定这三个反力，并进一步由截面法根据平衡条件可确定任一截面的内力，也就是说它的全部反力和内力都可由静力平衡条件求得，这类结构称为静定结构。

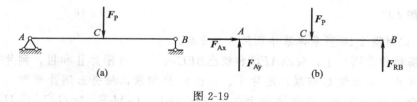

图 2-19

　　但是对于图 2-20（a）所示的连续梁，按其几何组成来看是几何不变且有多余约束的结构。从静力学方面，图 2-20（b）是它的受力图，从图中可知其支座反力共有四个，取梁为隔离体，静力平衡条件只有三个，因而仅利用三个静力平衡条件无法求得其全部反力，从而也就不能求得它的全部内力，这类结构称为超静定结构。

　　由此可见，静定结构在几何构造上的特征是几何不变且无多余约束的体系；超静定结构的特征是几何不变有多余约束的体系。这样，我们便可以从分析体系的几何组成来判断它是静定的还是超静定的结构。

　　至于几何可变体系 [如图 2-21（a）所示]，在结点 C 受一水平荷载 F_P，此时用静力法求解，显然不可能。因为根据结点 D 的平衡条件，杆 CD 的内力为零，而根据结点 C 的平

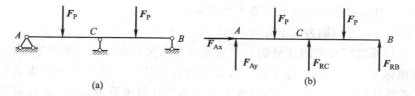

图 2-20

衡条件，杆 CD 的内力为 $-F_P$，所得结果是矛盾的。这是因为体系为几何可变，在受力的方向可以自由运动，所以体系本身根本不能维持平衡，又如图 2-21（b）、（c）所示的情形，虽然用静力法可以求得各杆的内力和支座反力，但一旦荷载的作用方向稍有改变，体系再也不能维持平衡。所以几何可变体系在任意荷载作用下不能维持平衡。其平衡方程或者没有解答，或者只有在某种特殊情况下才有解答。

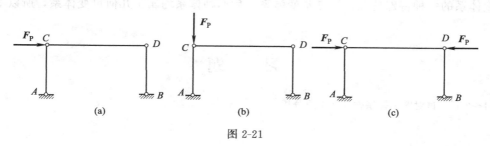

图 2-21

　　对于瞬变体系［如图 2-22（a）所示］，根据结点 C 的平衡条件可知 AC 杆和 BC 杆的内力都为无穷大；图 2-22（b）所示的梁，其三根支座链杆相交于一点 O，也属于瞬变体系，当对 O 点取矩列出平衡条件求支座反力时，求出的值为无穷大。当体系产生微小运动转变为几何不变体系后，因它处在邻近瞬变的状态，其反力和内力必然仍是很大的。若图 2-22（a）中荷载沿水平方向作用或图 2-22（b）中荷载的作用线也通过 O 点时，虽可维持原来位置的平衡，而反力和内力的解答为不定值。因此对于瞬变体系，其平衡方程或者没有有限值的解答，或者在特殊荷载作用下解答为不定值。

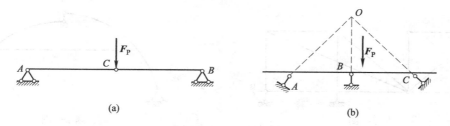

图 2-22

　　综上所述可知，几何可变体系和瞬变体系均不能作为结构。只有几何不变体系才能作为结构。

2.6　小　　结

　　杆件结构是由众多杆件组成的。本章从几何构造的角度讨论杆件结构的合理组成规律，以及静定结构与超静定结构在几何构造上的区别。

本章的主要内容可归纳为以下几点：

① 对杆件体系进行几何组成分析，首先要掌握几何构造分析的几个基本概念。

② 对平面体系进行几何构造分析，可采用两种方法。一是通过计算体系的计算自由度 W 来判别体系的几何组成，但 $W \leqslant 0$（或无支杆体系几何图形 $W \leqslant 3$）是几何不变体系的必要条件并非充分条件。通常为了保证体系的几何不变性，除了用式（2-1）来计算体系的自由度外，尚需进行几何组成分析。二是直接利用平面几何不变体系的组成规则对体系进行几何组成分析来判断体系是否几何不变的。这三个规律是浅显的，但运用起来却灵活多变。要由浅入深地作必要的练习，通过练习来掌握分析问题的思路和方法，逐步提高运用能力。

③ 对体系的分类可分为四类：一是几何不变且无多余约束的体系，这种体系就是静定结构；二是几何不变且有多余约束的体系，这种体系就是超静定结构；三是瞬变体系，是几何可变体系的一种特殊情况；四是常变体系。后两种体系均属于几何可变体系，所以不能作为结构。

习　题

2-1～2-13　试对图示体系作几何组成分析。

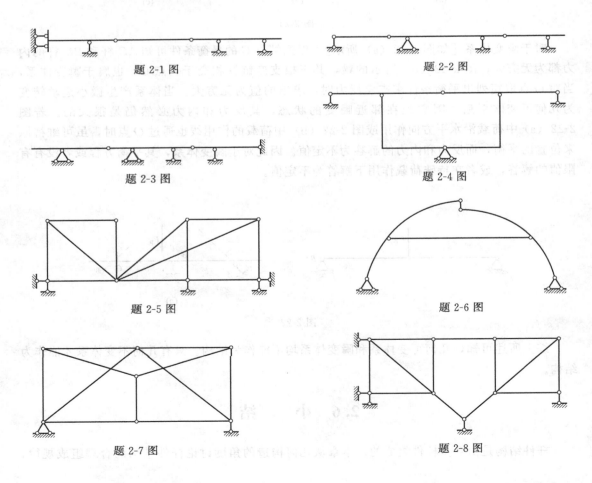

题 2-1 图　　　　　　　　　　　　　　题 2-2 图

题 2-3 图　　　　　　　　　　　　　　题 2-4 图

题 2-5 图　　　　　　　　　　　　　　题 2-6 图

题 2-7 图　　　　　　　　　　　　　　题 2-8 图

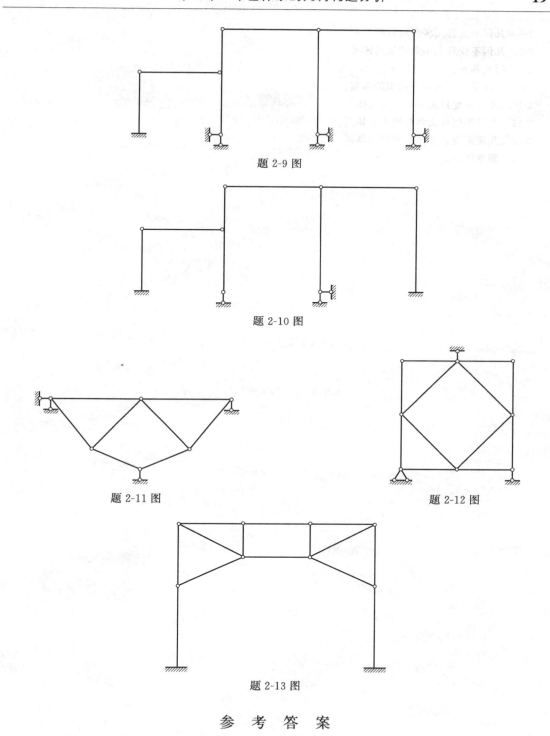

题 2-9 图

题 2-10 图

题 2-11 图

题 2-12 图

题 2-13 图

参　考　答　案

2-1　几何不变且无多余约束的体系。

2-2　几何不变且无多余约束的体系。

2-3　几何不变有 2 个多余约束的体系。

2-4　几何不变且无多余约束的体系。

2-5　几何不变有 1 个多余约束的体系。

2-6　几何不变且无多余约束的体系。

2-7　几何不变且无多余约束的体系。

2-8　瞬变体系。

2-9　几何不变且无多余约束的体系。

2-10　几何不变且无多余约束的体系。

2-11　几何不变且无多余约束的体系。

2-12　几何不变且无多余约束的体系。

2-13　瞬变体系。

第3章　静定结构的内力分析

静定结构的内力分析是整个结构力学的基础。静定结构内力分析问题可以仅利用平衡条件解决，虽然各种不同结构受力性能不同，具体的内力分析方法也有所不同，但以下三个方面却是共同遵循的。

① 基本原则，静力分析遵循与结构几何组成相反的顺序。

② 基本思路，合理巧妙地选择隔离体，定性地做出所要解决的步骤。

③ 基本方法，应用截面法（包括截取结点）切取隔离体，最后由平衡方程，求得问题的解答。

本章将对几种常用的静定结构进行内力分析计算，包括梁、刚架、拱、桁架、组合结构等，内容涉及支座反力、截面内力计算、绘制内力图、各种结构受力性能的分析等。

静定结构的内力计算是学习掌握结构力学的基本功之一。必须重视基本功的训练，要在深度和广度上下工夫。在静定结构的静力分析中，基本原理本来就只有少数几条（如：静力平衡条件、叠加原理是最基本、最重要的知识），但其运用却是变化无穷的。对于基本原理，困难不在于理解，而在于运用；不在于有知识，而在于有能力，有驾驭基本原理解决复杂问题的能力。通过本章的学习要求熟练掌握结构的内力计算和绘制内力图的方法，了解各种典型结构的受力特点和结构的合理形式。学习好本章的内容对于后面各章的学习以及今后进行结构设计和选型都至关重要。

3.1　单跨静定梁内力分析的回顾及补充

单跨静定梁是建筑、桥梁工程中常见的一种结构，它的分析是各种结构分析的基础，它的内力分析已在材料力学中学过，在此作简单回顾。

3.1.1　梁内任意截面上的内力

（1）内力正负号的规定　在平面杆件的任意截面上一般有三个内力分量：轴力 F_N、剪力 F_Q 和弯矩 M。其各内力正负号的规定如下。

截面上应力沿杆轴切线方向的合力，称为轴力 F_N。轴力以拉为正，压为负。

截面上应力沿杆轴法线方向的合力称为剪力 F_Q。剪力以绕微段隔离体顺时针转者为正，反之为负。

截面上应力对截面形心的力矩称为弯矩 M。在水平杆件中，当弯矩使杆件下部受拉时，弯矩为正；使杆件上部受拉时，弯矩为负（图 3-1）。

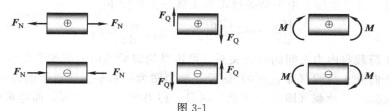

图 3-1

（2）内力图　内力图是表示结构各截面内力数值的图形。内力图通常是以与杆件轴线平行且等长的线段为基准线，用垂直于基线的纵坐标表示相应各截面的内力，并按照一定比例绘制而成的图形。通过内力图可以直观地表示出内力沿杆件轴线的变化规律。内力图分为轴力图、剪力图及弯矩图。

作轴力图和剪力图时绘制在杆件基线的任一侧，并且要注明正负号。作弯矩图时，习惯上规定将弯矩图的纵坐标画在杆件受拉纤维一边，而不必注明正负号。

（3）截面法　计算梁指定截面内力的基本方法是截面法。如图 3-2（a）所示梁，将指定截面用一假想截面切开，取左边部分（或者右边部分）为隔离体［图 3-2（b）］，利用隔离体的平衡条件，确定此截面的三个内力分量。由截面法可以得出截面内力的计算法则如下。

轴力 F_N＝截面一侧的所有外力沿杆轴切线方向投影的代数和

剪力 F_Q＝截面一侧的所有外力沿杆轴法线方向投影的代数和

弯矩 M＝截面一侧的所有外力对截面形心的力矩代数和

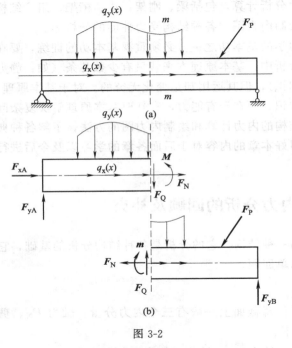

图 3-2

画隔离体受力图时，要注意以下几点。

① 隔离体与其周围的约束要全部截断，并以相应的约束力代替。

② 约束力要符合约束的性质；截断链杆（两端为铰的直杆、杆上无荷载作用）时，在截面上加轴力；截断受弯杆件时，在截面上加轴力、剪力和弯矩；去掉滚轴支座、铰支座、固定支座时分别加一个、两个、三个支座反力（固定支座的三个反力中有一个是力偶）。

③ 隔离体是应用平衡条件进行分析的对象。在受力图中只画隔离体本身所受到的力，不画隔离体施给周围的力。

④ 不要遗漏力。受力图上的力包括两类：一类是荷载，一类是截断约束处的约束力。

⑤ 未知力一般假设为正方向，数值是代数值（正数或负数）。已知力按实际方向画，数值是绝对值（正数）。未知力计算得到的正负就是实际正负。

上述内力分量 F_N、F_Q、M 计算法则，不仅适用于梁，也适用于其他结构。

3.1.2　荷载与内力之间的微分关系

在荷载连续分布的直杆段内，取微段 $\mathrm{d}x$ 为隔离体，如图 3-3 所示，其中 q_x 和 q_y 分别为沿 x 和 y 方向的荷载集度。由平衡条件可导出微分关系如下

$$\frac{\mathrm{d}F_N}{\mathrm{d}x}=-q_x,\quad \frac{\mathrm{d}F_Q}{\mathrm{d}x}=-q_y,\quad \frac{\mathrm{d}M}{\mathrm{d}x}=F_Q \tag{3-1}$$

式（3-1）就是荷载与内力之间的微分关系，可用以判定梁的内力图的变化情况：

① 在无竖向分布荷载（即 $q_y=0$）区段，剪力图为一水平线而弯矩图为一斜直线；

② 在有竖向均布荷载（即 $q_y=$ 常数）区段，剪力图为一斜直线，而弯矩图为一抛物线；

③ 集中力作用处，剪力图有突变，弯矩图有尖点。

④ 集中力偶作用处，剪力图不变，弯矩图有突变；

据此，在绘制梁的内力图时，可按荷载情况划分区段，只要得知各分段的控制值，就不难将内力图作出。

3.1.3　荷载与内力之间的积分关系

从直杆中取出荷载连续分布的一段 AB，如图 3-4 所示，由式（3-1）积分可得

$$F_{NB} = F_{NA} - \int_{x_A}^{x_B} q_x \, dx$$

$$F_{QB} = F_{QA} - \int_{x_A}^{x_B} q_y \, dx \tag{3-2}$$

$$M_B = M_A + \int_{x_A}^{x_B} F_Q \, dx$$

积分关系的几何意义是：

① B 端的轴力等于一端的轴力减去该段荷载 q_x 图的面积；

② B 端的剪力等于一端的剪力减去该段荷载 q_y 图的面积；

③ B 端的弯矩等于一端的弯矩加上此段剪力图的面积。

荷载与内力的关系，对于绘制内力图和校核内力图有用处。

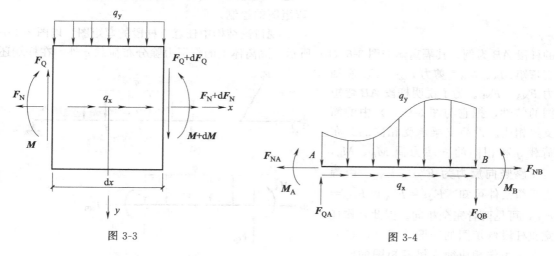

图 3-3　　　　　　　　　　　　　　　图 3-4

3.1.4　用叠加法作弯矩图

结构在几种荷载共同作用下所引起的某一量值（如反力、内力、应力、应变）等于各个荷载单独作用时引起的该量值的代数之和，这就是叠加原理。

对于静定结构而言，只要满足小变形条件，由平衡方程表达的反力、内力与荷载的关系就一定是线性关系，因此可以应用叠加原理进行求解。习惯上，把利用叠加原理作内力图的方法称为叠加法。叠加法在静定结构弯矩图的绘制上是一个普遍适用的方法，其不仅使作图工作得以简化，而且有利于用图乘法计算结构位移，熟练地应用叠加法作梁和刚架等的弯矩图是本章要求掌握的一个基本技巧。

当梁上作用有几种荷载时，可将其分成几组容易画出弯矩图的简单荷载，分别画出各简单荷载作用下的弯矩图，然后将各个截面对应的纵坐标叠加起来，这样就得到原有荷载作用下的弯矩图。叠加是将各简单荷载作用下的弯矩图中，同一截面的弯矩纵坐标线段相加（在基线同侧时）或抵消（在基线两侧时）。

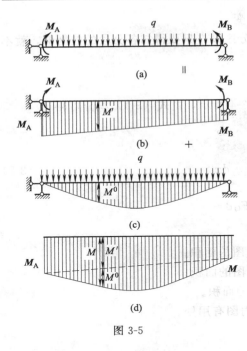

图 3-5

下面以简支梁为例说明弯矩图的叠加。如图 3-5（a）所示简支梁，先将荷载分成两组，M_A、M_B 为一组，均布荷载 q 为一组；分别绘制每组荷载作用下的弯矩图〔图 3-5（b）、图 3-5（c）〕；然后将两图对应截面的纵坐标叠加（纵坐标线段的相加或抵消），即得到全部荷载作用下的弯矩图〔图 3-5（d）〕。作法是：先绘出两端 M_A、M_B 并以虚线相连，然后以此虚线为基线作出简支梁在均布荷载作用下的弯矩图，由此得到的最后图线与杆轴之间所围成的图形即为全部荷载作用下的弯矩图。需要注意的是，以虚线为基线的弯矩图各点纵坐标垂直于最初的水平基线，而不是垂直于虚线，因此叠加时各纵坐标线段仍应沿竖向量取。

叠加法还可推广到结构中的直杆段弯矩图绘制中，作弯矩时常采用区段叠加法。即结构直杆中的任意一段均可以看作简支梁，分段使用叠加法进行弯矩图的绘制。

现讨论结构中任意直杆段的弯矩图。以图 3-6 中的杆段 AB 为例，其隔离体如图 3-6（b）所示，隔离体上的作用力除分布荷载 q 外，在杆端还有弯矩 M_A、M_B，剪力 F_{QA}、F_{QB} 和轴力 F_{NA}、F_{NB}。为了说明杆段 AB 弯矩图的特性，把它与图 3-6（c）中的简支梁相比。设简支梁承受相同的分布荷载 q 和相同的杆端力偶 M_A、M_B，但支座竖向反力为 F_{YA}^0、F_{YB}^0。由静力平衡条件可知：$F_{QA}=F_{yA}^0$ 和 $F_{QB}^0=F_{yB}^0$，可见两者完全相同。因此，作任意直杆段弯矩图的问题〔图 3-6（b）〕就归结为作相应简支梁弯矩图的问题〔图 3-6（c）〕。具体做法如图 3-6（d）所示，首先根据 AB 两点的弯矩 M_A、M_B，作直线图 $\overline{M}$，然后以此直线为基线，再叠加相应简支梁 AB 在跨间的荷载作用下的 M^0 图。

应当指出，这里所说的弯矩图叠加，是指纵坐标的叠加，而不是指图形的简单合并，图 3-6（d）所示三个纵坐标 $\overline{M}$、M^0 与 M 之间的叠加关系为

$$\overline{M}(x)+M^0(x)=M(x) \quad (3-3)$$

利用荷载与内力图的关系，和弯

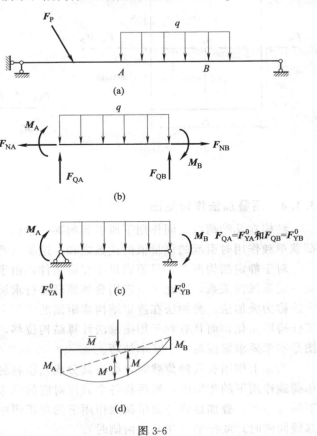

图 3-6

矩图的区段叠加法，可将梁的弯矩图的一般作法归纳如下。

① 选定外力的不连续点（如集中力作用点、集中力偶作用点、分布荷载的起点和终点等）为控制截面，求出控制截面的弯矩值。

② 分段画弯矩图，当控制截面间无荷载时，根据控制截面的弯矩值，即可作出直线弯矩图，当控制截面间有荷载作用时，根据控制截面的弯矩值作出直线图形后，还应叠加这一段简支梁的弯矩图。

例 3-1 试作图 3-7（a）所示伸臂梁的内力图。

解： ① 作剪力图。AC、CD、DE 各段无荷载作用，F_Q＝常数，F_Q 图为水平线。EB、BF 段有均布荷载，F_Q 图是斜直线，从一端开始，可求出控制截面的剪力如下

$$F_{QA}=F_{RA}=130\text{kN}$$

$$F_{QD}^R=F_{RA}-F_{P1}=(130-160)\text{kN}=-30\text{kN}$$

$$F_{QB}^L=F_{RA}-F_{P1}-q\times4=(130-160-160)\text{kN}=-190\text{kN}$$

$$F_{QB}^R=F_{QB}^L+F_{RB}=(-190+310)\text{kN}=120\text{kN}$$

$$F_{QF}=F_{QB}^R-q\times2=(120-80)\text{kN}=40\text{kN}$$

求出各控制截面后，不难作出剪力图如图 3-7（b）所示。

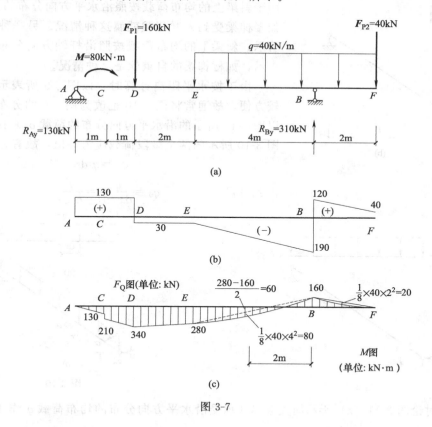

图 3-7

② 作弯矩图。选 A、C、D、B、F 为控制截面，求其弯矩值如下

$$M_A=M_F=0$$

$$M_C^l=130\times1=130\text{kN}\cdot\text{m}$$

$$M_C^R=130+80=210\text{kN}\cdot\text{m}$$

$$M_D = 130 \times 2 + 80 = 340 \text{kN} \cdot \text{m}$$
$$M_E = 130 \times 4 + 80 - 160 \times 2 = 280 \text{kN} \cdot \text{m}$$
$$M_B = 130 \times 8 + 80 - 160 \times 6 - 40 \times 4 \times 2 = -160 \text{kN} \cdot \text{m}$$

或取截面右边为隔离体

$$M_B = -40 \times 2 - \frac{1}{2} \times 40 \times 2^2 = -160 \text{kN} \cdot \text{m}$$

$$M_G = M_E + \int_E^G F_Q \mathrm{d}x = 280 - \left(30 \times 2 + \frac{1}{2} \times 80 \times 2\right) = 140 \text{kN} \cdot \text{m}$$

依次在弯矩图上定出上列各点的竖标，对于 AC、CD 和 DE 段，弯矩图应为直线，而且均布荷载的 EB 和 BF 两段，可按叠加法绘出其弯矩图为曲线的部分，如图 3-7（c）所示。另外，也可以利用积分关系式求 EB 中点 G 的弯矩。

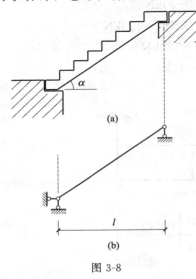

图 3-8

3.1.5　斜梁的内力图

在建筑工程中，常见到杆轴为倾斜的斜梁，如图 3-8 所示楼梯梁。当斜梁承受竖向均匀荷载时按荷载分布情况的不同，可有两种表示方式。一种如图 3-9 所示，作用于斜梁上的均布荷载按照沿水平方向分布的方式表示，如楼梯梁受到人群荷载就属这种情况。另一种如图 3-10 所示，斜梁上的均布荷载按照沿杆轴方向分布的方式来表示，如楼梯梁的自重就是这种情况。

由于按水平距离计算时，以图 3-9 所表示的方式比较方便，故通常将图 3-10 也改为图 3-9 的分布方式，而以图 3-10 所示的沿水平方向分布的荷载 q_0 来代替。由于图 3-10 所示的两个微段荷载应为等值，故有

$$q_0 \mathrm{d}x = q' \mathrm{d}s$$

由此可得

$$q_0 = \frac{q'}{\mathrm{d}x/\mathrm{d}s} = \frac{q'}{\cos\alpha}$$

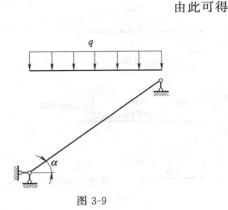

图 3-9

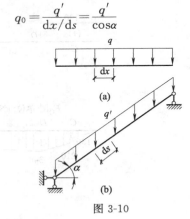

图 3-10

下面讨论图 3-11（a）所示简支梁 AB 承受沿水平方向分布的均布荷载 q 作用时内力图的作法。

欲求截面 C 的内力时可在 C 点切开，取隔离体，如图 3-11（b）所示。根据力矩平衡方程 $\sum M_C = 0$，可得

$$M_x = F_{VA}x - qx \times \frac{x}{2} = \frac{1}{2}ql \times x - \frac{1}{2}qx^2 = M_x^0$$

显然，M 图为一抛物线，跨中弯矩为 $\frac{1}{8}ql^2$，如图 3-11（c）所示，可见，斜梁在垂直于水平方向的竖向均布荷载作用下的弯矩图与相应水平梁的弯矩图，其对应截面的弯矩竖标是相同的。

求剪力和轴力时，将反力 F_{VA}、荷载沿杆轴的法线方向（n 方向）和切线方向（t 方向）进行分解，然后利用投影方向，即可求出 F_Q 和 F_N。

由 $\sum F_t=0$，可得

$$F_{Qx}=F_{VA}\cos\alpha-qx\cos\alpha=q(l/2-x)\cos\alpha=F_{Qx}^0\cos\alpha$$

由 $\sum F_n=0$，可得

$$F_{Nx}=-F_{VA}\sin\alpha+qx\sin\alpha=-q(l/2-x)\sin\alpha=-F_{Qx}^0\sin\alpha$$

以上两式适用于梁的整个跨度，式中 M_x^0、F_{Qx}^0 为相应水平梁的弯矩、剪力值，由此可绘出 F_Q 图和 F_N 图 [图 3-11（d）、（e）]。

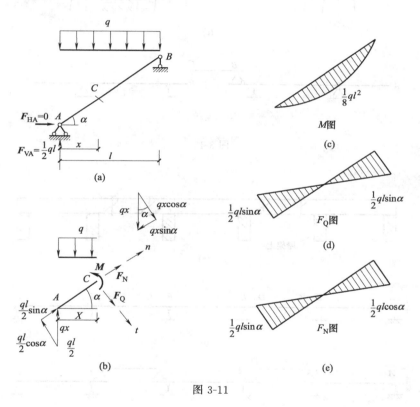

图 3-11

3.2 多跨静定梁的内力图

多跨静定梁是由若干根梁用铰联结而成用来跨越几个相联跨度的静定梁，除了在公路桥梁方面常使用这种结构形式 [如图 3-12（a）所示，其计算简图如图 3-12（b）所示]，在房屋建筑中的檩条也可采用这种结构形式，如图 3-13（a）所示，如在檩条接头处采用斜搭接的形式，并用螺栓系紧，这种接头不抵抗弯矩，故可看作铰接。其计算简图如图 3-13（b）所示，从几何组成来看，多跨静定梁是无多余约束的几何不变体系，它由基本部分和附属部分组成，基本部分是可以独立平衡其上作用的外力的部分，它可以是几何不变的，如图 3-12（b）中的 AB、CD 部分和如图 3-13（b）中的 AC 部分。也可以是几何可变的，如图 3-13（b）中的 DG 和 HJ 部分。基本部分，无论是几何不变或是几何可变的，它都能独立平衡竖向外力，而附属部分［如图 3-13（c）中的 CD 和 GH］则离开基本部分后不能单独平衡竖向外力。为了清楚地表明主从关系，把附属部分放在基本部分上面，把铰用两个支杆代替，如图 3-13（c）所示，称为主从关系图或层次图。

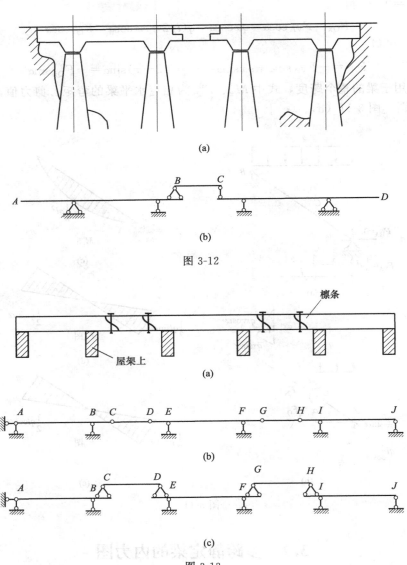

(a)

(b)

图 3-12

(a)

(b)

(c)

图 3-13

由于多跨静定梁组成的次序是先固定基本部分，后固定附属部分，因此，在计算其内力时则应遵守的原则是：先计算附属部分，后计算基本部分，体现了几何组成次序与静力分析次序正好相反这一内在规律。

例 3-2 作图示［图 3-14（a）］多跨静定梁的内力图。

解：将铰 C 及 F 切断可看出，中间的梁是基本梁，两边的梁是附属梁，层次图示于图

3-14（b），先算附属梁 ABC 及 FHG［图 3-14（c）］，然后将联系反力反其方向作用到基本梁 $CDEF$ 上，再计算基本梁。绘剪力图、弯矩图如图 3-14（d）、（e）所示。

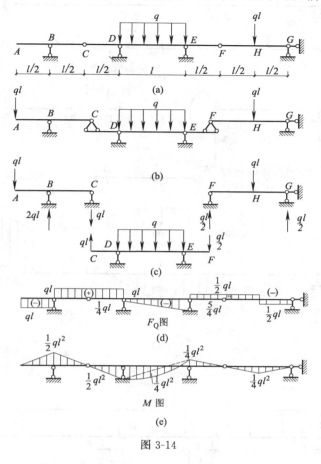

图 3-14

例 3-3　绘图 3-15（a）所示多跨静定梁的 M 图。

解： 从几何组成分析看出，该多跨静定梁没有主从关系，AB、BD、DE 均不能独立承担竖向荷载。其几何组成服从三刚片规律，即将 BD、DE 和基础分别视为刚片 Ⅰ、Ⅱ、Ⅲ。由图 3-15（a）所示三铰 $O_{IⅢ}$、$O_{IⅡ}$、$O_{ⅡⅢ}$（不在一条直线上）相连。组成一个几何不变体系，其受力分析如图 3-15（b）所示，弯矩图如图 3-15（c）所示。

例 3-4　如图 3-16（a）所示，选择铰的位置 x，使中间一跨的跨中弯矩与支座弯矩绝对值相等。

解： 如图 3-16（b）所示，先计算附属部分 CD，其跨中弯矩为：$\dfrac{1}{8}q\,(l-2x)^2$。

再计算基本部分 AC。将附属部分在 C 处的支承反力 $\dfrac{q(l-2x)}{2}$ 反其方向作用于基本部分 AC，支座 B 处的负弯矩值为 $\dfrac{q(l-2x)x}{2}+\dfrac{qx^2}{2}$。

令正负弯矩彼此相等，即 $\dfrac{1}{8}q\,(l-2x)^2=\dfrac{1}{2}q(l-2x)x+\dfrac{qx^2}{2}$

解得 $x=\left(\dfrac{1}{2}-\dfrac{\sqrt{2}}{4}\right)l=0.146l$。最后作出弯矩图 M 如图 3-16（c）所示。

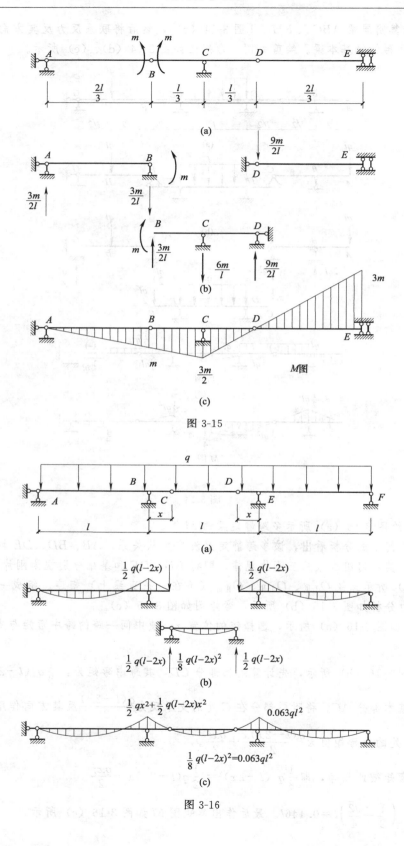

图 3-15

图 3-16

3.3 静定平面刚架内力图

3.3.1 刚架的特点及应用

刚架是由若干梁和柱用刚结点组成的结构。当刚架的各杆轴线都在同一平面内而外力也可简化到这个平面时，称为平面刚架。图 3-17 所示为一门式刚架的计算简图，其结点 B 和 C 是刚结点。从变形角度看，在刚结点处各杆不能发生相对转动，因而各杆间的夹角始终保持不变。从受力角度看，刚结点可以承受和传递弯矩，可以削减结构中弯矩的峰值，使弯矩分布较均匀。另外，由于刚架具有刚结点、杆数较少、内部空间大且多数是直杆组成制作施工方便等优点，所以在建筑工程中作为承重骨架，得到广泛的应用。

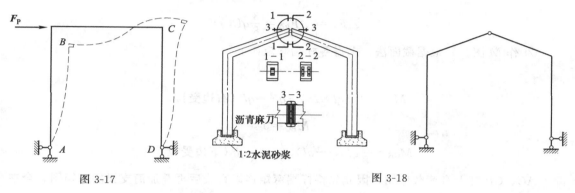

图 3-17   图 3-18

图 3-18 是一装配式钢筋混凝土三铰刚架的示意图，这种结构常作为仓库、轻型厂房的承重骨架。图 3-19（a）是现浇多层跨刚架。其中所有结点都是刚结点，习惯上称这种结构为框架。图 3-19（b）是其计算简图，其中图 3-18 所示的三铰刚架是静定的，而图 3-19 所示的框架为超静定。本节首先讨论静定平面刚架内力的计算。

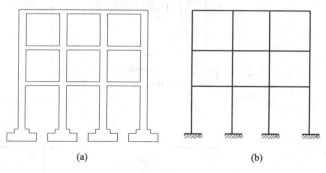

(a)   (b)

图 3-19

3.3.2 刚架的内力计算

在静定刚架的内力分析中，通常是先求支座反力，再求控制截面的内力，最后作内力图。绘制刚架内力图有许多技巧，但是重要的是截面法。现结合刚架的特点来说明绘制其内力图应注意的几个问题。

① 在刚架内力图中，剪力和轴力都有正负号规定，与梁相同，画在刚架杆件任意一侧。弯矩不规定正负号，只规定弯矩图应画在受拉纤维一侧。

② 为了使同一结点处的不同杆端截面内力符号不致发生混淆，在内力符号的右下方加用两个下标，来标明该内力所属的杆，其中第一个下标表示该内力所属的杆端截面，第二个下标表示同一杆的另一端。

③ 绘制刚架内力图的基本作法是将刚架折成杆件，求出各杆的杆端内力，然后利用杆端内力分别作各杆的内力图，各杆内力图合在一起就是刚架的内力图。作梁内力的基本技巧均适用于刚架，如荷载与内力的微分关系的利用，特别是叠加法在作刚架弯矩图时尤为重要。下面结合图 3-20 (a) 所示刚架说明其计算步骤。

① 求支座反力

$$\sum F_x = 0, \ F_{xA} = 1.5qL(\leftarrow)$$

$$\sum M_A = 0, \ F_{yB} = \frac{11}{8}qL(\uparrow)$$

$$\sum F_y = 0, \ F_{yA} = \frac{3}{8}qL(\downarrow)$$

② 作 M 图。先根据截面法，求得各杆端弯矩如下

$$M_{AC} = 0$$

$$M_{CA} = 1.5ql \times l - \frac{1}{2}ql^2 = ql^2 \text{(右边受拉)}$$

$$M_{BC} = 0$$

$$M_{CB} = \frac{11}{8}ql \times l - ql \times \frac{l}{2} = \frac{7}{8}ql^2 \text{(下边受拉)}$$

AC、CB 杆上有荷载作用，因此先将杆端弯矩连以直线后再叠加简支梁的弯矩图，合在一起得刚架弯矩图 [图 3-20 (b)]。

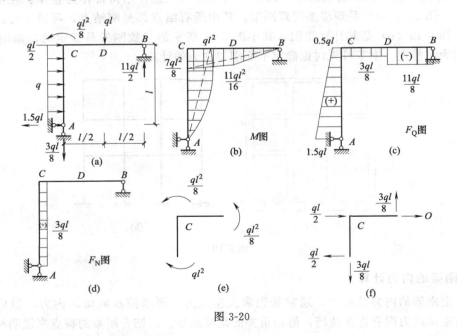

图 3-20

③ 作 F_Q 图。先求各杆杆端剪力

$$F_{QAC} = 1.5ql, \ F_{QCA} = 1.5ql - ql = 0.5ql, \ F_{QCD} = F_{QDC} = -\frac{3}{8}ql, \ F_{QDB} = F_{QBD} = -\frac{11}{8}ql$$

利用杆端剪力即可作出剪力图，如图 3-20（c）所示。剪力图中须注明正负号。

④ 作 F_N 图。先求各杆端轴力

$$F_{NAC} = F_{NCA} = \frac{3}{8}ql, \quad F_{NCB} = F_{NBC} = 0, \quad F_N 图如图 3-20（d）所示，须注明正负号。$$

⑤ 校核。图 3-20（e）所示结点 C 各杆端的弯矩和结点 C 处的外力偶，满足力矩平衡条件。$\sum M = ql^2 - \dfrac{ql^2}{8} - \dfrac{7}{8}ql^2 = 0$。图 3-20（f）所示为结点 C 各杆端剪力轴力和作用在结点 C 的集中力，满足两个投影方程

$$\sum F_x = \frac{ql}{2} - \frac{ql}{2} = 0, \quad \sum F_y = \frac{3}{8}ql - \frac{3}{8}ql = 0$$

例 3-5　用另一种方法作图 3-20（a）所示刚架的 F_Q 和 F_N 图。

解：首先作 M 图；然后取杆件作隔离体，利用杆端弯矩求杆端剪力，最后取结点作隔离体，利用杆端剪力求杆端轴力。

① 求杆端剪力。作杆 AC 的隔离体图，如图 3-21（a）所示。根据已作出的 M 图 [图 3-20（b）]，可知 A 端 M 为零，C 端 M 为 ql^2，右侧受拉，即为反时针力偶，未知杆端剪力和轴力按正方向画出，根据力矩平衡方程，可求出杆端剪力如下

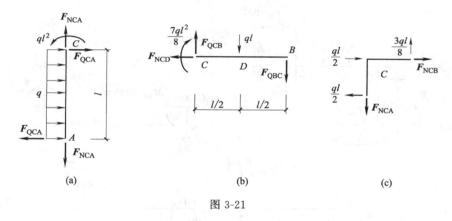

图 3-21

$$\sum M_A = 0, \quad F_{QCA} = \frac{1}{l}\left(ql^2 - ql \times \frac{l}{2}\right) = \frac{1}{2}ql$$

$$\sum M_C = 0, \quad F_{QAC} = \frac{1}{l}\left(ql^2 + ql \times \frac{l}{2}\right) = \frac{3}{2}ql$$

同理，由杆 CB 的隔离体图 [图 3-21（b）] 可得：$F_{QCB} = -\dfrac{3}{8}ql$，$F_{QBC} = -\dfrac{11}{8}ql$。

② 求杆端轴力。作结点 C 的隔离体图，如图 3-21（c）所示。根据已作出的 F_Q [图 3-20（c）]，可知：$F_{QCA} = \dfrac{1}{2}ql$（顺时针方向），$F_{QCB} = -\dfrac{3}{8}ql$（逆时针方向）。

其中的未知轴力 F_{NCA} 和 F_{NCB} 则按正方向画出。应用平面投影方程，可求出杆端轴力如下

$$\sum F_x = 0, \quad F_{NCB} - \frac{ql}{2} + \frac{ql}{2} = 0, \quad F_{NCB} = 0$$

$$\sum F_y = 0, \quad F_{NCA} = \frac{3}{8}ql$$

两种方法所得结果相同。对于复杂的情况，以第二种方法较为简便。另外，在已知 M 图的情况下，超静定刚架的 F_Q 图和 F_N 图，用第二种方法容易画出。

例 3-6 试作图 3-22（a）所示刚架的内力图。

解： ① 求支座反力

$$\sum F_y=0：F_{yC}=4q=8\text{kN}(\uparrow)$$

$$\sum M_D=0：F_{xE}=4\text{kN}(\leftarrow)$$

$$\sum F_x=0：F_{xD}=6\text{kN}(\rightarrow)$$

② 作 M 图

$$M_{CA}=0$$

$$M_{AC}=8\text{kN}\cdot\text{m}(\text{下边受拉})$$

$$M_{DA}=0$$

$$M_{AD}=18\text{kN}\cdot\text{m}(\text{左边受拉})$$

求各杆端弯矩值

$$M_{FE}=0$$

$$M_{BF}=2\text{kN}\cdot\text{m}(\text{右边受拉})$$

$$M_{DA}=0$$

$$M_{BE}=8\text{kN}\cdot\text{m}(\text{右边受拉})$$

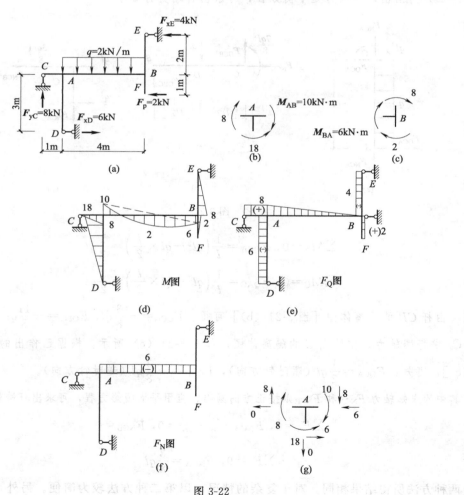

图 3-22

利用结点 A 能传递 M，根据 $\sum M_A = 0$，如图 3-22（b），求得 $M_{AB} = 10\text{kN} \cdot \text{m}$（上边受拉）。同理，如图 3-22（c），求得，$M_{BA} = 6\text{kN} \cdot \text{m}$（下边受拉）。

将各控制截面的弯矩连以直线，其中 AB 段还要叠加均布荷载产生的弯矩值，AB 段中点的弯矩值为

$$M_{AB} = \frac{1}{2}(-10+6) + \frac{1}{8} \times 2 \times 4^2 = 2\text{kN} \cdot \text{m}（下边受拉）$$

绘 M 图如图 3-22（d）所示。

③ 作 F_Q 图，求杆端剪力值如下（采用取隔离体的方法）

$$F_{QCA} = F_{QAC} = 8\text{kN}$$
$$F_{QDA} = F_{QAD} = -6\text{kN}$$
$$F_{QEB} = F_{QBE} = -4\text{kN}$$
$$F_{QFB} = F_{QBF} = 2\text{kN}$$
$$F_{QAB} = 8\text{kN}, \ F_{QBA} = 8 - 2 \times 4 = 0$$

F_Q 图如图 3-22（e）所示。

④ 作 F_N 图，求杆端轴力值如下

$$F_{NCA} = F_{NAC} = 0$$
$$F_{NDA} = F_{NAD} = 0$$
$$F_{NAB} = F_{NBA} = -6\text{kN}$$
$$F_{NEB} = F_{NBF} = 0$$

F_N 图如图 3-22（f）所示。

⑤ 校核。可以截取刚架的任何部分校核是否满足平衡条件，例如对结点 A［图 3-22（g）］可以验算 $\sum F_x = 0$，$\sum F_y = 0$，$\sum M = 0$。

例 3-7 绘出图 3-23（a）所示复杂刚架的内力图。

解： ① 先计算附属部分 DFG 的支反力和铰 D 处的相互作用力，然后计算基本部分 $ABCDE$ 的反力，结果如图 3-23（b）所示。根据刚架上的荷载和支座反力，用区段叠加法作出结构的 M 图，如图 3-23（c）所示。

② 作 F_Q 图。对于 AB、BC、CD、DE 等杆件，其杆端剪力较容易求得，而对于斜杆 FG，宜取脱离体，如图 3-23（d）所示，由力矩方程求杆端剪力。作剪力图［图 3-23（e）］。

$$\sum M_F = 0$$
$$F_{QGF} \times 4.47 + \frac{1}{2} \times 2 \times 4^2 - 8 = 0$$
$$F_{QGF} = -1.79\text{kN}$$
$$\sum M_G = 0$$
$$F_{QFG} \times 4.47 - \frac{1}{2} \times 2 \times 4^2 - 8 = 0$$
$$F_{QFG} = 5.37\text{kN}$$

③ 作 F_N 图。为了求杆端轴力 F_{NFG}，取 F 点为脱离体，如图 3-23（f）所示，由

$$\sum X = 0:$$
$$F_{NFG} + 4 \times \frac{4}{4.47} + 8 \times \frac{2}{4.47} = 0$$
$$F_{NFG} = -7.16\text{kN}$$

同理：可求出 $F_{NGF} = -3.58\text{kN}$，作轴力图如图 3-23（g）所示。

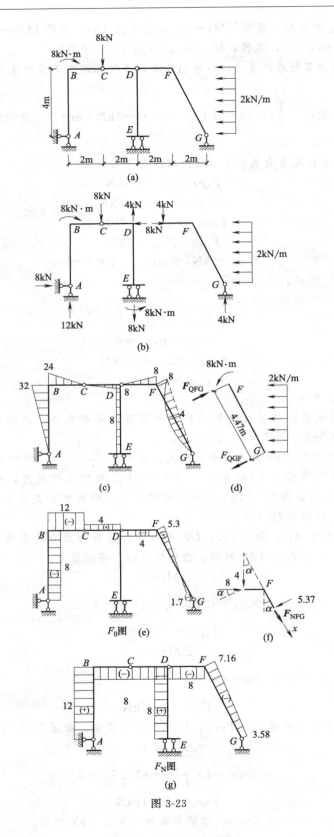

图 3-23

例 3-8　绘出图 3-24 所示三铰刚架的弯矩图。

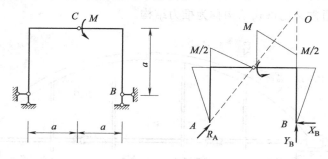

图 3-24

解：先求水平支座反力，然后作弯矩图。

$$\sum M_O = m - 2a \times X_B = 0, \text{得}\quad X_B = M/(2a)$$

注：① 三铰刚架仅半边有荷载，另半边为二力体，其反力沿两铰连线，对 O 点取矩可求出 B 点水平反力，由 B 支座开始作弯矩图。

② 集中力偶作用处，弯矩图发生突变，突变前后两条线平行。

③ 三铰刚架绘制弯矩图时，关键是求出一水平反力。

例 3-9　绘出图 3-25 所示刚架的弯矩图。

解：先求水平反力，然后作弯矩图如图 3-25（b）所示。

$$\sum X = 0: X_A = ql$$
$$\sum Y = 0: Y_A = 0$$

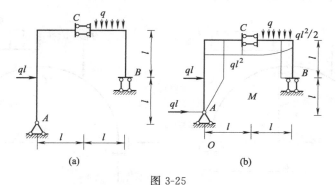

图 3-25

注：在定向支座处、定向连接处剪力等于零，剪力等于零的杆段弯矩图平行于轴线。利用这些特点可以简化支座反力的计算和弯矩图绘制。

3.4　三铰拱的反力和内力计算

3.4.1　拱式结构的特点及应用

三铰拱是一种静定的拱式结构，在桥梁和房屋建筑中都常应用。图 3-26 为装配式钢筋混凝土三铰拱。拱的基本特点是在竖向荷载作用下将产生水平反力或称推力的结构，如图 3-27（a）所示。对于有拉杆的三铰拱，推力就是拉杆内的拉力。推力对拱的内力有重要影响。曲杆的轴线常用抛物线和圆弧，有时采用悬链线。拱式结构与梁式结构的重要区别在于竖向荷载作用下是否存在水平推力。图 3-27（b）所示不是拱，原因是它在竖向荷载作用下支座并不产生水平推力,故称为曲梁。有无水平推力的存在是拱式结构区别于梁式结构的一个重要标志,因此通常又把拱式结构称为推力结构。

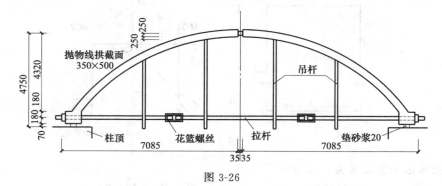

图 3-26

在拱式结构中,由于水平推力存在,使拱的弯矩比相应简支梁的弯矩小。而且拱中剪力也较小,拱主要是承受轴向压力。由于拱截面应力沿截面高度分布均匀,材料强度得以充分发挥,较之梁来说,自重较轻,故能跨越较大的空间。而且可以利用抗拉性能弱、抗压性能强的材料,如砖、石材、混凝土作为拱体材料。但是拱式结构的缺点是构造比较复杂,施工费用较大。同时,由于水平推力的存在,拱需要有较为坚固的支座。

图 3-27 (a) 所示三铰拱是三刚片用三铰组成的静定结构,铰 A 和 B 称为拱脚铰,铰 C 称为顶铰,L 称为跨度,f 称为拱矢或矢高。拱高 f 与跨度 L 的比值是拱的基本参数,拱的主要性能与高跨比有关。在工程中高跨比在 1~10 之间变化。

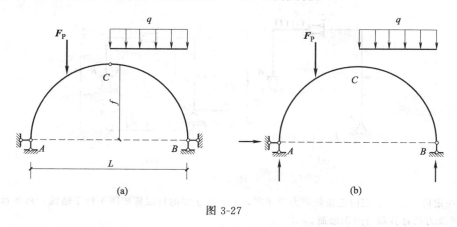

图 3-27

为了消除推力对支座的影响,有时采用带拉杆的拱〔图 3-28 (a)〕,即去掉三铰拱中的一个水平支杆,而代以拉杆 AB,拉杆的拉力代替支座水平反力的作用,产生负弯矩。所以

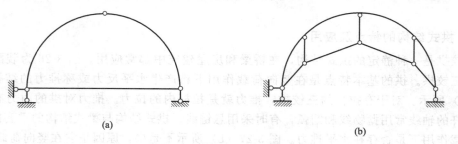

图 3-28

这种结构的内部受力与三铰拱相同。为了获得较大的净空，拉杆有时做成图 3-28 （b）所示的折线形式。

3.4.2　三铰拱的反力计算

图 3-29 （a）所示三铰拱，有四个支座反力 F_{VA}、F_{HA}、F_{VB}、F_{VB}，为了便于比较，在图 3-29 （b）中画出一个简支梁，跨度和荷载与三铰拱相同，称为相应简支梁，相应简支梁上荷载是竖向的，因此其支座反力只有竖向反力 F_{VA}^0 和 F_{VB}^0，它们分别由平衡方程 $\sum M_B = 0$，$\sum M_A = 0$ 求出。

考虑拱的整体平衡，由 $\sum M_B = 0$ 和 $\sum M_A = 0$，可求出拱的竖向反力为

$$F_{VA} = \frac{1}{l}(F_{P1}b_1 + F_{P2}b_2)$$

$$F_{VB} = \frac{1}{l}(F_{P1}a_1 + F_{P2}a_2)$$

与图 3-29 （b）中的相应简支梁相比知

$$F_{VA} = F_{VA}^0，\quad F_{VB} = F_{VB}^0 \tag{3-4}$$

这就是说，拱的竖向反力与简支梁的竖向反力相同。

由 $\sum F_x = 0$ 得：　　　　　$F_{HA} = F_{HB} = F_H$

A、B 两点的水平反力方向相反，数量相等，以 F_H 表示推力的数量。

再应用铰 C 提供的条件 $M_C = 0$，即取三铰拱的左半跨 （AC）为隔离体，将作用于左半拱上的所有外力对 C 点的力矩的代数和等于零。

$$F_{VA}l_1 - F_{P1}d_1 - F_H f = 0$$

前两项是 C 点左边所有竖向力对 C 点的力矩代数和，等于简支梁相应截面 C 的弯矩。以 M_C^0 表示简支梁截面 C 的弯矩，则上式写成

$$M_C^0 - F_H f = 0$$

所以　　　　　　　　　　　　$$F_H = \frac{M_C^0}{f} \tag{3-5}$$

由此可知，推力与拱轴的曲线形式无关，而与拱高 f 成反比，拱愈低推力愈大。而当 $f \rightarrow 0$ 时，推力 F_H 趋于无限大，这时 A、B、C 三铰在同一直线上，拱成为瞬变体系。

3.4.3　三铰拱的内力计算

求出三铰拱的支座反力后，再求指定截面的内力。取三铰拱截面 D 左边为隔离体，如图 3-29 （e）所示，在截面 D 作用有弯矩 M_D、剪力 F_{QD} 和轴力 F_{ND}。在计算中借用简支梁相应截面 D 的弯矩 M_D^0 和剪力 F_{QD}^0 ［图 3-29 （c）］。根据隔离体的力矩平衡方程，可求出截面 D 的弯矩 M_D。并且规定使拱的内侧纤维受拉的弯矩为正。由 $\sum M_D = 0$，得

$$M_D = [F_{VA}x - F_{P1}(x - a_1)] - F_H y$$

根据 $F_{VA} = F_{VA}^0$，上式方括号内的值等于简支梁截面 D 的弯矩 M_D^0，故上式写为

$$M_D = M_D^0 - F_H y \tag{3-6}$$

即拱内任一截面弯矩等于相应简支梁对应的弯矩减去由于拱的推力 F_H 所引起的弯矩 $F_H y$，由此可知，由于推力的存在，三铰拱的弯矩比相应剪支梁的弯矩小。

截面 D 的剪力 F_{QD} 和轴力 F_{ND} 可由投影方程求出 ［图 3-29 （e）］，并注意把图 3-29 中的竖向分力 F_Q^0 和水平分力 F_H 加以分解。这里剪力的正负与梁的正负规定相同，由于拱通常受轴向压力，因此，规定轴力以压为正。

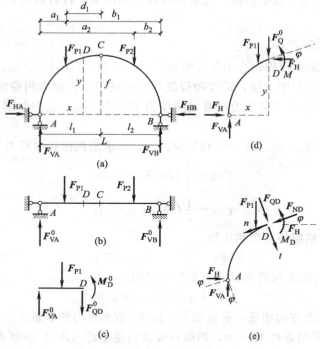

图 3-29

由 $\sum F_t = 0$ 得：
$$F_{QD} = (F_{VA} - F_{P1})\cos\varphi - F_H\sin\varphi$$

显然，$F_{VA} - F_{P1} = F_{QD}^0$，于是上式可写成

$$F_{QD} = F_{QD}^0\cos\varphi - F_H\sin\varphi \tag{3-7}$$

同理，由 $\sum F_n = 0$ 得：
$$F_{ND} = (F_{VA} - F_{P1})\sin\varphi + F_H\cos\varphi$$
$$= F_{QD}^0\sin\varphi + F_H\cos\varphi \tag{3-8}$$

式中 φ 表示截面 D 处轴线的切线与水平线所成的锐角，应用式（3-7）和式（3-8）时，在拱的左半，φ 取正号，在拱的右半，φ 取负号。

利用内力表达式（3-6）～式（3-8）可求出三铰拱中任一截面的 M、F_Q、F_N。三铰拱中 M、F_Q、F_N 图是曲线形的，没有直线线段，要逐点来求，通常把拱的水平投影分成若干段，求出分界点对应截面的内力，然后联以曲线，即得相应的内力图。分成多少段，视设计精度而定。

例 3-10 试作图 3-27（a）所示三铰拱的内力图。拱轴为一抛物线，当坐标原点选在左支座时，它的方程为 $y = \dfrac{4f}{l^2}(l-x)x$。

解： 将拱按其水平投影分成 8 段，每段长 1.5m，如图 3-30（a）所示，
① 拱的支座反力，由公式（3-4）和公式（3-5）可得

$$F_{VA} = F_{VA}^0 = \frac{100 \times q + 20 \times 6 \times 3}{12} = 105\text{kN}$$

$$F_{VB} = F_{VB}^0 = \frac{100 \times 3 + 20 \times 6 \times q}{12} = 115\text{kN}$$

$$F_H = \frac{M_C^0}{f} = \frac{105 \times 6 - 100 \times 3}{4} = 82.5\text{kN}$$

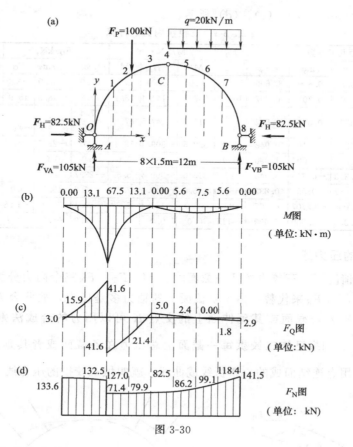

图 3-30

② 然后分别计算出各等分点处截面上的内力值，再根据这些数值作出 M、F_Q、F_N 图，现以截面 2 为例，说明内力的计算方法。

当 $x=3\mathrm{m}$ 时，由拱轴方程可得

$$y=\frac{4f}{l^2}(l-x)\times x=\frac{4\times4}{12^2}(12-3)\times3=3\mathrm{m}$$

$$\tan\varphi=\frac{\mathrm{d}y}{\mathrm{d}x}\Big|_{x=3}=\frac{4f}{l}\Big(1-\frac{2x}{l}\Big)\Big|_{x=3}=\frac{4\times4}{12}\Big(1-\frac{2\times3}{4}\Big)=0.667$$

查表：$\varphi=33°43'$，$\sin\varphi=0.555$，$\cos\varphi=0.832$。

由公式 (3-6) 可得

$$M_2=M_2^0-F_H y=105\times3-82.5\times3=67.5\mathrm{kN\cdot m}$$

求截面 2 的剪力和轴力时，由于有集中力的作用，相应简支梁 F_Q^0 有突变，由此，拱的剪力和轴力也有突变，需分左右两个截面计算，由公式 (3-7) 和公式 (3-8) 可得

$$F_{Q2}^l=F_{Q2L}^0\cos\varphi-F_H\sin\varphi$$
$$=105\times0.832-82.5\times0.555=41.6\mathrm{kN}$$

$$F_{N2}^l=F_{Q2L}^0\sin\varphi+F_H\cos\varphi$$
$$=105\times0.555+82.5\times0.832=127\mathrm{kN}$$

$$F_{Q2}^R=F_{Q2R}^0\cos\varphi-F_H\sin\varphi=(105-100)\times0.832-82.5\times0.555=-41.6\mathrm{kN}$$

$$F_{N2}^R=F_{Q2R}^0\sin\varphi+F_H\cos\varphi=(105-100)\times0.555+82.5\times0.832=71.4\mathrm{kN}$$

其他各截面的内力计算结果列于表 3-1 中（读者可以自己验算）。根据表中的数值得 M、

F_Q 及 F_N 图，如图 3-30（b）、（c）、（d）所示。

表 3-1　三铰拱内力的计算

拱轴分点	截面几何参数					F_Q^0	M/kN·m			F_Q/kN			F_N/kN		
	x	y	$\tan\varphi$	$\sin\varphi$	$\cos\varphi$		M^0	$-Hy$	M	$F_Q^0\cos\varphi$	$F_H\sin\varphi$	F_Q	$F_Q^0\sin\varphi$	$F_Q^0\cos\varphi$	F_N
0	0.0	0.00	1.333	0.800	0.600	105.0	0.0	0.0	0.0	63.0	-66.0	-3.0	84.0	49.5	133.5
1	1.5	1.75	1.000	0.707	0.707	105.0	157.5	-144.4	13.1	74.2	-58.3	15.9	74.2	58.3	132.5
2^L 2^R	3.0	3.00	0.677	0.555	0.832	105.0 5.0	315.0	-247.5	67.5	87.4 4.2	-45.8	41.6 -41.6	58.4	68.2	127.0 71.4
3	4.5	3.75	0.333	0.316	0.948	5.0	322.5	-309.4	13.1	4.7	-26.1	-21.4	1.6	78.3	79.9
4	6.0	4.00	0.000	0.000	1.000	5.0	333.0	-330.0	0.0	5.0	0.0	5.0	0.0	82.5	82.5
5	7.5	3.75	-0.333	-0.316	0.948	-25.0	315.0	-309.4	5.6	-23.7	26.1	2.4	7.9	78.3	86.2
6	9.0	3.00	-0.667	-0.555	0.832	-55.0	255.0	-247.5	7.5	-45.8	45.8	0.0	30.5	68.6	99.1
7	10.5	1.75	-1.000	-0.707	0.707	-85.0	15.0	-144.4	5.6	-60.1	58.3	-1.8	60.1	58.3	118.4
8	12.0	0.00	-1.333	-0.800	0.600	-115	0.0	0.0	0.0	-68.9	66.0	-2.9	92.0	49.5	141.5

3.4.4　三铰拱的压力线

在一般荷载情况下，三铰拱的任一截面均有 M、F_Q、F_N 三个内力分量。这三个内力分量可以用它们的合力 F_R 来代替。由于拱截面上的轴力多是压力，故此合力常称为截面上的总压力。这个总压力与截面或其延伸面上的交点 K 可以用力的合成法则确定，如图 3-31（a）中，$e_K = \dfrac{M}{F_R}$。如果已知三铰拱每一截面上总压力在各截面或者其延伸面上的作用点，这样，由这些作用点连结而成的一条折线或曲线，就叫做三铰拱的压力线［图 3-31（b）］。

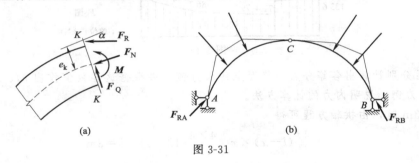

图 3-31

现以图 3-32 所示三铰拱为例，说明求截面合力的图解作法。

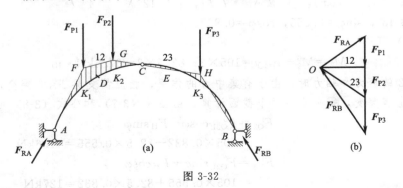

图 3-32

第一步确定各截面合力的大小和方向。首先，用数解法求支座 A、B 的竖向和水平反力及其合力 F_{RA} 和 F_{RB}。然后，按 F_{RA}、F_{P1}、F_{P2}、F_{P3}、F_{RB} 的顺序画出闭合力多边形。最后以 F_{RA} 和 F_{RB} 的交点 O 为极点，画出射线 12 和 23（由极点到力多边形顶点的连线），如图

3-32（b）所示。现在说明各条射线的意义。例如射线 12 表示 K_1K_2 段中任一截面左边外力 F_{RA} 与 F_{P1} 的合力，同时也代表该截面右边所有外力 F_{P2}、F_{P3}、F_{RB} 的合力。总之，四条射线 F_{RA}、12、23、F_{RB} 分别表示 AK_1、K_1K_2、K_2K_3、K_3B 四段中任意截面左边或右边所受外力的合力的大小和方向。显然，射线只表示合力的大小和方向，并不表示合力的作用线。

第二步确定各截面合力的作用线。由图 3-32（b）已经知道了四个合力 F_{RA}、12、23、F_{RB} 的方向，如果再分别确定一个作用点，则每个合力的作用线就确定了。现由图 3-32（a）说明作法如下。

首先，F_{RA} 应通过支点 A，故由 A 点作射线 F_{RA} 的平行线，即为合力 F_{RA} 的作用线；其次，F_{RA} 与 F_{P1} 的作用线相交于 F 点，它们的合力 12 也应通过 F 点。因此由 F 点作射线 12 的平行线 FG，即为合力 12 的作用线；再次，12 与 F_{P2} 的作用线交于 G 点，因此，由 G 点作射线 23 的平行线 GH，即为合力 23 的作用线；最后，由 23 与 F_{P3} 的作用线的交点 H 作射线 F_{RB} 的平行线，即为合力 F_{RB} 的作用线。显然，此线应当通过支座 B 点。此性质可作为校核条件，用以检验作图的精度。

以上依次得出了四个合力的作用线，它们组成一个多边形 $AFGHB$，称作索多边形，其中每条边称作索线。四条索线 F_{RA}、12、23、F_{RB} 分别表示 AK_1、K_1K_2、K_2K_3、K_3B 各段中任一截面左边或右边所有外力的合力作用线。因此这个索多边形又叫做合力多边形。对拱来说，由于截面轴力一般为压力，故又称作压力多边形或压力线。

总结起来，利用压力线和力多边形这两个图形，可确定拱中任一截面一边外力的合力：即合力的大小和方向可由力多边形中的射线确定，合力作用线则由压力线的索线确定。合力确定之后，即可求出截面的弯矩、剪力和轴力。以图 3-32（a）中截面 D 为例，它的合力 F_{RD} 由索线 12 和射线 12 共同表示。求弯矩 M_D 时，可先在图 3-32（b）中量出射线 12 的长度，从而得出合力 F_{RD} 的数值，然后在图 3-32（a）中量出截面形心 D 到索线 12 的垂直距离 r_D，则 D 截面弯矩 $M_D=F_{RD}r_D$。求剪力 F_{QD} 和轴力 F_{ND} 时，可在图 3-32（b）中将射线 12（F_{RD}）沿平行和垂直于截面 D 的方向投影，即得出 F_{QD} 和 F_{ND}，可见，压力线应当与杆轴线在铰 A、B、C 处相交，这一性质也可用于压力线图的校核。

压力线在砖石和混凝土拱的设计中是很重要的概念。由于这些材料的抗拉强度低，通常要求各个截面不出现拉应力。因此，压力线不应超出截面的核心，如拱的截面为矩形，因矩形截面的截面核心高度为截面高度的三分之一，故压力线不应超出截面对称轴上三等分的中段范围。

3. 4. 5　三铰拱的合理轴线

拱在荷载作用下，各截面上一般将产生三个内力分量，即弯矩、剪力和轴力。当拱的压力线与拱的轴线重合时，各截面形心到合力作用线的距离为零，则各截面弯矩为零（剪力也为零），只受轴力作用，正应力沿截面均匀分布，拱处于无弯矩状态，这时材料的使用最经济。在固定荷载作用下使拱处于无弯矩、无剪力的状态的轴线称为合理轴线。

式（3-6）表明，在竖向荷载作用下，三铰拱的弯矩 M 是简支梁的弯矩（M^0）与（$-F_H y$）叠加而得，而后一项与拱的轴线有关。因此，如果对拱的轴线形式加以选择，则有可能使拱处于无弯矩状态。实际上，在竖向荷载作用下，三铰拱合理轴线方程可由下式求得

$$M=M^0-F_H y=0$$

故 $$y = \frac{M^0}{F_H}$$ (3-9)

式（3-9）说明，在竖向荷载作用下，三铰拱的合理轴线的纵坐标与简支梁弯矩的纵坐标成正比。了解合理轴线的概念，有助于设计中选择合理的结构形式，更好地发挥人的主观能动作用。

例 3-11 试求图 3-33（a）所示三铰拱在竖向荷载作用下的合理拱轴线。

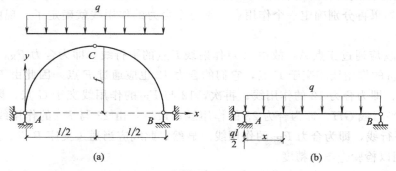

图 3-33

解： 由式（3-9）得出 $$y = \frac{M^0}{F_H}$$

简支梁 [图 3-33（b）] 的弯矩方程为

$$M^0 = \frac{q}{2}x(l-x)$$

拱的推力为：$F_H = \dfrac{M_C^0}{f} = \dfrac{ql^2}{8f}$，所以

$$y = \frac{4f}{l^2}x(l-x)$$

由此可知，三铰拱在竖向荷载作用下的合理拱轴线为一抛物线，正因为如此，所以房屋建筑中拱的轴线常用抛物线。

例 3-12 试求图 3-34（a）所示三铰拱在垂直于拱轴线的均布荷载（如水压）作用下的合理拱轴线。

解： 首先假定拱处于无弯矩，然后根据平衡条件推求合理拱轴的方程，为此，从拱中截取一微段为隔离体 [图 3-34（b）]。设微段两侧截面上弯矩、剪力为零，而只有轴力 F_N 和 $F_N + dF_N$，由 $\sum M_0 = 0$ 有

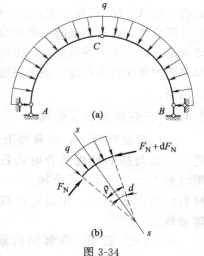

图 3-34

$$F_N \rho - (F_N + dF_N)\rho = 0$$

ρ 为微段的曲率半径。由上式得

$$dF_N = 0$$

由此可知，$F_N =$ 常数。

再沿 $S\text{-}S$ 轴投影，$\sum F_S = 0$ 有

$$2F_N \sin\frac{d\varphi}{2} - q\rho d\varphi = 0$$

因为 $d\varphi$ 很小，故取 $\sin\dfrac{d\varphi}{2} = \dfrac{d\varphi}{2}$，于是上式成为：$F_N - q\rho = 0$

因 F_N 为常数，荷载 F_Q 也为常数，故

$$\rho=\frac{F_N}{q}=\text{常数}$$

由于各截面的曲率半径为常数，表明拱的轴线是圆弧曲线。

例 3-13　试求图 3-35 所示三铰拱在拱上填料重量作用下的合理拱轴。拱上荷载集度按 $q=q_C+ry$ 变化，其中 q_C 为拱顶处荷载集度，r 为填料容重。

解：将式（3-9）对 x 微分两次得

$$\frac{\mathrm{d}^2 y}{\mathrm{d}x^2}=\frac{1}{F_H}\times\frac{\mathrm{d}^2 M^0}{\mathrm{d}x^2}$$

用 $q(x)$ 表示沿水平线单位长度的荷载值，则

$$\frac{\mathrm{d}^2 M^0}{\mathrm{d}x^2}=-q(x)$$

所以有　　　$\dfrac{\mathrm{d}^2 y}{\mathrm{d}x^2}=-\dfrac{1}{F_H}q(x)$　　　（3-10）

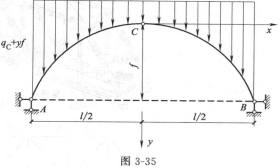

图 3-35

这就是在竖向荷载作用下拱的合理轴线的微分方程。式中规定 y 向上为正。在图 3-35 中，y 轴是向下的，故式（3-10）右边改取正号，即：$\dfrac{\mathrm{d}^2 y}{\mathrm{d}x^2}=\dfrac{q(x)}{F_H}$

将 $q=q_C+ry$ 代入上式得　　　　　$\dfrac{\mathrm{d}^2 y}{\mathrm{d}x^2}-\dfrac{r}{F_H}y=\dfrac{q_C}{F_H}$

这个微分方程的解答可用双曲线函数表示如下

$$y=A\,\mathrm{ch}\sqrt{\frac{r}{F_H}}x+B\,\mathrm{sh}\sqrt{\frac{r}{F_H}}x-\frac{q_C}{F_H}$$

常数 A、B 可由边界条件确定：在 $x=0$ 时，$y=0$ 得 $A=\dfrac{q_C}{r}$。

在 $x=0$ 时，$\dfrac{\mathrm{d}y}{\mathrm{d}x}=0$ 得 $B=0$，因此：$y=\dfrac{q_C}{r}\left(\mathrm{ch}\sqrt{\dfrac{r}{F_H}}x-1\right)$。

上式说明，在填料重量作用下，三铰拱的合理轴线是一悬链线。

在工程实际中，同一结构往往要受到各种不同荷载的作用，而对应不同的荷载就有不同的合理轴线。因此，根据某一固定荷载所确定的合理轴线并不能保证拱在各种荷载作用下都处于无弯矩状态。在设计中应当尽可能地使拱的受力状态接近于无弯矩状态。通常是以主要荷载作用下的合理轴线作为拱的轴线。这样，在一般荷载作用下拱将不会产生太大的弯矩。

3.5　静定平面桁架内力计算

3.5.1　桁架的特点和组成

梁和刚架承受荷载后，主要产生弯曲内力，截面上的应力分布不是均匀的，因而材料不能充分利用。桁架是由杆件组成的格构体系，当荷载只作用在结点上时，各杆内力主要为轴力，截面上的应力基本上分布均匀，可以充分发挥材料的作用。因此，桁架是大跨度结构常用的一种形式。

桁架在工程实际中有广泛的应用。图 3-36（a）所示钢桁架桥，它是由两片主桁架和联

结系统及桥面系统组成的空间结构。列车荷载通过钢轨、枕木、纵梁，横梁传到主桁架结点上。各杆件与结点之间是用许多铆钉（或螺栓）联结起来的。此外，主桁架与联结系、桥面系之间也是铆接或者焊接的。可见，实际钢桁架的构造和受力情况是很复杂的。

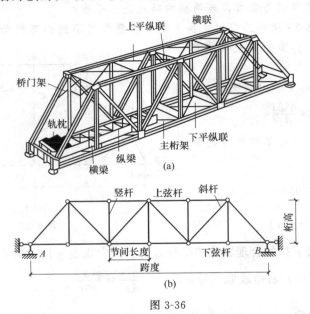

图 3-36

在竖向荷载作用下计算主桁架时，为简化起见，可不考虑整个体系的空间作用，而认为纵梁是支承在横梁上的简支梁，横梁又是支承在主桁架结点上的简支梁，这样，每片主桁架便可作为彼此独立的平面桁架来计算。

由上可见，实际桁架的受力情况比较复杂，在计算中必须抓主要矛盾，对实际桁架作必要的简化。通常在桁架的内力计算中，采用下列假定：

① 桁架的结点都是光滑的铰结点；

② 各杆的轴线都是直线并通过铰的中点；

③ 荷载和支座反力都作用在结点上。

图 3-36（b）是根据以上假设作出的图 3-36（a）所示钢桥的计算简图。

实际桁架与上述假定是有差别的。除木桁架的榫接结点比较接近于铰结点外，钢桁架和钢筋混凝土桁架的结点都有很大的刚性。有些杆件在结点处是连续不断的。各杆的轴线也不一定完全交于一点。但科学实验和工程实践证明，结点刚性等因素的影响一般说来对桁架是次要的。按上述假定计算得到的桁架内力称为主内力。由于实际情况与上述假定不同而产生的附加内力称为次内力。这里只研究主内力的计算。

桁架的杆件布置必须满足几何不变体系的组成规律。根据几何组成的特点，静定平面桁架可分为以下三类。

① 简单桁架：由一个基本铰结三角形或基础开始，依次增加二元体而组成的桁架（图3-37）。

② 联合桁架：由几个简单桁架按几何不变体系的简单组成规则而联合组成的桁架（图3-38）。

③ 复杂桁架：凡不是按上述两种方式组成的桁架，如图3-39（a）、（b）和图3-40所示为复杂桁架。其中图3-39（a）为由三刚片规则两两相连而成的复杂静定桁架，而图3-39（b）

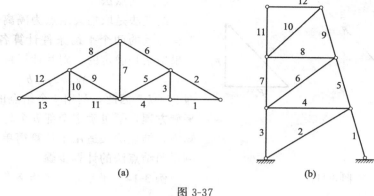

图 3-37

和图 3-40 所示复杂桁架则难以由第 2 章所述的几何组成规则来判断其几何属性，一般使用零载法来判别其几何属性。

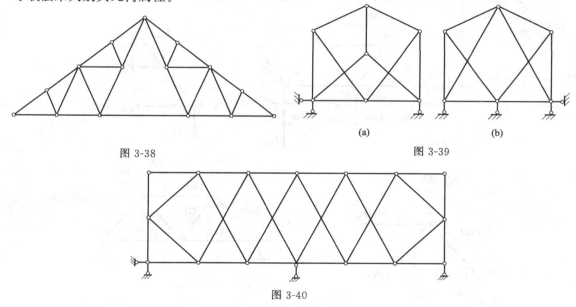

图 3-38　　　　　　　　　　　　　　　　　图 3-39

图 3-40

3.5.2　结点法、截面法及其联合应用

为了求得桁架各杆的轴力，可以截取桁架中的一部分为隔离体，考虑隔离体的平衡，建立平衡方程，由平衡方程解出杆的轴力。如果隔离体只包含一个结点，这种方法叫做结点法。如果截取的隔离体包含两个以上的结点，这种方法叫做截面法。

在建立平衡方程时，时常需要把杆的轴力 F_N 分解为水平分力 F_x 和竖向分力 F_y。在图 3-41 （a）中，杆 AB 的杆长 l 及其水平投影 l_x 和竖向投影 l_y 组成一个三角形。在图 3-41 （b）中，杆 AB 的轴力 F_N 及其水平分力 F_x 和竖向分力 F_y 组成一个三角形。这两个三角形各边相互平行，所以是相似的，因而，有下列比例关系

$$\frac{F_N}{l} = \frac{F_x}{l_x} = \frac{F_y}{l_y} \tag{3-11}$$

利用这个比例关系，可以很简便地由 F_N 推算 F_x 和 F_y 或者反过来由 F_x 推算 F_N 和 F_y，由 F_x 推算 F_N 和 F_x，而不需使用三角函数进行计算。

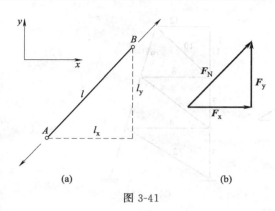

图 3-41

（1）结点法

结点法是取桁架结点为隔离体，利用平面汇交力系的两个平衡条件计算各杆的未知力。如果桁架是静定的，则其计算自由度为

$$W=2j-b$$

即 $2j=b$。因此，利用 j 个结点的 $2j$ 个独立的平衡方程，便可确定全部 b 个杆件或支杆的未知力，结点法最适用于计算简单桁架，下面举例说明结点法的计算步骤。

例 3-14 用结点计算桁架各杆内力 [图 3-42 （a）]。

解： 本桁架是简单桁架，可用结点法求出全部内力。

先求支座反力，$R_{Ay}=6.25\text{kN}$，$R_{By}=3.75\text{kN}$，然后按 1、2、3、4、5 次序截取结点。

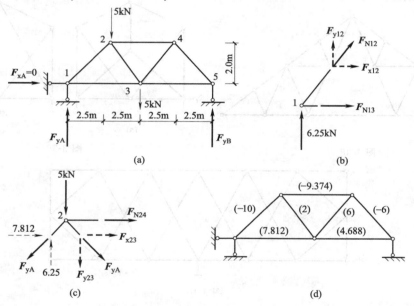

图 3-42

取结点 1 [图 3-42 （b）]，未知力 F_{N12}、F_{N13} 假设为拉力，并将斜杆轴力 F_{N12} 用其分力 F_{x12} 和 F_{y12} 代替。

由 $\sum F_y=0$：$F_{y12}+6.25=0$，得 $F_{y12}=-6.25\text{kN}$

由比例关系式（3-11）得

$$F_{x12}=-6.25\times\frac{2.5}{2}=-7.812\text{kN}$$

$$F_{N12}=-6.25\times\frac{3.20}{2}=-10\text{kN（压力）}$$

由 $\sum F_x=0$：$F_{N13}+F_{x12}=0$，得：$F_{N13}=7.812\text{kN（拉力）}$

取结点 2 [图 3-42 （c）]，其中的已知力都是按实际方向画出，未知力都假设为拉力。

由 $\sum F_y=0$：$F_{y23}+5-6.25=0$，得 $F_{y23}=1.25\text{kN}$

由比例关系式（3-11）得

$$F_{x23}=1.25\times\frac{2.5}{2}=1.5625\text{kN}$$

$$F_{N23}=1.25\times\frac{3.20}{2}=2\text{kN}\quad(拉力)$$

再由 $\sum F_x=0$：$F_{N24}+1.5625+7.812=0$，得 $F_{N24}=-9.374\text{kN}$（压力）。同理，依次取结点 3、4、5 为隔离体，可以求得 $F_{N34}=6\text{kN}$，$F_{N35}=4.688\text{kN}$，$F_{N45}=-6\text{kN}$，整个桁架的轴力如图 3-42 (d) 所示。

用结点法计算简单桁架时，只要截取结点的次序与桁架组成时添加结点的次序相反，就可以顺利地求出全部轴力。

值得指出的是，在桁架中常有一些特殊件，其内力可以由这些杆件所在结点的平衡条件直接求出。掌握了这些特殊杆（含零杆）的判断，对于简化桁架内力计算可以带来很大的方便。

① 两杆结点上无荷载 [图 3-43 (a)] 作用时，该两杆内力等于零，凡内力为零的杆件称为零杆。

② 三杆结点无荷载作用时，并且其中的两杆在一条直线上 [图 3-43 (b)]，第三根杆（又称结点单杆）内力必等于零。而共线两杆内力相等且符号相同。

③ 四杆结点且两两共线 [图 3-43 (c)]，又称为 X 形结点，当结点上无荷载时，则共线两杆内力相等且符号相同。

④ 四杆结点，其中两杆共线，而另外两杆在此直线同侧且交角相等 [图 3-43 (d)]，又称 K 形结点。如结点上无荷载，则非共线两杆内力大小相等且符号相反。

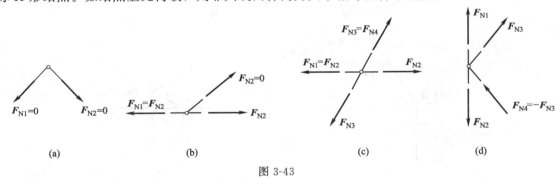

图 3-43

应用以上结论，不难判断出图 3-44 (a)、(b) 中在荷载 F_P 作用下，只有用粗实线表示的各杆内力不为零，其余各杆都是零杆。

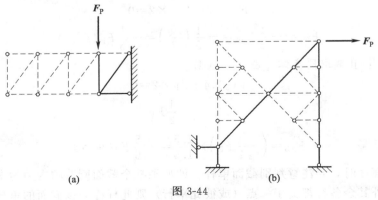

图 3-44

（2）截面法

截面法是用截面切断拟求内力的杆件，从桁架中截取一部分为隔离体（隔离体至少应包含两个以上的结点），利用平面一般力系的三个平衡方程，计算所截各杆中的未知轴力。如果所截各杆中的未知力只有三个，它们既不相交于同一点，也不彼此平行，则用截面法即可直接求出这三个未知力。因此截面法适用于联合桁架或简单桁架中少数杆件的计算。

为了避免解联立方程，应选择适当的平衡方程。投影方向和矩心位置的选取尤为重要。另外，截取隔离体的截面既可以是平面，也可以是曲面、多折面等。

例 3-15　试求图 3-45（a）所示桁架 a、b、c 三杆的内力。

解：① 截取结点 B ［图 3-45（b）］

由 $\sum F_y = 0$，得 $\qquad\qquad F_{NC}\sin\beta + F_{RB} = 0$

所以 $\qquad F_{NC} = -\dfrac{F_{RB}}{\sin\beta} = -\dfrac{F_P}{2}\Big/\dfrac{6}{\sqrt{10}} = -\dfrac{\sqrt{10}}{6}F_P$ （压力）

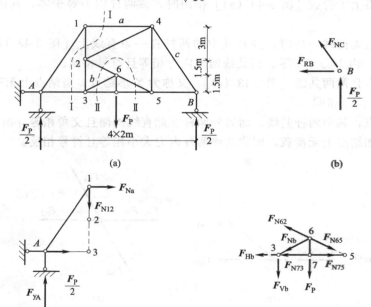

图 3-45

② 由截面 Ⅰ-Ⅰ 切取隔离体 ［图 3-45（c）］

由 $\sum M_3 = 0$ 得 $\qquad\qquad F_{Na}\times 6 + F_{yA}\times 2 = 0$

所以 $\qquad\qquad F_{Na} = -\dfrac{1}{3}F_{yA} = -\dfrac{1}{3}\left(\dfrac{F_P}{2}\right) = -\dfrac{1}{6}F_P$（压力）

③ 由截面 Ⅱ-Ⅱ 截取隔离体 ［图 3-45（d）］

由 $\sum M_5 = 0$ 得 $\qquad\qquad F_{Vb}\times 4 + F_P\times 2 = 0$

所以 $\qquad\qquad F_{Vb} = -\dfrac{1}{2}F_P$

由比例关系得 $\qquad F_{Nb} = \left(-\dfrac{1}{2}F_P\right)\times\dfrac{2.5}{1.5} = -\dfrac{5}{6}F_P$（压力）

在应用截面法时，要注意判别截面单杆。即如果某个截面所截的内力为未知的各杆内力中，除某一杆外其余各杆都交于一点（或彼此平行）则此杆称为该截面的单杆。关于截面单杆有下列两种情况。

① 截面只截断三根杆。且此三杆不交于一点（或不彼此平行），则其中每一杆都是截面单杆。如图 3-46（a）中 1、2、3 都是截面 m—m 的单杆。

② 截面所截杆数大于 3，但除某一杆外，其余都交于一点［图 3-46（b）］或都彼此平行［图 3-46（c）］则此杆也是截面单杆，如图 3-46（b）、（c）中的 a 杆。

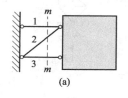 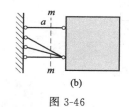 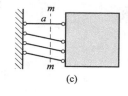

图 3-46

截面单杆具有如下性质：截面单杆的内力可从本截面相应的隔离体的平衡条件直接求出。对于第一种截面单杆，上述性质显然成立。对于第二种截面单杆，由图 3-46 也容易得出上述结论。即在图 3-46（b）中，单杆 a 的轴力可利用其余各杆交点 O 的力矩方程求出，在图 3-46（c）中单杆的轴力可利用沿其余各杆垂直方向的投影方程求出。

在计算联合桁架和某些复杂桁架时，应注意应用截面的性质。图 3-47 所示桁架虽然是一个复杂桁架，但对图中所示水平截面 m—m 来说，AF 杆是截面单杆，因此其轴力可由此截面的水平投影方程直接求出。此杆轴力求出后，其余各杆轴力可由此截面的水平投影方程直接求出。此杆轴力求出后，其余各杆轴力即可用结点法依次求出（依次取结点 F、D、G、E 为隔离体）。

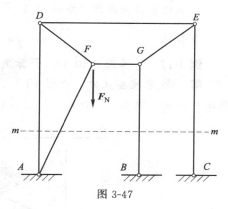

图 3-47

图 3-48 所示桁架都是联合桁架。每个结点都不存在结点单杆，故用结点法时遇到困难。这些联合桁架都是由两个简单桁架用三根连接杆 1、2、3 装配而成的。对于图中所示的截面，连接杆 1、2、3 都是截面单杆，因而可以直接求出其轴力。由此可知，计算联合桁架时，一般不宜直接采用结点法，而应首先采用截面法，并从计算三根连接杆轴力开始。

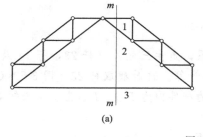 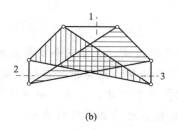

图 3-48

例 3-16　图 3-49（a）为一起重架，试求杆件 a 的内力。

解：① 支座反力

$$\sum M_A = 0 : F_P \times 6a + F_P \times a - F_{RB} \times 3.5a = 0$$

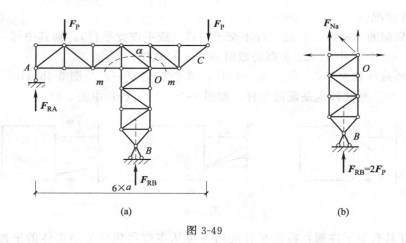

图 3-49

所以
$$F_{RB} = 2F_P(\uparrow)$$

② 杆件 a 的内力

取截面 $m-m$ 以下为隔离体 [图 3-49 (b)]，杆件 a 为截面 $m-m$ 的单杆，即除杆件 a 以外，所切各杆轴线都汇交于 O 点。

由 $\sum M_0 = 0$：$F_{Na} \times a + F_{RB} \times \frac{1}{2}a = 0$，所以，$F_{Na} = -F_P$（压力）

例 3-17 计算图 3-50 (a) 所示复杂桁架内力。

解： ① 求支座反力。如图 3-50 (a) 所示，根据观察没有任何一个结点只有两根杆，不能用结点法，没有任何截面不超过三根杆，也不能用截面法。

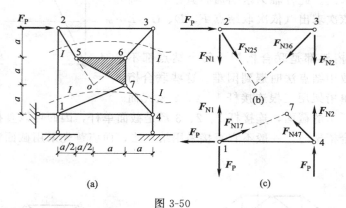

图 3-50

② 分析几何组成，去掉三个支杆后的体系，是由三刚片（杆 23，杆 14 及三角形 567）组成，属于复杂桁架。这类桁架宜用双截面法计算。这时截取杆 23 [图 3-50 (b)] 及杆 14 [图 3-50 (c)] 为隔离体。以两个截面中共有的杆件内力 F_{N1}、F_{N2} 为基本未知量，分别列两个力矩方程，使另外的被截杆内力不出现，即

$$\sum M_0 = 0: \ F_{N1} \times a - F_{N2} \times 2a - F_P \times 2a = 0 \tag{a}$$

及
$$\sum M_7 = 0, F_{N1} \times 2a - F_{N2} \times a + F_P \times a - F_P \times 3a = 0 \tag{b}$$

联立求解 (a)，(b) 得：$F_{N1} = \frac{2}{3}F_P$（拉力），$F_{N2} = -\frac{2}{3}F_P$（压力）

求得 F_{N1}、F_{N2} 后，其他杆件内力不难用结点法算出。

（3）结点法与截面法的联合应用

在桁架计算中，有时联合应用结点法和截面法更为方便。结合 K 式桁架来说明。K 式桁架是简单桁架，可以用结点法依次求出全部内力。但是为了求个别杆件内力，这样做是不方便的，而需要联合应用结点法和截面法。

例 3-18 求图 3-51（a）所示 K 式桁架杆 1、2、3 所示内力。

解： 如果用截面 m—m 切取图 3-51（a）所示桁架右半部分为隔离体，由平衡条件 $\sum F_y = 0$ 得到的方程包括 F_{N2} 和 F_{N3} 两个未知量，因此，还须对 F_{N2} 和 F_{N3} 补充一个方程。为此，由结点 F 的平衡 [图 3-51（b）]，可以建立 F_{N2} 和 F_{N3} 的关系，这样 F_{N2} 和 F_{N3} 可以计算出来。

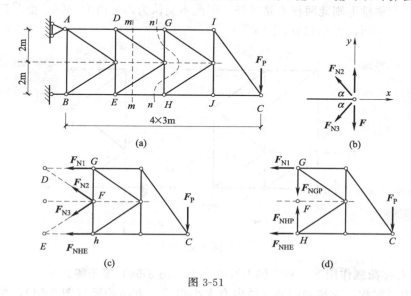

图 3-51

① 由结点 F，$\sum F_x = 0$，得

$$-F_{N2}\cos\alpha - F_{N3}\cos\alpha = 0，\text{所以，} F_{N2} = -F_{N3}$$

② 由截面 m—m 切取桁架右半部分为隔离体 [图 3-51（c）]

由 $\sum F_y = 0$，得

$$F_{N2}\sin\alpha - F_{N3}\sin\alpha - F_P = 0$$

将 $F_{N3} = -F_{N3}$、$\sin\alpha = \dfrac{2}{\sqrt{13}}$ 代入上式，得

$$F_{N2} = -F_{N3} = \frac{\sqrt{13}}{4}F_P$$

③ 由截面 n—n 切取桁架右半部分为隔离体 [图 3-51（d）]

由 $\sum M_H = 0$：$F_{N1} \times 4 - F_P \times 6 = 0$，得 $F_{N1} = 1.5F_P$

如图 3-52 所示桁架，分析求其内力的方法。根据结点 1 和结点 5 的平衡条件可求出杆 12、18 和 45、56 的内力。其后，任何一个结点上都多于两个杆，不是简单桁架，不能用结点法继续计算，而剩余部分桁架是联合桁架，可用截面法计算。根据截面 m—m 切取桁架并保留左半部分为隔离体。如图 3-52（b）所示，由 $\sum M_8 = 0$，可求得 F_{N34}。同理，由 $\sum M_4 = 0$，可求得 F_{N87}。算出此两杆内力后，其他各杆内力便不难用结点法算出。

3.5.3 对称条件的利用

在工程中常遇见对称结构，利用结构的对称性可以简化计算。

对称结构在对称荷载作用下内力是对称的，对称结构在反对称荷载作用下内力是反对称的。因此，无论是在对称荷载作用下，还是在反对称荷载作用下，都只需计算半个结构。在下述情况下，利用对称条件，还可以减少未知量数目。

① 在对称荷载作用下，若对称轴上结点（图 3-53）有两个杆位于一条直线上，则另两杆的内力 F_N，可由结点平衡条件 $\sum F_y = 0$ 求出。

$$F_N = \frac{F_P}{2\sin\alpha} \tag{a}$$

对称轴结点上无外力，则令式（a）中的 $F_P = 0$，得 $F_N = 0$，即此两杆为零杆。必须注意，若此结点不在对称轴上则此两杆不是零杆，因此不能认为两杆内力相等，由 $\sum F_y = 0$ 只能得出，此两杆一拉一压，大小相等。

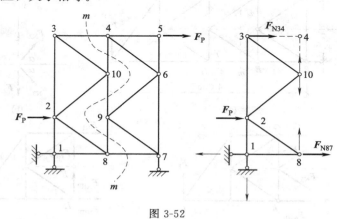

图 3-52

② 在反对称荷载作用下，对称轴上竖杆内力（图 3-54）等于零。

由于内力反对称，对称轴两侧杆件内力大小相等，方向相反（图 3-54），由 $\sum F_y = 0$ 得 $F_{N3} = 0$。

③ 在反对称荷载作用下垂直于对称轴的横杆内力等于零（图 3-55）。

由于内力反对称，所以此横杆的作用力指向相同，一端为压力，另一端为拉力 [图 3-55（b）]。为此横杆的平衡条件 $\sum F_x = 0$，得 $F_N = 0$。即在反对称荷载作用下，对称轴上垂直于对称轴的横杆为零杆。

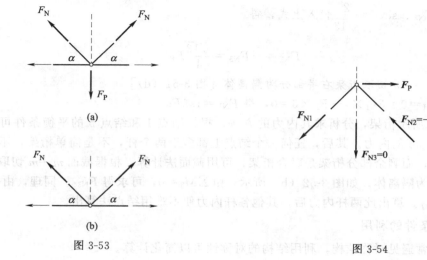

(a)

(b)

图 3-53

图 3-54

下面举例说明对称条件的利用。图 3-56 所示结构本来不是对称结构，因为左面有水平支杆，而右面没有。在水平反力等于零的条件下，求内力时，可以认为是对称结构。图 3-56 (a) 所示为对称荷载情况，此时对称结点上的两个杆为零杆，即 $F_{N24} = F'_{N2'4} = 0$。其后可以用结点法求出全部内力。由结点 2 知，杆（1、2）、杆（2、3）为零杆，同样杆（1'、2'）、杆（2'、3'）为零杆，实际受力的只有图中粗线所示的 5 根杆。图 3-56 (b) 所示为反对称荷载情况。此时垂直对称轴的横杆（1、1'）为零杆。此后可以用结点法求出全部内力。

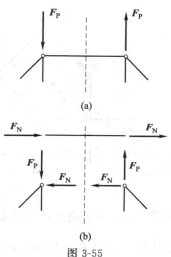

图 3-55

3.5.4 复杂桁架的计算

联合应用结点法和截面法一般可以求解一些复杂桁架的内力（例 3-17），但某些复杂桁架的内力却不能用结点法和截面法求解其内力。现介绍计算复杂桁架内力的通路法和代替杆法。

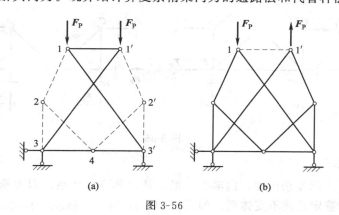

图 3-56

（1）通路法

图 3-57 (a) 所示复杂刚架在结点上均为三个杆件相交，用结点法或截面法均很难求出其杆件内力。若能设法求出某一杆内力，则其余各杆内力可迎刃而解了。为此设 AB 杆的轴力 F_{NAB}，X 称为参数。然后选择一个闭合通路，如 A-B-C-D-A，由结点 B 开始，依次应用结点法求闭合回路上各杆的内力，如图 3-57 (b) 所示，最后取结点 A 为隔离体，$\sum F_x = 0$，得 $F_{NAB} = X = \dfrac{\sqrt{2}}{2} F_P$，即可求得各杆内力。这种解法称为通路法。通路法的关键有两点：

① 找一个路径较短的闭合通路；

② 设通路上某杆内力为待定值 X。沿通路依次用结点计算一圈，最后便可得 X。

另外，也可以利用对称性来计算，即图 3-57 (a) 连同水平支反力可以将其分解为对称和反对称两种情况，如图 3-58 (a)、(b) 所示。

由对称性可知：图 3-58 (a) 中 CD 杆、AD 杆为零杆，即 $F'_{NCD} = F'_{NAD} = 0$，由结点 A 和 C 开始可以求解桁架各杆内力，如 $F'_{NAB} = \dfrac{\sqrt{2}}{2} F_P$。在反对称荷载作用下，图 3-58 (b) 中杆 BG 在对称轴上，因此轴力等于零，即，$F''_{NBG} = 0$，进而判定杆 BC、杆 BA 及 GB 和 GF

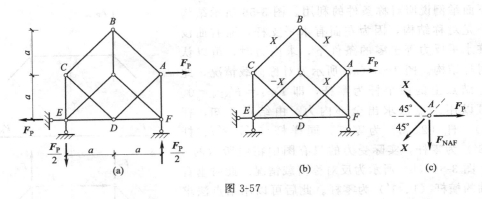

图 3-57

均为零杆，因此，余下各杆内力由结点法得出。叠加图 3-58（a）、（b）中各杆相应内力得最终结果，如 $F_{NAB}=F'_{NAB}+F''_{NAB}=\frac{\sqrt{2}}{2}F_P+0=\frac{\sqrt{2}}{2}F_P$。该结果与按通路法计算的结果一致。

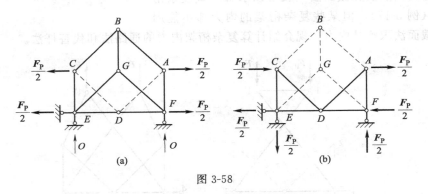

图 3-58

（2）代替杆法

图 3-59（a）所示复杂桁架，内部少一根，是内部可变体系，但支承杆却有四根，整体（连同基础）仍为静定几何不变体系。如图 3-59（e）所示，将左、右由二元体组成的刚片由两个铰接三角 ABD 和 DEF 代替，视 $\triangle DEF$ 为刚片 I，杆 BC 为刚片 II，基础为刚片 III，三刚片规则体系为一几何不变体系。若将中间支杆移去，代之以杆 BE，如图 3-59（b）所示，则此为一简单桁架，容易求解。此时，$F_{NBE}=F_P$。再将中间支杆未知反力 X 作用于此代替桁架 [图 3-59（c）]。此亦为一简单桁架，可求出各杆内力。此时，$F_{NBE}=\frac{d-b}{2b}X$，将图 3-59（b）、（c）两简单桁架的结果叠加，如图 3-59（d）所示，此时

$$F_{NBE}=\frac{d-b}{2b}X+F_P$$

令图 3-59（d）中 BE 杆内力为零，则图 3-59（d）与图 3-59（a）的结果完全相同。由此，得确定中间支杆反力的条件为

$$F_{NBE}=\frac{d-b}{2b}X+F_P=0$$

即

$$X=\frac{2b}{b-d}F_P$$

中间支杆未知反力 X 求出后，各杆内力即不难求出。由以上结果还可以看出，当 $b=d$ [图 3-59（e）中三铰 O_{12}、O_{23}、O_{13} 在同一条直线上]，$X\to\infty$，表示此体系是瞬变体系。

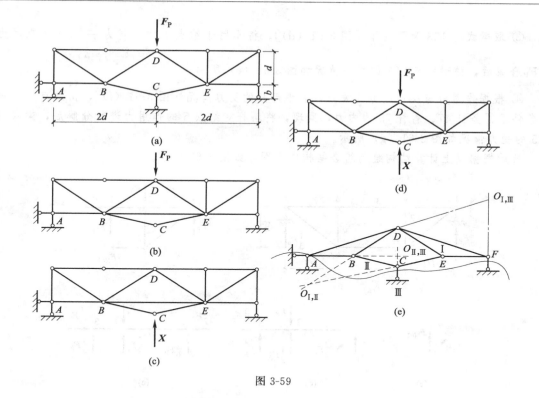

图 3-59

3.6 静定组合结构计算

组合结构又称混合结构,由两类杆件组成:一类是桁架类杆(链杆),只受轴力作用;另一类是刚架类杆(梁式杆),承受弯矩剪力和轴力作用。图 3-60 为静定组合结构的实例。

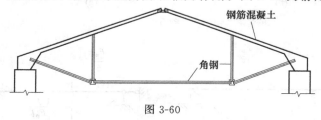

图 3-60

应用截面法计算组合结构时,应注意被截面的杆件是桁架类链杆杆件还是刚架类杆件梁式杆,如果被截的是链杆,则截面上只有轴力;如果被截的是梁式杆,则截面上有弯矩、剪力和轴力。计算组合结构内力时,一般先求各链杆轴力,再求梁式受弯杆件的弯矩、剪力和轴力。

例 3-19 求图 3-61 (a) 所示组合结构的内力

解:① 截面 I-I 过铰 3 及杆 67 截取左部为隔离体 [图 3-61 (b)],由

$$\sum M_3 = 0 : F_{N67} = \frac{F_P}{2}(\rightarrow),\ \sum F_x = 0 : F_{3x} = \frac{F_P}{2}(\leftarrow),\ \sum F_y = 0 : F_{3y} = \frac{F_P}{3}(\uparrow)$$

② 取结点 6 为隔离体 [图 3-61 (c)],由

$$\sum F_x = 0 : F_{N61} = \frac{\sqrt{2}}{2}F_P(拉力),\ \sum F_y = 0 : F_{N62} = -\frac{1}{2}F_P(压力)$$

③ 取梁式杆 123 为隔离体［图 3-61（d）］。将作用于结点 1 的倾斜力 $\dfrac{\sqrt{2}}{2}F_P$ 与支座反力 $\dfrac{2}{3}F_P$ 合成后，该梁式杆 123 的受力情况如图 3-61（e）所示。

④ 根据作用力与反作用力的关系，右半部分的受力情况［图 3-61（f）］，由结点 7 的平衡条件求得竖杆 47、斜杆 75 的内力，同理，将斜杆对结点 5 的作用力进行分解后，梁式杆 345 的受力情况如图 3-61（g）所示。

最后根据以上计算结构绘制组合结构内力图，如图 3-62 所示。

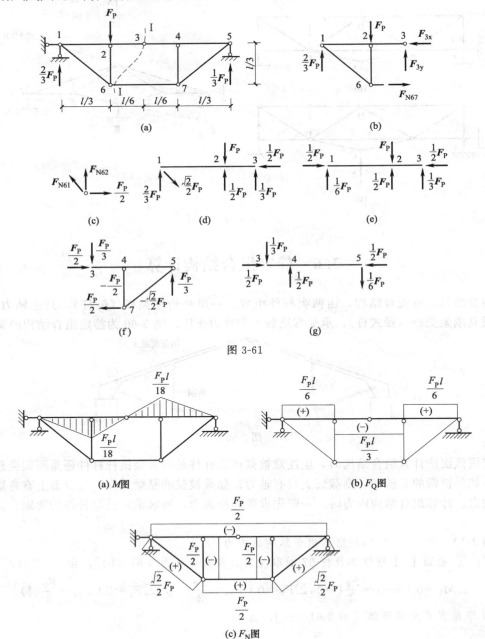

图 3-61

图 3-62

3.7 静定结构的特性

静定结构在静力学方面具有以下几个特性，这些特性对了解静定结构的性能和内力计算是有帮助的。

3.7.1 静力解答的唯一性

静定结构在几何组成上是无多余约束的几何不变体系；在静力分析方面，对任一给定荷载，静定结构的反力和内力都可以由平衡条件完全确定，而且得到的解答是唯一的有限值，这一特性就称为静定结构解答的唯一性。由此可知，在静定结构中，凡是能够满足全部静力平衡条件的解答就是真正的解答，并能确信除此以外再无任何解答存在。

满足平衡条件的内力和反力解答的唯一性，是静定结构的基本特性，静定结构的一些其他特性，都是在此基础上派生出来的。

3.7.2 温度变化、支座移动及制造误差等在静定结构中不会引起内力

在图 3-63 （a） 中，简支梁由于支座 B 下沉只会引起刚体位移 （图中虚线所示），而在梁内并不引起内力。为了说明这个结论，可以设想先把 B 端的支杆去掉，这样，梁就成为几何可变的，可以绕 A 点转动，待 B 点移至 B' 时，再把支杆加上。显然，在此过程中，梁内不会产生内力。图 3-63 （b） 所示的三铰刚架，由于 DC 段的长度在制造时稍短，致使拼装后的形状如图中虚线 ABC' 所示。这种情况下，三铰刚架也不会产生内力。图 3-63 （c） 中设简支梁的上方和下方温度分别改变了干 t （℃），因为简支梁可以自由地产生弯曲变形（如图中虚线所示），所以梁内不会产生内力。

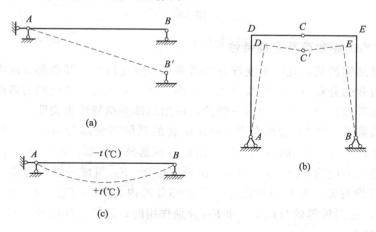

图 3-63

3.7.3 静定结构的局部平衡特性

将一平衡力系加于静定结构中某一几何不变的部分时，结构的其余部分不产生内力。

如图 3-64 （a） 所示多跨静定梁，梁 AB 是几何不变部分，当梁 AB 承受荷载时它自身可与荷载维持平衡，因而梁 BC 无内力。如图 3-64 （b） 所示静定桁架当杆 AB 承受一平衡力系时，除杆 AB 产生内力外，其余各杆都是零杆。

实际上，这种内力状态可以满足结构整体及各部分的平衡条件，对于静定结构而言，上述内力就是唯一正确的解答。

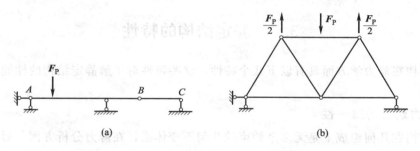

图 3-64

还应当指出，局部平衡部分不一定是几何不变的，也可以是几何可变的，只要在特定荷载作用下可以维持平衡即可。如图 3-65（a）所示静定桁架，在下弦杆两端承受一对等值反向的压力，这时仅靠下弦承受压力，已经能够维持局部平衡［图 3-65（b）］，因此，其余各杆都为零杆。

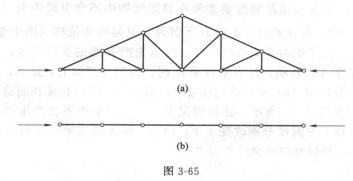

图 3-65

3.7.4　静定结构的等效荷载变换特性

作用在静定结构的某一几何不变部分的荷载作等效变换时，其余部分的内力不变。所谓等效荷载是指荷载的分布不同，但其合力的大小、方向和作用点都相同的两组荷载。

静定结构在等效荷载作用下的这一特性，可用局部平衡特性来说明。

设有等效荷载 F_{P1} 和 F_{P1} 分别作用在静定结构的几何不变部分 AB 上，其相应的内力状态分别为 F_{S1} 及 F_{S2}，如图 3-66（a）、（b）所示。根据叠加原理，在荷载 F_{P1} 和荷载 $-F_{P2}$ 共同作用下相应的内力应为 $F_S = F_{S1} - F_{S2}$。由于 F_{P1} 和 $-F_{P2}$ 组成一平衡力系［图 3-66（c）］，根据局部平衡特性可知，除杆 AB 以外，其余部分的内力 $F_S = F_{S1} - F_{S2}$ 应为零。即 $F_{S1} = F_{S2}$。由此可知，在两种等效荷载 F_{P1} 和 F_{P2} 分别作用时，除杆 AB 以外，其余部分相应的内力 F_{S1} 和 F_{S2} 必相等。

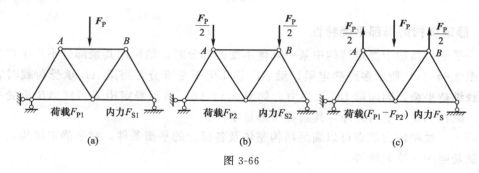

图 3-66

桁架的非结点荷载的处理，常运用此特性。即桁架在非结点荷载作用下所产生的内力 [图 3-66（a）]，等于桁架在等效结点荷载下所产生的轴力 [图 3-66（b）]，再叠加上在局部平衡荷载作用下 [图 3-66（c）] 所产生的局部内力（弯矩、剪力、轴力）。

3.7.5 静定结构的构造变换特性

当静定结构的一个内部几何不变部分改换为另一几何不变的形式时，其余部分的内力不变。

图 3-67（a）所示桁架中，设将杆上弦杆 AB 改为一小桁架，如图 3-67（b）所示，则只是 AB 部分内力有改变，其余部分内力不变，结构组成的变换，可以看成为一组平衡力系 [图 3-67（c）] 变换为另一组平衡力系 [图 3-67（d）]，根据静定结构的荷载等效变换特性可知，对结构其余部分的内力没有影响，因此得证。

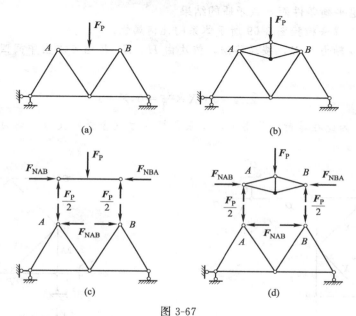

图 3-67

静定结构的这一特性启示我们在静定结构内力计算中，如果遇到组成复杂的结构，可以适当地对某一部分作组成变换。待其余部分的内力求出后再来修正变换部分的内力。

3.8 用零载法判别体系的几何组成属性

对于大多数工程结构，其几何组成性质用简单组成规则即可进行分析，但是也有一些结构，用简单组成规则是难以分析的，例如本章开始提到的复杂桁架 [图 3-39（b）、图 3-40]。对于这类复杂桁架，用零载法判别其几何组成属性是较方便的。

零载法是以静定结构内力解答的唯一性为根据建立的。一个计算自由度 $W=0$ 的体系，若是几何不变，则其内力是静定的，当荷载为零时，显然所有反力和内力为零能够满足平衡条件，而对于静定结构这就是唯一的解答 [图 3-68（a）]。反之，若 $W=0$ 的体系是几何可变或瞬变时，则必有多余联系存在，因而其内力是超静定的，在零荷载下内力将变为不定值，也就是除了零内力外，还有其他非零的任意解答也能满足平衡条件 [图 3-68（b）]。

因此，零载法的作法可说明如下：对于 $W=0$ 的体系，如果是几何不变的，则在荷载为

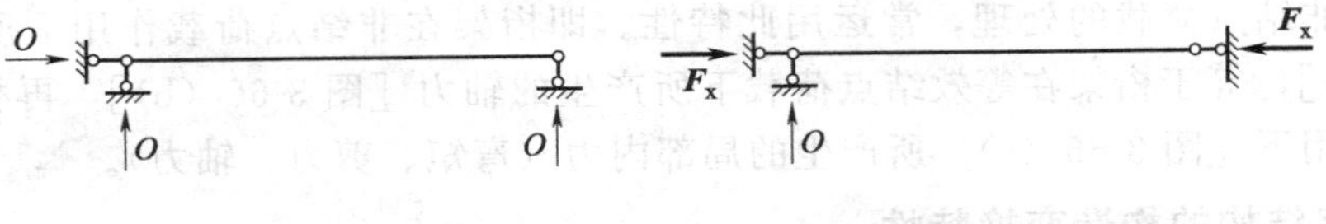

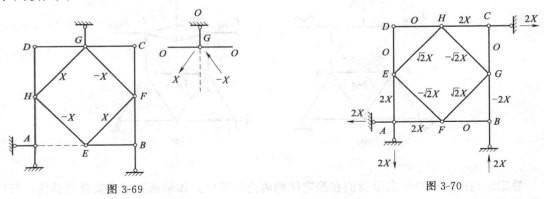

图 3-68

零的情况下，它的全部内力都为零；反之，如果是几何可变的，则在荷载为零的情况下，它的某些内力不为零。荷载为零而内力不全为零的内力状态，可称为自内力。因此，对于 $W=0$ 的体系自内力是否可能存在，是这类体系是否几何可变的标志。为此，对于所要分析的体系，可假设某杆有非零杆的内力存在，然后考察此项假设能否满足所有的平衡条件，若能满足，说明体系可以有自内力存在，体系为几何可变的，反之，体系是几何不变的，即非零的假设不能满足平衡条件而导致矛盾的结果。

例 3-20 用零载法检验图 3-69 所示体系的几何属性。

解： 设杆 HG 轴力为 X，按通路法，依次由 H、E、F 结点求出中间四杆的轴力，取结点 G 为脱离体

$$\sum X=0：X\times\frac{\sqrt{2}}{2}=0，X=0$$

因为 $X=0$，因此在零荷载作用下，体系各杆内力（含支座反力）均为零。故体系为几何不变体系。

图 3-69

图 3-70

例 3-21 试用零载法检验图 3-70 所示体系的几何属性。

解： 首先求 W，结点数为 8，链杆及支杆总数为 16，所以

$$W=2\times8-16=0$$

在零荷载下，只能看出 DH、DE、CG、FB 四杆为零杆，其余各杆内力及各反力便不能直接判断是否必为零。为此假定某杆有非零内力存在，假设 EH 杆有拉力 $\sqrt{2}X$。然后依次取 E、F、G、H 各结点推算，便可得出图中所示的内力、反力能满足所有结点的平衡条件。故体系内有自内力存在，为几何可变体系。

总之，零载法就是把几何组成问题转化为静定计算问题，它为研究 $W=0$ 的复杂体系的几何属性提供了一个新的有效的途径。

3.9 小　结

本章讨论静定结构的受力分析，基本方法是截面法，其要点是：选取隔离体建立平衡方

程，解方程求出支座反力和杆件内力。静定结构受力分析不仅是静定结构位移计算的基础，而且也是超静定结构分析的基础，因此本章内容是结构力学的一个十分重要而又基础的内容，应当熟练掌握。

下面将各种结构的分析要点概括如下。

（1）梁和刚架的受力分析要点

梁和刚架中的杆件都是受弯直杆，弯矩是主要内力。受力分析的结果是画出结构各杆的内力图，包括 M 图以及相应的 F_Q 图和 F_N 图。

弯矩图的一般作法是分段叠加法。其要点是：首先根据结构的几何构造特点，求出支座反力，然后选取各杆两端截面作为控制截面，根据截面法求出控制截面的弯矩值。最后用分段叠加法，作各杆的弯矩图，也就是先根据杆件两端处控制截面的弯矩值作直线图形，再叠加上由于杆件上作用的荷载而产生的简支梁弯矩图。

最后进行内力图的校核，校核所选隔离体可以是一个结点、一根杆件或结构的一部分，看其是否满足平衡方程以及荷载与内力之间的微分、积分关系等。

（2）三铰拱的受力分析要点

三铰拱的受力分析比较简单，在竖向荷载作用下，三铰拱的弯矩 M 由下式给出：

$$M=M^0-F_H y$$

这里，三铰拱的弯矩 M 用相应简支梁的弯矩 M^0 来表示。从三铰拱的弯矩公式来看，可以引出三铰拱的两条重要力学性能。

① 由于水平推力 F_H 的存在，在相同的竖向荷载作用下，三铰拱任意截面的弯矩比相对应简支梁的截面的弯矩要小。

② 如果合理地选定三铰拱的轴线形状，例如三铰拱的轴线方程 $y(x)=\dfrac{M^0(x)}{F_H}$，则拱各截面弯矩为零，拱处于无弯矩（无剪力）状态，从而得到拱轴线形状的最优化结果。

（3）桁架和组合结构的受力分析要点

在结点荷载作用下桁架只承受轴力，受力分析的结果是列出桁架各杆的轴力值。结点法和截面法是计算桁架内力的基本方法，要熟练掌握，并会联合应用之。要善于判别特殊杆（含零杆）和截面单杆以达到简化计算的目的。对称结构则应当利用对称性来简化计算，对于去掉一个支杆后才是对称结构的，宜去掉支杆代之以支座反力，并将支座反力与外力一起进行分解成正对称荷载和反对称荷载两组进行计算。

根据几何组成分析，要会识别简单桁架、联合桁架和复杂桁架。对于简单桁架可用结点法依次求出全部内力，而对于联合桁架，可先用截面法计算联系杆的内力，再由结点法计算其余内力。对于复杂桁架应视其具体情况，其中对于大多数复杂桁架可以采用结点法、截面法或双截面法计算内力。而对于上述方法无法求解的复杂桁架可用通路法或代替法计算内力。

分析组合结构时，最主要的是学会识别链杆和梁式杆，正确地画出隔离体受力图，先计算链杆，后计算梁式杆，最后绘出组合结构的 M、F_Q、F_N 图。最后介绍的零截法是借用静力分析方法解决几何组成分析问题。

习　题

3-1　试用分段叠加法作下列梁的 M 图。

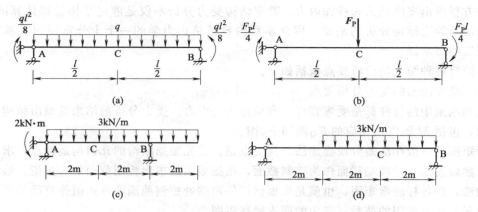

题 3-1 图

答案：（a）$M_C = \dfrac{ql^2}{4}$；（b）$M_C = \dfrac{F_P l}{4}$；（c）$M_C = 2\text{kN·m}$；（d）$M_C = 10\text{kN·m}$。

3-2　试作图示多跨静定梁的弯矩图和剪力图。

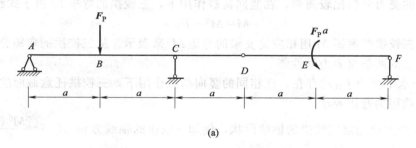

(a)

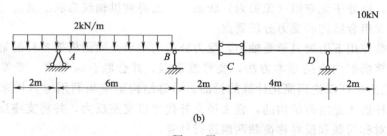

(b)

题 3-2 图

答案：（a）$M_C = \dfrac{F_P a}{2}$（上边受拉），$F_{QF} = \dfrac{F_P}{2}$。

　　　　（b）$M_B = 20\text{kN·m}$（上边受拉），$F_{QC} = 0$。

3-3　试按图示梁的 BC 跨跨中截面的弯矩与截面 B 和 C 的弯矩绝对值都相等的条件，确定 E、F 两铰的位置。

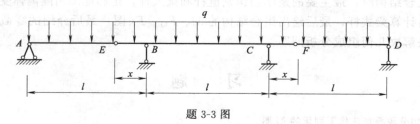

题 3-3 图

答案：$x = \dfrac{l}{8}$。

3-4　试速画下列刚架的 M 图。

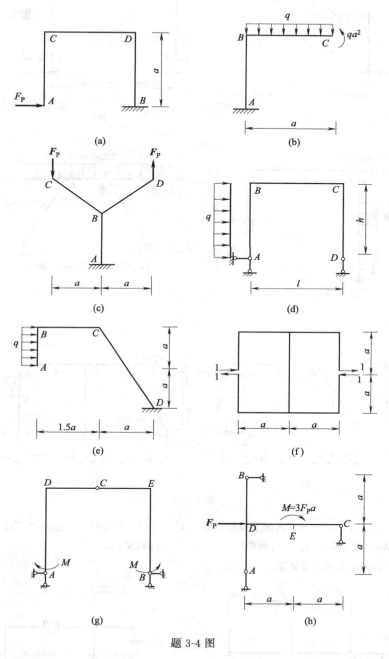

题 3-4 图

3-5　试作下列图示刚架的内力图。

答案：（a）$M_B = qa^2$（里边受拉）；

　　　（b）$M_D = 12.5\text{kN}\cdot\text{m}$（外边受拉）；

　　　（c）$M_B = \dfrac{2}{3}qa^2$（里边受拉）；

　　　（d）$M_E = 405\text{kN}\cdot\text{m}$，（左侧受拉），$M_{CB} = 45\text{kN}\cdot\text{m}$（下边受拉），$F_{QE} = 81\text{kN}$。

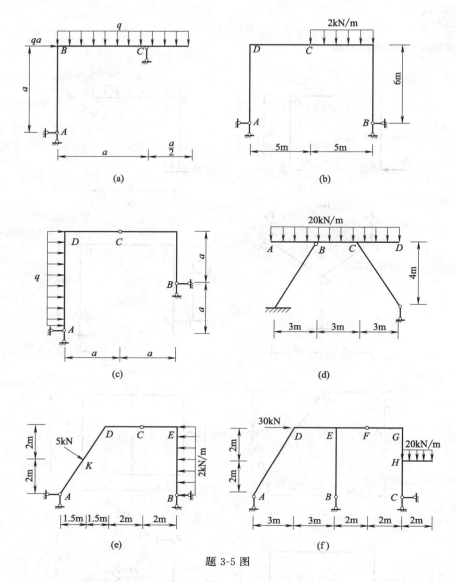

题 3-5 图

（e）$M_K=5.75$kN·m（内侧受拉），$M_E=1$kN·m（内侧受拉），$F_{QEC}=0.5$kN。

（f）$M_D=2.66$kN·m，（内侧受拉），$F_{QDA}=-1.34$kN·m

3-6 试作下列图示刚架的弯矩图。

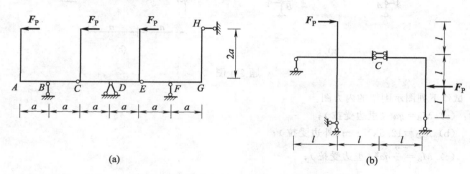

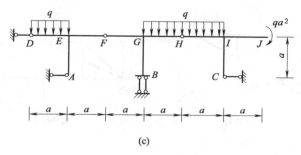

(c)

题 3-6 图

答案：(a) $M_B = 2F_P a$（上边受拉），$F_{QH} = -F_P$；(b) $M_C = F_P l$（上边受拉）；

(c) $M_{GH} = 1.5qa^2$（上边受拉），$M_{BG} = 0.5qa^2$（左侧受拉），$F_{QA} = 0.5qa$。

3-7　图示有拉杆三铰拱的拱轴线方程为 $y = \dfrac{4f}{l^2} x(l-x)$。试求截面 D 的内力 M_D、F_{QD}、F_{ND} 及点左、右截面的剪力 F_{QE}^L、F_{QE}^R 和轴力 F_{NE}^L、F_{NE}^R。

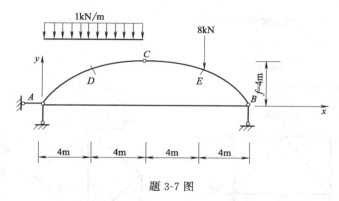

题 3-7 图

答案：$M_D = 0$，$F_{QD} = 0$，$F_{ND} = 9$kN，（压力），$F_{QE}^L = 3.6$kN，$F_{QE}^R = -3.6$kN，

$F_{NE}^L = 7.16$kN（压力），$F_{NE}^R = 10.73$kN（压力）。

3-8　图示一抛物线三铰拱，铰 C 位于抛物线的顶点和最高点。试求：

(a) 由铰 C 到支座 A 的水平距离。

(b) 支座反力。

(c) D 点处的弯矩。

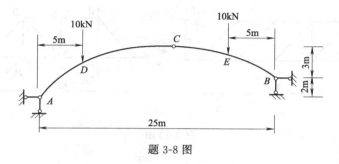

题 3-8 图

答案：$d_{AC} = 14.09$m。

3-9　试指出下列图示桁架中的零杆。

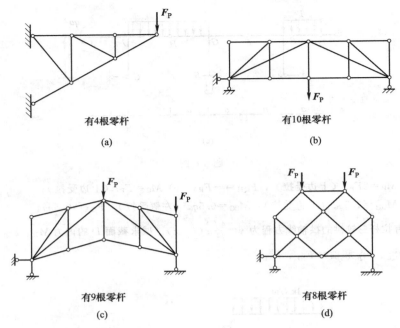

有4根零杆

(a)

有10根零杆

(b)

有9根零杆

(c)

有8根零杆

(d)

题 3-9 图

3-10 试求图示桁架各杆件的内力。

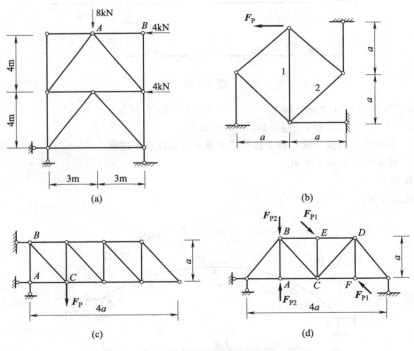

(a)

(b)

(c)

(d)

题 3-10 图

答案：(a) $F_{NAB}=-4kN \cdot m$；(b) $F_{N1}=0$，$F_2=-\dfrac{\sqrt{2}}{2}F_P$；

(c) $F_{NAC}=-F_P$，$F_{NBC}=\sqrt{2}F_P$；(d) $F_{NAB}=-F_{P2}$，$F_{NCD}=F_{P1}$。

3-11　试求图示桁架指定各杆件的内力。

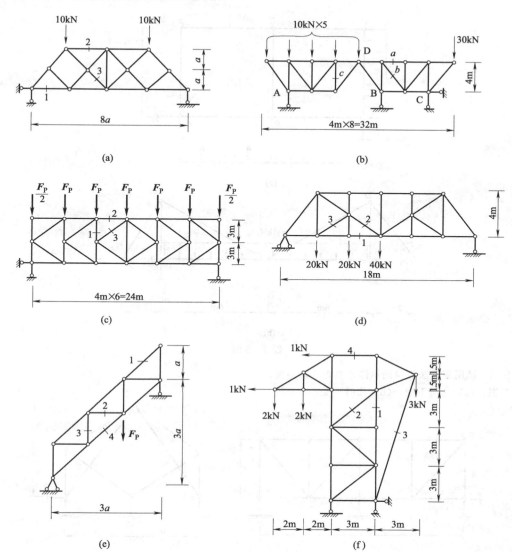

题 3-11 图

答案：(a) $F_{N1}=10$kN，（拉力），$F_{N2}=-10$kN，（压力），$F_{N3}=0$

(b) $F_{Na}=42.5$kN（拉力），$F_{Nb}=-5\sqrt{2}$kN，（压力），$F_{Nc}=-\dfrac{20}{3}$kN（压力）

(c) $F_{N1}=0.25F_P$，$F_{N2}=-\dfrac{8}{3}F_P$，$F_{N3}=-0.417F_P$

(d) $F_{N1}=52.5$kN（拉力），$F_{N2}=18$kN（拉力），$F_{N3}=-18$kN（压力）

(e) $F_{N1}=0$，$F_{N2}=\dfrac{F_P a}{3}$，（拉力），$F_{N3}=-\dfrac{F_P a}{3}$（压力）

(f) $F_{N1}=-2.83$kN，$F_{N2}=-3.3$kN，$F_{N3}=1.21$kN，$F_{N4}=5$kN

3-12　试作图示组合结构刚架杆的弯矩图，并求链杆的轴力。

答案：(a) $F_{NDE}=F_{NBC}=-\dfrac{qa}{2}$，$M_F=\dfrac{qa^2}{2}$（外侧受拉），$M_A=0$

(b) $F_{NAD}=-12$kN，$F_{QAC}=3$kN

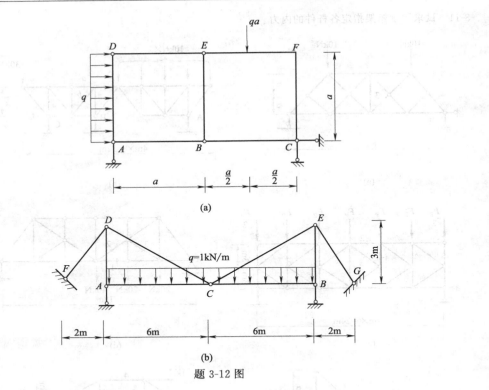

(a)

(b)

题 3-12 图

3-13 试用零载法检验图示体系是否几何不变。

答案：(a) 几何不变；(b) 几何不变。

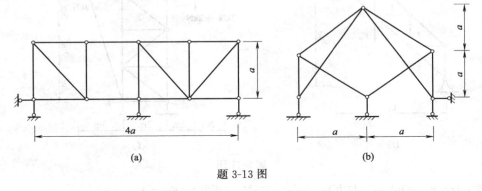

(a)　　　　　(b)

题 3-13 图

第4章 静定结构的影响线

4.1 移动荷载和影响线的概念

在第 3 章中，讨论了静定结构在固定荷载（恒载）作用下的内力计算问题，这类荷载不仅大小和方向不变，而且荷载作用点的位置也是固定的。而实际工程中，结构除承受固定荷载外还常受到移动荷载作用，例如：在桥梁上行驶的车辆，在厂房吊车梁上行驶的吊车荷载等，都是移动荷载。

所谓移动荷载是指荷载的大小和方向不变，而作用位置却是在结构上移动的。本章就是要讨论结构在移动荷载作用下的内力计算问题。为此，需要研究以下问题：

① 结构上某一量值（内力、或反力）随单位移动荷载作用位置变化时的函数图形，即某量值的影响线；

② 确定最不利荷载位置，即使结构某一量值（内力、或反力）达到最大值时的荷载位置；

③ 确定结构各截面上内力变化的范围，即内力包络图。

绘制影响线是确定最不利荷载位置和作内力包络图的基础。因此，作为最基础的研究，可以从单一的移动荷载作用下给定截面上某量值的变化规律开始，并且取荷载为单位荷载。

影响线的定义：当一个方向不变的单位荷载沿一结构移动时，表示某一指定截面某一量值变化规律的函数图形，称为该量值的影响线。

现以图 4-1（a）所示简支梁为例，说明其支座反力 F_{RB} 的影响线的绘制。由 $\sum M_A = 0$ 得：

$$F_{RB} = \frac{x}{l} F_P = \frac{x}{l} (0 \leqslant x \leqslant l)$$

上式称为 F_{RB} 的影响线。当 $x=0$ 时，$F_{RB}=0$；当 $x=l$ 时，$F_{RB}=1$；当 x 在 A、B 之间变化时，F_{RB} 是 x 的线性函数。

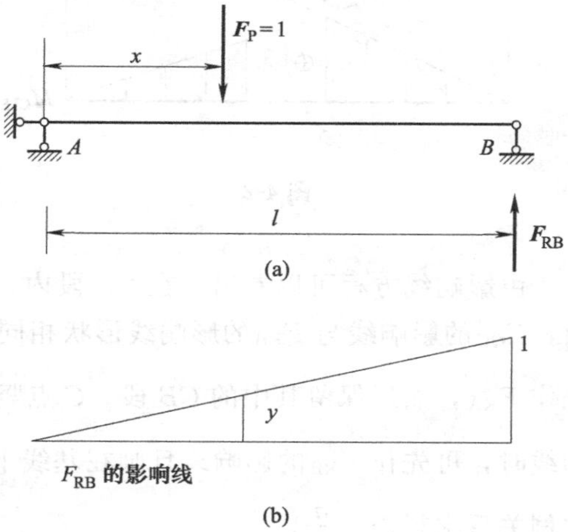

于是可以作出如图 4-1（b）所示 F_{RB} 的影响线，它形象地表明了支座反力 F_{RB} 随单位荷载 $F_P=1$ 的移动而变化的规律。影响线图上的某一竖标 y 则表示 $F_P=1$ 作用于该处时，B 支座反力 F_{RB} 的值。

图 4-1

4.2 静力法作影响线

静力法是以单位移动荷载 $F_P=1$ 的作用位置 x 为变量，通过平衡方程，从而确定所求内力或支座反力的影响线方程，并作出影响线。

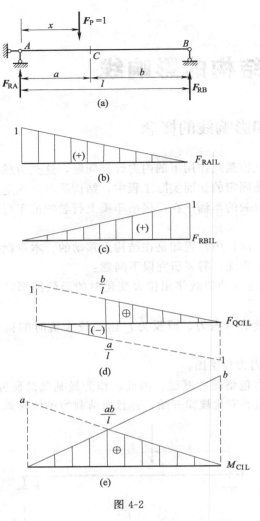

图 4-2

现以图 4-2（a）所示简支梁为例，介绍按静力法绘制影响线的步骤。

（1）支座反力影响线

要绘制 F_{RA} 和 F_{RB} 的影响线，将 $F_P=1$ 放在任意位置，距 A 为 x。由平衡条件可求得支座反力影响线方程。

$$F_{RA}=F_P\frac{l-x}{l}=\frac{l-x}{l} \quad (0\leqslant x\leqslant l)$$

$$F_{RB}=F_P\frac{x}{l}=\frac{x}{l} \quad (0\leqslant x\leqslant l)$$

以上两式分别称为支座反力 F_{RA} 和 F_{RB} 的影响线方程，由此可分别作出 F_{RA} 和 F_{RB} 的影响线，如图 4-2（b）、（c）所示。

（2）剪力影响线

现作指定截面 C 的剪力 F_{QC} 的影响线。如图 4-2（a）所示，当 $F_P=1$ 作用在 C 点以左或以右时，剪力 F_{QC} 的影响线方程具有不同的表达式，应分别考虑。

当 $F_P=1$ 作用在 CB 段时，取截面 C 的左边为隔离体，由 $\sum F_y=0$ 得

$$F_{QC}=+F_{RA}=\frac{l-x}{l} \quad (a\leqslant x\leqslant l)$$

当 $F_P=1$ 作用在 AC 段时，取截面 C 的右边为隔离体，由 $\sum F_y=0$ 得

$$F_{QC}=-F_{RB}=-\frac{x}{l} \quad (0\leqslant x\leqslant a)$$

由影响线方程做出 F_{QC} 的影响线如图 4-2（d）所示。

由影响线方程可以看出，在 CB 段内，F_{QC} 的影响线与 F_{RA} 的影响线相同；而在 AC 段内，F_{QC} 的影响线与 F_{RB} 的影响线形状相同，但正负相反。因此，试作 CB 段影响线时，可先作 F_{RA}，然后保留其中的 CB 段。C 点竖标可按比例关系求得为 $\frac{b}{l}$。同理，作 AC 段的影响线时，可先作 F_{RB} 的影响线且画在基线下方，然后，保留其中的 AC 段。C 点的竖标可按比例关系求得为 $-\frac{a}{l}$。

综上所述，F_{QC} 的影响线是在反力影响线的基础上作出的，并分成 AC 段和 CB 段，且由两段平行直线组成，在 C 点形成台阶，即有突变，突变值为单位力 1。

（3）弯矩影响线

当 $F_P=1$ 作用于 CB 段时，取 AC 段为脱离体，得

$$M_C=F_{RA}a \quad (a\leqslant x\leqslant l)$$

当 $F_P=1$ 作用于 AC 段时，取 CB 段为脱离体，得

$$M_C=F_{RB}b \quad (0\leqslant x\leqslant a)$$

根据以上影响线方程不难作出 M_C 的影响线，如图 4-2（e）所示。

由 M_C 的影响线方程可见，AC 段 M_C 影响线的纵坐标是支座反力 F_{RB} 影响线纵坐标的 b 倍，CB 段 M_C 影响线的纵坐标是支座反力 F_{RA} 影响线纵坐标的 a 倍。因此，作 AC 段 M_C 的影响线时，可以利用 F_{RB} 影响线扩大 b 倍，然后保留其中的 AC 部分即为 M_C 影响线的 AC 段，作 CB 段 M_C 的影响线时，利用 F_{RA} 影响线扩大 a 倍，然后保留其中的 CB 部分即为 M_C 影响线的 CB 段，从图 4-2（e）不难得出，M_C 的影响线在 C 点的纵距为 ab/l。

因此，M_C 的影响线是一个顶点在 C 的三角形，从图 4-2（e）可以看出，当 $F_P=1$ 作用于 C 点时 M_C 为极大值。

例 4-1　试绘制图 4-3（a）所示外伸梁 M_C、M_D、F_{QD}、F_{QB}^L、F_{QB}^R 的影响线。

解：外伸梁支座反力的影响线与简支梁的形式一样，只是 x 的取值范围不同，其影响线可由简支梁的相应图形外伸得到，在此不再作出。

① M_C 的影响线

当 $F_P=1$ 在 C 截面的左侧时

$$M_C = F_{RB} \times 4 = \frac{x}{6} \times 4 = \frac{2}{3}x \quad (-3 \leqslant x \leqslant 2)$$

当 $F_P=1$ 在 C 截面的右侧时

$$M_C = F_{RA} \times 2 = \frac{6-x}{6} \times 2 = \frac{6-x}{3} \quad (2 \leqslant x \leqslant 9)$$

由以上方程绘出 M_C 的影响线如图 4-3（b）所示。

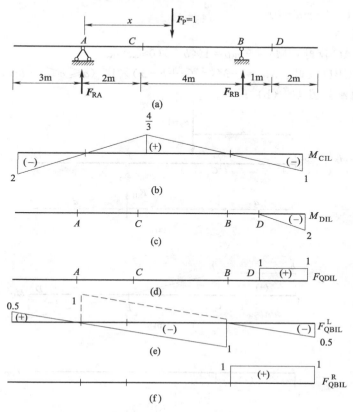

图 4-3

② 作 M_D、F_{QD} 的影响线

当 $F_P=1$ 在 D 截面的左侧时，取 D 的右边为脱离体，得

$$M_D=0; \quad F_{QD}=0$$

当 $F_P=1$ 在 D 截面的右侧时，仍取 D 的右边为脱离体（以 D 为原点），得

$$M_D=-1\times x_1; \quad F_{QD}=+1 \quad (0\leqslant x_1\leqslant 2)$$

③ 作 F_{QB}^L、F_{QB}^R 的影响线

当 $F_P=1$ 在 B 截面的左侧时，取 B 的右边为脱离体，得

$$F_{QB}^L=-F_{RB}=-\frac{x}{6} \quad (-3\leqslant x\leqslant 6)$$

当 $F_P=1$ 在 B 截面的右侧时，取 B 的左边为脱离体，得

$$F_{QB}^L=F_{RA}=\frac{6-x}{6} \quad (6\leqslant x\leqslant 9)$$

据此作出 F_{QB}^L 的影响线〔图 4-3（e）〕，同理，不难作出 F_{QB}^R 的影响线。如图 4-3（f）所示。

例 4-2 试用静力法作图 4-4（a）所示梁 M_C、F_{QC} 的影响线。

解： 由整体的平衡 $\sum F_y=0$，得

$$F_{RB}=F_P=1$$

又由 $\sum M_A=0$ 得

$$M_A+1\times(a+b-x)=0$$

所以，$M_A=1\times(x-a-b)$

① 作 M_C 的影响线

当 $F_P=1$ 在 AC 段时：$M_C=F_{RB}b=1\times b \quad (0\leqslant x\leqslant a)$

当 $F_P=1$ 在 CBD 段时：$M_C=-M_A=(a+b-x)\times 1 \quad (a\leqslant x\leqslant a+b+d)$

绘 M_C 的影响线如图 4-4（b）所示。

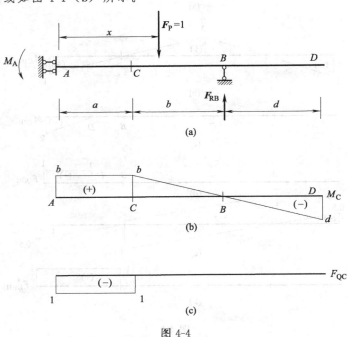

图 4-4

② 作 F_{QC} 的影响线

当 $F_P=1$ 在 AC 段时，$F_{QC}=-F_{RB}=-1$ （$0\leqslant x\leqslant a$）

当 $F_P=1$ 在 CBD 段时，$F_{QC}=0$ （$a\leqslant x\leqslant a+b+d$）

绘 F_{QC} 的影响线如图 4-4（c）所示。

例 4-3 试用静力法作图 4-5（a）所示结构中 F_{NBC}、M_D、F_{QD} 和 F_{ND} 的影响线。

解： ① 作 F_{NBC} 的影响线

如图 4-5（a）所示结构，杆 BC 是轴力杆，$\sum M_A=0$，得

$$F_{NBC}\times\frac{3}{5}\times 4-F_P x=0$$

所以，$F_{NBC}=\frac{5}{12}x$ （$0\leqslant x\leqslant 6$），绘 F_{NBC} 的影响线如图 4-5（b）所示。

② 作 M_D、F_{QD} 的影响线

当 $F_P=1$ 在 AD 段上时

$$F_{QD}=-F_{NBC}\times\frac{3}{5}=-\frac{1}{4}x$$

$$M_D=F_{NBC}\times\frac{3}{5}\times 2=\frac{1}{2}x \quad (0\leqslant x\leqslant 2)$$

当 $F_P=1$ 在 DCE 段上时，由 $\sum y=0$ 得

$$Y_A+F_{NBC}\times\frac{3}{5}-1=0$$

$$Y_A=\frac{4-x}{4}$$

所以，$F_{QD}=Y_A=\frac{4-x}{4}$

$$M_D=Y_A\times 2=\frac{4-x}{2} \quad (2\leqslant x\leqslant 6)$$

绘 M_D、F_{QD} 影响线，如图 4-5（c）、（d）所示。

③ F_{ND} 的影响线

当 $F_P=1$ 在 AE 段上时，取 AD 为脱离体：

$$F_{ND}=X_A=N_{BC}\times\frac{4}{5}=\frac{1}{3}x \quad (0\leqslant x\leqslant 6)$$

绘 F_{ND} 的影响线，如图 4-5（e）所示。

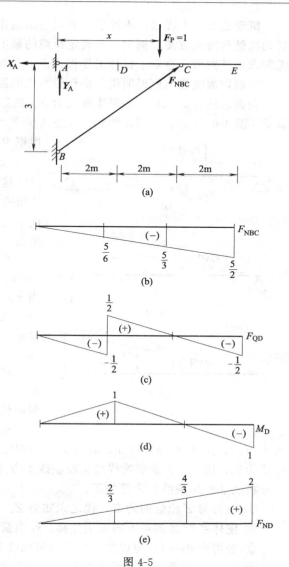

图 4-5

4.3 机动法作影响线

机动法作影响线是以虚功原理为基础，把作内力或支座反力影响线的问题转化为几何作图的问题。

机动法有一个优点：不经过计算就能迅速作出影响线的轮廓。因此，对于某些问题，用机动法处理特别方便。例如：在确定荷载的最不利位置时，往往只需知道影响线的轮廓，而无需求出其数值，这对于设计工作很方便。此外，它还可以用来校核静力法作的影响线。

下面以简支梁为例说明机动法作影响线的原理。

现欲求图 4-6（a）所示梁支座反力 F_{RB} 的影响线，为此，将支座连杆 B 撤去，代之未知量 Z [图 4-6（b）]。然后，使梁 AB 绕 A 点发生微小转动，即虚位移。

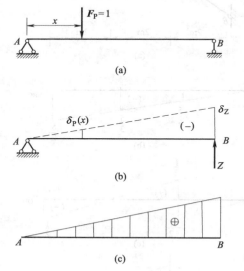

图 4-6

根据虚功方程有

$$Z\delta_Z + F_P\delta_P = 0 \qquad (4-1)$$

这里，δ_P 和 δ_Z 分别表示与荷载 $F_P=1$ 和支反力 Z 相应的虚位移，δ_P 取与 $F_P=1$ 方向一致为正，即向下为正，δ_Z 取与 Z 方向一致为正。由式（4-1）求得

$$Z = -\frac{\delta_P}{\delta_Z} \qquad (4-2)$$

当 $F_P=1$ 移动时，位移 δ_P 是 x 的函数，而位移 δ_Z 与 x 无关。因此，式（4-2）可表示为

$$Z(x) = -\left(\frac{1}{\delta_Z}\right)\delta_P(x) \qquad (4-3)$$

这里，函数 $Z(x)$ 表示 Z 的影响线，函数 $\delta_P(x)$ 表示荷载作用点的竖向位移图。由此可知，竖向位移图就代表了影响线的轮廓。

至于影响线的竖标的正负号可规定如下：当 δ_Z 为正值时，由式（4-3）可知，δ_P 与 Z 符号相反，又以 δ_P 向下为正，而 δ_P 图在横线上方，则 δ_P 值为负，因而，Z 的影响线坐标在横线上方为正。

机动法作影响线的步骤如下：

① 撤去与 Z 相应的约束，代之未知力 Z。

② 使体系沿 Z 的正方向发生位移，作出荷载作用点的竖向位移图，即为影响线的轮廓。

③ 若再令 $\delta_Z=1$，可以进一步定出影响线各竖标的数值。

例 4-4 试用机动法作图 4-7（a）所示简支梁的弯矩和剪力的影响线。

解： ① 弯矩 M_C 的影响线

撤去与弯矩 M_C 相应的约束，即在 C 截面处插入一个铰，代之以一对等值反向的力偶 M_C。这时，铰 C 两侧的刚体可以相对转动，给体系以虚位移，如图 4-7（b）所示。这里与 M_C 相应的位移 δ_Z 是铰 C 两侧截面的相对转角。由于 δ_Z 是微小转角，可先求得 $BB_1 = \delta_Z b$，再按几何关系，可求出 C 点竖向位移为 $\frac{ab}{l}\delta_Z$。这样得到的位移图即代表弯矩 M_C 影响线的轮廓。

② 剪力 F_{QC} 的影响线

撤去截面 C 处相应于剪力的约束，即在 C 处插入一个滑动铰，代之以剪力，得图 4-7（d）所示的机构。此时，在截面 C 处只能发生相对的竖向位移，但不能发生相对转动和水平位移。因此，切口两边的梁发生位移后保持平行，切口两边的相对竖向位移为 δ_Z，再令：$\delta_Z=1$，由几何关系可确定影响线各控制点数据。

在运用机动法作影响线时应注意，静定结构在撤去一个约束后可能只是在局部形成机

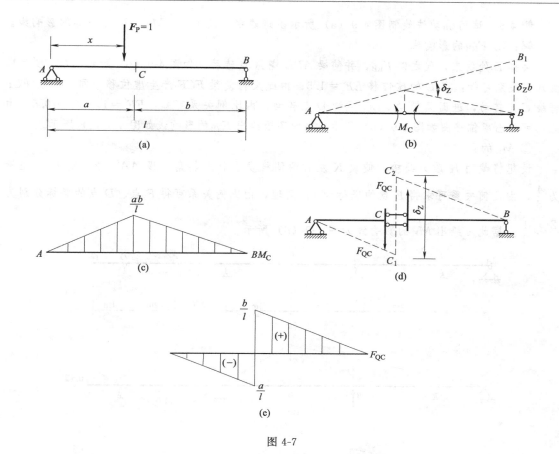

图 4-7

构，而在其余部分仍然保持为几何不变。几何不变部分在此机构运动时并不会发生位移，这表明当移动荷载 $F_P=1$ 作用于该部分时，附属部分某量值 Z 将保持为零。

例如，用机动法作图 4-8 伸臂梁 M_B 和 F_{QB}^R 的影响线时，撤去相应约束后形成的体系在 AB 段仍保持几何不变，机构刚体运动将如图 4-8（a）、（b）所示。由此得到 M_B 和 F_{QB}^R 的影响线与采用静力法时所作的影响线相同，当单位移动荷载 $F_P=1$ 在 AB 段移动时，M_B 和 F_{QB}^R 的值将保持为零。

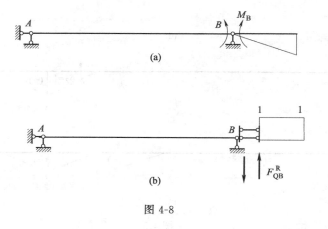

图 4-8

例 4-5 试用机动法绘制图 4-9（a）所示多跨静定梁的 F_{RB}、M_K、M_C、F_{QC}^L 的影响线。

解： ① F_{RB} 的影响线

去掉 B 处约束，代之以 F_{RB}，并使梁 ABE 绕 A 点转动，如图 4-9（b）所示，令 $BB'=1$。由几何关系可知：点 E 的虚位移 $EE'=1.5$；由此又将使梁 ECF 产生虚位移，同时带动 ECF 杆绕 C 点转动，进而又带动 FDG 梁绕 D 点转动，由比例关系可知：$FF'=1$，$GG'=0.5$。由此，可绘出虚位移图如图 4-9（b）所示，据此不难绘出 F_{RB} 的影响线如图 4-9（c）所示。

② M_K 的影响线

设想将截面 K 改为铰接，使铰 K 左右两侧杆发生相对转角。设 $AA'=2$，则 K 点竖标为 $\frac{4}{3}$，由几何关系可求得 E 点的竖标为 1，同理，由比例关系可得 F 点、D 点的竖标分别为 $\frac{2}{3}$ 和 $\frac{1}{3}$。据此可绘出 M_K 的影响线如图 4-9（d）所示。

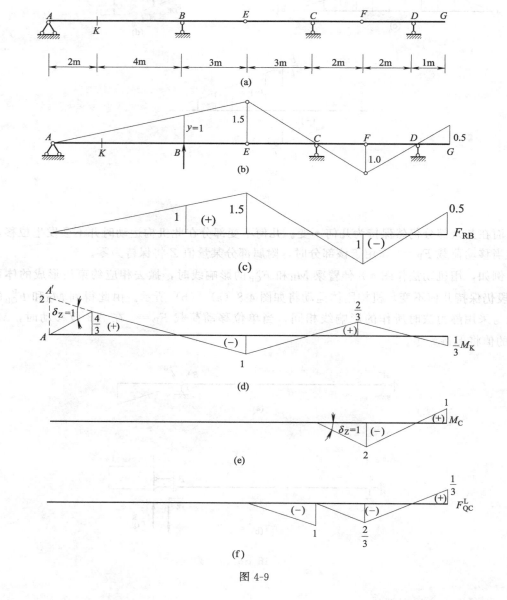

图 4-9

③ M_C 的影响线

设想将截面 C 改为铰接，使铰 C 左右两侧截面发生相对转角。由于 $ABEC$ 为几何不变，杆 EC 无转角，故 CF 的转角为 δ_Z，令 $\delta_Z=1$，则 F 点影响线竖标等于 2。M_C 的影响线如图 4-9（e）所示。

④ F_{QC}^L 的影响线

设想去掉 C 截面左侧相应剪力的约束，代之以定向支座，当 C 左侧沿 F_{QC}^L 的正方向发生错动时，基本部分 ABE 不发生位移，即 F_{QC}^L 影响线在 ABE 段与基线重合，又因支座 C 处截面不会发生竖向位移，故只能使 C 截面左侧向下发生单位位移，即 EC 杆将绕 E 点转动，从而得 F_{QC}^L 在 EC 段的影响线。又因为 C 截面左侧是以定向支座相连，两侧面发生错动后，左右两边的杆应保持平行，即 CF 平行于 EC，由此可得 F 点竖标为 $\dfrac{2}{3}$，据此绘出 F_{QC}^L 的影响线如图 4-9（f）所示。

由此可见，在静定多跨梁中，基本部分的内力或反力影响线是布满全梁的，而附属部分内力或反力的影响线则只在附属部分不为零（基本部分的线段与轴线重合），这一结论与多跨静定梁的力学特性（力的局部平衡性）是一致的。

例 4-6　用机动法作图 4-10（a）所示多跨静定刚架 M_K、F_{QK}、F_{QC} 的影响线。

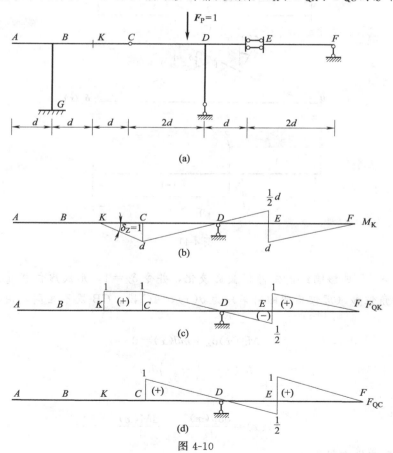

图 4-10

解：如图 4-10（a）所示一多跨静定刚架，ABC 为基本部分，CDE 和 EF 为附属部分。移动荷载 $F_P=1$ 只是在刚架的梁上移动。此时，柱 DH 中只有轴力（M 和 F_Q 为零），其作用相当于一支杆。

① M_K 的影响线

将 K 点铰化，K 截面左边刚架 $ABKG$ 将保持不动，而 K 截面右侧发生单位转角 $\delta_Z=1$，则 C 点竖向位移为 d，由比例关系可知 E 点竖标为 $\frac{1}{2}d$，又由于杆 CE 与杆 EF 平行，则 E 点竖标为 $-d$。另外，由静力原理可知，当 $F_P=1$ 分别移动到 D 点、F 点时 $M_K=0$，相应影响线的竖标为零。

② F_{QK}、F_{QC} 的影响线

为了作 F_{QK}、F_{QC} 的影响线，分别将 K 点和 C 点相应剪力的约束撤去，则 K 截面退化为一水平链杆，当发生相对竖向位移时，它们的左侧均为几何不变，则保持不动，而右侧产生单位竖向位移，即可以做出 F_{QK}、F_{QC} 的影响线，如图 4-10（c）、（d）所示。

例 4-7　求图 4-11（a）所示简支梁在单位移动力偶 $m=1$ 作用下 M_C 的影响线。

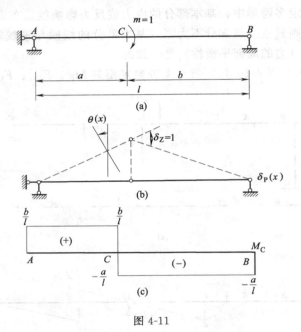

图 4-11

解： 为了求 M_C 的影响线，先将 C 截面铰化，并令 $\delta_Z=1$，形成虚位移 [图 4-11（b）]，力偶行走线的角位移（虚位移图的斜率）为 $\theta(x)$，AC 段、CB 段不相同，由刚体体系的虚功原理

$$M_C(x)\delta_Z+m\theta(x)=0$$

所以

$$M_C(x)=\left(-\frac{1}{\delta_Z}\right)\theta(x)$$

又因为

$$\theta(x)=\frac{\mathrm{d}\delta_P(x)}{\mathrm{d}x}=-\frac{\mathrm{d}\overline{M}(x)}{\mathrm{d}x}$$

故弯矩 M_C 的影响线方程为

$$M_C(x)=\frac{\mathrm{d}\overline{M}(x)}{\mathrm{d}x}$$

式中 $\overline{M}(x)$ 为单位移动竖向荷载作用下弯矩影响线方程。可见，单位移动力偶作用下某量值的影响线就等于竖向荷载作用下该量值影响线的斜率。故在 AC 段，$\overline{M}(x)$ 的斜率为 $\dfrac{b}{l}$，在 CB 段 $\overline{M}(x)$ 的斜率为 $-\dfrac{a}{l}$。故在单位力偶作用下，M_C 的影响线如图 4-11 （c）所示。

例 4-8　求图 4-12 （a）所示多跨静定梁 M_G 和 F_{QG} 的影响线

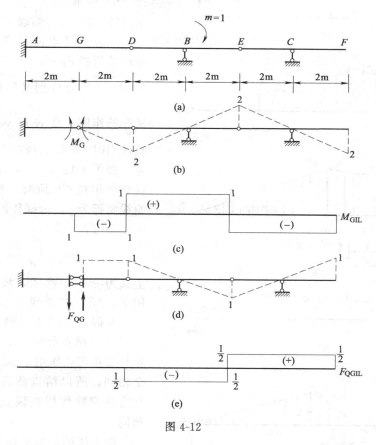

图 4-12

解： 为求 M_G 的影响线，在 G 处加铰，代之以 M_G，沿 M_G 正方向发生单位虚位移，形成虚位移如图 4-12 （b）所示，由虚位移图的斜率可求得各段 M_G 的影响线，如图 4-12 （c）所示。

按同样方法作出在竖向荷载作用下 F_{QG} 的影响线，如图 4-12 （d）所示，求其斜率，可得 F_{QG} 在 $m=1$ 作用下的影响线。如图 4-12 （e）所示。

用静力法对以上结果进行校核，二者结果一致。

4.4　结点荷载作用下简支主梁的影响线

桥梁或房屋建筑中的某些主梁，如图 4-13 （a）所示，通常纵梁简支在横梁上，而横梁又简支在主梁上。荷载直接作用于纵梁上，通过横梁转给主梁，由此可见，不论纵梁受何种荷载，主梁总是通过横梁结点受集中力的作用。对主梁来说，这种荷载称为结点荷载。

（1）M_C 的影响线

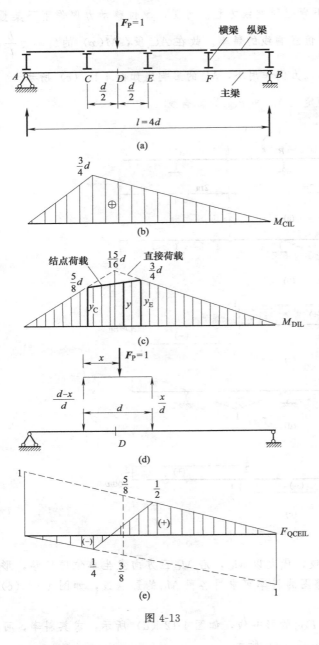

图 4-13

C 点是结点所在截面，当 $F_P=1$ 在 C 点以左时，用 F_{RB} 求 M_C，而当 $F_P=1$ 在 C 点以右时，用 F_{RA} 求 M_C，由此可见 M_C 的影响线与简支梁受直接荷载作用的影响线作法相同，如图 4-13（b）所示。

（2）M_D 的影响线

D 点是结点间任意一截面，若单位移动荷载 $F_P=1$ 在 CE 段移动，则主梁在 C、E 处分别受到结点荷载 $\dfrac{d-x}{d}$ 及 $\dfrac{x}{d}$ 的作用，设 y_C 和 y_E 分别为直接荷载作用时 M_D 影响线在 C、E 两点的竖标，如图 4-13（c）所示，设单位移动荷载作用在 CE 段时，相应主梁 M_D 影响线竖标为 y，依据叠加原理和影响线的定义可得

$$y=y_C\frac{d-x}{d}+y_E\frac{x}{d}$$

上式为 x 的一次式，故在结点荷载作用下，M_D 的影响线在 CE 段为一直线。

又因为，当 $F_P=1$ 作用在结点 C 或 E 上，结点荷载作用下 M_D 影响线竖标与直接荷载作用下 M_D 影响线竖标完全相同，所以结点荷载影响线的竖标与直接荷载作用在该点影响线的竖标相同。

综上所述可得出如下结论：

① 在结点荷载作用下，影响线在相邻两结点之间为一直线；

② 先作出某量值在直接荷载作用下的影响线，然后用直线连接相邻两结点的竖标，就得到结点荷载作用下的影响线。

（3）F_{QD} 的影响线

根据以上作法，得 F_{QD} 影响线如图 4-13（d）所示。由于主梁在 C、E 两点之间没有外力，因此 CE 段各截面的剪力都相等，通常称为节间剪力，以 F_{QCE} 表示。而且，$F_{QD}=F_{QCE}=F_{QC}^R=F_{QE}^L$。

例 4-9 如图 4-14（a）所示，作主梁 F_{RB}、M_D、F_{QD}、F_{QC}^L 和 F_{QC}^R 的影响线

解：依据以上步骤，首先作出各量值在直接荷载作用下的影响线（用虚线表示），然后算出各结点的竖标，用直线（实线）连接相邻两结点的竖标，就得到了各量值在结点荷载作

用下的影响线，如图 4-14（b）、（c）、（d）、（e）所示。且注意 F_{QD} 的影响线与 F_{QC}^R 的影响线在同一节间，故二者完全相同。

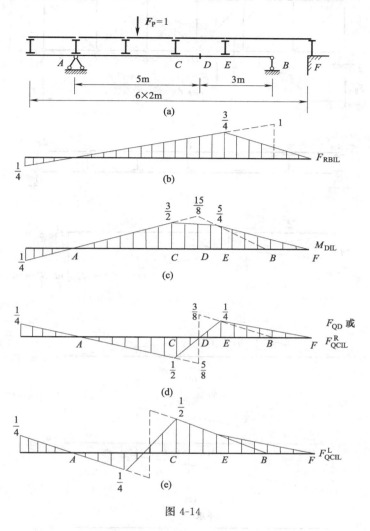

图 4-14

4.5　静力法作桁架的影响线

图 4-15（a）所示平行弦桁架，设单位荷载沿桁架下弦杆 AG 移动，试作各指定杆轴力的影响线。桁架通常承受结点荷载、荷载传递的方式和图 4-15（b）所示的梁相同。

求某一杆轴力的影响线，就是把 $F_P=1$ 依次放在诸结点上，计算某杆的轴力，用竖标表示，并连成直线，就得到某杆轴力的影响线。桁架影响线仍然是以反力影响线为基础的。

（1）杆 bc 的影响线

用静力法作影响线，结点法和截面法仍然是基本手段，为求 F_{Nbc}，作截面 I—I 使桁架一分为二。用力矩方程 $\sum M_C=0$，求 F_{Nbc}。

当 $F_P=1$ 在 C 的右方，取截面 I—I 左部为脱离体，得

$$\sum M_C=0：F_{RA}\times 2d+F_{Nbc}\times h=0$$

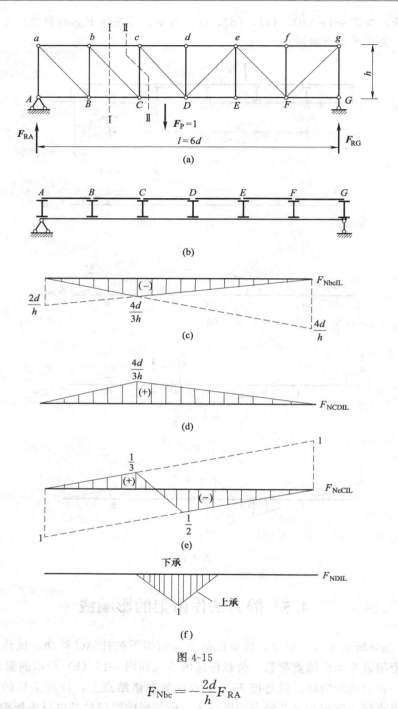

图 4-15

$$F_{Nbc} = -\frac{2d}{h}F_{RA} \tag{4-4}$$

当 $F_P = 1$ 在 C 的左方，取截面 I—I 右部为脱离体，得

$$\sum M_C = 0, \quad F_{RG} \times 4d + F_{Nbc} \times h = 0$$

$$F_{Nbc} = -\frac{4d}{h}F_{RG} \tag{4-5}$$

利用式（4-4）和式（4-5）以及 F_{RA}、F_{RG} 的影响线，作 F_{Nbc} 的影响线，如图 4-15（c）所示。式（4-4）和式（4-5）可以合并为一个式子，即

$$F_{Nbc} = -\frac{M_C^0}{h}$$ (4-6)

由上式可知：bc 杆影响线等于相应简支梁［图 4-15（b）］结点 C 的弯矩影响线除以常数 h 而得之，因此，F_{Nbc} 的影响线为一三角形，顶点的竖标为

$$-\frac{ab}{lh} = -\frac{2d \times 4d}{6dh} = -\frac{4d}{3h}$$

（2）杆 CD 的影响线

作截面Ⅱ—Ⅱ，取结点 c 为矩心，用力矩方程 $\sum M_c = 0$ 求得 F_{NCD}。

当 $F_P = 1$ 在截面Ⅱ—Ⅱ以右各结点时，取左半部为研究对象，则有

$$\sum M_c = 0, \quad -F_{RA} \times 2d + F_{NCD} \times h = 0$$

得
$$F_{NCD} = \frac{F_{RA} \times 2d}{h} = \frac{M_c^0}{h}$$ (4-7)

当 $F_P = 1$ 在截面Ⅱ—Ⅱ以左各结点时，取右半部为研究对象，则有

$$\sum M_c = 0, \quad F_{RG} \times 4d - F_{NCD} \times h = 0$$

得
$$F_{NCD} = \frac{F_{RG} \times 4d}{h} = \frac{M_c^0}{h}$$ (4-8)

即，F_{NCD} 的影响线可以由相应梁结点 c 的弯矩影响线求得，只需找到后者的竖标除以 h，如图 4-15（d）所示。

因此，要作某弦杆的影响线，只要找到求该杆内力所列平衡方程的矩心，并作出相应简支梁在该点的影响线并除以 h 后，得该弦杆的影响线。

（3）竖杆 cC 的影响线

同样利用截面Ⅱ—Ⅱ，利用投影平衡方程 $\sum F_y = 0$，求 F_{NcC}。

$F_P = 1$ 在Ⅱ—Ⅱ截面以右时，取左半部分为脱离体，有

$$F_{NcC} = -F_{RA}$$ (4-9)

$F_P = 1$ 在Ⅱ—Ⅱ截面以左时，取右半部分为脱离体，有

$$F_{NcC} = F_{RG}$$ (4-10)

根据式（4-9）和式（4-10）可作出 F_{NcC} 影响线如图 4-15（e）所示，另外，可将上述分析概括成一个式子

$$F_{NcC} = -F_{QCD}^0$$ (4-11)

因此，要作某腹杆的影响线，只要找到求该杆内力所用截面，并作出该截面所经过节间的剪力影响线即可。

（4）竖杆 dD 的影响线

当单位移动荷载沿下弦移动时（下承式），由于桁架下弦结点承受荷载作用，由图中结点 d 的平衡可知

$$F_{NdD} = 0$$

即不管单位移动荷载位于下弦的什么位置，dD 杆都是零杆。因此，F_{NdD} 的影响线与基线重合［图 4-15（f）］。

当单位移动荷载沿上弦移动时（上承式），由图中结点 d 的平衡可知：

当 $F_P = 1$ 在结点 d 时，$F_{NdD} = -1$。

当 $F_P = 1$ 在其他结点时，$F_{NdD} = 0$

由于结点之间是直线，因此，F_{NdD} 的影响线如图 4-15（f）所示，是一个三角形。

由此可见，在作桁架影响线时，要注意区分是上弦承载还是下弦承载。本例中 F_{Nbc}、F_{NcD} 的影响线为上弦承载与下弦承载相同，而 F_{NcC} 的影响线则不相同，若为上弦承载则有

$$F_{NcC} = -F_{Qbc}$$

而 F_{NcC} 的影响线应按节间剪力 F_{Qbc} 的影响线作出，但符号相反。

4.6　影响线的应用

（1）利用影响线求影响量值

影响线是研究移动荷载作用下结构计算的基本工具，应用它可确定一般移动荷载作用下某量的影响量值。

设图 4-16（a）所示简支梁，受到一组平行集中荷载 F_{P1}、F_{P2}、F_{P3} 的作用，其剪力 F_{QC} 的影响线如图 4-16（b）所示，设 y_1、y_2、y_3 代表荷载 F_{P1}、F_{P2}、F_{P3} 所对应剪力 F_{QC} 影响线的竖标，依据影响线的定义和叠加原理，该组荷载作用时 F_{QC} 的值为

$$F_{QC} = F_{P1}y_1 + F_{P2}y_2 + F_{P3}y_3 = \sum_{i=1}^{3} F_{Pi}y_i$$

一般情况下，结构在一组平行荷载 F_{P1}、F_{P2}、F_{P3}、$\cdots F_{Pn}$ 共同作用下某量值 Z 的计算式为

$$Z = F_{P1}y_1 + F_{P2}y_2 + \cdots + F_{Pn}y_n = \sum_{n=1}^{\infty} F_{Pi}y_i \tag{4-12}$$

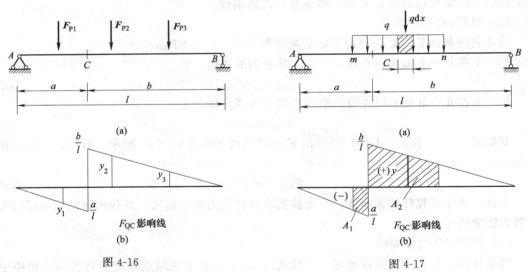

F_{QC} 影响线
(b)

图 4-16

F_{QC} 影响线
(b)

图 4-17

如果结构在 mn 段承受均布荷载 q 的作用 [图 4-17（a）]，则微段 $q\mathrm{d}x$ 上的荷载 $q\mathrm{d}x$ 可看作是集中荷载，它所引起的量值 Z 值为 $yq\mathrm{d}x$，因此，在 mn 段承受均布荷载作用下 Z 值为

$$Z = \int_m^n yq\,\mathrm{d}x = q\int_m^n y\,\mathrm{d}x = qA_0 \tag{4-13}$$

这里，A_0 表示影响线的图形在受载段 mn 上的面积。上式表示均布荷载引起的 Z 值等于荷载集度乘以受载段的影响线的面积。应用此式时，要注意面积 A_0 的正负号。

若梁上有多个集中荷载和均布荷载共同作用时，则某量值为

$$Z = \sum_{i=1}^{n} F_i y_i + \sum_{i=1}^{n} q_i A_i \tag{4-14}$$

例 4-10 试用影响线求图 4-18 （a）所示外伸梁 C 截面的弯矩值。

解： ① 作 M_C 影响线，求各有关 y 值，如图 4-18 （b）所示。

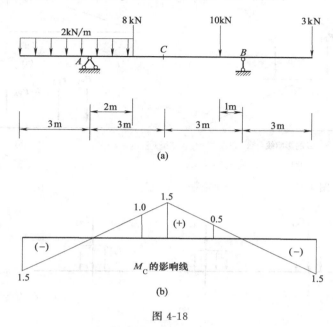

图 4-18

② 求 M_C，由式 （4-14）得

$$M_C = \sum_{i=1}^{n} F_i y_i + qA = \left(8 \times 1 + 10 \times 0.5 - 3 \times 1.5 + 2 \times \frac{2 \times 1 - 3 \times 1.5}{2} \right) = 6 \text{kN} \cdot \text{m}$$

（2）求荷载的最不利位置

如果荷载移动到某个位置时，使某量值 Z 达到最大值（最小值），则此荷载位置称为最不利荷载位置。影响线的一个重要作用，就是用来确定荷载的最不利位置。

对于一些简单情况，只要对影响线和荷载特性加以分析和判断，就可以定出荷载的最不利位置。判断的原则是，应当把数量大、排列密的荷载放在影响线竖标较大的部位。

若只有一个移动集中荷载 F_P 作用，则该荷载位于影响线竖标最大处，即为最不利荷载位置。

若有两个移动荷载 F_{P1}、F_{P2} 共同作用，最不利荷载位置是其中一个数值较大荷载位于影响线最大竖标处，而把另一个放在影响线的坡度较缓的一边，如图 4-19 所示。

若移动荷载是一组集中力，如图 4-20 所示。可以证明，在最不利荷载位置时，必有一个集中荷载位于影响线的顶点，通常称该荷载为临界荷载。用 F_{PK} 表示。

（3）临界位置的判定

如果移动荷载是一组集中荷载，最不利荷载位置是无法直接判断的。通常分两步进行：

第一步：求出使某量值 Z 达极值的荷载位置，即荷载的临界位置。

第二步：从荷载的临界位置中选出最不利位置，即从极大值中选最大值，从极小值中选最小值。

下面以图 4-21 多边形影响线为例，说明最不利位置的确定方法。设图 4-21 （a）为一

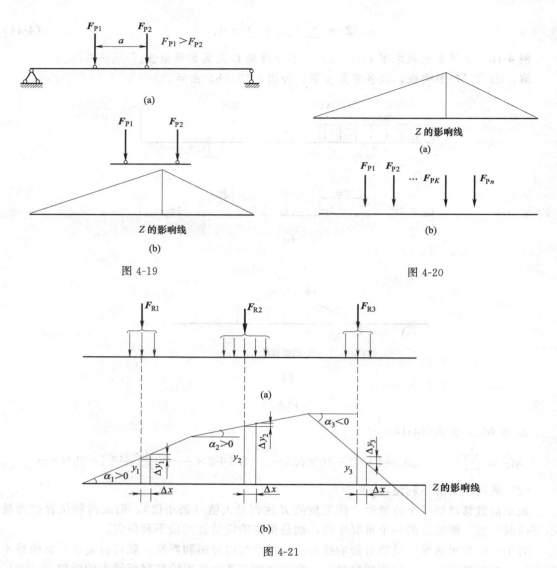

图 4-19

图 4-20

图 4-21

组集中荷载，荷载移动时其间距和数值保持不变。图 4-21 （b）为某一量值 Z 的影响线，为一多边形，各边的倾角用 α_1、α_2、α_3 表示。各边区间内荷载的合力用 F_{R1}、F_{R2}、F_{R3} 表示。根据叠加原理，并按各边区间内荷载的合力来计算量值

$$Z = F_{R1}y_1 + F_{R2}y_2 + \cdots + F_{Rn}y_n = \sum_{i=1}^{n} F_{Ri}y_i$$

这里，y_1、y_2、$\cdots$、y_n 分别为各区段荷载的合力对应的影响线竖标。设荷载向右移动 Δx（为正），则竖标 y_i 的增量

$$\Delta y_i = \Delta x \tan\alpha_i$$

因而 Z 的增量为

$$\Delta Z = \Delta x \sum_{i=1}^{n} F_{Ri}\tan\alpha_i$$

显然，要使 Z 成为极大值的临界位置，必须满足如下条件：荷载自临界位置向右或向左移动时，$\Delta Z \leqslant 0$，即

$$\Delta x \sum_{i=1}^{n} F_{Ri} \tan\alpha_i \leqslant 0 \tag{4-15}$$

式（4-15）还可以分成两种情况

$$\left. \begin{array}{l} \text{当 } \Delta x > 0 \text{ 时（荷载稍向右移）} \quad \sum F_{Ri} \tan\alpha_i \leqslant 0 \\ \text{当 } \Delta x < 0 \text{ 时（荷载稍向左移）} \quad \sum F_{Ri} \tan\alpha_i \geqslant 0 \end{array} \right\} \tag{4-16}$$

同理，使 Z 成为极小值的临界位置，必须满足

$$\left. \begin{array}{l} \text{当 } \Delta x > 0 \text{ 时（荷载稍向右移）} \quad \sum F_{Ri} \tan\alpha_i \geqslant 0 \\ \text{当 } \Delta x < 0 \text{ 时（荷载稍向左移）} \quad \sum F_{Ri} \tan\alpha_i \leqslant 0 \end{array} \right\} \tag{4-17}$$

上述两式称为临界荷载位置的判别式。

综上所述，确定荷载最不利位置的步骤为：

① 从荷载中选定一集中力，使其位于影响线的顶点。

② 当该集中荷载稍左或稍右时，分别求出 $\sum F_i \tan\alpha_i$ 的数值。如 $\sum F_i \tan\alpha_i$ 变号（或由零变成非零），则此荷载位置称为临界位置，而该荷载称为临界荷载 F_{PK}。如果 $\sum F_i \tan\alpha_i$ 不变号，说明此位置不是临界位置，须重新选定。

③ 对于每一个临界荷载位置可求出 Z 的一个极值，然后从各种极值中选出最大值或最小值。同时，也就确定了荷载的最不利位置。

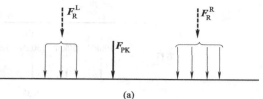

当影响线为三角形时，临界位置的特点可以用更方便的形式表示出来。如图 4-22 所示，设 Z 影响线为一三角形。如要求 Z 的极大值，则在临界位置必有一荷载 F_{PK} 正好位于影响线的顶点。以 F_R^L 表示 F_{PK} 左方荷载的合力，以 F_R^R 表示 F_{PK} 右方荷载的合力。

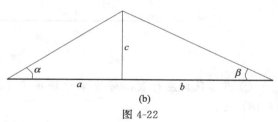

图 4-22

式（4-16）可写成

荷载向右移：$\quad F_R^L \tan\alpha - (F_{PK} + F_R^R)\tan\beta \leqslant 0$

荷载向左移：$\quad (F_R^L + F_{PK})\tan\alpha - F_R^R \tan\beta \geqslant 0$

将 $\tan\alpha = \dfrac{c}{a}$，$\tan\beta = \dfrac{c}{b}$ 代入上式得

$$\left. \begin{array}{l} \dfrac{F_R^L}{a} \leqslant \dfrac{F_{PK} + F_R^R}{b} \\[3mm] \dfrac{F_R^L + F_{PK}}{a} \geqslant \dfrac{F_R^R}{b} \end{array} \right\} \tag{4-18}$$

式（4-18）表明：临界位置的特点为有一集中荷载 F_{PK} 在影响线的顶点，将 F_{PK} 计入哪一边，则那一边荷载的平均集度就大。

例 4-11　试求图 4-23 所示公路桥在汽车-15 级车队荷载作用下 C 截面最大弯矩 M_{Cmax} 及其最不利荷载位置。

解：汽车-15 级车队荷载中，将最重车后轮压力 130kN 作为临界荷载，作出 M_C 的影响线，将 $F_{PK} = 130$kN 置于影响线顶点 C，现考虑车队荷载左行和右行两种情况。

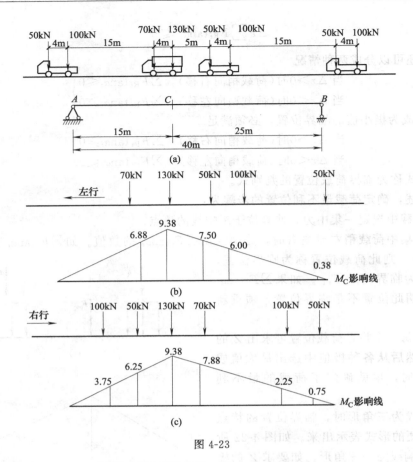

图 4-23

① 若车队向左行驶，将重车后轮压力 130kN 置于 C 点，如图 4-23（b）所示，由式（4-18）可知

$$\frac{70kN}{15m} < \frac{130kN+200kN}{25m}$$

$$\frac{70kN+130kN}{15m} > \frac{200kN}{25m}$$

由此可知，车队向左行驶时该位置为临界位置，相应的 M_C 为

$$M_C=70\times6.88+130\times9.38+50\times7.5+100\times6.00+50\times0.38=2694kN\cdot m$$

② 若车队向右行驶，仍将 130kN 置于 C 点，如图 4-23（c）所示，用式（4-18）验算

$$\frac{150kN}{15m} < \frac{130kN+220kN}{25m}$$

$$\frac{150kN+130kN}{15m} > \frac{220kN}{25m}$$

此位置亦为临界位置，相应的 M_C 值为

$$M_C=100\times3.75+50\times6.25+130\times9.38+70\times7.88=100\times2.25+50\times0.75=2720kN\cdot m$$

由此可知：车队向右行驶 ［图 4.23（c）］ 为最不利位置，最大弯矩为 $M_{Cmax}=2720kN\cdot m$。

4.7 铁路、公路的标准荷载和换算荷载

由于铁路、公路上行驶的车辆种类繁多、载重情况复杂，在结构设计中不可能对每一种

情况进行精确计算。为此，工程中经过统计分析，制订出一种统一的荷载制来进行设计。

（1）铁路标准荷载

铁路桥涵设计时，原铁道部颁布了《中华人民共和国铁路标准荷载》，简称"中-荷载"。它包括普通活载和特种活载两种，如图 4-24 所示。

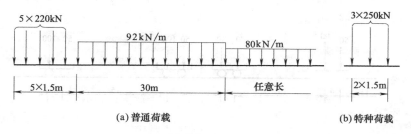

(a)普通荷载　　　　　　　　　　　　　　(b)特种荷载

图 4-24

普通活载的组成共分为三段：前面一段的五个集中荷载，代表一台蒸汽机车的五个轴重；中部一段均布荷载代表煤水车及其联挂的另一台机车的平均重量；后面任意长的均布荷载代表后面列车的平均重量。特种活载代表个别重型车辆的轴重，设计时，应比较采用普通活载与特种活载二者所产生的较大内力作为设计依据。通常在小跨度（约 7m 以下）时，特种荷载才起决定作用。

使用"中-活载"时应注意：

① 列车可以自左端或右端进入桥梁，设计时应选两种进桥方式中产生较大内力作为设计依据。

② 所设计结构上承受"中-活载"，可以由图 4-24 所示的图示中任意截取，但不能变更轴距。

③ 图 4-24 所示荷载一个车道上的荷载，如果桥梁是由两根主梁组成的单线桥时，那么，每根主梁只承受图示荷载的一半。

（2）公路标准荷载

我国公路桥涵设计时，所采用的公路标准荷载有两种，即计算荷载和验算荷载。其中计算荷载以汽车车队表示，分为汽车-10 级、汽车-15 级、汽车-20 级和汽车-超 20 级四个等级，其纵向排列如图 4-25 所示。各车辆之间的距离可任意变更，但不得小于图示距离。每个车队中只有一辆重车，车的数量不限。验算荷载-履带车、平板挂车表示，详见有关规范。

例 4-12　试求图 4-26（a）所示简支梁在"中-活载"作用下 M_C 及 F_{QD} 的最大值（假设列车自右向左进入）。

解：① M_C 的最大值

列车自右向左行驶，将"中-活载"的第 3 个轴重视为临界荷载，即 $F_{PK}=220$kN，$\sum F_左 = 2\times220 = 440$kN，$\sum F_右 = (2\times220+92\times5.5) = 946$kN，由判别式（4-18）得

$$\frac{440+220}{6} > \frac{946}{10}$$

$$\frac{440}{6} < \frac{220+946}{10}$$

故第 3 个轴重位于影响线顶点 C 时为最不利荷载位置，相应的 M_C 的最大值为

$$M_{Cmax}=220\times(1.875+2.8125+3.75+3.1875+2.625+92\times$$

$$\frac{1}{2}\times5.5\times2.0625=3656.81\text{kN}\cdot\text{m}$$

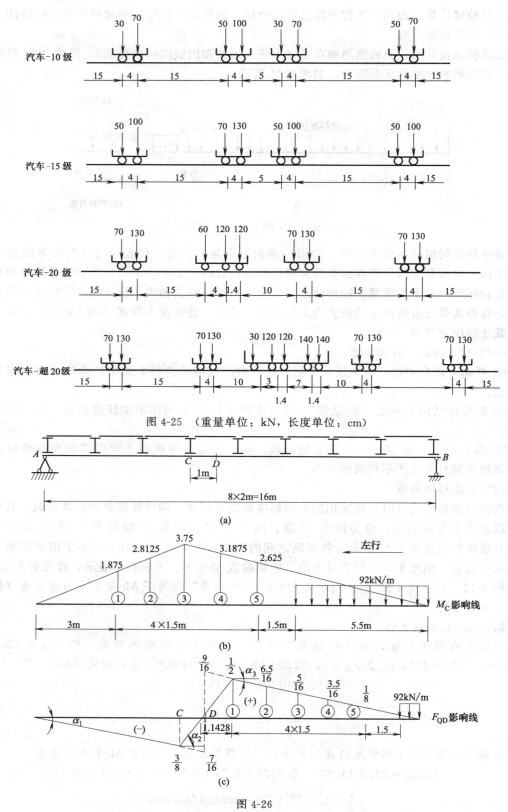

图 4-25 （重量单位：kN，长度单位：cm）

图 4-26

② F_{QD} 的最大值

按列车自右向左行驶，设 F_{P1} 为临界荷载，如图 4-26（c）所示，当整个荷载稍向右移动时，各段合力为

$$F_{R1}=0, F_{R2}=0, F_{R3}=5\times220+92\times0.5=1146kN$$

$$\tan\alpha_1=-\frac{1}{16}, \quad \tan\alpha_2=\frac{7}{16}, \quad \tan\alpha_3=-\frac{1}{16}$$

因此，$\sum F_{Ri}\tan\alpha_i=0+0+1146\times\left(-\frac{1}{16}\right)=-71.625<0$

而当整个荷载稍向左移动时，各段合力为

$$F_{R1}=0, \quad F_{R2}=220kN, \quad F_{R3}=4\times220+92\times0.5=926kN$$

因此，$\sum F_{Ri}\tan\alpha_i=0+220\times\frac{7}{16}+926\times\left(-\frac{1}{16}\right)=38.375>0$

故由判别式（4-7）可知，轴重 $F_{P1}=220kN$ 为临界荷载，图 4-26（c）为使 F_{QD} 产生最大值的最不利荷载位置，相应的 F_{QD} 最大值为

$$F_{Qmax}=220\times\left(\frac{6.5}{16}+\frac{5}{16}+\frac{3.5}{16}+\frac{2}{16}+\frac{1}{2}\right)+0.5\times92\times0.5\times\frac{0.5}{16}=344.47kN$$

以上结果是在假设列车自右向左行驶的情况下获得的。作为练习，读者可以假设列车自左向右进入，按照以上类似的过程，确定出使 M_C 及 F_{QD} 产生最大值的临界位置，并将其结果与上述结果进行比较，才能最终确定出使 M_C 及 F_{QD} 产生最大值的临界荷载位置。

（3）换算荷载

在移动荷载作用下求结构上某量的最大（最小）值时，通常需先确定荷载最不利位置，然后才能算出相应的量值，这一计算过程往往很麻烦。在实际工作中，对于铁路、公路的标准荷载，若影响线的形状是三角形，就可以利用制成的换算荷载表来简化计算。

换算荷载 P 是一种均布荷载，它占满同号影响线面积所产生的某一量值 PA，与实际移动荷载产生的该量值最大值 Z_{max} 相等。即

$$PA=Z_{max} \tag{4-19}$$

式中，A 为 Z 影响线的面积。由式（4-19）可知：该移动荷载的换算荷载为

$$P=\frac{Z_{max}}{A} \tag{4-20}$$

由此可知：换算荷载的数值由移动荷载的类型和影响线的形状而定。但对于长度相等、顶点位置相同的影响线，换算荷载是相等的。如图 4-27 所示符合上述条件的两条影响线。由于 $y_2=ny_1$，因此，$A_2=nA_1$，于是有

$$P_2=\frac{\sum F_P y_2}{A_2}=\frac{n\sum F_P y_1}{nA_1}=\frac{\sum F_P y_1}{A_1}=P_1$$

以下表 4-1～表 4-4 列出了根据三角形影响线编制的我国现行铁路、公路标准荷载的换算荷载。使用时应注意：

① 加载长度（表 4-1）指同符号影响线的长度（图 4-28）；

② 影响线顶点位置用顶点至较近零点间水平距离与底边之比 α 表示，α 值为 $0\sim0.5$（图 4-28）；

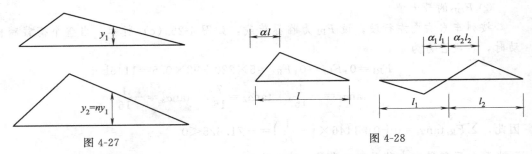

图 4-27   图 4-28

③ 当 l 或 α 值在表列数值之间时，P 值可按直线内插法确定。

表 4-1   中-活载的换算活载   单位：kN/m（每线）

加载长度 l/m	影响线最大纵距位置 α				
	0（端部）	1/8	1/4	3/8	1/2
1	500.0	500.0	500.0	500.0	500.0
2	312.5	285.7	250.0	250.0	250.0
3	250.0	238.1	222.2	200.0	187.5
4	234.4	214.3	187.5	175.0	187.5
5	210.0	197.1	180.0	172.0	180.0
6	187.5	178.6	166.7	161.1	166.7
7	179.6	161.8	153.1	150.9	153.1
8	172.2	157.1	151.3	148.5	151.3
9	165.5	151.5	147.5	144.5	146.7
10	159.8	146.2	143.6	140.0	141.3
12	150.4	137.5	136.0	133.9	131.2
14	143.3	130.8	129.4	127.6	125.0
16	137.7	125.5	123.8	121.9	119.4
18	133.2	122.8	120.3	117.3	114.2
20	129.4	120.3	117.4	114.2	110.2
24	123.7	115.7	112.2	108.3	104.0
25	122.5	114.7	111.0	107.0	102.5
30	117.8	110.3	106.6	102.4	99.2
32	116.2	108.9	105.3	100.8	98.4
35	114.3	106.9	103.3	99.1	97.3
40	111.6	104.8	100.8	97.4	96.1
45	109.2	102.9	98.8	96.2	95.1
48	107.9	101.8	97.6	95.5	94.5
50	107.1	101.1	96.8	95.0	94.1
60	103.6	97.8	94.2	92.8	91.9
64	102.4	96.8	93.4	92.0	91.1
70	100.8	95.4	92.2	90.9	89.9
80	98.6	93.3	90.6	89.3	88.2
90	96.9	91.6	89.2	88.0	86.8
100	95.4	90.2	88.1	86.9	85.5
110	94.1	89.0	87.6	85.9	4.6
120	93.1	88.1	86.4	85.1	83.6
140	91.4	86.7	85.1	83.8	82.8
160	90.0	85.7	84.2	82.9	82.2
180	89.0	84.9	83.4	82.3	81.7
200	8.1	84.2	82.8	81.8	81.4

表 4-2　汽车-10 级的换算荷载表　　　单位：kN/m（每车列）

跨径或荷载长度 l/m	影响线顶点位置 α									
	标准车列					无加重车车列				
	0（端部）	1/8	1/4	3/8	1/2（跨中）	0（端部）	1/8	1/4	3/8	1/2（跨中）
1	200.0	200.0	200.0	200.0	200.0	140.0	140.0	140.0	140.0	140.0
2	100.0	100.0	100.0	100.0	100.0	70.0	70.0	70.0	70.0	70.0
3	66.7	66.7	66.7	66.7	66.7	46.7	46.7	46.7	46.7	46.7
4	50.0	50.0	50.0	50.0	50.0	35.0	35.0	35.0	35.0	35.0
6	38.9	37.3	35.2	33.3	33.3	26.7	25.7	24.4	23.3	23.3
8	31.3	30.4	29.2	27.5	25.0	21.3	20.7	20.0	19.0	17.5
10	26.0	25.4	24.7	23.6	22.0	17.6	17.3	16.8	16.2	15.2
13	21.5	20.4	19.9	19.3	19.4	14.0	13.7	13.5	13.1	12.5
16	18.9	18.0	16.9	17.3	17.0	11.6	11.4	11.3	11.0	10.6
20	17.1	16.1	15.8	16.1	15.2	9.8	9.3	9.2	9.0	8.8
26	14.6	13.9	13.8	14.0	13.4	9.1	8.2	7.4	7.1	7.0
30	13.3	12.7	12.6	12.7	12.3	8.6	7.9	7.0	6.4	6.1
35	12.5	11.5	11.4	11.4	11.1	7.9	7.4	6.4	6.3	5.6
40	11.8	10.8	10.7	10.5	10.2	7.5	6.9	6.4	6.0	5.4
45	11.0	10.3	10.2	10.0	9.7	7.3	6.6	6.1	5.8	5.6
50	10.5	9.7	9.7	9.5	9.3	7.3	6.5	5.9	5.5	5.1
60	9.8	9.0	8.7	8.7	8.7	6.7	6.2	5.7	5.5	5.6

表 4-3　汽车-15 级的换算荷载表　　　单位：kN/m（每车列）

跨径或荷载长度 l/m	影响线顶点位置 α									
	标准车列					无加重车车列				
	0（端部）	1/8	1/4	3/8	1/2（跨中）	0（端部）	1/8	1/4	3/8	1/2（跨中）
1	260.0	260.0	260.0	260.0	260.0	200.0	200.0	200.0	200.0	200.0
2	130.0	130.0	130.0	130.0	130.0	100.0	100.0	100.0	100.0	100.0
3	86.7	86.7	86.7	86.7	86.7	66.7	66.7	66.7	66.7	66.7
4	65.0	65.0	65.0	65.0	65.0	50.0	50.0	50.0	50.0	50.0
6	51.1	48.9	45.9	43.3	43.3	38.9	37.3	35.2	33.3	33.3
8	41.3	40.0	38.3	36.0	32.5	31.3	30.4	29.2	27.5	25.0
10	34.4	33.6	32.5	31.0	28.8	26.0	25.4	24.7	23.6	22.0
13	29.5	27.5	26.4	25.5	25.9	20.7	20.4	19.9	19.3	18.3
16	26.0	24.7	23.0	23.5	23.0	17.2	17.0	16.7	16.3	15.6
20	23.7	22.0	21.7	22.1	20.7	14.5	13.9	13.7	13.4	13.0
26	20.2	19.3	19.1	19.3	18.5	13.5	12.1	10.9	10.6	10.4
30	18.7	17.6	17.4	17.6	17.0	12.8	11.7	10.4	9.5	9.1
35	17.7	16.0	15.9	15.8	15.3	11.8	11.1	10.1	9.3	8.3
40	16.7	15.2	15.0	14.5	14.2	11.2	10.4	9.6	9.0	8.1
45	15.6	14.5	14.3	13.9	13.4	11.0	9.8	9.1	8.6	8.4
50	14.9	13.7	13.6	13.3	12.9	10.7	9.6	8.7	8.2	8.6
60	13.9	12.8	12.3	12.2	12.2	10.1	9.2	8.5	8.2	8.4

表 4-4　汽车-20 级的换算荷载表　　　单位：kN/m（每车列）

跨径或长度荷载 l/m	影响线顶点位置 α									
	标准车列					无加重车车列				
	0（端部）	1/8	1/4	3/8	1/2（跨中）	0（端部）	1/8	1/4	3/8	1/2（跨中）
1	260.0	260.0	260.0	260.0	260.0	260.0	260.0	260.0	260.0	260.0
2	156.0	144.0	130.0	130.0	130.0	130.0	130.0	130.0	130.0	130.0
3	122.7	117.3	110.2	100.0	86.7	86.7	86.7	86.7	86.7	86.7
4	99.0	96.0	92.0	86.4	78.0	65.0	65.0	65.0	65.0	65.0
6	72.7	69.3	67.6	65.1	61.3	51.1	48.9	45.9	43.3	43.3
8	59.6	57.4	54.5	51.6	49.5	41.3	40.0	38.3	36.0	32.5
10	50.2	48.8	46.9	44.3	43.7	34.2	33.6	32.5	31.0	28.8

续表

跨径或长度荷载 l/m	影响线顶点位置 α									
	标准车列					无加重车车列				
	0(端部)	1/8	1/4	3/8	1/2(跨中)	0(端部)	1/8	1/4	3/8	1/2(跨中)
13	40.3	39.5	38.4	36.3	36.0	27.5	27.0	26.4	25.5	24.1
16	33.7	33.1	32.4	31.4	31.1	22.8	22.5	22.1	21.5	20.6
20	29.2	27.2	26.7	26.1	25.9	19.3	18.4	18.1	17.8	17.2
26	25.1	23.8	23.9	22.6	21.4	17.9	16.1	14.5	14.1	13.7
30	22.7	21.8	22.4	21.5	19.9	17.0	15.6	13.9	12.6	12.1
35	20.9	19.9	20.5	19.8	18.7	15.7	14.7	13.4	12.4	11.1
40	20.0	18.9	18.3	17.5	14.9	14.9	13.8	12.7	12.0	10.8
45	19.0	18.4	17.7	16.9	16.8	14.6	13.1	12.0	11.5	11.2
50	18.0	17.7	17.0	16.4	16.3	14.2	12.8	11.6	11.0	11.4
60	16.9	16.3	15.7	15.3	15.2	13.4	12.2	11.3	10.9	11.2

例 4-13　利用换算荷载计算"中-活载"作用下图 4-26（a）所示简支梁 M_C 及 F_{QD} 的最大值（假设列车自右向左进入）。

解：① M_{Cmax}

加载长度：$l=16$m，$\alpha=\dfrac{6}{16}=0.375$，查表 4-1 得：$P=121.9$kN/m

因此，$M_{Cmax}=121.9\times\dfrac{1}{2}\times16\times\dfrac{15}{4}=3657$kN·m

结果与上例相同。

② F_{QDmax}

由 F_{QD} 影响线求 F_{QDmax} 时，$l=9.1428$m，$\alpha=\dfrac{1.1428}{9.1428}=0.125$。

$l=9$m，$P_{0.125}=151.5$kN/m

$l=10$m，$P_{0.125}=146.2$kN/m

这时可用内插法计算，换算荷载为

$$P_{0.125}=146.2+(151.5-146.2)\times\frac{10-9.1428}{10-9}=150.74$$

因此

$$F_{Qmax}=150.74\times\frac{1}{2}\times9.1428\times\frac{1}{2}=344.5\text{kN}$$

以上结果与例 4-12 中的结果非常接近，误差很小。

4.8　简支梁的绝对最大弯矩和内力包络图

结构设计中需要知道的是梁所有截面的最大内力值以及各截面最大内力值中的最大值。发生在梁的某一截面比其他任何截面都大的最大弯矩称为绝对最大弯矩。如果把梁上各截面内力的最大值按同一比例标在图上并连成曲线，称为内力包络图。内力包络图表示了各截面内力变化的极限值，是结构设计的主要依据。

（1）简支梁的绝对最大弯矩

在移动荷载作用下确定最大弯矩，需要知道绝对最大弯矩发生的位置和相应的最不利位置（临界荷载），然而问题在于绝对最大弯矩所在截面位置和临界荷载均未知，为此，采用试算法，即假设某一集中荷载 F_{PK} 为临界荷载，看 F_{PK} 移动到什么位置时弯矩达最大值，该截面就是绝对最大弯矩所在的截面。

　　如图 4-29 （a） 所示，简支梁受荷载系列 F_1、F_2、$\cdots F_n$ 作用，其间距不变，以 x 表示 F_{PK} 与 A 点的距离，a 表示梁上荷载的合力 F_R 与 F_{PK} 的作用线之间的距离。由 $\sum M_B = 0$，得：

$$F_{RA} = F_R \frac{l-x-a}{l}$$

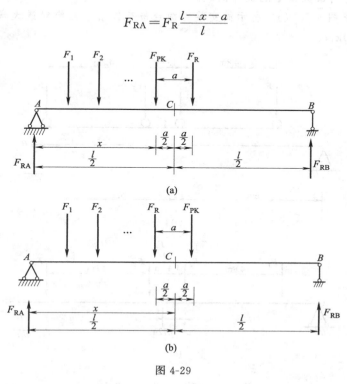

图 4-29

当 F_{PK} 位于 F_R 的左侧时，则 K 截面的弯矩为

$$M = F_{RA}x - M_K = F_R \frac{(l-x-a)x}{l} - M_K$$

M_K 表示 F_{PK} 以左梁上所有荷载对 F_{PK} 作用点的力矩之和，是与 x 无关的常数。

$$\frac{\mathrm{d}M}{\mathrm{d}x} = \frac{F_R}{l}(l-a-2x) = 0$$

由此可得绝对最大弯矩发生的位置，即 $x = \dfrac{l}{2} - \dfrac{a}{2}$。

　　同理，当 F_{PK} 位于右侧时，可求得 $x = \dfrac{l}{2} + \dfrac{a}{2}$ 为发生绝对最大弯矩发生的位置 ［图 4-29 （b）］。

故简支梁发生绝对最大弯矩所在截面由下式确定

$$x = \frac{l}{2} \mp \frac{a}{2} \tag{4-21}$$

上式表明：当 F_{PK} 与合力 F_R 对称于梁的中点时，F_{PK} 作用点的弯矩为最大值，此时最大弯矩为

$$M_{max} = \frac{F_R(l \mp a)^2}{4l} - M_K \tag{4-22}$$

　　应用式 （4-21） 和式 （4-22） 时应注意：

① 当 F_{PK} 位于 F_R 左侧时取负号，反之取正号；

② 当移动荷载移动时，要注意梁上所有荷载的合力；

③ 简支梁的绝对最大弯矩一般发生在梁跨中附近，为此取使梁跨中产生最大弯矩的临界荷载作为计算绝对最大弯矩的临界荷载。

例 4-14　试求图 4-30（a）所示简支梁在两台吊车作用下的绝对最大弯矩。已知：$F_1=F_2=F_3=F_4=330\text{kN}$。

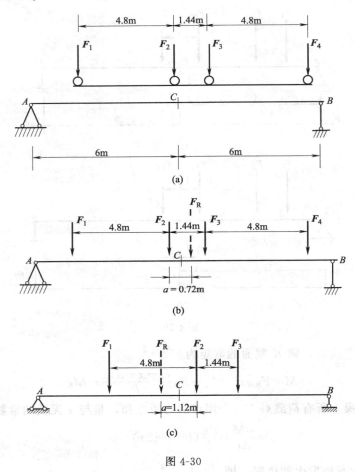

图 4-30

解： ① 确定临界荷载 F_{PK}。

由观察法知：只有当 F_2 或 F_3 成为临界荷载时才能使跨中 C 产生最大弯矩 $M_{C\max}$。

② 当 F_2 位于 F_R 左侧时，梁上有 4 个荷载，则临界荷载 F_2 与合力 F_R 位于 C 截面两侧的对称位置上。如图 4-30（b）所示。

此时，$a=\dfrac{1.44}{2}=0.72\text{m}$，$F_R=4\times280=1120\text{kN}$，$F_2$ 对应的点即是可能发生绝对最大弯矩的截面，相应最大弯矩为

$$M_{\max}=\frac{1120\times(12-0.72)^2}{4\times12}-280\times4.8=1624\text{kN·m}$$

③ 当 F_2 位于 F_R 右侧时，梁上只有 3 个荷载，如图 4-30（c）所示，由合力矩定理：

$F_R \times a = F_1 \times 4.8 - F_3 \times 1.44$ 解得：$a = \dfrac{280 \times (4.8 - 1.44)}{840} = 1.12\text{m}$

相应的弯矩：$M_{max} = \dfrac{840 \times (12 + 1.12)^2}{4 \times 12} - 280 \times 4.8 = 1668.35\text{kN·m}$

通过以上计算可知，当 F_2 位于 C 截面右侧 0.56m 处时，相应的弯矩为绝对最大弯矩，其值为 1668.35kN·m。

若以 F_3 为临界荷载，同理可得绝对最大弯矩亦为 1668.35kN·m，发生在 C 截面左侧 0.56m 处。

(2) 简支梁的内力包络图

设计移动荷载作用下的简支梁时，需要知道梁各截面的内力最大值，这样不论活载处于什么位置，都不会超出每个截面内力的最大值，反映全梁各截面可能发生内力最大值范围的图形称为简支梁的内力包络图。

如图 4-31 (a) 所示简支梁受吊车荷载作用，要绘制简支梁的内力包络图，一般先将其等分为 10~20 等份，并作出各等分点截面上弯矩和剪力的影响线，然后分别计算出各等分点截面上的最大（最小）弯矩值和剪力值。根据计算结果，按一定比例将它们分别标在图上，并连成曲线，分别为弯矩包络图和剪力包络图，如图 4-31 (b)、(c) 所示。

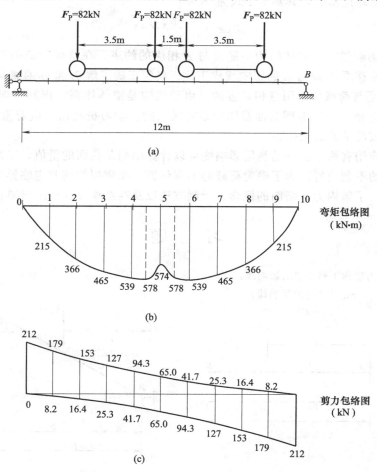

图 4-31

需要指出的是，上述弯矩包络图和剪力包络图仅考虑移动荷载（活载）的作用，结构设计时，还需将其与恒载作用下的内力图相叠加。恒载与活载共同作用下的内力包络图才是结构设计的依据。

4.9 小　结

本章主要讨论了静定结构的内力（反力）的影响线的作法和影响线的应用，重点掌握用静力法和机动法作各类静定结构的影响线以及最不利荷载位置的判定。一般掌握结点荷载和桁架影响线的作法以及内力包络图的概念和作法，了解铁路、公路的标准荷载和换算荷载。

静力法作影响线时是取隔离体并应用平衡条件来求，但应将荷载位置的坐标看作变量。因此，如何选择合适的平衡方程和计算次序，应根据结构的几何构造来定。一般来说，应当将荷载作用范围分成几段，对不同区段分别列影响线方程。需要注意的是，列平衡时要特别注意该方程的适用范围。静力法作影响线是绘制影响线的最基本的方法，应当熟练掌握。

机动法作影响线可以迅速作出影响线的轮廓，应用它一是可以校对用静力法作出的影响线的正误，二是可以用它判断最不利荷载位置。这对设计工作是很有用处的。虚功原理是机动法作影响线的理论基础，其基本公式为

$$Z(x) = -\frac{1}{\delta_Z}\delta_P(x)$$

在作 Z 的影响线时，应从结构中撤去与 Z 相应的约束。在这样形成的机构中，其荷载作用点的竖向位移图 δ_P 即与 Z 的影响线成正比。必须正确了解 δ_Z 和 δ_P 的意义，δ_Z 是与 Z 相应的，而 δ_P 则是与荷载的作用点相对应的。由于机构是刚体体系，则其竖向位移图 δ_P 为直线图形，这与超静定力的 δ_P 图为曲线图形是有区别的。学习机动法，应着重理解原理部分，并用它来绘制较简单的影响线。

影响线的应用有两个：一是利用影响线可以计算结构某截面的量值，二是借助影响线来确定移动荷载的不利位置。为了确定荷载的不利位置，要掌握如何判定临界荷载和临界荷载的位置。最后，了解内力包络图的概念、绘制方法以及在结构设计中的重要性。

习　题

4-1　试用静力法作下列量值的影响线：

（a）F_{yA}、M_A、M_C 及 F_{QC} 的影响线；

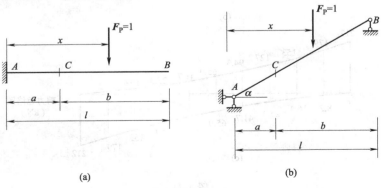

（a）　　　　　　　　　（b）

题 4-1 图

（b）求斜梁 F_{yA}、M_C、F_{QC}、F_{NC} 的影响线。

答案：（a）$\overline{F}_{yA}=1$，$\overline{M}_A=-x$

$$\overline{M}_C=\begin{cases}0 & (0\leqslant x\leqslant a)\\ -(x-a) & (a\leqslant x\leqslant l)\end{cases}$$

$$\overline{F}_{QC}=\begin{cases}0 & (0\leqslant x\leqslant a)\\ 1 & (a\leqslant x\leqslant l)\end{cases}$$

（b）$\overline{F}_{yA}=\overline{F}_{yA}^0$，$\overline{M}_C=\overline{M}_C^0$，$\overline{F}_{QC}=\overline{F}_{QC}\cos\alpha$，$\overline{F}_{NC}=-\overline{F}_{QC}^0\sin\alpha$。

4-2　试用静力法绘制图示结构中指定量值的影响线。

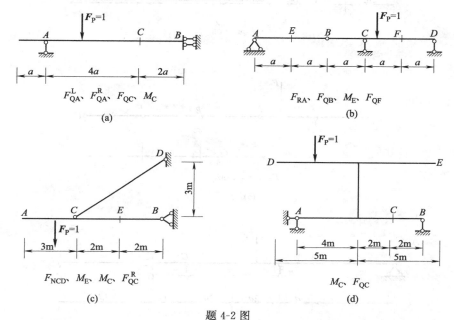

(a)　　　　　　(b)

(c)　　　　　　(d)

题 4-2 图

答案：

（a）$F_{QA}^L=-1$（A 点左侧值），$F_{QA}^R=1$（A 点右侧值），$M_C=4a$（A 点处值）。

（b）$F_{RA}=1$（A 点处值），$F_{QB}=-1$，（B 点左侧值），$M_E=\dfrac{a}{2}$（E 点处值）。

（c）$F_{NCD}=\dfrac{\sqrt{5}}{3}$，$M_E=0$，$M_C=0$（均为 C 点处值）。

（d）$M_C=\dfrac{3}{2}m$（C 点处值）。

4-3　试用静力法求刚架中 M_A、F_{yA}、M_K、F_{QK} 的影响线。设 M_A、M_K 均以内侧受拉为正。

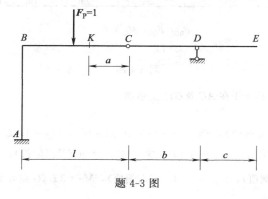

题 4-3 图

答案：

$\overline{F}_{yA}=1$（BC 段），$\overline{M}_A=-l$（C 点的处值），$\overline{M}_K=-a$（C 点的值），$\overline{F}_{QK}=1$（C^R 的值）。

4-4　试用机动法绘制图示结构中指定量值的影响线。

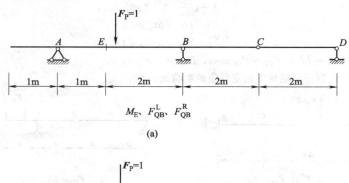

M_E、F_{QB}^L、F_{QB}^R

(a)

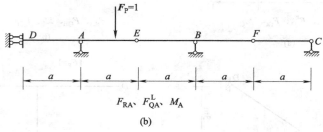

F_{RA}、F_{QA}^L、M_A

(b)

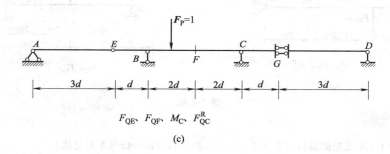

F_{QE}、F_{QF}、M_C、F_{QC}^R

(c)

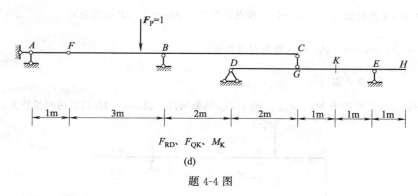

F_{RD}、F_{QK}、M_K

(d)

题 4-4 图

注：题 4-4 图（d）中的 $F_P=1$ 在 AC 及 GH 上移动。

答案：

(a) $\overline{M}_E=-0.667m$（C 点的值），$F_{QB}^L=-0.667$（C 点的值），$F_{QB}^R=1$（C 点的值）。

(b) $\overline{F}_{RA}=-1$（F 点的值），$\overline{F}_{QA}^L=-1$（DA 段），$M_A=-a$（E 点的值）。

(c) $F_{QE}=-1$（E 点左侧值），$F_{QF}=\dfrac{1}{2}$（F 点右侧值），$M_C=3d$（G 点处值），

$F_{QC}^R = 1$（C 点右侧值）。

(d) $\overline{F}_{RD} = -0.375$（$F$ 点的值），$\overline{F}_{QK} = 0.375$（$F$ 点的值），$M_K = -0.375\text{m}$（F 点的值）。

4-5　试用机动法作结点荷载作用下梁的影响线：

(a) 作图示简支梁 M_C、F_{QC} 的影响线；

(b) 作图示静定多跨梁 F_{RA}、F_{RB}、M_A 的影响线。

答案：(a) $\overline{M}_C = \dfrac{2}{3}\text{m}$（$D$ 点的值），$\overline{F}_{QC} = \dfrac{2}{3}$（$D$ 点的值）。

(b) $\overline{F}_{RA} = -1$，$\overline{F}_{RB} = 2$，$\overline{M}_A = 2\text{m}$（均为 F 点值）。

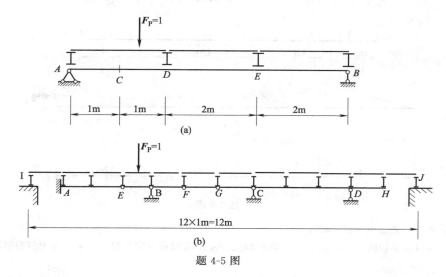

题 4-5 图

4-6　单位荷载在 DE 上移动，求主梁 R_A、M_C、Q_C 的影响线（M_C 以使 AB 梁下侧受拉为正）。

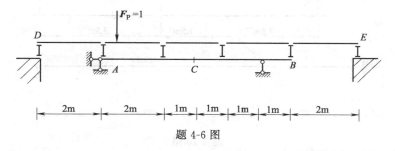

题 4-6 图

4-7　试作图示桁架 a、b、c、d 各杆内力影响线。设荷载分为上承、下承两种情形。

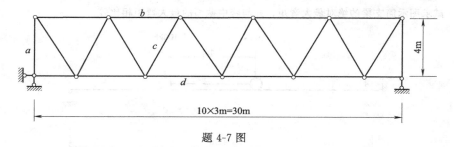

题 4-7 图

4-8　试用影响线，求在图示荷载作用下的 F_{RA}、F_{RB}、F_{QC}、M_C。

答案：$F_{RA} = 5\text{kN}$，$F_{RB} = 55\text{kN}$，$F_{QC} = -5\text{kN}$，$M_C = 0$。

4-9　试求图示车队荷载在影响线 Z 上的最不利位置和 Z 的绝对最大值。

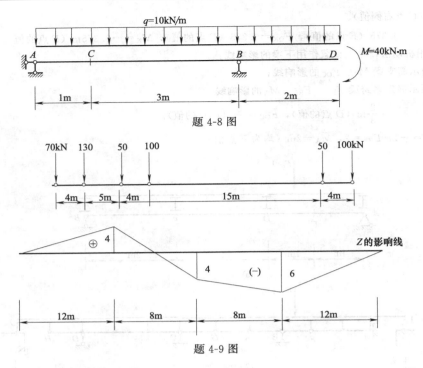

题 4-8 图

题 4-9 图

答案：左行，$Z_{\max} = -1555$kN。

4-10 两台吊车如图所示，试求吊车梁的 M_C、F_{QC} 的荷载最不利位置，并求其最大值和最小值。

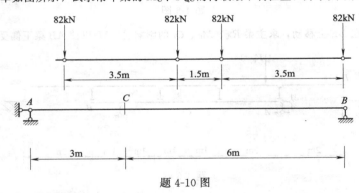

题 4-10 图

答案：$M_{C\max} = 314$kN·m，$F_{QC\max} = 104.5$kN，$F_{QC\min} = -27.3$kN。

4-11 试求图示简支梁的绝对最大弯矩，并与跨中截面的最大弯矩相比较。

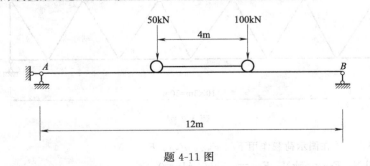

题 4-11 图

答案：绝对最大弯矩 355.6kN·m，跨中截面最大弯矩 350kN·m。

第5章 静定结构的位移计算与虚功原理

5.1 结构位移计算概述

在外部因素（如荷载、温度变化及支座沉降等）作用下，结构的各个截面往往要发生位移。结构在外因作用下产生应力和应变，因而将发生尺寸和形状的改变，这种改变称为变形。由于变形，结构上各点或截面的几何位置发生变化，称为结构的位移。结构上某点位置移动的距离为该点的线位移；结构上某点所在的截面的法线转动的角度为该截面的角位移。如图 5-1 所示静定刚架在荷载作用下截面 K 移动到 K'，则 $\Delta_{KK'}$ 称为截面 K 的线位移，它也可以用水平线位移 Δ_{KH} 和竖向线位移 Δ_{KV} 两个位移分量来表示。同时截面 K 还旋转了一个角度 θ。又如图 5-2 所示简支刚架，在荷载作用下发生变形，截面 C 的角位移为 θ_C，截面 D 的角位移为 θ_D，这两个截面转角之和就构成 C、D 两截面的相对角位移，这时有 $\theta_{CD} = \theta_C + \theta_D$。同样，$A$、$B$ 两点沿水平方向产生的线位移各为 Δ_A 和 Δ_B，这两者之和就称为 A、B 两点的水平相对线位移，即 $\Delta_{AB} = \Delta_A + \Delta_B$。所以结构的"位移"是一种广义的提法。

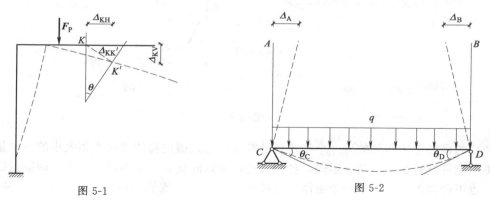

图 5-1   图 5-2

虽然这种位移与结构的几何尺寸相比是极为微小的，但是对于工程设计人员来说，熟悉结构位移的计算方法是十分重要的。因为，结构设计必须经过刚度校核，而这种校核必须进行位移计算；在结构的制作、施工、架设、养护阶段，常常需要预先估算出结构的可能变形位置，以便作出相应的施工措施；结构的位移计算方法是分析超静定结构的基础知识；在结构的动力计算和稳定计算中也需要用到结构的位移。因此，结构的位移计算在工程上是具有重要意义的。

应当指出，这里所研究的结构，只限于线性变形结构，也就是说，结构的位移是和荷载成正比关系增减的。因此，计算位移时荷载的影响可以叠加，而且当荷载全部撤除时，结构的位移也完全消失。这样的结构须具有材料服从胡克定理、结构发生的位移与其几何尺寸相比是极其微小的条件。

结构力学中计算结构位移的一般方法是以功能原理为基础的，而用得较多的方法是虚功法。下面先介绍有关功能原理，然后再转入静定结构位移的计算。

5.2　实　功　原　理

这里先回忆关于功和能的概念。

一个物体其上作用着不变力 F_P，如该物体发生位移 Δ [图 5-3 （a）]，则力所做的功将用力与力作用点沿力作用方向上的位移的乘积来衡量，即

$$W = F_P \Delta \cos\theta$$

当力与位移方向一致时功取正，反之取负。功本身是没有方向的物理量即标量，它的量纲是力乘长度，其单位用牛·米（N·m）或千牛·米（kN·m）。

一个不变力偶矩 M 所做的功，等于该力偶矩 M 和发生在力偶矩平面内的旋转角 θ 的乘积 [图 5-3 （b）]。很明显，它们乘积的单位也是符合功的单位。

$$W = F_P \mathrm{d}\theta = M\theta$$

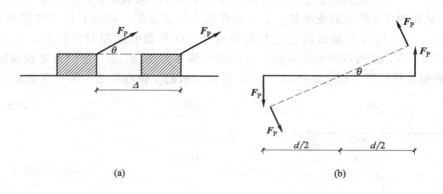

(a)　　　　　　　　　　　　　　　(b)

图 5-3

和功的概念密切相关的另一个物理量是能量，它是描述物体做功本领大小的一个量。自然界里的能量具有各种不同的形式，各种形式的能量间具有一定的内在联系，即能量既不能创造，也不会消灭，只能从一个物体传递给另一个物体，或从一种形式转化为另一种形式，能的总量则保持不变，这就是能量守恒与转化定律。在能量转化过程中，能量是通过物体做功而显示出来的，因此功就是能量变化的度量。

弹性结构受到外力作用而发生变形时，其内部也将积蓄能量而具有做功的本领。这种能量称为弹性变形位能，简称变形位能。

下面研究弹性结构在外力作用下发生变形时，外力与内力所做的功和变形位能的计算以及它们之间的关系。

（1）外力实功

图 5-4 （a）所示结构，在静力荷载 F_P 作用下，发生了虚线所示变形。这里所谓静力荷载，是指荷载 F_P 是由零缓慢地逐渐增加到最后值。对于线性变形结构，当荷载 F_P 由零逐渐增加到最后值 F_P 时，其作用点在荷载方向上的位移 Δ 也从零逐渐增加到最后值 Δ，Δ 和 F_P 之间为线性关系，如图 5-4 （b）所示。

$$\Delta = \delta F_P$$

式中，δ 为比例常数。当荷载由 F_{Py} 增加 $\mathrm{d}F_{Py}$ 时，相应的位移也增加 $\mathrm{d}\Delta_y$。在产生 $\mathrm{d}\Delta_y$

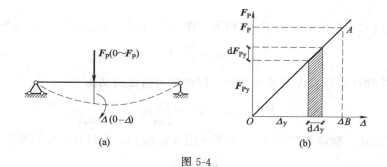

图 5-4

的过程中，荷载 F_{Py} 所做的功为图 5-4（b）中的阴影部分，即

$$dW = F_{Py}d\Delta_y$$

因此，在荷载由零增加到 F_P 的全部加载过程中，荷载所做的总功为

$$W = \int_0^\Delta F_{Py}d\Delta_y = \int_0^{F_P} F_{Py}\delta dF_{Py} = \frac{1}{2}\delta F_P^2 = \frac{1}{2}F_P\Delta \tag{5-1}$$

这里，位移 Δ 是由荷载 F_P 的作用所引起的，因而 W 是荷载 F_P 在自己所引起的位移 Δ 上所做的功，称它为外力实功。由于 F_P 是由零逐渐增大到最后值，所以和常力所做的功不同，其计算式前含系数 $1/2$。又由于 Δ 的方向与 F_P 一致，所以外力实功恒为正值。

式（5-1）中的 F_P 应看作是一种广义力，相应的 Δ 即为广义位移。

（2）内力实功和变形位能

弹性结构受荷载作用而发生变形时，其内部将积蓄变形位能。由于研究的是静力平衡过程，没有动能的变化，再忽略其他微小的能量损失，则根据能量守恒定律，可以认为在加载过程中外力所做的实功 W 全部转化为结构的弹性变形位能 U，即

$$W = U \tag{5-2}$$

另一方面，结构在荷载作用下，同时产生内力和变形，因而内力也将在其相应的变形上做功。结构的变形位能又可以用内力所做的功来度量。

为了计算内力所做的功，从结构中截取一个长为 ds 的微段来进行研究，如图 5-5 所示，该微段两端截面上作用有内力 F_N、F_Q、M。由于考虑到内力增量所做的功是属于高阶微量，可被略去，故在图中没有标出来。微段在这些力的作用下，将产生相应的变形。现在分

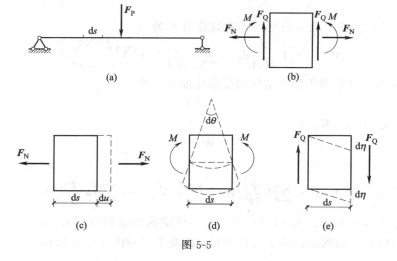

图 5-5

别来计算内力所做的功。

① 轴力做的功　微段在轴力 F_N 作用下 [图 5-5（c）]，由材料力学可知产生的轴向变形

$$\mathrm{d}u = \frac{F_N}{EA}\mathrm{d}s$$

式中，E 为弹性模量；A 为截面面积。因此轴力所做的功为

$$\mathrm{d}V_{F_N} = \frac{1}{2}F_N\mathrm{d}u = \frac{1}{2}F_N \times \frac{F_N}{EA}\mathrm{d}s = \frac{1}{2} \times \frac{F_N^2}{EA}\mathrm{d}s \tag{a}$$

② 弯矩做的功　微段在弯矩 M 作用下 [图 5-5（d）]，由材料力学可知产生的弯曲变形

$$\mathrm{d}\theta = \frac{M}{EI}\mathrm{d}s$$

式中，I 为截面惯性矩。因此弯矩所做的功为

$$\mathrm{d}V_M = \frac{1}{2}M\mathrm{d}\theta = \frac{1}{2}M \times \frac{M}{EI}\mathrm{d}s = \frac{1}{2} \times \frac{M^2}{EI}\mathrm{d}s \tag{b}$$

③ 剪力做的功　微段在剪力 F_Q 作用下 [图 5-5（e）]，由材料力学可知产生的剪切变形

$$\mathrm{d}\eta = \frac{F_Q}{GA}\mathrm{d}s$$

式中，G 为截面抗剪模量。因此剪力所做的功为

$$\mathrm{d}V_{F_Q} = \frac{1}{2}F_Q\mathrm{d}\eta = \frac{1}{2}F_Q \times \frac{F_Q}{GA}\mathrm{d}s = \frac{1}{2} \times \frac{F_Q^2}{GA}\mathrm{d}s$$

当截面上的剪应力为非均匀分布时，上式应乘以剪应力不均匀分布系数 k

$$\mathrm{d}V_{F_Q} = k \times \frac{1}{2} \times \frac{F_Q^2}{GA}\mathrm{d}s \tag{c}$$

k 仅与截面形状有关，对于矩形截面，$k=1.2$；圆形截面，$k=10/9$；工字形截面，$k = A/A_f$，A_f 为腹板截面积，A 为总面积。

因此，内力在微段相应的变形上所做的总功可由式（a）、式（b）、式（c）三式叠加得

$$\mathrm{d}V = \mathrm{d}V_{F_N} + \mathrm{d}V_M + \mathrm{d}V_{F_Q} = \frac{1}{2} \times \frac{F_N^2}{EA}\mathrm{d}s + \frac{1}{2} \times \frac{M^2}{EI}\mathrm{d}s + \frac{1}{2} \times k\frac{F_Q^2}{GA}\mathrm{d}s \tag{5-3}$$

对于整个结构来说，把 F_N、F_Q、M 称为内力，但对于所取微段而言，它们则是外力。因此根据式（5-2）可知，它们所做的功 $\mathrm{d}V$ 就等于此微段内部所积蓄的变形位能 $\mathrm{d}U$，即

$$\mathrm{d}V = \mathrm{d}U$$

一个杆件的内力在其相应的变形所做的总功 V 为

$$V = \sum\int \frac{F_N^2}{2EA}\mathrm{d}s + \sum\int \frac{M^2}{2EI}\mathrm{d}s + \sum\int k\frac{F_Q^2}{2GA}\mathrm{d}s \tag{5-4}$$

称 V 为内力实功，它也等于整个结构的变形位能 U，即

$$V = U \tag{5-5}$$

由式（5-2）、式（5-5）两式得

$$W = V \tag{5-6}$$

或

$$\frac{1}{2}F_P\Delta = \sum\int \frac{F_N^2}{2EA}\mathrm{d}s + \sum\int \frac{M^2}{2EI}\mathrm{d}s + \sum\int k\frac{F_Q^2}{2GA}\mathrm{d}s \tag{5-7}$$

即外力实功等于内力实功。式（5-7）为线性弹性结构的实功原理表达式，它叙述为：外力在线性弹性结构上所做的实功等于内力在相应的变形所做的实功的总和。

5.3　虚　功　原　理

（1）虚功原理

为了能普遍地解决求结构上任一点沿任何方向的位移问题，下面介绍虚功原理。

如图 5-6（a）所示，设结构在 1 点受 F_{P1} 作用下达到平衡时，1 点沿 F_{P1} 方向上产生的位移为 Δ_{11}。这里 Δ_{11} 用了双角标，第一个角标表示产生位移的地点，第二个角标表示产生位移的原因。所以 Δ_{11} 表示 1 点在 F_{P1} 作用下沿其方向产生的位移。荷载 F_{P1} 在位移 Δ_{11} 上所做的外力实功用 W_{11} 表示得

$$W_{11} = \frac{1}{2} F_{P1} \Delta_{11}$$

同时，由于荷载 F_{P1} 所引起的内力也将在相应的变形上做内力实功，用 V_{11} 表示。根据实功原理有

$$W_{11} = V_{11}$$

现在结构在 F_{P1} 作用下达到平衡状态，再在结构的 2 点处加一个荷载 F_{P2}，使结构再发生变形，达到平衡后，F_{P1} 在位移 Δ_{22} 上 [图 5-6（b）] 所做的外力实功为

$$W_{22} = \frac{1}{2} F_{P2} \Delta_{22}$$

同样，荷载 F_{P2} 所引起的内力也将在相应的变形上做内力实功，用 V_{22} 表示。根据实功原理有

$$W_{22} = V_{22}$$

这时，在施加 F_{P2} 的过程中，F_{P1} 已是作用在结构上的常力了，由于 F_{P2} 作用，在 1 点处沿 F_{P1} 方向上又增加了新的位移 Δ_{12}，因此，F_{P1} 在位移 Δ_{12} 上又做功，其值为

$$W_{12} = F_{P1} \Delta_{12}$$

显然，Δ_{12} 虽然是 1 点沿 F_{P1} 方向上的位移，但引起这个位移的原因不是 F_{P1} 而是 F_{P2}，因此，W_{12} 不是 F_{P1} 在本身所引起的位移上做的功，而是在其他原因所引起的位移上做的功，把这种功叫做外力虚功。

同样，在 F_{P2} 的加载过程中，由 F_{P1} 所引起的内力将在 F_{P2} 作用下所产生的相应的变形上做功，称为内力虚功，用 V_{12} 表示。

这样，结构在 F_{P1}、F_{P2} 先后作用下，外力所做的总功为

$$W_{11} + W_{12} + W_{22}$$

而结构在 F_{P1}、F_{P2} 先后作用下所产生的内力所做的总功为

$$V_{11} + V_{12} + V_{22}$$

根据能量守恒定律有

$$W_{11} + W_{12} + W_{22} = V_{11} + V_{12} + V_{22}$$

因此可得

$$W_{12} = V_{12} \tag{5-8}$$

此式称为虚功原理，也就是说外力在任意给定的位移上作的外力虚功，等于各微段上的内力在相应的变形上所做的内力虚功的总和。此时做功的力和产生位移的原因无关。

做功的外力和内力称为力状态，而相应的位移和变形称为位移状态。由于两个状态是彼

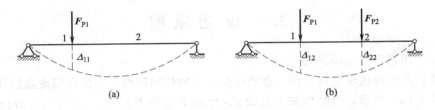

图 5-6

此独立无关的，所以结构无论处于什么样的状态，只要力状态是平衡的，位移状态的位移是微小的，并且为结构的约束条件和变形连续条件所容许，则虚功原理都是适用的。而且引起位移的原因不仅可以是荷载，也可以是其他非荷载因素如温度变化、支座移动等。所以虚功原理的应用很广泛。

（2）虚功原理的应用（虚位移原理与虚力原理）

① **虚位移原理**　应用虚功原理求某一结构的未知力时，以结构的实际的内外力状态作为力状态，再根据所求的未知力适当选择虚位移。这种用于虚设的位移状态与实际的力状态之间的虚功原理称为虚位移原理。

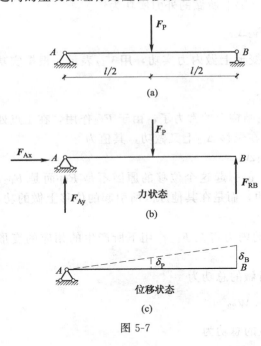

图 5-7

如图 5-7（a）所示为一受荷载 F_P 的静定梁，设拟求 B 支座的支座反力 F_{RB}。为此，首先撤除与力 F_{RB} 相应的约束，而以 F_{RB} 代替其作用。于是原结构成为有一个自由度的几何可变体系，这一体系在外力作用下维持平衡 ［图 5-7（b）]。虚设一个与约束条件相符合的位移状态如图 5-7（c）所示。根据虚功原理得

$$W_{12} = F_{RB}\delta_B - F_P\delta_P$$
$$V_{12} = 0$$
$$W_{12} = V_{12}$$
$$F_{RB}\delta_B - F_P\delta_P = 0$$

$$F_{RB} = \frac{\delta_P}{\delta_B}F_P = \frac{1}{2}F_P$$

由于所设的 δ_B 的大小并不影响拟求的未知力的大小，因此，为了方便，设 $\delta_B = 1$。应用虚位移原理，将一个关于力的平衡问题转变为一个分析虚位移状态中的几何关系问题。这种应用虚位移原理求未知力而沿该力方向虚设一单位位移的方法，称为单位位移法。

例 5-1　利用虚功原理求图示 5-8（a）C 截面处的支座反力 F_{cy}。图中 $F_{P1} = F_{P2} = F_P$。

解： 先将与 F_{cy} 相应的约束去掉，代之以约束反力 F_{cy} ［图 5-8（b）]，再使体系沿 F_{cy} 的正方向发生单位位移，如图 5-8（c）所示。根据虚功原理

$$F_{cy} \times 1 + F_{P2}\delta_2 - F_{P1}\delta_1 = 0$$
$$F_{cy} = F_{P1}\delta_1 - F_{P2}\delta_2$$
$$\delta_1 = \frac{3}{2}, \delta_2 = \frac{3}{4}$$

$$F_{cy} = \frac{3}{4}F$$

例 5-2　利用虚功原理求图 5-9 （a）所示 C 截面处的弯矩 M_C。

解： 先将 C 截面处的弯矩，代之以约束反力 M_C [图 5-9（b）]，再使体系沿 M_C 的正方向发生单位位移，如图 5-9（c）所示。根据虚功原理

$$\delta_C = (\alpha + \beta) = 1, \delta_A = \alpha$$

$$M_C \delta_C - M \delta_A = 0$$

$$M_C \times 1 - M\alpha = 0$$

$$M_C = M\alpha$$

$$\Delta_C = \alpha \times a = \beta \times b$$

$$\beta = \frac{a}{b}\alpha, \alpha + \beta = 1, \alpha = \frac{b}{l}$$

所以 $M_C = \dfrac{b}{l}M$

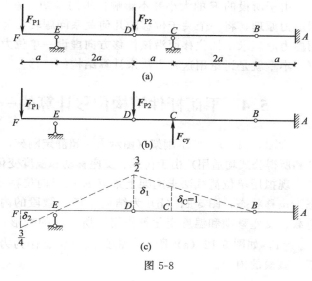

图 5-8

② 虚力原理　应用虚功原理求某一结构的未知位移时，以结构的实际的位移状态作为位移状态，再根据所求的未知位移适当选择虚力。这种用于虚设的力状态与实际位移状态之间的虚功原理称为虚力原理。

如图 5-10（a）所示一静定梁，设支座 B 发生了支座位移 Δ_B，拟求截面 C 的竖向位移 Δ_{CV}。为此，首先在该结构 C 截面上，沿着位移的方向虚设一个力，该力和位移要构成功的概念，因此在 C 截面上加一个竖向集中力 F 得到一个力状态 [图 5-10（b）]。根据虚功原理得

$$F\Delta_{CV} - F_{RB}\Delta_B = 0$$

$$\Delta_{CV} = \frac{F_{RB}}{F}\Delta_B = \frac{1}{2}\Delta_B$$

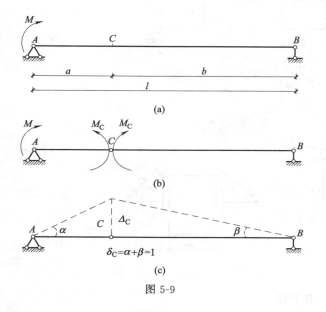

图 5-9

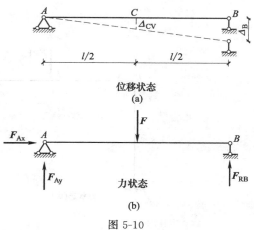

图 5-10

由于所设的 F 的大小并不影响拟求的未知位移的大小，因此，为了方便，设 $F=1$。应用虚力原理，将一个关于位移的几何关系问题转变为一个分析虚力状态的平衡问题。这种应用虚力原理求未知位移而沿该位移方向虚设一单位力的方法，称为单位荷载法。

本章就是讨论用这种方法来计算结构的位移。

5.4 平面杆件结构位移计算的一般公式——单位荷载法

设图 5-11（a）所示刚架（图示为一超静定刚架，但无论结构为静定还是超静定，以下讨论和所得公式均适用）由于荷载、支座移动和温度变化等作用而发生变形（图中虚线所示）。

现拟用单位荷载法求刚架上某点 K 的竖向位移 Δ_{KV}。取图 5-11（a）所示刚架的实际状态为位移状态，图 5-11（b）为结构中任一微段的内力，图 5-11（c）为结构中任一微段在荷载、支座移动和温度变化等作用下所引起的变形；然后在 K 截面沿 Δ_{KV} 方向加一虚单位力 $\overline{F}=1$，如图 5-12（a）所示，将此虚设状态作为力状态，图 5-12（b）为结构在虚状态下任一微段的内力。

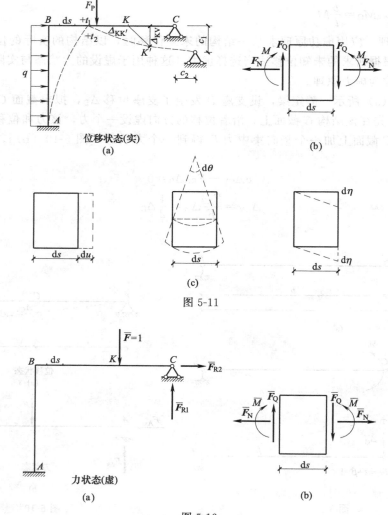

位移状态(实)
(a)

(b)

(c)

图 5-11

力状态(虚)
(a)

(b)

图 5-12

根据虚功原理得

$$1 \times \Delta_{KV} + (\overline{F}_{R2}c_2 - \overline{F}_{R1}c_1) = \sum \int \overline{M} d\theta + \sum \int \overline{F}_N du + \sum \int \overline{F}_Q d\eta$$

$$\Delta_{KV} = \sum \int \overline{M} d\theta + \sum \int \overline{F}_N du + \sum \int \overline{F}_Q d\eta - \sum (\pm) \overline{F}_{Ri}c_i \qquad (5\text{-}9)$$

式中，$d\theta$、du 和 $d\eta$ 分别为实际状态中结构中任一微段在荷载、支座移动和温度变化等因素引起的内力 M、F_N、F_Q 作用下所产生的相应变形；c_i 为支座位移；$\overline{M}$、$\overline{F}_N$、$\overline{F}_Q$ 和 $\overline{F}_{Ri}$ 分别为虚状态的弯矩、轴力、剪力和支座反力。式（5-9）就是计算结构位移的一般公式。它可以用于计算静定或超静定平面杆件结构由于荷载、温度变化和支座移动等所产生的位移。

式（5-9）可以计算任一广义位移，只要虚状态中的单位力与所计算的广义位移相对应的广义力即可。下面就几种情况具体说明如下。

① 设要求图 5-13（a）所示结构上 A 点的角位移，可在该点沿所求位移方向加一单位集中力偶。若要求 5-13（e）所示桁架 AB 杆的角位移，则应加一单位力偶，构成这一力偶的两个集中力，其值为 $1/d$，各作用于该杆的两端并与杆轴垂直，这里的 d 为该杆的长度。

② 设要求图 5-13（c）所示结构上 A 点的水平位移，可在该点沿所求位移方向加一水平方向的单位力。

③ 设要求图 5-13（b）所示结构上 AB 两点沿其连线方向的相对线位移，可在该两点沿其连线上加上两个方向相反的单位力；要求图 5-13（d）所示结构上 AB 两点水平方向的相对线位移，可在该两点水平方向加上两个方向相反的单位力；要求图 5-13（f）所示结构角 C 两侧的相对角位移，可在该点两侧加上两个方向相反的单位集中力偶。

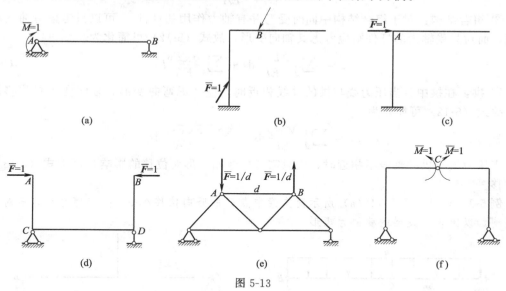

图 5-13

5.5　静定结构在荷载作用下的位移计算

只考虑荷载作用，设支座移动位移等于零，故式（5-9）成为

$$\Delta_{KV} = \sum \int \overline{M} d\theta + \sum \int \overline{F}_N du + \sum \int \overline{F}_Q d\eta \qquad (5\text{-}10)$$

又因不考虑温度变化，故上式中的微段变形只决定于由荷载所产生的内力。现以 M_P、

F_{NP}、F_{QP} 分别表示荷载作用下产生的弯矩、轴力和剪力，按材料力学中的公式，有

$$d\theta = \frac{M_P}{EI}ds, \quad du = \frac{F_{NP}}{EA}ds, \quad d\eta = k\frac{F_{QP}}{GA}ds \tag{5-11}$$

式中 EI、EA、GA 分别为杆件的抗弯刚度、抗拉压刚度和抗剪刚度；而 k 为考虑剪应力实际上沿杆件截面非均匀分布而引用的修正系数，其值与截面形状有关。

将式（5-11）带入式（5-10）并以 Δ 代替 Δ_{KV} 得

$$\Delta = \sum\int\frac{\overline{M}M_P}{EI}ds + \sum\int\frac{\overline{F}_N F_{NP}}{EA}ds + \sum\int k\frac{\overline{F}_Q F_{QP}}{GA}ds \tag{5-12}$$

这就是平面杆件结构在荷载作用下的位移计算公式。当计算结果为正时，表示外力虚功为正，因此所求位移的实际指向与所设的虚单位力的方向一致，计算结果为负则相反。对于静定结构，用静力平衡条件求得实际状态和虚状态下的内力，即可用式（5-12）计算位移。对于超静定结构，将在第 6 章 6.8 节再做讨论。

对于不同类型的结构式（5-12）可以简化。

① 梁和刚架：对于梁和刚架，轴向变形和弯曲变形的影响与弯曲变形比较，可以略去不计，故式（5-12）可简化为

$$\Delta = \sum\int\frac{\overline{M}M_P}{EI}ds \tag{5-13}$$

② 桁架：由于桁架的内力只有轴力，而一般说来，轴力和截面又都沿杆长 l 不变，故式（5-12）可简化为

$$\Delta = \sum\frac{\overline{F}_N F_P}{EA}l \tag{5-14}$$

③ 组合结构：对于组合结构中同时受弯并有轴力作用的杆件，可以只考虑弯曲变形的影响，而对只受轴力的杆件则应考虑其轴向变形，故式（5-12）可简化为

$$\Delta = \sum\int\frac{\overline{M}M_P}{EI}ds + \sum\frac{\overline{F}_N F_P}{EA}l \tag{5-15}$$

④ 拱：在拱中，当压力线与拱的轴线相近时，应考虑弯曲变形和轴向变形对位移的影响，故式（5-12）可简化为

$$\Delta = \sum\int\frac{\overline{M}M_P}{EI}ds + \sum\int\frac{\overline{F}_N F_{NP}}{EA}ds \tag{5-16}$$

当压力线与拱的轴线不相近时，则只需考虑弯曲变形对位移的影响，可按式（5-13）计算位移。

例 5-3　试计算图 5-14（a）所示简支梁中点 C 的竖向位移 Δ_{CV}，并将剪力和弯矩对位移的影响加以比较。设梁的截面为矩形。

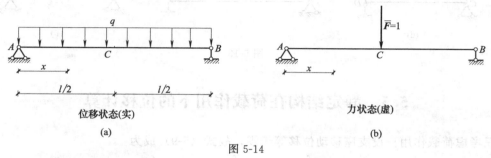

图 5-14

解：首先在 C 点沿着位移方向虚设一个单位集中力构成虚状态，如图 5-14（b）所示。取 C 点为坐标原点。

实状态下梁的内力

$$M_\mathrm{P} = \frac{1}{2}qlx - \frac{1}{2}qx^2 \qquad F_\mathrm{QP} = \frac{1}{2}ql - qx \qquad \left(0 \leqslant x \leqslant \frac{l}{2}\right)$$

虚状态下梁的内力

$$\overline{M}_\mathrm{P} = \frac{1}{2}x \qquad \overline{F}_\mathrm{QP} = \frac{1}{2} \qquad \left(0 \leqslant x \leqslant \frac{l}{2}\right)$$

将以上各式代入式（5-14）进行积分得

$$
\begin{aligned}
\Delta_\mathrm{CV} &= \sum \int \frac{\overline{M}M_\mathrm{P}}{EI}\mathrm{d}s + \sum \int k\frac{\overline{F}_\mathrm{Q}F_\mathrm{QP}}{GA}\mathrm{d}s \\
&= 2\left[\int_0^{l/2} \frac{\overline{M}M_\mathrm{P}}{EI}\mathrm{d}x + \int_0^{l/2} k\frac{\overline{F}_\mathrm{Q}F_\mathrm{QP}}{GA}\mathrm{d}x\right] \\
&= 2\left[\frac{1}{EI}\int_0^{l/2} \frac{x}{2}\left(\frac{1}{2}qlx - \frac{1}{2}qx^2\right)\mathrm{d}x + \frac{k}{GA}\int_0^{l/2} \frac{1}{2}\left(\frac{1}{2}ql - qx\right)\mathrm{d}x\right] \\
&= \frac{5ql^4}{384EI} + \frac{kql^2}{8GA}(\downarrow)
\end{aligned}
$$

其中第一项为弯曲变形所引起的位移，第二项为剪切变形所引起的位移（矩形截面 $k = 1.2$），两者的比值为

$$\frac{\Delta_\mathrm{CVQ}}{\Delta_\mathrm{CVM}} = \frac{\dfrac{0.15ql^2}{GA}}{\dfrac{5ql^4}{384EI}} = 11.52\frac{EI}{GAl^2}$$

设梁的材料泊松比 $\mu = 1/3$，则 $E/G = 2(1+\mu) = 8/3$；设梁高为 h，$I/A = h^2/12$。带入上式得

$$\frac{\Delta_\mathrm{CVQ}}{\Delta_\mathrm{CVM}} = 11.52\frac{E}{G} \times \frac{I}{A} \times \frac{1}{l^2} = 11.52 \times \frac{8}{3} \times \frac{1}{12}\left(\frac{h}{l}\right)^2 = 2.56\left(\frac{h}{l}\right)^2$$

当梁的高跨比 $h/l = 0.1$ 时，$\Delta_\mathrm{CVQ}/\Delta_\mathrm{CVM} = 2.56\%$，故可略去不计。所以在计算梁的位移时，对于截面高度远小于跨度的梁来说，一般可不考虑剪切变形的影响。

例 5-4　试计算图 5-15（a）所示桁架点 C 的水平位移 Δ_CH。设各杆的 EA 相同。

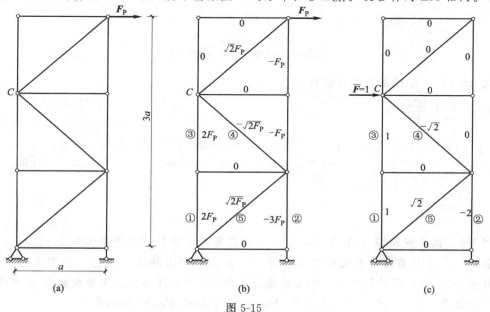

图 5-15

表 5-1

杆件	杆长	$\overline{F}_N$	F_{NP}	$\overline{F}_N F_{NP} l$
①	a	1	$2F_P$	$2F_P a$
②	a	-2	$-3F_P$	$6F_P a$
③	a	1	$2F_P$	$2F_P a$
④	$\sqrt{2}a$	$-\sqrt{2}$	$-\sqrt{2}F_P$	$2\sqrt{2}F_P a$
⑤	$\sqrt{2}a$	$\sqrt{2}$	$\sqrt{2}F_P$	$2\sqrt{2}F_P a$
				$\Sigma=(10+4\sqrt{2})F_P a$

解： 首先在 C 点沿着位移方向虚设一个单位集中力构成虚状态，如图 5-15（c）所示。实际状态和虚状态下桁架的内力即轴力示于图 5-15（b）、（c）。把计算列成表 5-1 进行，由式（5-14）可得

$$\Delta_{CH}=\sum\frac{\overline{F}_N F_P}{EA}l=\frac{10+4\sqrt{2}}{EI}F_P a(\rightarrow)$$

例 5-5 试求图 5-16（a）所示悬臂刚架 C 截面的转角 θ_C。

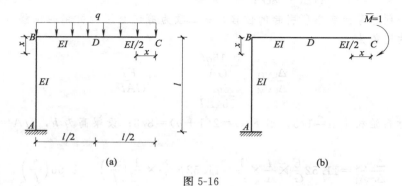

图 5-16

解： 首先在 C 截面沿着位移方向虚设一个单位集中力偶构成虚状态，如图 5-16（b）所示。实际状态和虚状态下的弯矩（以内侧受拉为正）分别为

BC 杆 $\qquad\qquad M_P=-\frac{1}{2}qx^2 \qquad \overline{M}=-1$

AB 杆 $\qquad\qquad M_P=-\frac{1}{2}ql^2 \qquad \overline{M}=-1$

代入式（5-14），得 C 截面的角位移

$$\theta_C=\sum\int\frac{\overline{M}M_P}{EI}ds$$
$$=\int_0^{l/2}\frac{(-1)\left(-\frac{1}{2}qx^2\right)}{\frac{1}{2}EI}dx+\int_{l/2}^{l}\frac{(-1)\left(-\frac{1}{2}qx^2\right)}{EI}dx+\int_0^{l}\frac{(-1)\left(-\frac{1}{2}ql^2\right)}{EI}dx$$
$$=\frac{33ql^3}{48EI}(\circlearrowright)$$

例 5-6 试求图 5-17（a）所示半径为 R 的圆弧形曲梁 B 点的竖向位移 Δ_{BV}。

解： 首先在 B 截面沿着位移方向虚设一个单位集中力构成虚状态，如图 5-17（b）所示。取图 5-17（c）所示脱离体，实际状态和虚状态下与 OK 线成 θ 角的截面 K 上的内力为

实际状态 $\qquad M_P=-F_P R\sin\theta \qquad F_{NP}=-F_P\sin\theta \qquad F_{QP}=F_P\cos\theta$

虚状态 　　　　　$\overline{M}=-R\sin\theta$　$\overline{F}_{NP}=-\sin\theta$　$\overline{F}_{QP}=\cos\theta$

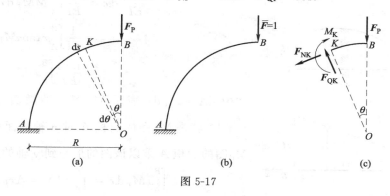

图 5-17

将以上各项及 $\mathrm{d}s=R\mathrm{d}\theta$ 代入式（5-12）得

$$\Delta_{BV}=\sum\int\frac{\overline{M}M_P}{EI}\mathrm{d}s+\sum\int\frac{\overline{F}_N F_{NP}}{EA}\mathrm{d}s+\sum\int k\frac{\overline{F}_Q F_{QP}}{GA}\mathrm{d}s$$

$$=\frac{F_P R^3}{EI}\int_0^{\frac{\pi}{2}}\sin^2\theta\mathrm{d}\theta+\frac{F_P R}{EA}\int_0^{\frac{\pi}{2}}\sin^2\theta\mathrm{d}\theta+\frac{kF_P R}{GA}\int_0^{\frac{\pi}{2}}\cos^2\theta\mathrm{d}\theta$$

$$=\frac{\pi F_P R^3}{4EI}+\frac{\pi F_P R}{4EA}+\frac{k\pi F_P R}{4GA}(\downarrow)$$

其中第一项为弯曲变形所引起的位移，第二项为轴向变形所引起的位移，第三项为剪切变形所引起的位移。设梁的截面为矩形，则 $k=1.2$，梁高为 h，$I/A=h^2/12$，取 $G=0.4E$，则有

$$\frac{\Delta_{CVQ}}{\Delta_{CVM}}=\frac{\dfrac{k\pi F_P R}{4GA}}{\dfrac{\pi F_P R^3}{4EI}}=\frac{1}{4}\left(\frac{h}{R}\right)^2$$

$$\frac{\Delta_{CVN}}{\Delta_{CVM}}=\frac{\dfrac{\pi F_P R}{4EA}}{\dfrac{\pi F_P R^3}{4EI}}=\frac{1}{12}\left(\frac{h}{R}\right)^2$$

截面高度一般情况下比半径要小得多，可见轴力和剪力对变形的影响甚小，故可忽略不计，直接用式（5-13）计算位移。

5.6　图　乘　法

对于梁和刚架，通常用下列积分公式计算位移

$$\Delta=\sum\int\frac{\overline{M}M_P}{EI}\mathrm{d}s \tag{a}$$

当杆件的数目较多，荷载较复杂的情况下，上述积分的计算工作是比较麻烦的。但当结构的各段满足下列条件时：①在积分段内杆轴线是直线；②在积分段内 $EI=$ 常数；③在积分段内，实际状态和虚状态下的弯矩图 $\overline{M}$、M_P 中至少有一个是直线图形，则可用下述图乘法来代替积分运算，从而简化计算工作。

如图 5-18 表示等截面直杆 AB 段的两个弯矩图，其中实际状态下的弯矩图 M_P 为一曲线，虚状态下的弯矩图 $\overline{M}$ 为一直线。对于图示坐标有 $\overline{M}=x\tan\alpha$，代入积分式（a）得

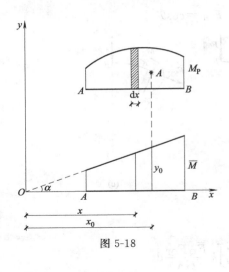

图 5-18

$$\int_A^B \frac{\overline{M}M_P}{EI}dx = \frac{1}{EI}\int_A^B \overline{M}M_P\,dx$$

$$= \frac{1}{EI}\int_A^B x\tan\alpha M_P\,dx \qquad\text{(b)}$$

$$= \frac{\tan\alpha}{EI}\int_A^B x\,dA$$

式中 $dA = M_P dx$ 表示 M_P 图中的微面积，因而积分 $\int_A^B x\,dA$ 就是 M_P 图的面积 A 对 y 轴的面积矩，它等于 M_P 图的面积 A 乘以该图的形心到 y 轴的距离 x_0，即

$$\int_A^B xM_P\,dx = \int_A^B x\,dA = Ax_0 \qquad\text{(c)}$$

将式（c）代入式（b）得

$$\int_A^B \frac{\overline{M}M_P}{EI}dx = \frac{Ax_0}{EI}\tan\alpha \qquad\text{(d)}$$

而 $x_0\tan\alpha = y_0$，为 $\overline{M}$ 图中与 M_P 图的形心相对应的纵标，于是式（d）可写成

$$\int_A^B \frac{\overline{M}M_P}{EI}dx = \frac{Ay_0}{EI} \qquad\text{(e)}$$

由此可见，上述积分式就等于一个弯矩图的面积 A 乘以其形心处所对应的另一个直线弯矩图上的纵标 y_0，再除以 EI。这就是所谓图形相乘法或简称为图乘法。

如果结构上所有各杆段均可图乘，则位移计算公式（5-13）可写成

$$\Delta = \sum\int \frac{\overline{M}M_P}{EI}ds = \sum \frac{Ay_0}{EI} \qquad\text{(5-17)}$$

在使用图乘法时应注意下列各点：①必须符合前述三个条件；②纵标 y_0 应从直线图形上取得；③面积 A 和纵标 y_0 在基线的同侧乘积取正号，否则取负号。

下面进一步讨论应用图乘法时将遇到的几个具体计算问题。

① 如果两个图形都是直线图形（图 5-19），则纵标可取自其中任一个图形；如果纵标取自折线图形，则将作为面积的图形在折点处分段。

$$\Delta = \sum\int \frac{\overline{M}M_P}{EI}ds = \frac{A_1y_1 + A_2y_2}{EI}$$

② 如果两个图形都是梯形时（图 5-20），可把其中一个图形分为面积和形心位置都已知的简单图形，再与另外一个图形相乘，并取其代数和。

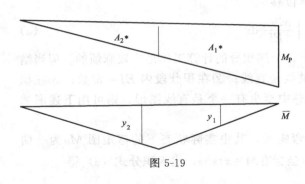

图 5-19

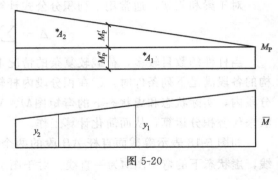

图 5-20

$$\Delta = \sum \int \frac{\overline{M}M_P}{EI}\mathrm{d}s = \sum \int \frac{\overline{M}(M'_P + M'_P)}{EI}\mathrm{d}s$$

$$= \sum \int \frac{\overline{M}M'_P}{EI}\mathrm{d}s + \sum \int \frac{\overline{M}M''_P}{EI}\mathrm{d}s$$

$$= \frac{A_1 y_1 + A_2 y_2}{EI}$$

③ 如果两个图形都是直线图形，且面积均有正、负（图 5-21），可把其中一个图形分为两个三角形，一个三角形在基线的上方，另一个三角形在基线的下方，再与另外一个图形相乘，并取其代数和。但应注意图乘时的正、负号。

$$\Delta = \sum \int \frac{\overline{M}M_P}{EI}\mathrm{d}s = \sum \int \frac{\overline{M}(M'_P - M'_P)}{EI}\mathrm{d}s$$

$$= \sum \int \frac{\overline{M}M'_P}{EI}\mathrm{d}s - \sum \int \frac{\overline{M}M''_P}{EI}\mathrm{d}s$$

$$= \frac{A_1 y_1 - A_2 y_2}{EI}$$

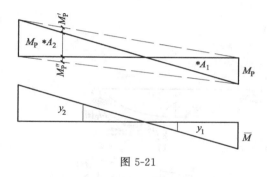

图 5-21

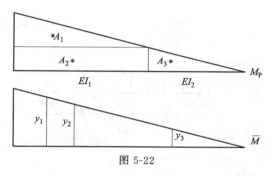

图 5-22

④ 如果两个图形都是直线图形，且分段等截面（图 5-22），则在变截面处分段积分。

$$\Delta = \sum \int \frac{\overline{M}M_P}{EI}\mathrm{d}s = \frac{A_1 y_1 + A_2 y_2}{EI_1} + \frac{A_3 y_3}{EI_2}$$

⑤ 如果两个图形之一是曲线图形，且非标准抛物线图形（图 5-23），则将该曲线图形分解为一个直线图形和一个标准的抛物线图形，再与另外一个图形图乘。

$$\Delta = \sum \int \frac{\overline{M}M_P}{EI}\mathrm{d}s = \sum \int \frac{\overline{M}(M'_P + M'_P)}{EI}\mathrm{d}s$$

$$= \sum \int \frac{\overline{M}M'_P}{EI}\mathrm{d}s + \sum \int \frac{\overline{M}M''_P}{EI}\mathrm{d}s$$

所谓的标准抛物线是指抛物线顶点处的切线与基线平行的。图 5-24 给出了位移计算中常见的标准抛物线的面积公式和形心位置。还要指出，弯矩图中的叠加是指弯矩图纵标值的叠加。所以虽然图 5-23 中的两个 M'' 的图形并不相同，但在同一横坐标处，二者的纵标值是相同的。因此，两图的面积和形心的横坐标也是相同的。

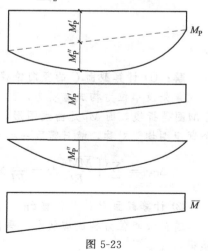

图 5-23

例 5-7　试用图乘法计算图 5-25（a）所示简支梁中截面 C 的竖向位移 Δ_{CV} 和 B 截面的角位移 θ_B。

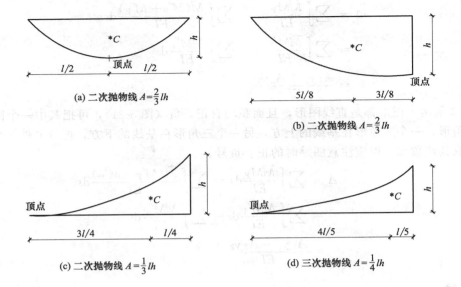

(a) 二次抛物线 $A=\frac{2}{3}lh$

(b) 二次抛物线 $A=\frac{2}{3}lh$

(c) 二次抛物线 $A=\frac{1}{3}lh$

(d) 三次抛物线 $A=\frac{1}{4}lh$

图 5-24

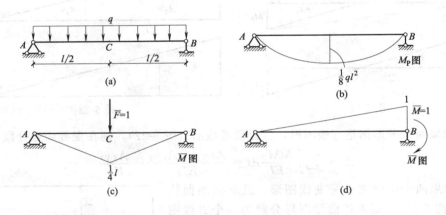

图 5-25

解: ① 计算截面 C 的竖向位移 Δ_{CV}

首先设单位力构成虚状态,画出实际状态和虚状态下的弯矩图 [图 5-25 (b)、(c)]。由于 $\overline{M}$ 图是折线,而 M_P 是曲线图形,所以纵标只能取自 $\overline{M}$ 图形,并在折点处将 M_P 分段。因两个弯矩图均为对称,故只需取一半进行计算再乘以 2。故

$$\Delta_{CV} = \sum\int \frac{\overline{M}M_P}{EI}ds = \frac{1}{EI}\times 2\left[\left(\frac{2}{3}\times\frac{l}{2}\times\frac{1}{8}ql^2\right)\times\left(\frac{5}{8}\times\frac{l}{4}\right)\right] = \frac{5ql^2}{384EI}(\downarrow)$$

② 计算截面 B 的角位移 θ_B

首先设单位力构成虚状态,画出实际状态和虚状态下的弯矩图 [图 5-25 (b)、(c)]。图乘得

$$\theta_B = \sum\int \frac{\overline{M}M_P}{EI}ds = -\frac{1}{EI}\times\left(\frac{2}{3}\times l\times\frac{1}{8}ql^2\right)\times\frac{l}{2} = -\frac{ql^3}{24EI}(\curvearrowright)$$

例 5-8 试用图乘法计算图 5-26 (a) 所示静定梁 B 截面的竖向位移 Δ_{BV}。已知 $EI=$

1.5×10⁵ kN·m²。

解： 首先设单位力构成虚状态 ［图
5-26 （b）］，画出虚状态和实际状态下的
弯矩图 ［图 5-26 （c）、（d）］。图乘得

$$\Delta_{BV} = \sum \frac{A_i y_i}{EI}$$

$$= \frac{1}{EI}(A_1 y_1 + A_2 y_2 + A_3 y_3)$$

$$= \frac{1}{EI}\Big(\frac{1}{2}\times 6\times 6\times \frac{2}{3}\times 300 + \frac{1}{2}\times 6\times 6$$

$$\times \frac{2}{3}\times 300 - \frac{2}{3}\times 45\times 6\times \frac{1}{2}\times 6\Big)$$

$$= \frac{1}{1.5\times 10^5}(7200 - 540)$$

$$= 0.0444\text{m}(\downarrow)$$

例 5-9　试用图乘法计算图 5-27 （a）
所示静定梁 D 截面的竖向位移 Δ_{DV}。

解： 首先设单位力构成虚状态 ［图
5-27 （b）］，画出虚状态和实际状态下的
弯矩图 ［图 5-27 （c）、（d）］。图乘得

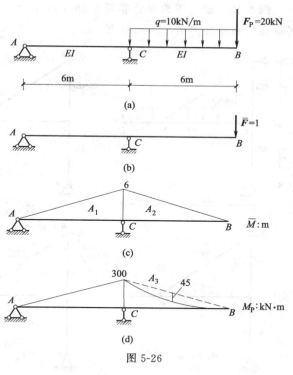

图 5-26

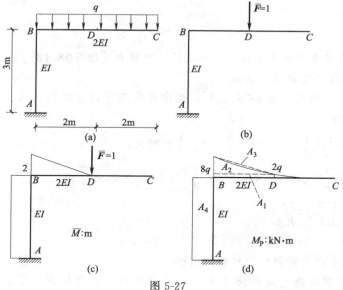

图 5-27

$$\Delta_{DV} = \sum \frac{A_i y_i}{2EI} + \frac{A_4 y_4}{EI}$$

$$= \frac{1}{2EI}(A_1 y_1 + A_2 y_2 + A_3 y_3) + \frac{A_4 y_4}{EI}$$

$$= \frac{1}{2EI}\Big(2q\times 2\times \frac{1}{2}\times 2 + \frac{1}{2}\times 6q\times 2\times \frac{2}{3}\times 2 - \frac{2}{3}\times 0.5q\times 2\times \frac{1}{2}\times 2\Big) + \frac{1}{EI}\times 8q\times 3\times 2$$

$$= \frac{161q}{3EI}(\downarrow)$$

例 5-10 试用图乘法计算图 5-28 (a) 所示组合结构 D 截面的竖向位移 Δ_{DV} 和铰 C 处两侧截面的相对转角 θ_{CC}'。已知 $E = 2.1 \times 10^4 \, \text{kN/cm}^2$；$I = 3200 \, \text{cm}^4$；$A(BC \text{ 杆}) = 16 \, \text{cm}^2$。

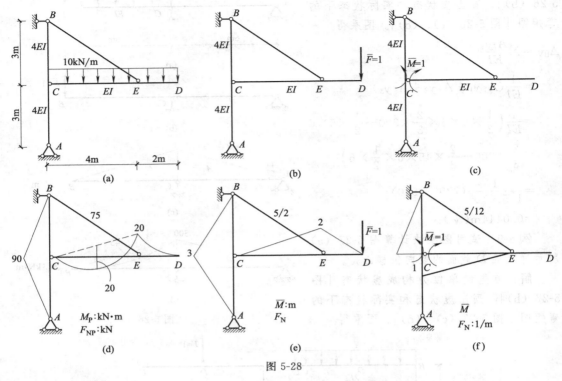

图 5-28

解： 作出实际状态下的弯矩图并求出 BE 杆的轴力 [图 5-28 (d)]

① 计算截面 D 的竖向位移 Δ_{DV}

设单位力构成虚状态 [图 5-28 (b)]，画出虚状态下的弯矩图并求出 BE 杆的轴力 [图 5-28 (e)]。图乘得

$$\Delta_{DV} = \frac{1}{EI}\left(\frac{1}{3} \times 20 \times 2 \times \frac{3}{4} \times 2 + \frac{1}{2} \times 20 \times 4 \times \frac{2}{3} \times 2 - \frac{2}{3} \times 20 \times 4 \times \frac{1}{2} \times 2\right)$$

$$+ \frac{1}{4EI} \times 2 \times \frac{1}{2} \times 90 \times 3 \times \frac{2}{3} \times 3 + \frac{1}{EA} \times 75 \times \frac{5}{2} \times 5$$

$$= \frac{155}{EI} + \frac{973.5}{EA}$$

$$= 0.0259 \text{m} (\downarrow)$$

② 计算铰 C 处两侧截面的相对转角 θ_{CC}'

设单位力构成虚状态 [图 5-28 (c)]，画出虚状态下的弯矩图并求出 BE 杆的轴力 [图 5-28 (f)]。图乘得

$$\theta_{CC}' = \frac{1}{EI}\left(-\frac{1}{2} \times 20 \times 4 \times \frac{1}{3} + \frac{2}{3} \times 20 \times 4 \times \frac{1}{2}\right)$$

$$+ \frac{1}{4EI} \times \frac{1}{2} \times 90 \times 3 \times \frac{2}{3} + \frac{1}{EA} \times 75 \times \frac{5}{12} \times 5$$

$$= \frac{35.83}{EI} + \frac{156.25}{EA}$$

$$= 0.0058 \text{rad} (\nearrow\!\!\!\nwarrow)$$

5.7　静定结构在温度变化和支座移动所引起的位移计算

静定结构由于温度变化和支座移动等因素的作用，虽然不产生内力，但将产生位移。下面利用单位荷载法来计算这种位移。

（1）由于温度变化引起的位移

静定结构受温度变化的影响时，虽然不产生内力，但由于材料发生热胀冷缩，会使结构产生变形和位移。只要先求出各微段变形 $d\theta$、du 的表达式，而后代入式（5-9）即得由于温度变化引起的位移计算公式。

从结构的某一杆件上截取任一微段 ds，结构外缘温度升高 $t_1℃$，内缘温度升高 $t_2℃$，如图 5-29 所示。材料的线胀系数为 α（即温度升高 $1℃$ 时的线应变）。其上下缘纤维分别伸长 $\alpha t_1 ds$ 和 $\alpha t_2 ds$。为简化计算，假设温度沿截面高度 h 按直线规律变化，截面在温度改变过程中将保持为平面。设 h_1 和 h_2 分别为截面形心轴线至上下边缘的距离，t_0 为轴线处温度的升高值。则

$$t_0 = \frac{h_1 t_2 + h_2 t_1}{h}$$

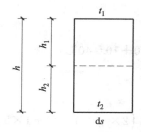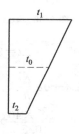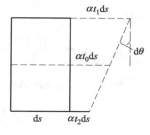

图 5-29

如果杆件截面对称于轴线，即 $h_1 = h_2 = h/2$，则

$$t_0 = \frac{t_1 + t_2}{2}$$

微段 ds 由于温度改变所产生的轴向变形为

$$du = \alpha t_0 ds \qquad\qquad (a)$$

微段两个截面的相对转角为

$$d\theta = \frac{\alpha t_1 ds - \alpha t_2 ds}{h} = \frac{\alpha(t_1 - t_2)}{h}ds = \alpha \frac{\Delta t}{h}ds \qquad\qquad (b)$$

式中 $\Delta t = t_1 - t_2$ 为杆件上下缘纤维的温度差。此外，温度变化并不引起微段的剪切变形，故

$$d\eta = 0 \qquad\qquad (c)$$

将以上式（a）、式（b）、式（c）带入式（5-9），并以 Δ_t 代替 Δ_{KV}，得

$$\Delta_t = \sum(\pm)\int \overline{F}_N \alpha t_0 ds + \sum(\pm)\int \overline{M}\alpha \frac{\Delta t}{h}ds \qquad\qquad (5-18)$$

这就是计算结构由于温度变化所引起的位移的一般公式。如果每一杆件沿其全长温度变化相同且截面高度不变，则上式可改为

$$\Delta_t = \sum(\pm)\alpha t_0 \int \overline{F}_N ds + \sum(\pm)\alpha \frac{\Delta t}{h}\int \overline{M}ds$$

$$= \sum (\pm) \alpha t_0 A_{\overline{F}_N} + \sum (\pm) \alpha \frac{\Delta t}{h} A_{\overline{M}} \qquad (5\text{-}19)$$

式中 $A_{\overline{F}_N}$、$A_{\overline{M}}$ 分别为 $\overline{F}_N$、$\overline{M}$ 图的面积。在应用公式时右边两项的正负号按下列规定来选取：若实际状态下因温度变化引起的变形和虚状态下由虚内力引起的变形一致时，取正号；反之取负号。

例 5-11 图 5-30（a）所示三铰刚架外侧温度降低 $10℃$，内侧温度升高 $30℃$，试求铰 C 处两侧截面的相对转角 $\theta_{CC'}$。线胀系数 $\alpha = 10^{-5}℃^{-1}$，刚架各杆的截面相同且形心轴在杆件高度的 $1/2$ 处，$h = 0.5\mathrm{m}$。

解： 首先设单位力构成虚状态，并作出内力图［图 5-30（b）、（c）］。

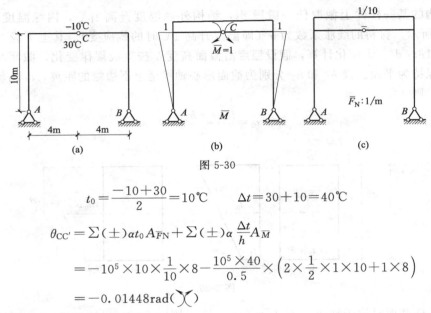

图 5-30

$$t_0 = \frac{-10+30}{2} = 10℃ \qquad \Delta t = 30 + 10 = 40℃$$

$$\theta_{CC'} = \sum (\pm) \alpha t_0 A_{\overline{F}N} + \sum (\pm) \alpha \frac{\Delta t}{h} A_{\overline{M}}$$

$$= -10^5 \times 10 \times \frac{1}{10} \times 8 - \frac{10^5 \times 40}{0.5} \times \left(2 \times \frac{1}{2} \times 1 \times 10 + 1 \times 8\right)$$

$$= -0.01448 \mathrm{rad}(\,\,)$$

（2）由于支座移动引起的位移

静定结构在支座移动时，不产生任何内力和变形，因而此时结构的位移是刚体位移。令式（5-9）中的 $\mathrm{d}\theta = \mathrm{d}u = \mathrm{d}\eta = 0$，并以 Δ_C 代替 Δ_{KV}，得

$$\Delta_C = -\sum (\pm) \overline{F}_{Ri} c_i \qquad (5\text{-}20)$$

这就是结构在支座移动影响下的位移计算公式。式中 $\overline{F}_{Ri}$ 为虚单位力作用下的支座反力，c_i 为与 $\overline{F}_{Ri}$ 相对应的实际的支座位移，当它们二者的方向一致时取正号，反之取负号。

例 5-12 图 5-31（a）所示三铰刚架，设支座 B 发生了支座移动，$a = 2\mathrm{cm}$，$b = 1\mathrm{cm}$，求结构上 C 点的竖向位移 Δ_{CV} 和铰 C 处两侧截面的相对转角 $\theta_{CC'}$。

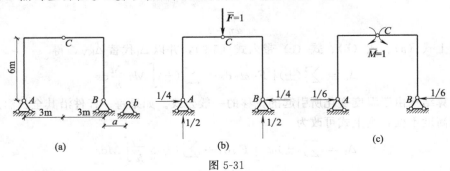

图 5-31

解： 首先设单位力构成虚状态，并求出各支座的支座反力 ［图 5-31 (b)、(c)］。

$$\Delta_{CV} = -\left(-\frac{1}{2}\times 1 - \frac{1}{4}\times 2\right) = 1\text{cm}(\downarrow)$$

$$\theta_{CC'} = -\left(-\frac{1}{6}\times 0.02\right) = \frac{1}{300}\text{rad}(\text{\rotatebox{45}{$\curvearrowright$}})$$

若结构同时承受荷载、温度变化和支座移动的作用，则位移计算的公式为

$$\Delta = \sum\int\frac{\overline{M}M_P}{EI}ds + \sum\int\frac{\overline{F}_N F_{NP}}{EA}ds + \sum\int k\frac{\overline{F}_Q F_{QP}}{GA}ds$$

$$+ \sum(\pm)\alpha t_0 A_{\overline{F}_N} + \sum(\pm)\alpha\frac{\Delta t}{h}A_{\overline{M}} - \sum(\pm)\overline{F}_{Ri}c_i \tag{5-21}$$

5.8　互 等 定 理

弹性结构有四个互等定理，其中最基本的是功的互等定理，其他三个都可由其推导出来。这些定理在计算位移及解算超静定结构时很有用，也是今后进一步学习、研究其他有关内容的一个基础。

（1）功的互等定理

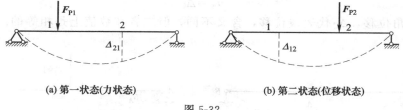

(a) 第一状态(力状态)　　　　　　　　(b) 第二状态(位移状态)

图 5-32

设有两组外力 F_{P1} 和 F_{P2} 分别作用在结构上，如图 5-32 (a)、(b) 所示。第一状态的外力和内力在第二状态相应的位移和变形上所做的虚功有

$$W_{12} = F_{P1}\Delta_{12}$$

$$V_{12} = \sum\int M_1\frac{M_2}{EI}ds + \sum\int F_{N1}\frac{F_{N2}}{EA}ds + \sum\int F_{Q1}\frac{kF_{Q2}}{GA}ds$$

根据虚功原理有

$$F_{P1}\Delta_{12} = \sum\int M_1\frac{M_2}{EI}ds + \sum\int F_{N1}\frac{F_{N2}}{EA}ds + \sum\int F_{Q1}\frac{kF_{Q2}}{GA}ds \tag{a}$$

反过来第二状态的外力和内力在第一状态相应的位移和变形上所做的虚功有

$$W_{21} = F_{P2}\Delta_{21}$$

$$V_{21} = \sum\int M_2\frac{M_1}{EI}ds + \sum\int F_{N2}\frac{F_{N1}}{EA}ds + \sum\int F_{Q2}\frac{kF_{Q1}}{GA}ds$$

根据虚功原理有

$$F_{P2}\Delta_{21} = \sum\int M_2\frac{M_1}{EI}ds + \sum\int F_{N2}\frac{F_{N1}}{EA}ds + \sum\int F_{Q2}\frac{kF_{Q1}}{GA}ds \tag{b}$$

比较式 (a)、式 (b) 两式可知两式右边是相等的，因此两式左边也应相等，即

$$F_{P1}\Delta_{12} = F_{P2}\Delta_{21} \tag{5-22}$$

这表明：第一状态的外力在第二状态的位移上所做的虚功，等于第二状态的外力在第一状态的位移上所做的虚功。这就是功的互等定理。它对于任何类型的弹性结构都是使用的。

（2）位移互等定理

如果作用结构上的力是单位力，即 $F_{P1}=F_{P2}=1$，并用 δ 表示由单位力所引起的位移 [图 5-33（a）、（b）]，则由式（5-22）得

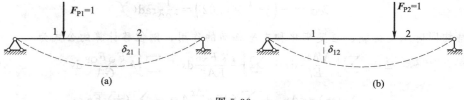

图 5-33

$$1\times\delta_{12}=1\times\delta_{21}$$

即

$$\delta_{12}=\delta_{21} \tag{5-23}$$

这就是位移互等定理。它表明：由单位力 $F_{P2}=1$ 所引起与 F_{P1} 相对应的位移 δ_{12}，等于由单位力 $F_{P1}=1$ 所引起与 F_{P2} 相对应的位移 δ_{21}。这里的单位力可以是广义力，这时的位移就是相应的广义位移。无论是哪种广义力和广义位移，式（5-23）所示的互等关系不仅在数值上相等，而且在量纲上也相同。例如图 5-34 所示简支梁的两个状态中，根据位移互等定理有

$$\theta_A=\Delta_C$$

虽然 θ_A 代表角位移，Δ_C 代表线位移，含义不同，但二者在数值上是相等的。由材料力学可知

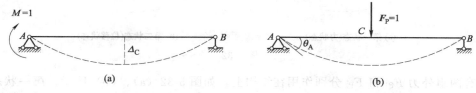

图 5-34

$$\theta_A=\frac{F_P l^2}{16EI},\ \Delta_C=\frac{Ml^2}{16EI}$$

现在 $F_P=M=1$，故有 $\theta_A=\Delta_C=\dfrac{l^2}{16EI}$。

（3）反力互等定理

与位移互等定理一样，反力互等定理也是功的互等定理的特殊情形。如图 5-35 所示结构中，在图 5-35（a）中由于支座 1 处发生单位位移 Δ_1，此时各支座将产生反力，设在支座 1 处产生的反力为 r_{11}，在支座 2 处产生的反力为 r_{21}。在图 5-35（b）中由于支座 2 处发生单位位移 Δ_2，此时各支座将产生反力，设在支座 1 处产生的反力为 r_{12}，在支座 2 处产生的反力为 r_{22}。根据功的互等定理有

$$r_{11}\times0+r_{21}\times1=r_{12}\times1+r_{22}\times0$$

即

$$r_{21}=r_{12} \tag{5-24}$$

这就是反力互等定理，它表明：支座 1 由于支座 2 的单位位移所引起的反力 r_{12}，等于支座 2 由于支座 1 的单位位移所引起的反力 r_{21}。这一关系适用于结构中任何两个支座上的反力。但应注意反力与位移在做功关系上应是对应的。

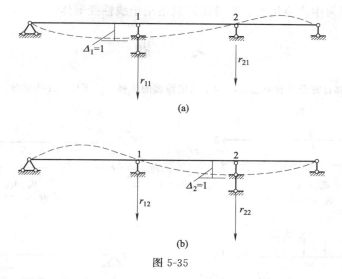

图 5-35

（4）反力与位移互等定理

反力与位移之间也有互等关系。如图 5-36 所示结构，设在截面 2 处作用一单位力 $F_P = 1$ 时，支座 1 处的反力偶为 r_{12}，并设其指向如图 5-36（a）所示。再设在支座 1 处顺 r_{12} 的方向发生一单位转角 $\theta_1 = 1$ 时，截面 2 处沿 F_P 作用方向的位移为 δ_{21}，如图 5-36（b）所示。根据功的互等定理有

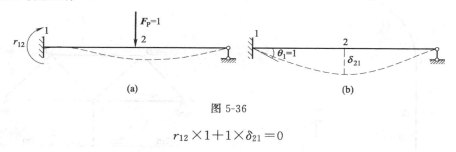

图 5-36

$$r_{12} \times 1 + 1 \times \delta_{21} = 0$$

即

$$r_{12} = -\delta_{21} \tag{5-25}$$

这就是反力与位移互等定理，它表明：由于单位荷载使结构中某一支座产生的反力，等于该支座发生与反力方向一致的单位位移时在单位荷载作用处所引起的位移，但符号相反。

5.9　小　　结

本章讨论了静定结构位移的计算，位移的计算不仅为刚度校核提供了依据，也为超静定结构的分析计算打下了基础。

结构的位移计算公式是利用虚功原理推导出来的，该公式对于荷载、温度、支座移动等因素，对于静定和超静定结构都适用。对于不同形式的结构，位移计算公式都有相应的简化形式。除了会利用位移计算公式来求解位移外，还应了解图乘法的应用条件，熟练掌握计算方法和在图乘时对所遇到的具体问题的处理方法。同时还应注意位移计算中的位移是指广义位移，则虚设的单位荷载应是与广义位移相对应的广义力。

对于四个互等定理，功的互等定理是基础，其余三个互等定理是在其基础上推导出来

的，并在后面的学习中将会用上。互等定理只适用于线性变形体。

习　题

5-1～5-6　用位移计算公式计算图示结构中指定截面的位移。设 EI、EA 为常数。

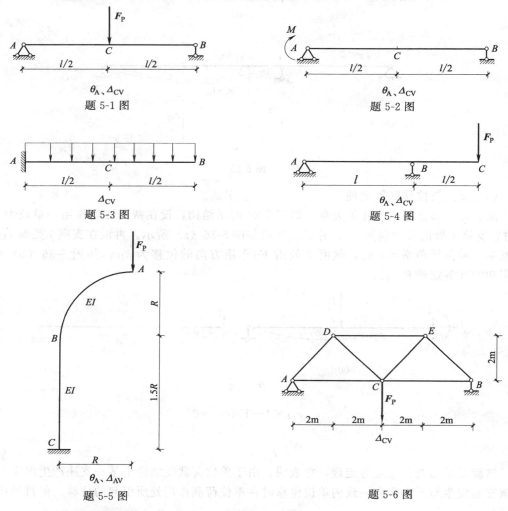

题 5-1 图　　　　　　　题 5-2 图

题 5-3 图　　　　　　　题 5-4 图

题 5-5 图　　　　　　　题 5-6 图

5-7～5-10　用图乘法计算图示结构中指定截面的位移。

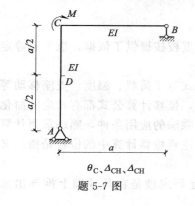

θ_C、Δ_{CH}、Δ_{CH}

题 5-7 图

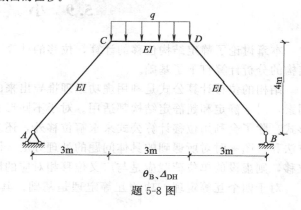

θ_B、Δ_{DH}

题 5-8 图

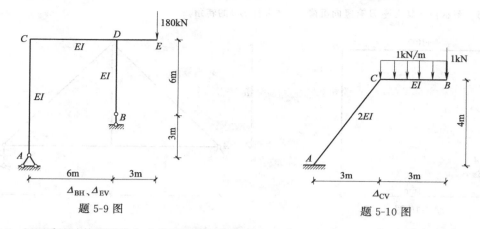

题 5-9 图　　　　　　题 5-10 图

5-11　用图乘法计算图示梁中 C 截面的竖向位移 Δ_{CV}。已知 $EI=1.5\times10^5\,\mathrm{kN\cdot m^2}$。

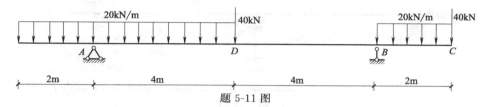

题 5-11 图

5-12　求图示结构中 C 截面的竖向位移和铰 D 两侧截面的相对角位移。设 EI 为常数。

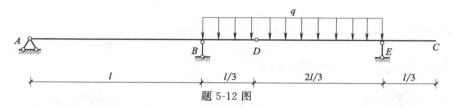

题 5-12 图

5-13　求图示结构中 C 截面的竖向位移。$E=2.1\times10^4\,\mathrm{kN/cm^2}$，$A=12\,\mathrm{cm^2}$，$I=3600\,\mathrm{cm^4}$。

5-14　梁 AB 下面加热 $t\,℃$，其他部分温度不变，试求 C、D 两点的水平相对位移。设梁截面为矩形，高为 h，材料的线胀系数为 α。

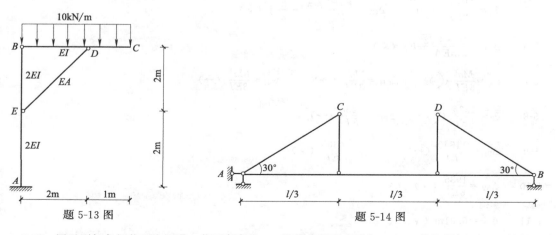

题 5-13 图　　　　　　题 5-14 图

5-15　图示刚架各杆截面为矩形，截面高度为 h。设其内部温度增加 $20℃$，外部增加 $10℃$，材料的线胀系数为 α。试求 B 点的水平位移。

5-16 图示桁架其支座 B 有竖向沉降 c，试求杆 BC 的转角。

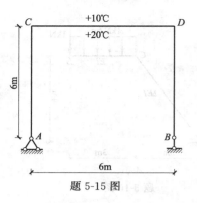

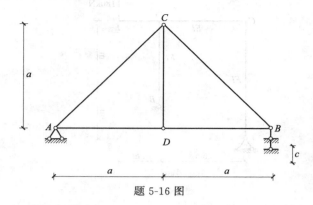

题 5-15 图 题 5-16 图

5-17 图示梁，支座 B 下沉 Δ，求 E 端的竖向线位移和角位移。

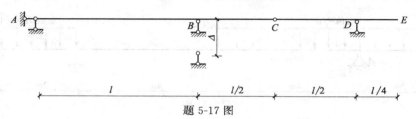

题 5-17 图

答案

5-1 $\theta_A = \dfrac{F_P l^2}{16EI}$ (↻) $\Delta_{CV} = \dfrac{F_P l^3}{48EI}$ (↓)

5-2 $\theta_A = \dfrac{Ml}{3EI}$ (↻) $\Delta_{CV} = \dfrac{Ml^2}{16EI}$ (↓)

5-3 $\Delta_{CV} = \dfrac{17ql^4}{384EI}$ (↓)

5-4 $\theta_A = \dfrac{F_P l^2}{12EI}$ (↺) $\Delta_{CV} = \dfrac{F_P l^3}{8EI}$ (↓)

5-5 $\theta_A = \dfrac{5F_P R^2}{2EI}$ (↻) $\Delta_{CV} = \dfrac{F_P R^3}{EI}\left(\dfrac{\pi}{4} + \dfrac{3}{2}\right)$ (↓)

5-6 $\Delta_{CV} = \dfrac{(6+4\sqrt{2})}{EA} F_P$ (↓)

5-7 $\theta_A = \dfrac{Ma}{6EI}$ (↺) $\Delta_{CH} = \dfrac{Ma^2}{3EI}$ (→) $\Delta_{DH} = \dfrac{Ma^2}{6EI}$ (→)

5-8 $\theta_B = \dfrac{153q}{8EI}$ (↺) $\Delta_{BH} = \dfrac{123q}{EI}$ (→)

5-9 $\Delta_{BH} = \dfrac{11340}{EI}$ (←) $\Delta_{EV} = \dfrac{4860}{EI}$ (↓)

5-10 $\Delta_{BV} = \dfrac{1985}{6EI}$ (↓)

5-11 $\Delta_{CV} = 0.01\text{m}$ (↓)

5-12 $\theta'_{DD} = \dfrac{5ql^3}{48EI}$ (↻↺) $\Delta_{CV} = \dfrac{7ql^4}{432EI}$ (↑)

5-13　$\Delta_{CV}=0.0247\text{m}$ （↓）

5-14　$\Delta_{A-B}^{H}=\alpha tl\left(\dfrac{2\sqrt{3}}{27}\times\dfrac{l}{h}-\dfrac{1}{2}\right)$ （→←）

5-15　$\Delta_{BH}=\dfrac{360\alpha}{h}$ （→）

5-16　$\theta_{BC}=\dfrac{c}{2a}$ （↻）

5-17　$\theta_{E}=\dfrac{3\Delta}{l}$ （↺）　　　$\Delta_{EV}=\dfrac{3}{4}\Delta$ （↑）

第6章 力　　法

6.1　超静定结构概述

前面各章讨论了静定结构的计算，从本章起将讨论超静定结构的计算。超静定结构与静定结构在计算方面的不同在于：静定结构的内力和反力仅靠平衡条件便可确定，而不必考虑变形协调条件；超静定结构由于有多余约束存在，其反力、内力不能由静力平衡条件全部确定，而必须同时考虑变形协调条件。

例如图 6-1 所示梁，其竖向反力仅靠平衡条件就无法求出，因而其内力也就无法确定。又例如图 6-2 所示桁架，虽然由平衡条件可以确定其全部反力和部分杆件的内力，但不能确定全部杆件的内力。因此，这两个结构都是超静定结构。

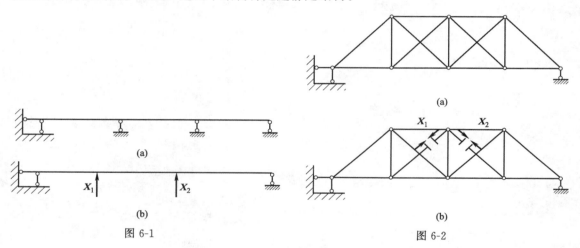

图 6-1　　　　　　　　　　　　　　　图 6-2

分析以上两个结构的几何组成就不难发现，它们是几何不变的且具有多余联系。所谓"多余"是指这些联系就保持结构的几何不变性来说，不是必要的。多余联系中产生的力称为多余未知力，如图 6-1 所示梁，可以把中间两支座链杆作为多余联系，相应的多余未知力为其支座反力 X_1 和 X_2,，又如图 6-2 所示桁架，可把中间各两根斜腹杆作为多余联系，相应的多余未知力为该二杆对应的轴力 X_1 和 X_2。

总的来说，超静定结构的内力是超静定的，约束有多余的，这是超静定结构有别于静定结构的基本特征。

工程中常见的超静定结构有：超静定梁［图 6-1（a）］、超静定桁架［图 6-2（a）］、超静定刚架［图 6-3（a）］、超静定拱［图 6-3（b）］、超静定组合结构［图 6-3（c）］和铰接排架［图 6-3（d）］。另外还有交叉梁系［图 6-3（e）］和空间网架等。

在具体求解超静定结构时，根据基本未知量选择的方法不同，可分为两大类：力法，取多余未知力作为基本未知量；位移法，取结构位移作为基本未知量。力法和位移法是计算超静定结构的两个基本方法。

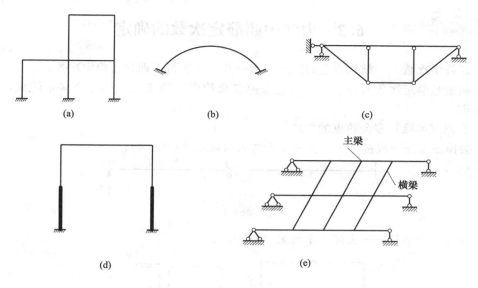

图 6-3

力法是由 Maxwell 于 1864 年提出的，后来又被 Mohr 于 1874 年修正。力法是把超静定结构拆成静定结构，再由静定结构过渡到超静定结构。静定结构的内力和位移计算是力法计算的基础。力法的基础是几何协调条件，所以实质上它是相容方程或位移协调法，用力法求解超静定结构的内力时，以多余约束力为基本变量，先选择几何不变的基本体系，由几何协调条件建立力法方程，再由单位荷载法求出位移影响系数，解方程得到多余力，然后再由平衡条件求出超静定结构的其余内力和支座反力。

位移法是 20 世纪初为了计算复杂刚架而建立起来的。用位移法求解结构内力时，以独立的节点位移作为基本未知量，将结构拆成杆件，利用杆件的力和位移的关系（即转角-位移方程）通过节点的弯矩和楼层的剪力平衡条件建立位移法方程。最后将节点位移代回杆件的转角-位移方程，获得各杆的杆端内力。位移法由杆件过渡到结构，杆件的内力和位移关系是位移法的计算基础。位移法既可以用于计算超静定结构，也可以用于计算静定结构。用力法和位移法计算结构时，都要求解联立方程组。在计算机和矩阵位移法出现以前，工程师手算力法或位移法的高阶代数方程组十分麻烦。

渐近解法是以位移法为基础而发展起来的，如：1922 年德国人，Cali-sev 将无侧移刚架的转角作为基本未知数，提出了迭代法；1930 年由美国人 Cross 发展了一种渐进的位移法，即力矩分配法。在渐近法中，开始只是得出近似解，然后逐步加以修正，最后收敛于精确法。它们的优点是，计算按照一定机械步骤进行，特别适合于手算。它们是 20 世纪 30 年代结构力学最显著的进步。

矩阵位移法是位移法和计算机相结合的产物。由此发展起来的结构矩阵分析是有限元法的雏形，由于在理论推导和计算中采用了矩阵记法，因此，特别适合于编制成计算机程序用来对大型工程结构进行力学计算。矩阵位移法是 20 世纪 50 年代发展起来的。在结构力学发展中具有划时代的意义。

本章主要讨论力法的基本原理以及力法在解各种结构中的应用。另外，还要讨论对称条件的应用，超静定结构的位移计算，温度变化和支座移动时超静定结构的计算以及超静定结构的特性等。

6.2　力法中超静定次数的确定

① 超静定次数——结构多余约束或多余未知力的数目，即为超静定次数。

② 确定超静定次数的方法——通过去掉多余约束来确定（去掉 n 个多余约束，即为 n 次超静定）。

③ 去掉（解除）多余约束的方式。

a. 去掉或切断一根链杆——去掉 1 个约束（联系）（图 6-4）；

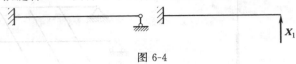

图 6-4

b. 去掉一个单铰——去掉 2 个约束（图 6-5）；

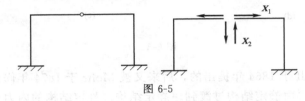

图 6-5

c. 切断刚性联系或去掉一个固定端——去掉 3 个约束（图 6-6）；

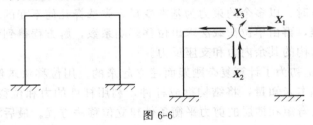

图 6-6

d. 将刚性联结改为单铰——去掉 1 个约束（图 6-7）。

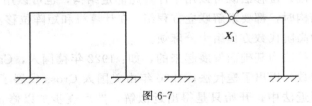

图 6-7

注意事项：

ⅰ. 对于同一超静定结构，可以采取不同方式去掉多余约束，而得到不同形式的静定结构，但去掉多余约束的总个数应相同。

ⅱ. 去掉多余约束后的体系，必须是几何不变的体系，因此，某些约束是不能去掉的。

应用举例：

例如：图 6-6 中的刚架也可以去掉一个固定端或插入三个铰得图 6-8 所示静定基本结构。

又例如图 6-9 连续梁和两铰拱中的水平支座连杆不能去掉，否则将成为瞬变体系。

举例：如图 6-10 所示结构，去掉四个多余约束后得静定基本结构，为 4 次超静定结构。

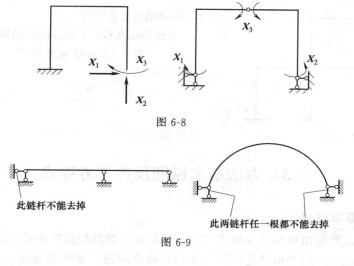

图 6-8

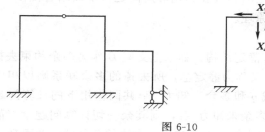

图 6-9

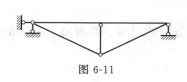

图 6-10

④ 对于复杂结构，可用计算自由度的方法确定超静定次数。

a. 组合结构：$n=(2h+r)-3m$

式中，n 为超静定次数；m 为刚片数；h 为单铰数；r 为支座链杆数。

例：确定图 6-11 所示结构超静定次数。

$$n=(2h+r)-3m$$
$$=(2\times5+3)-3\times4$$
$$=1$$

该结构为一次超静定结构。

b. 桁架结构：$n=(b+r)-2j$

式中，n 为超静定次数；j 为结点数；b 为杆件数；r 为支座链杆数。

例：确定图 6-12 所示桁架超静定次数。

$n=(b+r)-2j$

$=(13+3)-2\times7$

$=2$

该结构为二次超静定结构。

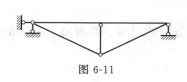

图 6-11

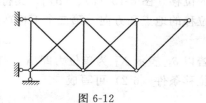

图 6-12

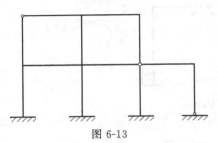

图 6-13

c. 框架结构：$n=3f-h$

式中，n 为超静定次数；f 为封闭框格数；h 为单铰个数。

例：确定图 6-13 示结构的超静定次数。

$$n = 3f - h$$
$$= 3 \times 5 - 5$$
$$= 10$$

该结构为 10 次超静定结构。

6.3　力法基本原理及典型方程式

6.3.1　力法的基本原理

力法是计算超静定结构最基本的方法。力法最基本的思想是把超静定结构问题转化为静定结构问题来处理，然后再由静定问题过渡到超静定问题。下面结合图 6-14（a）中所示的一次超静定梁来说明力法的基本原理。

（1）确定静定基本结构

图 6-14（a）所示梁是一次超静定结构，如果把支座 B 作为多余约束去掉，则得到如图 6-14（b）所示的静定基本结构，又称为静定基，所去掉的多余联系则以相应的多余未知力 X_1 代替，这样，基本结构在荷载 q 和多余未知力 X_1 共同作用下的计算问题就转化为静定结构的计算问题，只要设法求出多余未知力 X_1，则其余一切计算问题就与静定结构完全相同，并且多余未知力 X_1 又称为力法的基本未知量，力法的名称就由此而来。

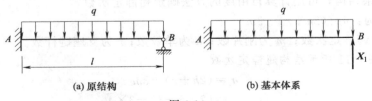

(a) 原结构　　　　　　　　　　　　　　**(b) 基本体系**

图 6-14

（2）建立变形协调方程

超静定结构的内力仅靠静力平衡条件无法解出。为了解出其内力则必须利用多余约束处原结构的变形条件作为补充方程。为此，考察原结构在支座 B 处的实际位移情况是等于零。为了使基本结构与原结构有相同的受力和变形，则基本结构在荷载 q 和多余未知力 X_1 共同作用下，其 B 点沿 X_1 方向的竖向位移 Δ_1 也应等于零，即

$$\Delta_1 = 0 \tag{6-1}$$

这就是用以确定 X_1 的变形协调条件。

设以 Δ_{11} 和 Δ_{1P} 分别表示多余未知力 X_1 和荷载 q 单独作用在基本结构上时，B 点沿 X_1 方向的位移 [图 6-15（a）、（b）]，其符号都以沿假定的 X_1 方向为正，并且第一个下标表示发生位移的地点和方向，第二个下标产生位移的原因。根据叠加原理，式（6-1）可写为

$$\Delta_1 = \Delta_{11} + \Delta_{1P} = 0 \tag{6-2}$$

若以 δ_{11} 表示 X_1 为单位力即 $\overline{X}_1 = 1$ 时 B 点沿 X_1 方向的位移，则有 $\Delta_{11} = \delta_{11} X_1$，于是上述位移条件（6-2）可写成

$$\delta_{11} X_1 + \Delta_{1P} = 0 \tag{6-3}$$

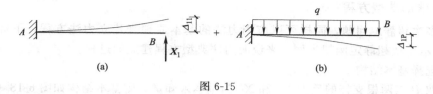

图 6-15

式（6-3）称为力法正则方程。由于 δ_{11} 和 Δ_{1P} 可用求解静定结构位移的方法求出。因而多余未知力 X_1 即可由上述方程解出。

（3）计算系数 δ_{11} 和自由项 Δ_{1P}

为了计算 δ_{11} 和 Δ_{1P}，可分别绘出基本结构在 $\overline{X}_1=1$ 和荷载 q 用下的弯矩图 $\overline{M}_1$ 和 M_P 图〔图 6-16（a）、（b）〕，它们均为静定结构在已知力作用下的位移，故可由积分法或图乘法求得。

$$\delta_{11} = \sum \int \frac{\overline{M}_1^2 \mathrm{d}s}{EI} = \frac{1}{EI}\left[\left(\frac{1}{2}\times l \times l\right)\times\left(\frac{2}{3}\times l\right)\right] = \frac{l^3}{3EI}$$

$$\Delta_{1P} = \sum \int \frac{\overline{M}_1 M_P}{EI}\mathrm{d}s = -\frac{1}{EI}\left[\left(\frac{1}{3}\times l \times \frac{ql^2}{2}\right)\times\left(\frac{3}{4}l\right)\right] = -\frac{ql^4}{8EI}$$

代入式（6-3）可求得

$$X_1 = -\frac{\Delta_{1P}}{\delta_{11}} = -\left(-\frac{ql^4}{8EI}\right)\Big/\left(\frac{l^3}{3EI}\right) = \frac{3}{8}ql(\uparrow)$$

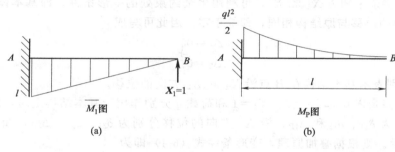

图 6-16

（4）按叠加原理绘 M 图

多余未知力 X_1 求出后，其余内力、反力的计算都是静定问题。而一般在绘制最后的弯矩图 M 图时，可以利用已绘出的 $\overline{M}_1$ 图和 M_P 图，按叠加法绘制，即 $M=\overline{M}_1 X_1 + M_P$。

也就是将 $\overline{M}_1$ 图的竖标乘以 X_1 倍，再与 M_P 图的对应竖标相加，即可绘出 M 图，如图 6-17 所示。此弯矩图既是基本结构的弯矩图，同时也就是原结构的弯矩图，因为此时基本结构与原结构的受力和变形情况完全相同。

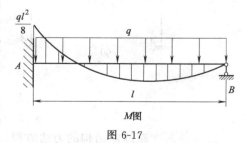

图 6-17

综上所述，力法是以多余未知力作为基本未知数，根据基本结构应与原结构变形相同的位移条件，首先求出多余未知力，然后由平衡条件计算其余内力、反力的方法。整个计算过程自始至终都是在基本结构上进行的，也就是说把超静定结构的计算问题，转化为静定结构的内力和位移的计算问题。力法是解算超静定结构最基本的方法，应用很广，可以分析任何类型的超静定结构。

6.3.2 力法的典型方程

对于多次超静定问题，同样可以应用力法的基本原理来建立力法方程。下面结合图6-18（a）所示二次超静定刚架为例，来说明力法典型方程建立的过程。

（1）选择基本结构

如果取 B 点两根支杆的反力 X_1 和 X_2 为基本未知量，则基本结构如图 6-18 （b）所示。

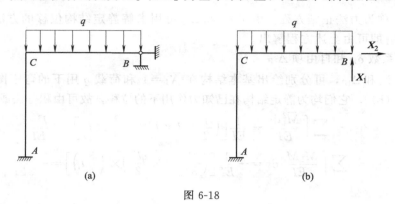

图 6-18

（2）建立力法典型方程

为了确定多余未知力 X_1 和 X_2，可利用多余约束处的变形条件。即基本体系在 B 点沿 X_1 和 X_2 方向的位移与原结构相同，即等于零。因此可写成

$$\left.\begin{array}{l} \Delta_1 = 0 \\ \Delta_2 = 0 \end{array}\right\} \tag{6-4}$$

且 Δ_1 和 Δ_2 分别表示基本结构在 B 点沿 X_1 和 X_2 方向的位移。

设各单位多余未知力 $X_1 = 1$，$X_2 = 1$ 和荷载 q 分别作用于基本结构上时，B 点沿 X_1 方向的位移分别为 δ_{11}、δ_{12} 和 Δ_{1P}，沿 X_2 方向的位移分别为 δ_{21}、δ_{22}、Δ_{2P}，如图 6-19 （a）、（b）、（c）所示。则根据叠加原理，变形条件式 （6-4）即为

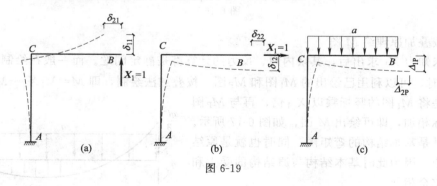

图 6-19

$$\left.\begin{array}{l} \delta_{11} X_1 + \delta_{12} X_2 + \Delta_{1P} = 0 \\ \delta_{21} X_1 + \delta_{22} X_2 + \Delta_{2P} = 0 \end{array}\right\} \tag{6-5}$$

这就是两次超静定结构的力法方程。

（3）按叠加原理求内力

例如任一截面的弯矩 M 可用下面的叠加公式计算

$$M = \overline{M}_1 X_1 + \overline{M}_2 + M_P$$

这里 $\overline{M}_1$、$\overline{M}_2$、M_P 分别表示单位力 $X_1 = 1$、$X_2 = 1$ 和荷载在基本结构任一截面产生的弯矩。

　　注意：同一结构可以按不同方式选取力法的基本结构和基本未知量。但所选取的基本结构必须是几何不变的，因此，图 6-20 所示结构，还可以取 6-20（a）、（b）所示体系为基本结构，而图 6-20（c）所示为瞬变体系，不能选作基本结构。并且体系选取的不同直接影响到解题的难易程度。

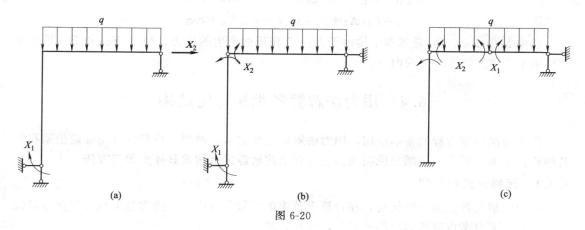

图 6-20

　　（4）力法的典型方程

　　对于 n 次超静定结构，则有 n 个多余未知力，而每个多余未知力都对应着一个多余约束，相应就有一个已知的变形条件，故可建立 n 个方程。当原结构上各多余未知力作用处的位移等于零时，根据叠加原理，这 n 个变形条件通常可写为

$$\left.\begin{array}{l}\delta_{11}X_1+\delta_{12}X_2+\cdots+\delta_{1n}X_n+\Delta_{1P}=0\\ \delta_{21}X_1+\delta_{22}X_2+\cdots+\delta_{2n}X_n+\Delta_{2P}=0\\ \cdots\cdots\cdots\cdots\cdots\cdots\cdots\cdots\cdots\cdots\cdots\cdots\cdots\cdots\\ \delta_{n1}X_1+\delta_{n2}X_2+\cdots+\delta_{nn}X_n+\Delta_{nP}=0\end{array}\right\} \quad (6\text{-}6)$$

　　式（6-6）为 n 次超静定结构在荷载作用下力法的典型方程式。其物理意义为：基本结构在全部多余未知力和荷载共同作用下，在去掉多余约束处沿各多余未知力方向的位移，应与原结构相应的位移相等。注意：对于有支座沉降的情况，右边相应的项就等于已知位移（沉降量），而不等于零。

　　（5）系数（柔度系数）、自由项

　　主系数 δ_{ii}（$i=1,2,\cdots n$）——单位多余未知力 $X_i=1$ 单独作用于基本结构时，所引起的沿其本身方向上的位移，恒为正。

　　副系数 δ_{ij}（$i\neq j$）——单位多余未知力 $X_j=1$ 单独作用于基本结构时，所引起的沿 X_i 方向的位移，可为正、负或零，且有位移互等定理：$\delta_{ij}=\delta_{ji}$。

　　自由项 Δ_{iP}——荷载 F_P 单独作用于基本体系时，所引起 X_i 方向的位移，可正、可负或为零。

　　对于平面结构，这些系数的计算式为

$$\delta_{ii}=\sum\int\frac{\overline{M_i^2}\mathrm{d}s}{EI}+\sum\int\frac{\overline{F}_{Ni}^2\mathrm{d}s}{EA}+\sum\int\frac{k\overline{F}_{Qi}^2\mathrm{d}s}{GA}$$

$$\delta_{ij}=\delta_{ji}=\sum\int\frac{\overline{M_i}\overline{M_j}\mathrm{d}s}{EI}+\sum\int\frac{\overline{F}_{Ni}\overline{F}_{Nj}\mathrm{d}s}{EA}+\sum\int\frac{k\overline{F}_{Qi}\overline{F}_{Qj}\mathrm{d}s}{GA} \quad (6\text{-}7)$$

$$\Delta_{iP}=\sum\int\frac{\overline{M_i}\overline{M_j}\mathrm{d}s}{EI}+\sum\int\frac{\overline{F}_{Ni}F_{NP}\mathrm{d}s}{EA}+\sum\int\frac{k\overline{F}_{Qi}F_{QP}\mathrm{d}s}{GA}$$

对于各种具体结构，常只需计算其中一至两项。将系数和自由项求得后，代入力法典型方程即可求解各多余未知力。然后由平衡条件或根据叠加原理可求出结构内力为

$$
\left.
\begin{aligned}
M &= \overline{M}_1 X_1 + \overline{M}_2 X_2 + \cdots \overline{M}_n X_n + M_P \\
F_Q &= \overline{F}_{Q1} X_1 + \overline{F}_{Q2} X_2 + \cdots \overline{F}_{Qn} X_n + F_{QP} \\
F_n &= \overline{F}_{N1} X_1 + \overline{F}_{N2} X_2 + \cdots \overline{F}_{Nn} X_n + F_{NP}
\end{aligned}
\right\}
\tag{6-8}
$$

式中 $\overline{M}_i$、$\overline{F}_{Qi}$、$\overline{F}_{Ni}$ 是基本结构由于 $X_1 = 1$ 作用而产生的内力，M_P、F_{QP} 和 F_{NP} 是基本结构由于荷载作用而产生的内力。

6.4 用力法解算各类超静定结构

作为力法典型方程的基本应用，用力法解算超静定梁、刚架、排架以及超静定桁架和组合结构。下面主要通过例题来说明用力法计算上述超静定结构的具体步骤与方法。

6.4.1 超静定梁和刚架

用力法解超静定梁和刚架时，在计算上节中的系数和自由项，通常忽略轴力和剪力对位移的影响，而只考虑弯矩对位移的影响，因此，式（6-7）简化为

$$
\left.
\begin{aligned}
\delta_{ii} &= \sum \int \frac{\overline{M}_i^2 \, ds}{EI} \\
\delta_{ij} &= \sum \int \frac{\overline{M}_i \overline{M}_j \, ds}{EI} \\
\Delta_{iP} &= \sum \int \frac{\overline{M}_i M_P \, ds}{EI}
\end{aligned}
\right\}
\tag{6-9}
$$

式中的 $\overline{M}_i$，$\overline{M}_j$ 分别为单位力 $\overline{X}_i = 1$，$\overline{X}_j = 1$ 作用下的弯矩图，M_P 为荷载作用下的弯矩图，一般可以用图乘法确定式（6-9）中的系数和自由项，但曲梁和拱不能用图乘法。

例 6-1 试分析图 6-21（a）所示单跨超静定梁，设 $EI =$ 常数。

解： 此梁具有三个多余约束，为 3 次超静定梁，取基本结构及三个多余未知力如图 6-21（b）所示。根据多余约束处的位移等于零的条件，可建立如下力法典型方程

$$
\left.
\begin{aligned}
\delta_{11} X_1 + \delta_{12} X_2 + \delta_{13} X_3 + \Delta_{1P} &= 0 \\
\delta_{21} X_1 + \delta_{22} X_2 + \delta_{23} X_3 + \Delta_{2P} &= 0 \\
\delta_{31} X_1 + \delta_{32} X_2 + \delta_{33} X_3 + \Delta_{3P} &= 0
\end{aligned}
\right\}
$$

其中 X_1、X_2 代表支座 A、B 的反力偶，X_3 代表支座 B 的水平反力。

为了求系数和自由项，分别绘出 $\overline{M}_1$、$\overline{M}_2$、$\overline{M}_3$ 和 M_P 图，如图 6-21（c）、（d）、（e）、（f）所示。其中 $\overline{M}_3$ 图等于零。即

$$
\delta_{11} = \delta_{22} = \frac{1}{EI} \left(\frac{1}{2} \times 1 \times l \times \frac{2}{3} \right) = \frac{1}{3} \times \frac{l}{EI}
$$

$$
\delta_{12} = \delta_{21} = \frac{1}{EI} \left(\frac{1}{2} \times 1 \times l \times \frac{1}{3} \right) = \frac{l}{6EI}
$$

$$
\delta_{13} = \delta_{31} = 0, \delta_{23} = \delta_{32} = 0
$$

$$
\Delta_{1P} = \Delta_{2P} = -\frac{1}{EI} \left(\frac{2}{3} \times \frac{1}{8} q l^2 \times l \times \frac{1}{2} \right) = -\frac{1}{24} \times \frac{q l^3}{EI}
$$

$$
\Delta_{3P} = 0
$$

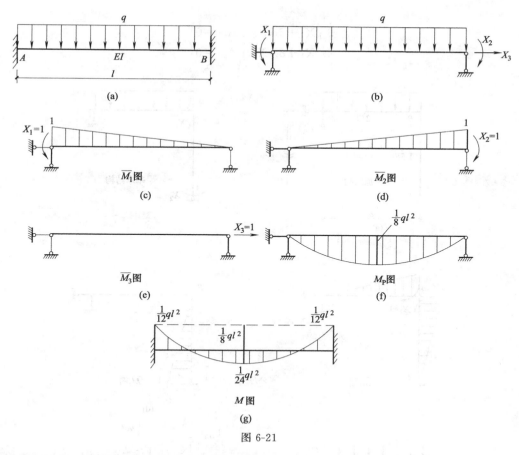

图 6-21

关于 δ_{33} 的计算，分两种情况讨论：

① 不计轴向变形时，$\delta_{33}=0$，将以上各值代入力法方程的前两式中得

$$\frac{1}{3}\times\frac{l}{EI}X_1+\frac{1}{6}\times\frac{l}{EI}X_2-\frac{1}{24}\times\frac{ql^3}{EI}=0$$

$$\frac{1}{6}\times\frac{l}{EI}X_1+\frac{1}{3}\times\frac{l}{EI}X_2-\frac{1}{24}\times\frac{ql^3}{EI}=0$$

解得：$X_1=\dfrac{1}{12}ql^2$，$X_2=\dfrac{1}{12}ql^2$，而力法方程的第三式成为

$0\times X_1+0\times X_2+0\times X_3+0=0$，即，$X_3=-\dfrac{\Delta_{3P}}{\delta_{33}}=\dfrac{0}{0}$

因此，X_3 为不定值，即不考虑轴向变形，多余未知力 X_3 不能确定。

② 若考虑轴向变形时，$\delta_{33}\neq0$，则力法方程的第三式成为

$$\delta_{33}X_3+\Delta_{3P}=0$$

由于 Δ_{3P} 仍为零，所以 X_3 的值等于零，因此，要确定 X_3 之值，必须考虑轴向变形。

最后按叠加原理计算出最后弯矩图，如图 6-21（g）所示。

例 6-2 试用力法解图 6-22（a）所示超静定刚架，并绘内力图。

解 ①该刚架是两次超静定结构，将支座 A 处和刚结点 B 处加入一个铰，并以相应的多余未知力 X_1、X_2 代替其作用，得基本结构如图 6-22（b）所示。

根据原结构中支座 A 不能转动以及原结构刚结点 B 处没有相对转角，可写出力法方程

如下

$$\left.\begin{array}{l}\delta_{11}X_1+\delta_{12}X_2+\Delta_{1P}=0\\ \delta_{21}X_1+\delta_{22}X_2+\Delta_{2P}=0\end{array}\right\}$$

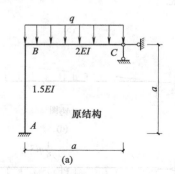

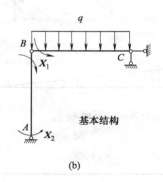

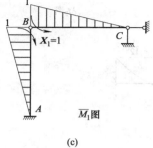

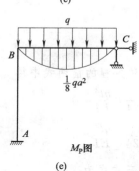

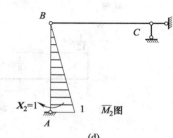

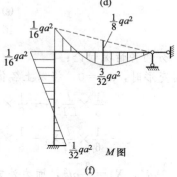

图 6-22

② 为了计算系数和自由项，分别绘出 $\overline{X}_1=1$，$\overline{X}_2=1$ 和荷载作用下的弯矩，如图 6-22（c）、（d）、（e）所示。由图乘法算得

$$\delta_{11}=\frac{1}{2EI}\left(\frac{1}{2}\times a\times1\times\frac{2}{3}\times1\right)+\frac{1}{1.5EI}\left(\frac{1}{2}\times a\times1\times\frac{2}{3}\times1\right)=\frac{7a}{18EI}$$

$$\delta_{22}=\frac{1}{1.5EI}\left(\frac{1}{2}\times a\times1\times\frac{2}{3}\times1\right)=\frac{2a}{9EI}$$

$$\delta_{12}=\delta_{21}=-\frac{1}{1.5EI}\left(\frac{1}{2}\times a\times1\times\frac{1}{3}\times1\right)=-\frac{a}{9EI}$$

$$\Delta_{1P}=-\frac{1}{2EI}\left(\frac{2}{3}\times\frac{qa^2}{8}\times a\times\frac{1}{2}\right)=-\frac{qa^3}{48EI},\Delta_{2P}=0$$

③ 代入力法典型方程式并整理得

$$\frac{7}{18}X_1 - \frac{1}{9}X_2 - \frac{qa^2}{48} = 0$$

$$-\frac{1}{9}X_1 + \frac{2}{9}X_2 = 0$$

联立解得：$X_1 = \frac{1}{16}qa^2$，$X_2 = \frac{1}{32}qa^2$

④ 多余未知求得后，最后弯矩图可按叠加原理由下式计算

$$M = \overline{M}_1 X_1 + \overline{M}_2 X_2 + M_P$$

例如 BC 杆中点的弯矩（规定刚架外侧受拉为正）

$$M_{BC}^{中} = \frac{1}{16}qa^2 \times \left(\frac{1}{2}\right) + 0 \times \frac{1}{32}qa^2 + \left(-\frac{1}{8}qa^2\right) = -\frac{3}{32}qa^2（内侧受拉）$$

绘刚架 M 图，如图 6-22（f）所示。

⑤ 作 F_Q 图和 F_N 图。为了绘出刚架的 F_Q 和 F_N 图，采用截取隔离体的办法求剪力和轴力比较方便，截取隔离体 AB 和 BC，如图 6-23（a）、（b）所示，图中所示剪力和轴力均按正的方向设出。首先由隔离体 AB，对 B 点力矩方程，即由

$$\sum M_B = 0 : F_{QAB}a + \frac{1}{32}qa^2 + \frac{1}{16}qa^2 = 0$$

解得，$F_{QAB} = -\frac{3}{32}qa$，由于 AB 段无荷载作用，剪力图为水平线。因此

$$F_{QBA} = F_{QAB} = -\frac{3}{32}qa$$

再由隔离体 BC，得

$$\sum M_c = 0 : F_{QBC}a - \frac{1}{16}qa^2 - qa \times \frac{1}{2}a = 0$$

解得：$F_{QBC} = \frac{9}{16}qa$

同理，由

$$\sum M_B = 0 : F_{QCB}a + qa \times \frac{1}{2}a - \frac{1}{16}qa^2 = 0$$

解得：$F_{QCB} = -\frac{7}{16}qa$，最后取结点 B 为隔离体 [图 6-23（c）]，由

$$\sum F_x = 0 : F_{NBC} + \frac{3}{32}qa = 0，F_{NBC} = -\frac{3}{32}qa（压力）$$

$$\sum F_x = 0 : F_{NBA} + \frac{9}{16}qa = 0，F_{NBA} = -\frac{9}{16}qa（压力）$$

作 F_Q 图、F_N 图，如图 6-23（d）和（e）所示。

从剪力图 [图 6-23（d）] 中可以得出当 $F_Q = 0$ 处，即距支座 C 为 $\frac{7}{16}a$ 处，相对应截面的弯矩应取最大值，即：$M_{max} = \frac{49}{512}qa^2$。

例 6-3　试用力法解图 6-24（a）所示刚架并绘出图。

解：①这是两次超静定结构。去掉右支座 D 两根链杆，其作用以 X_1、X_2 代替，得力法基本结构如图 6-24（b）所示。

② 列力法典型方程

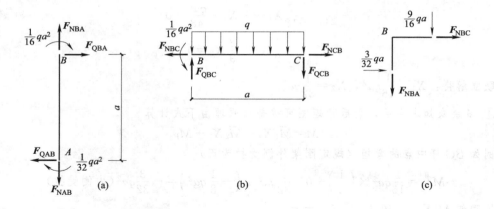

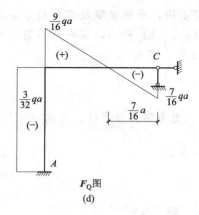

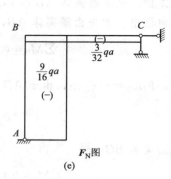

图 6-23

$$\left.\begin{array}{l}\delta_{11}X_1+\delta_{12}X_2+\Delta_{1P}=0\\\delta_{21}X_1+\delta_{22}X_2+\Delta_{2P}=0\end{array}\right\}$$

③ 绘单位弯矩图 $\overline{M}_1$ [图 6-24（c）]、$\overline{M}_2$ [图 6-13（d）] 及荷载弯矩图 M_P [图 6-24（e）]，计算主、副系数及自由项

$$\delta_{11}=\frac{1}{EI}\left[\left(\frac{1}{2}a\times a\times\frac{2}{3}a\right)+(a\times a\times a)+\left(a\times a\times\frac{3}{2}a+\frac{1}{2}a\times a\times\frac{5}{3}a\right)\right]=\frac{11}{3}\times\frac{a^3}{EI}$$

$$\delta_{22}=\frac{1}{EI}\left(\frac{1}{2}\times a\times a\times\frac{2}{3}a+a\times a\times a\right)=\frac{4}{3}\times\frac{a^3}{EI}$$

$$\delta_{12}=\delta_{21}=\frac{1}{EI}\left[\left(a\times a\times\frac{a}{2}\right)+\left(\frac{3}{2}a^2\times a\right)\right]=\frac{2a^3}{EI}$$

$$\Delta_{1P}=-\frac{1}{EI}\left(\frac{1}{3}\times\frac{qa^2}{2}\times a\times\frac{7}{4}\times a\right)=-\frac{7qa^4}{24EI}$$

$$\Delta_{2P}=-\frac{1}{EI}\left(\frac{1}{3}\times\frac{qa^2}{2}\times a\times a\right)=-\frac{1}{6}\frac{qa^4}{EI}$$

④ 代入力法典型方程

$$\frac{11}{3}\times\frac{a^3}{EI}\times X_1+\frac{2}{EI}\times a^3\times X_2-\frac{7}{24}\times\frac{qa^4}{EI}=0$$

$$\frac{2}{EI}\times a^3\times X_1+\frac{4}{3}\times\frac{a^3}{EI}\times X_2-\frac{1}{6}\times\frac{qa^4}{EI}=0$$

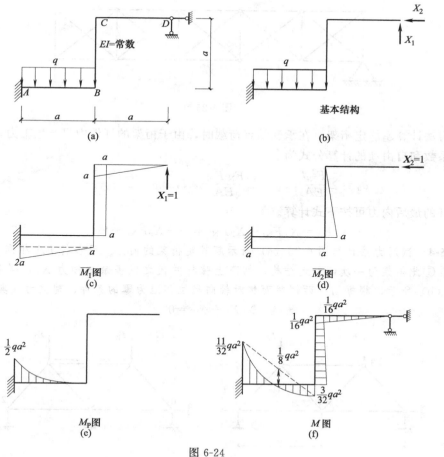

图 6-24

解得：$X_1 = \dfrac{1}{16}qa$，$X_2 = \dfrac{1}{32}qa$

⑤ 按叠加原理绘 M 图，即

$$M = \overline{M}_1 X_1 + \overline{M}_2 X_2 + M_P$$

规定杆件右侧、下侧受拉为正，例如：

$$M_{AB} = 2a \times \frac{1}{16}qa + a \times \frac{1}{32}qa - \frac{1}{2}qa^2 = -\frac{11}{32}qa^2 （上侧受拉）$$

杆件 AB 上面作用有横向荷载，杆端力矩的纵坐标应连成虚线为基线，再叠加上简支梁受均布荷载作用下的弯矩，中央点之值为零。

说明：

① 超静定结构在载荷作用下，其内力与各杆件 EI 的具体数值无关，只与各杆 EI 的比值（相对刚度）有关；

② 对于同一超静定结构，其基本结构的选取可有多种，只要不为几何可变或瞬变体系均可。然而不论采用哪一种基本体系，所得的最后内力图是一样的。

6.4.2 超静定桁架

超静定桁架在桥梁、建筑中使用较多，如图 6-25 所示为建筑工程中常用的平行弦超静定桁架。

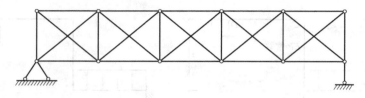

图 6-25

用力法计算超静定桁架，在承受结点荷载时，由于桁架的杆件中只产生轴力，故力法方程中和系数和自由项的计算公式为

$$\delta_{ii}=\sum\frac{\overline{F}_{Ni}^2 l}{EA},\ \delta_{ij}=\sum\frac{\overline{F}_{Ni}\overline{F}_{Nj}}{EA}\times l,\ \Delta_{iP}=\sum\frac{\overline{F}_{Ni}\overline{F}_{NP}}{EA}\times l \qquad (6-10)$$

桁架各杆的最后内力可按下式计算。

$$F_N=X_1\overline{F}_{N1}+X_2\overline{F}_{N2}+\cdots+X_n\overline{F}_{Nn}+F_P$$

例 6-4 试用力法计算图 6-26（a）所示超静定桁架的内力。设各杆 EA 相同。

解： ① 此桁架为一次超静定结构，切断上弦杆并代之以多余未知力 X_1，得基本结构如图 6-26（b）所示，根据切口两侧截面相对轴向线位移应为零的条件，建立力法典型方程为

$$\delta_{11}X_1+\Delta_{1P}=0$$

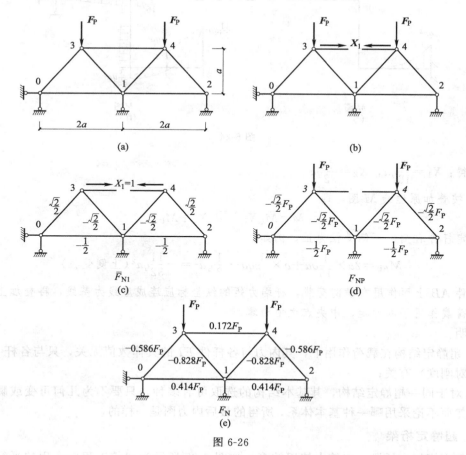

图 6-26

② 分别求出基本结构在单位力 $\overline{X}_1=1$ 和荷载作用下各杆的内力 F_{N1} 和 F_{NP}〔图 6-26

(c)、(d)]，即可按式（6-10）求得系数和自由项。

$$\delta_{11}=\sum\frac{\overline{F}_{Ni}^2 l}{EA}=\frac{2}{EA}\left[(1)^2\times a+\left(\frac{\sqrt{2}}{2}\right)^2\times\sqrt{2}a+\left(-\frac{\sqrt{2}}{2}\right)^2\times\sqrt{2}a+\left(-\frac{1}{2}\right)^2\times 2a\right]=\frac{a}{EA}(3+2\sqrt{2})$$

$$\Delta_{1P}=\sum\frac{\overline{F}_{N1}F_{NP}l}{EA}=\frac{2}{EA}\left[\frac{\sqrt{2}}{2}\times\left(-\frac{\sqrt{2}}{2}F_P\right)\times\sqrt{2}a+\left(-\frac{\sqrt{2}}{2}\right)\times\left(-\frac{\sqrt{2}}{2}F_P\right)\times\sqrt{2}a+\left(-\frac{1}{2}\right)\times\left(\frac{F_P}{2}\right)\times 2a\right]$$

$$=-\frac{2}{EA}F_P a$$

代入力法典型方程，解得

$$X_1=-\Delta_{1P}/\delta_{11}=F_P/(3+2\sqrt{2})$$

③ 各杆最后内力可按叠加原理求得

$$F_N=\overline{F}_{N1}X_1+F_P$$

其计算结果标明在图 6-26（e）中相应各杆上。

另外，超静定桁架常见的型式有多跨连续桁架［图 6-26（a）］、双重腹杆桁架［图 6-27（a）］等。超静定桁架由于具有多余联系，一般比相应静定桁架的刚度大，受力也较均匀，因而更为经济，因此在工程中被广泛采用。解算这类超静定桁架的计算问题，关键在于基本结构的选择。

选择的原则是尽量使用单位力或荷载作用下，基本结构中有较多的零杆。这样使系数和自由项的计算变得更为方便，并尽可能地使一些副系数等于零，因而可使力法典型方程的解算较容易。

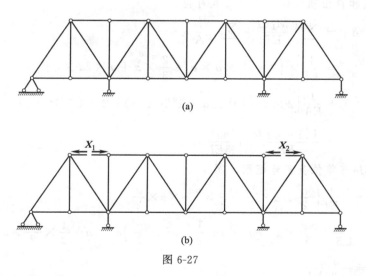

图 6-27

例如对于连续梁式桁架［图 6-27（a）］，最好截断各中间支座两侧节间的弦杆而得到多跨简支桁架式的基本结构［图 6-27（b）］。这样，任一多余未知力只在其所属跨及相邻两跨内引起内力，可使计算工作大为减少。

6.4.3 超静定组合结构和排架

在工程实际中，为了节约材料和制造方便，有时采用超静定组合结构。这类结构一部分杆件为梁式杆，主要承受弯矩，而另一部分杆件为桁架链杆，只承受轴力。此时，力法方程

中的系数和自由项按求组合结构位移的方法来计算。即

例 6-5 试求图 6-28 （a） 所示超静定组合结构各桁架杆的内力。

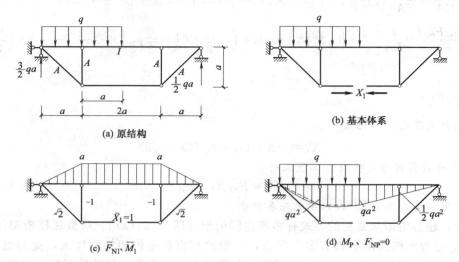

图 6-28

解： ①这是一次超静定组合结构，切断水平链杆代之以多余未知力 X_1，可得图 6-28 （b） 所示基本体系。根据切口处相对轴向位移为零的条件，建立力法典型方程

$$\delta_{11} X_1 + \Delta_{1P} = 0$$

② 基本结构在单位力作用下的内力如图 6-28 （c） 所示，在荷载作用下的内力如图 6-18 （d） 所示，系数和自由项由位移计算公式可得

$$\delta_{11} = \sum \int \frac{\overline{M}_1^2 \mathrm{d}s}{EI} + \sum \frac{\overline{N}_i^2 l}{EA}$$

$$= \frac{1}{EI} \times \left(2 \times \frac{1}{2} \times a \times a \times \frac{2}{3} \times a + a \times 2a \times a \right)$$

$$+ \frac{1}{EA} \left[2 \times (-1)^2 \times a + 1^2 \times (2a) + 2 \times (\sqrt{2})^2 \times \sqrt{2} a \right]$$

$$= \frac{4(1+\sqrt{2})a}{EA} + \frac{8a^3}{3EI}$$

由荷载弯矩图 M_P 与单位荷载弯矩图，图乘得

$$\Delta_{1P} = -\frac{1}{EI} \left\{ \frac{qa^2}{2} \times a \times \frac{2a}{3} + \frac{2}{3} \times \frac{qa^2}{8} \times a \times \frac{a}{2} \right.$$

$$+ \left[\frac{2}{3} \times \frac{qa^2}{8} \times a + qa^2 \times a + \frac{1}{2} \left(qa^2 + \frac{qa^2}{2} \right) a \right] \times a + \frac{1}{2} \times \frac{qa^2}{2} \times a \times \frac{2a}{3} \right\}$$

$$= -\frac{57qa^4}{24EI}$$

代入力法典型方程，可求得

$$X_1 = \frac{57qa}{64} \times \frac{1}{1 + \dfrac{3(1+\sqrt{2})}{2EAa^2}} = \frac{57qa}{64} \times \frac{1}{1+k}, \quad k = \frac{3(1+\sqrt{2})EI}{2EAa^2} \tag{6-11}$$

说明： 由式 （6-11） 中 k 知，当桁架链杆刚度较大，梁式杆刚度较小时，$k \to 0$，梁的弯矩接近三跨连续梁的情况。反之，当桁架链杆刚度较小，梁式杆刚度较大时，k 很大，$X_1 \to$

0，梁的弯矩接近于简支梁的情况。

将图 6-28 中的数值乘以 X_1 得各杆的轴力，如果要作弯矩图，由 $M=\overline{M}_1 X_1 + M_P$，即可得到。

排架——单层工业厂房，它是由屋架或屋面大梁、柱和基础所组成。柱与基础为刚结，屋架与柱顶则为铰结，在屋面荷载作用下，屋架按桁架计算。而计算横向排架（受侧向力作用的排架），就是对柱子进行内力分析。通常作如下假设。

认为联系两个柱顶的屋架（或屋面大梁）两端之间的距离不变，而将它看作是一根轴向刚度为无限大（即 $EA=\infty$）的链杆，如图 6-29 所示。

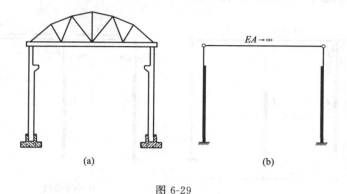

图 6-29

计算排架时，一般把横杆作为多余联系而切断，代之以多余未知力，利用切口两侧相对位移为零的条件建立力法方程。

$$\delta_{11} X_1 + \Delta_{1P} = 0$$

例 6-6 某金工车间横向排架的计算简图如图 6-30（a）所示。各柱的惯性矩分别为：$I_1 = 12.3 \times 10^5 \, \text{cm}^4$，$I_2 = 8.008 I_1$，$I_3 = 10.81 I_1$，$I_4 = 2.772 I_1$。荷载为吊车轮压，分别为 $F_{P1} = 169 \text{kN}$，$e_1 = 0.44 \text{m}$，$F_{P2} = 40.7 \text{kN}$，$e_2 = 0.375 \text{m}$，求作排架的弯矩图。

解： ① 为了便于计算，将吊车轮压分别向边柱、中柱的中心线简化得

$$F_{P1} = 169 \text{kN}, \quad m_1 = 169 \times 0.44 = 74.4 \text{kN} \cdot \text{m}$$
$$F_{P2} = 40.70 \text{kN}, \quad m_2 = 40.7 \times 0.375 = 15.5 \text{kN} \cdot \text{m}$$

② 选择基本结构，列出力法方程。此排架为 2 次超静定结构，切断两横杆代之以多余未知力 X_1、X_2，其基本结构如图 6-30（b）所示，并列出力法方程式为

$$\left. \begin{array}{l} \delta_{11} X_1 + \delta_{12} X_2 + \Delta_{1P} = 0 \\ \delta_{21} X_1 + \delta_{22} X_2 + \Delta_{2P} = 0 \end{array} \right\}$$

③ 计算系数和自由项。

绘出基本结构在 $\overline{X}_1 = 1$，$\overline{X}_2 = 1$ 作用下的弯矩图 $\overline{M}_1$、$\overline{M}_2$ 和荷载作用下的弯矩图 M_p，如图 6-30（c）、（d）、（e）所示，由图乘可得

$$\delta_{11} = \frac{2}{EI_1}\left(\frac{1}{2} \times 2.15 \times 2.15 \times \frac{2}{3} \times 2.15\right) + \frac{5.15}{6EI_2}\left(2 \times (2.15)^2 + 2 \times (7.3)^2 + 2 \times 2.15 \times 7.3\right)$$

$$+ \frac{5.15}{6EI_3}\left(2 \times (2.15)^2 + + 2 \times (7.3)^2 + 2 \times 2.15 \times 7.3\right)$$

$$= \frac{6.626}{EI_1} + \frac{126.36}{EI_2} + \frac{126.36}{EI_3} = \frac{34.09}{EI_1}$$

$$\delta_{22}=\frac{3.313}{EI_1}+\frac{126.36}{EI_3}+\frac{1}{EI_4}\times\frac{1}{3}\times7.3^3=\frac{61.78}{EI_1}$$

$$\delta_{12}=\delta_{21}=-\frac{3.313}{EI_1}-\frac{126.36}{EI_3}=-\frac{15.002}{EI_1}$$

$$\Delta_{1P}=-\frac{1}{EI_2}\left(\frac{1}{2}\times(2.15+7.3)\times5.15\times74.4\right)-\frac{1}{EI_3}\left(\frac{1}{2}\times(2.15+7.3)\times5.15\times15.3\right)$$

$$=-\frac{260.52}{EI_1}$$

$$\Delta_{2P}=\frac{1}{EI_3}\left(\frac{1}{2}\times(2.15+7.3)\times5.15\times15.3\right)=\frac{34.44}{EI_1}$$

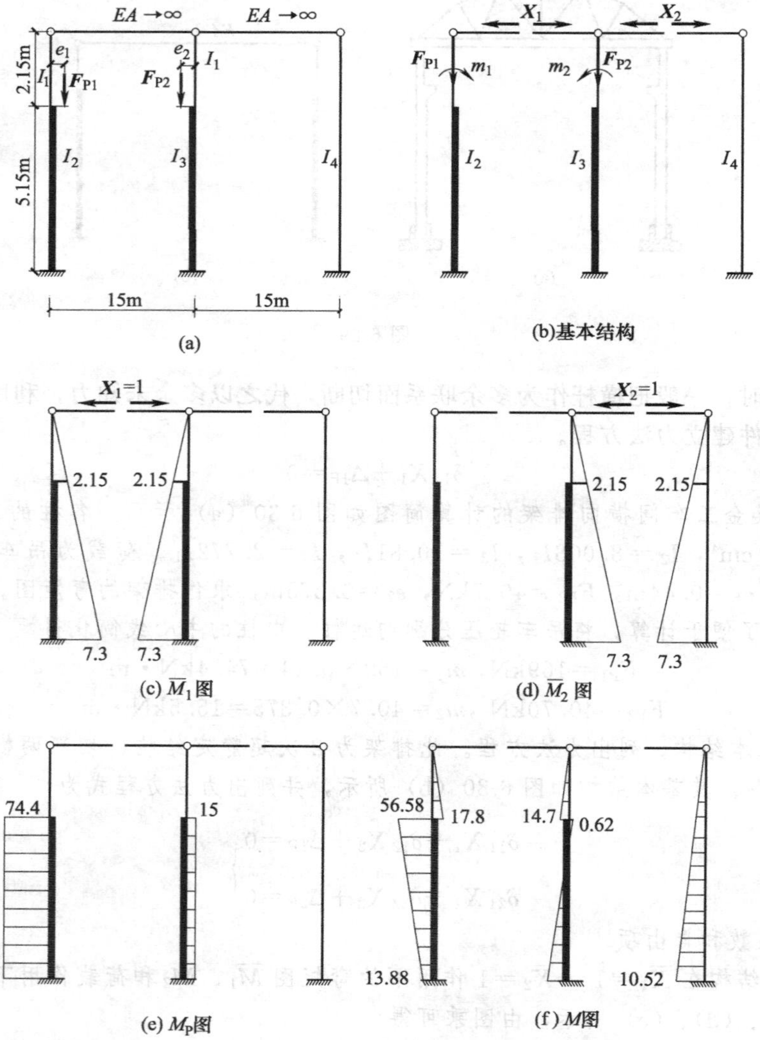

(a) (b)基本结构

(c) $\overline{M}_1$图 (d) $\overline{M}_2$图

(e) M_P图 (f) M图

图 6-30

④ 将以上系数、自由项代入力法方程，并消除去 EI_1 得

$$34.07X_1-15.002X_2-260.52=0$$

$$-15.002X_1+61.78X_2+34.44=0$$

解得，$X_1=8.29\text{kN}$，$X_2=1.455\text{kN}$

⑤ 按叠加原理，$M=\overline{M}_1X_1+\overline{M}_2X_2+M_P$，作出排架的 M 图，如图 6-30（f）所示。

6.5 结构对称性的利用

工程中，很多结构具有对称性，如图 6-31 所示是一些具有对称性的结构的例子，利用结构的对称性可以达到简化力法计算的目的。具体来讲，首先，在解算力法典型方程时，需要计算大量的系数和自由项。另外，结构的超静定次数越高，计算工作量也就越大。为此，如果利用结构的对称性并合理选择基本结构和设置适当的基本未知量，使尽可能多的副系数及自由项等于零，可以使计算工作量大为简化。其次，如果能根据对称结构的受力和变形特点，选取替代结构代替原结构，以达到降低原结构的超静定次数，进而达到简化力法计算的目的。因此，利用结构的对称性简化力法计算应从以下两方面进行：

① 选择对称的基本结构；

② 利用对称结构的受力和变形特点降低超静定次数，即取 1/2 或 1/4 结构计算。

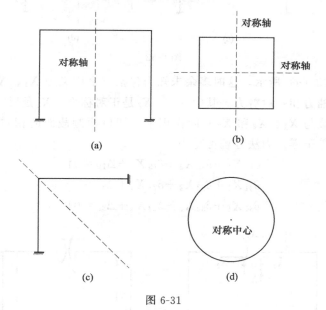

图 6-31

图 6-32（a）所示对称结构，它有一个对称轴，所谓对称结构是指：

① 结构的几何形状和支承情况对称于此轴；

② 杆件截面和材料性质（EI、EA）也对称于此轴。

作用在对称结构上的任何荷载［图 6-32（b）］都可分解为两组：一组是对称荷载［图 6-32（c）］，另一组是反对称荷载［图 6-32（d）］，原结构的最终内力可由以上两种情况的内力叠加得出。

对称荷载绕对称轴对折后，左右两部分荷载彼此完全重合；反对称荷载绕对称轴对折后，左右两部分荷载正好相反（大小相同，方向相反）。

6.5.1 选取对称的基本结构

以图 6-32（b）所示刚架为例，若将此刚架沿对称轴上的截面切开，便得到一个对称的

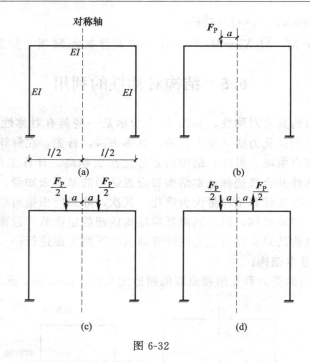

图 6-32

基本结构，如图 6-33（a）所示，这时多余未知力包括三个广义力 X_1、X_2 和 X_3。它们分别是一对弯矩、一对轴力和一对剪力。其中 X_1 和 X_2 是正对称力，X_3 是反对称力。

基本体系在荷载与 X_1、X_2 和 X_3 共同作用下，切口两侧截面的相对转角、相对水平线位移和竖向线位移等于零。力法方程可写为

$$\left.\begin{array}{l}\delta_{11}X_1+\delta_{12}X_2+\delta_{13}X_3+\Delta_{1P}=0\\ \delta_{21}X_1+\delta_{22}X_2+\delta_{23}X_3+\Delta_{2P}=0\\ \delta_{31}X_1+\delta_{32}X_2+\delta_{33}X_3+\Delta_{3P}=0\end{array}\right\} \quad (6\text{-}12)$$

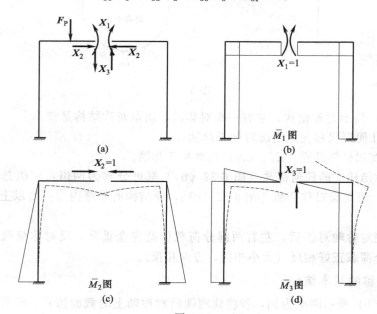

图 6-33

　　绘出基本结构的各单位弯矩图 [图 6-33 (b)、(c)、(d)]，可以看出，$\overline{M}_1$ 图和 $\overline{M}_2$ 图是正对称的，而 $\overline{M}_3$ 图是反对称的。由于正、反对称的两图相乘时恰好正负抵消使结果为零，因而可知副系数

$$\delta_{13}=\delta_{31}=0,\ \delta_{23}=\delta_{32}=0$$

这样力法典型方程就简化为

$$\left.\begin{array}{l}\delta_{11}X_1+\delta_{12}X_2+\Delta_{1P}=0\\\delta_{21}X_1+\delta_{22}X_2+\Delta_{2P}=0\\\delta_{33}X_3+\Delta_{3P}=0\end{array}\right\}\tag{6-13}$$

　　可见力法典型方程已分为两组，一组只包含正对称多余未知力 X_1、X_2，另一组只包含反对称多余未知力 X_3。

　　一般地说，采用力法计算任何对称结构，只要所取的基本未知量都是正对称力或反对称力，则力法方程必然分解成两组，其中一组只包含正对称未知力，另一组只包含反对称未知力，原来的高阶方程组便降为两个低阶方程组，使计算得以简化。

　　下面进一步讨论对称结构在正对称荷载和反对称荷载作用下的情形。

　　① 正对称荷载：如果作用在结构上的荷载是正对称的 [图 6-32 (c)]，则 M_P 图也是正对称的 [图 6-34 (a)]，由于 $\overline{M}_3$ 图是反对称的，于是，$\Delta_{3P}=0$，代入力法方程 (6-13) 第三式可知，反对称多余未知力 $X_3=0$，因此只有正对称的多余未知力 X_1 和 X_2 [图 6-34 (b)]，由式 (6-13) 前两式求出。最后的弯矩图 $M=\overline{M}_1X_1+\overline{M}_2X_2+M_P$，它也将是正对称的。

　　② 反对称荷载：如果作用在结构上的荷载是反对称的 [图 6-32 (d)]，则 M_P 图也是反对称的 [图 6-35 (a)]，由于 $\overline{M}_1$ 与 $\overline{M}_2$ 图是对称的，于是，$\Delta_{1P}=0$，$\Delta_{2P}=0$，代入力法方程 (6-13) 的前两式，可知正对称多余未知力 $X_1=X_2=0$，只有反对称多余未知力 X_3 [图 6-35 (b)]，并由式 (6-13) 第三式求出。最后的弯矩图 $M=\overline{M}_3X_3+M_P$，也将是反对称的。

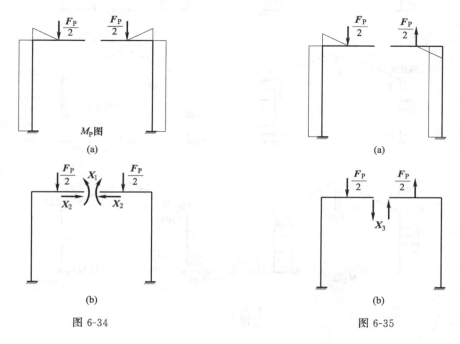

图 6-34　　　　　　　　　　　　　　　　　　　图 6-35

结论：对称结构在正对称荷载作用下，在对称轴截面上，反对称多余力为零，结构的内力及变形是正对称的；在反对称荷载作用下，在对称轴截面上，正对称的多余力为零，结构的内力及变形是反对称的。

例 6-7 试求图 6-36 (a) 所示刚架的弯矩图，各杆 EI＝常数。

解： 将荷载分解为正对称荷载 [图 6-36 (b)] 和反对称荷载 [图 6-36 (c)]。

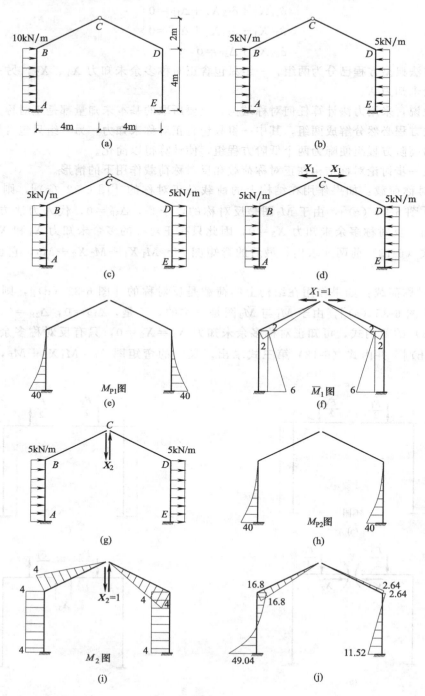

图 6-36

① 在正对称荷载作用下，取基本结构如图 6-36 (d) 所示（切开铰 C），只有正对称多余未知力 X_1，则其力法方程为

$$\delta_{11}X_1+\Delta_{1P}=0$$

绘出相应的荷载弯矩图 M_{P1} [图 6-36 (e)] 和 $X_1=1$ 作用下的单位荷载弯矩图 $\overline{M}_1$ [图 6-36 (f)]，计算系数和自由项如下

$$\delta_{11}=\frac{1}{EI}\left\{\left(2\times\frac{1}{2}\times2\sqrt{5}\times2\times\frac{2}{3}\times2\right)+2\left[2\times4\times4+\frac{1}{2}\times4\times4\left(2+\frac{2}{3}\times4\right)\right]\right\}=\frac{1}{3EI}(16\sqrt{5}+416)$$

$$\Delta_{1P}=-\frac{2}{EI}\times\left(\frac{1}{3}\times4\times40\right)\times\left(2+\frac{3}{4}\times4\right)=-\frac{1600}{3EI}$$

代入力法方程解得

$$X_1=-\frac{\Delta_{1P}}{\delta_{11}}=\frac{1600}{16\sqrt{5}+416}=3.54\text{kN}$$

② 在反对称荷载作用下，取基本结构如图 6-36 (g) 所示（切开铰 C），只有反对称多余未知力 X_2，则力法方程为

$$\delta_{11}X_2+\Delta_{2P}=0$$

同理，绘出荷载弯矩图 M_{P2} [图 6-36 (h)] 和单位荷载弯矩图 $\overline{M}_2$ [图 6-36 (i)]，计算系数和自由项

$$\delta_{22}=\frac{1}{EI}\left[2\times\left(\frac{1}{2}\times2\sqrt{5}\times4\times\frac{2}{3}\times4\right)+2\times4\times4\times4\right]=\frac{1600}{3EI}$$

$$\Delta_{2P}=\frac{2}{EI}\left(\frac{1}{3}\times4\times40\times4\right)=\frac{1280}{EI}$$

代入力法方程

$$X_2=-\frac{\Delta_{2P}}{\delta_{22}}=-\frac{1280\times3}{1600}=-2.43\text{kN}$$

③ 由叠加法绘弯矩图，规定内侧受拉为正。

如：$M_{AB}=6\times3.54+(-4)\times(-2.43)-40-40=-49.04\text{kN·m}$（外侧受拉）

绘弯矩图如图 6-36 (j) 所示。

归纳起来，利用对称性简化力法计算的要点如下。

① 将非对称荷载分解为正对称荷载和反对称荷载两组。

② 选取对称的基本结构，这样，对称结构在正对称荷载作用下，在对称轴上，只存在正对称的多余未知力；在反对称荷载作用下，在对称轴上，只存在反对称多余未知力。

③ 分别就这两组荷载建立力法方程求解，然后把两组结果叠加得最后的内力图。

又例如图 6-37 (a) 所示刚架，若不按照上述方法处理，则属于一个二次超静定结构 [图 6-37 (a)]。若将其上荷载分解为正对称荷载 [图 6-37 (b)] 和反对成荷载 [图 6-37 (c)] 两组的叠加，则它们对应的基本体系如图 6-37 (b)、(c) 所示，为一次超静定结构。

6.5.2　取半边结构计算

当对称结构承受正对称或反对称荷载时，根据对称结构在正对称和反对称两种荷载情况下的内力和变形特点，截取结构的一半来将进行计算。下面讨论截取半边结构的方法。

(1) 奇数跨对称刚架

① 正对称荷载　如图 6-38 (a) 所示刚架，在正对称荷载作用下，由于只产生正对称的内力和位移，故可知在对称轴上的截面 C 不可能发生转角和水平位移，但可有竖向位移。同时，该截面上将有弯矩和轴力，而无剪力。因此，在该处应用一个定向支座来代替原有联

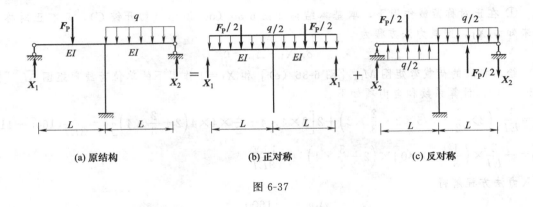

(a) 原结构　　　　　(b) 正对称　　　　　(c) 反对称

图 6-37

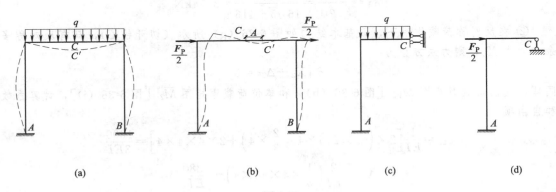

(a)　　　　　　(b)　　　　　　(c)　　　　　　(d)

图 6-38

系，从而得到图 6-38（b）所示半边刚架的计算简图。

② 反对称荷载　在反对称荷载作用下 [图 6-38（c）]，由于只产生反对称的内力和位移，故可知在对称轴上的截面 C 处不可能发生竖向位移，但有水平线位移和转角。同时该截面上弯矩、轴力均为零，而只有剪力。因此，截取半边结构时在该处用一个竖向支承链杆代替原联系，从而得图 6-38（d）所示半边刚架的计算简图。

（2）偶数跨对称刚架

① 正对称荷载　在正对称荷载作用下 [图 6-39（a）]，在对称轴上的截面 C 没有转角和水平位移，由于立柱 CD 的存在，在不计柱 CD 的轴向变形的情况下，截面 C 无任何位移存在。

另外，结点 C 的受力如图 6-39（b）所示，由平衡条件知：立柱中只有轴向力 $F_N = 2F_Q$，同时在该处横梁中存在弯矩、剪力和轴力。故在该处用固定端代替原结构的刚结点，从而得图 6-39（c）所示的半边刚架计算简图。

② 反对称荷载　在反对称荷载作用下 [图 6-40（a）]，在对称轴上的 CD 柱中，没有轴力和轴向变形，但有弯矩、剪力和弯曲变形。设想将中间柱 CD 分成两根抗弯刚度各为 1/2

的竖柱，且它们在顶端分别与横梁刚结［图 6-40 (b)］，显然这与原结构是等效的。设想，将此柱中间的横梁切开，由于荷载是反对称的，故切口上只有剪力 F_{QC} ［图 6-40 (c)］。这对剪力将使两柱分别产生等值反号的轴力而不使其他杆件产生内力，故剪力 F_{QC} 实际上对原结构的内力和变形均无影响。又由于两根分柱承担的弯矩、剪力相同，故原结构中间柱的总弯矩、总剪力等于分柱弯矩、剪力的两倍。因此，可将 F_{QC} 去掉而取半边刚架，计算简图如图 6-40 (d) 所示。

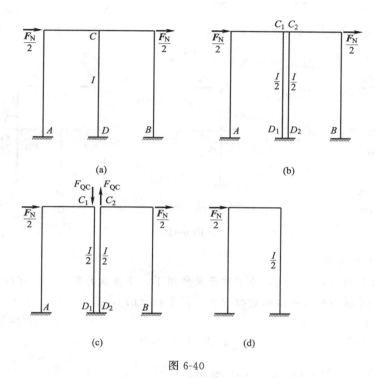

图 6-40

例 6-8　利用对称性计算图 6-41 (a) 所示刚架，并绘 M 图。各杆 EI＝常数。

解：该结构为对称结构。在正对称荷载作用下，对称轴上的截面 C 无水平位移和转角，其竖向位移也等于零（由于立柱的存在）。因此取半边等代结构如图 6-41 (b) 所示，为一次超静定结构。力法的基本结构如图 6-41 (c) 所示，力法典型方程为

$$\delta_{11} X_1 + \Delta_{1P} = 0$$

绘 $\overline{M}_1$、$\overline{M}_P$ 图分别于图 6-41 (d)、(e)。求系数和自由项为

$$\delta_{11} = \frac{1}{EI}\left(\frac{1}{2} \times l \times l \times \frac{2}{3}l\right) = \frac{1}{3} \times \frac{l^3}{EI}$$

$$\Delta_{1P} = \frac{1}{EI}\left(\frac{1}{2} \times l \times l \times F_P l\right) = \frac{1}{2} \times \frac{F_P l^3}{EI}$$

代入力法方程：
$$X_1 = -\frac{\Delta_{1P}}{\delta_{11}} = -\frac{3}{2}F_P$$

按叠加法 $M = \overline{M}_1 X_1 + M_P$ 绘 M 图，如图 6-41 (f)、(g) 所示。

例 6-9　试求作图 6-42 (a) 所示刚架的弯矩图，EI＝常数。

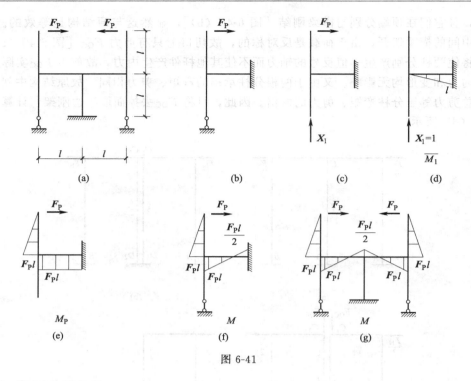

图 6-41

解： ① 对称性分析

此题内部为三次超静定结构，在对称荷载作用下，支座反力等于零，存在水平和竖向两条对称轴，因此，可取四分之一结构进行计算［图 6-42 （b）］，基本体系如图 6-42 （c）所示。

② 力法方程

$$\delta_{11}X_1 + \Delta_{1P} = 0$$

绘 $\overline{M}_1$ 图和 M_P 图，如图 6-42 （d）、（e）所示。且

$$\delta_{11} = \frac{6}{EI}, \Delta_{1P} = \frac{1}{EI}\left(3 \times \frac{25-20}{2} \times 1 + \frac{2}{3} \times 3 \times \frac{10 \times 3^2}{8} \times 1\right) = \frac{30}{EI}$$

③ 解力法方程：$X_1 = -\dfrac{\Delta_{1P}}{\delta_{11}} = -\dfrac{30}{6} = -5\text{kN} \cdot \text{m}$

④ 绘 M 图

先做 $\frac{1}{4}$ 结构的 M 图，利用对称性作整个刚架的弯矩图，如图 6-43 所示。

例 6-10　用力法求出图6-44 （a）所示组合结构轴力杆 CD 的轴向力。设各杆 EI 为常数，CD 杆 $EA = EI/a^2$。

解： ①对称性分析：将刚架上的荷载分解成对称荷载和反对称荷载，如图 6-44 （b）、（c）所示。在反对称荷载作用下，杆 CD 轴力为零，现只需计算正对称荷载的情形。取半边结构如图 6-44 （d）所示，为一次超静定。

② 力法方程如下

$$\delta_{11}X_1 + \Delta_{1P} = 0$$

③ 作 $\overline{M}_1$、$\overline{N}_1$ 图和 M_P、N_P 图，求系数和自由项为

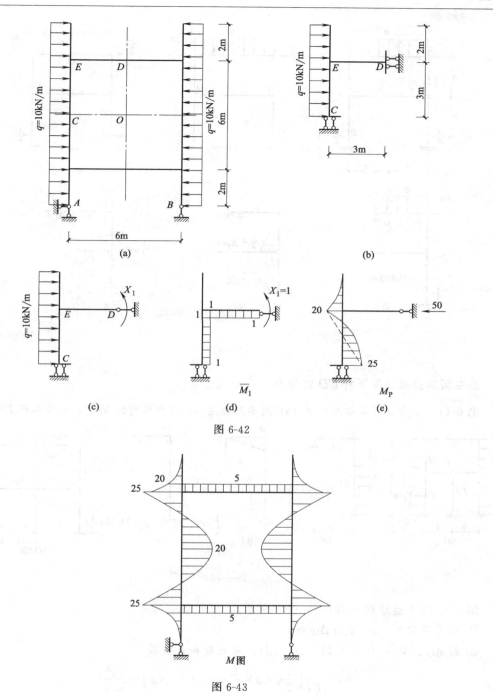

图 6-42

图 6-43

$$\delta_{11} = \int \frac{\overline{M}_1^2 \mathrm{d}s}{EI} + \sum \frac{\overline{N}_1^2 l}{EA} = \frac{2}{EI}\left(\frac{1}{2}\times a \times \frac{1}{2}a \times \frac{2}{3}\times \frac{1}{2}a\right) + \frac{1^2 \times a}{EA} = \frac{7a^3}{6EI}$$

$$\Delta_{1P} = \int \frac{M_P \overline{M}_1}{EI}\mathrm{d}s + \sum \frac{N_P \overline{N}_1}{EA}\times l = -\frac{1}{EI}\left(\frac{1}{2}\times 2a \times \frac{1}{2}a \times \frac{1}{4}qa^2\right) + 0 = -\frac{qa^4}{8EI}$$

代入力法方程得

$$X_1 = -\frac{\Delta_{1P}}{\delta_{11}} = \frac{3}{28}qa$$

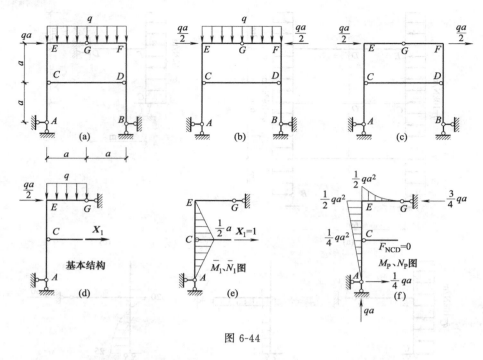

图 6-44

故在图示荷载作用下杆 CD 的轴力为 $\dfrac{3}{28}qa$（拉力）。

例 6-11 用力法计算如图 6-45（a）所示对称刚架，并作结构的 M 图，已知各杆 EI＝常数。

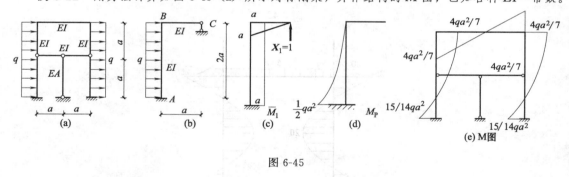

图 6-45

解： ① 取半边结构如图 6-45（b）所示。

② 列力法方程：$\delta_{11}X_1+\Delta_{1P}=0$

③ 绘 M_1、M_P，如图 6-45（c）、（d），求系数和自由项

$$\delta_{11}=\frac{1}{EI}\left(\frac{1}{2}a\times a\times\frac{2}{3}a+a\times2a\times a\right)=\frac{7a^3}{3EI}$$

$$\Delta_{1P}=-\frac{1}{EI}\left(\frac{1}{3}\times2qa^2\times2a\times a\right)=-\frac{4qa^4}{3EI}$$

④ 代入力法方程

$$X_1=-\frac{\Delta_{1P}}{\delta_{11}}=\frac{4}{7}qa$$

⑤ 由 $M=\overline{M}_1X_1+M_P$ 绘弯矩图。见图 6-45（e）所示。

如图 6-46（a）所示，结构在中柱顶作用有一集中力 F_P，设想将结点 C 以上柱切开，代

之以集中力 F_P 和集中力偶 M, 如图 6-46 (b) 所示。作用在对称轴上截面 C 上的集中力 F_P 和集中力偶 M, 对于对称结构它们为反对称荷载, 取半边结构的计算简图。如图 6-46 (c) 所示。

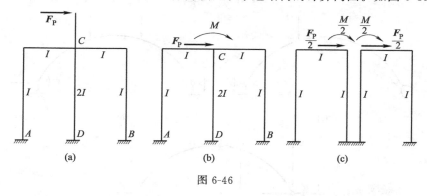

图 6-46

6.6 两 铰 拱

(1) 超静定拱概述

超静定拱中较常见的是两铰拱和无铰拱, 其弯矩分布比较均匀, 且构造简单, 工程中应用较多。例如桥梁中的拱桥 [图 6-47 (a)]; 地下建筑和水利工程中的隧洞衬砌拱圈 [图 6-47 (b)、(c)]; 道路工程中的涵洞; 房屋建筑中的拱形屋架 [图 6-47 (d)] 等, 这一节讨论两铰拱的计算, 下一节再讨论无铰拱的计算。

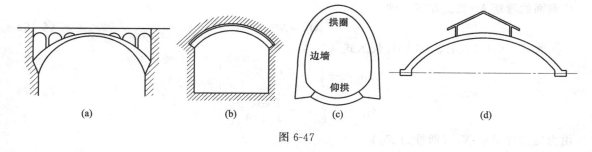

图 6-47

(2) 两铰拱

两铰拱是一次超静定结构 [图 6-48 (a)], 选用简支曲梁 [图 6-48 (b)] 作基本体系, 以推力 X_1 作基本未知量, 则力法方程为

$$\delta_{11} X_1 + \Delta_{1P} = 0$$

由于拱是曲杆, 求位移 δ_{11} 和 Δ_{1P} 时不能用图乘法, 只能用莫尔积分。

因为基本结构是一简支曲梁, 计算 Δ_{1P} 时一般只考虑弯曲变形; 计算 δ_{11} 时 (对较平的扁拱且截面较厚时) 要考虑轴向变形。因此

$$
\left.
\begin{aligned}
\Delta_{1P} &= \int \frac{\overline{M}_1 M_P}{EI} \mathrm{d}s \\
\delta_{11} &= \int \frac{\overline{M}_1^2}{EI} \mathrm{d}s + \int \frac{\overline{F}_{N1}^2}{EA} \mathrm{d}s
\end{aligned}
\right\}
\tag{6-14}
$$

基本结构在 $X_1 = 1$ 作用下 [图 6-48 (c)], 竖向支座反力为零, 任意截面 C 的弯矩和轴力为

$$\left.\begin{aligned}\overline{M}_1 &= -y \\ \overline{F}_{\text{N1}} &= -\cos\varphi\end{aligned}\right\} \tag{6-15}$$

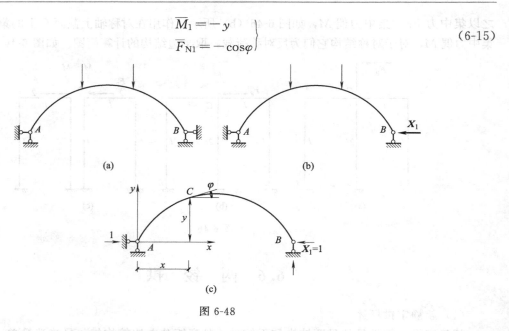

图 6-48

这里，y 表示任意截面 C 的纵坐标，向上为正；φ 表示截面 C 处拱轴切线与 x 轴所成的锐角，左半拱的 φ 为正，右半拱的 φ 为负；弯矩 M 以使拱的内缘受拉为正；轴力 F_{N} 以拉为正。

如果只承受竖向荷载，则简支曲梁任意截面的弯矩 M_{P} 与同跨度同荷载的简支水平梁相应截面的弯矩 M^0 彼此相等，即

$$M_{\text{P}} = M^0 \tag{6-16}$$

将式（6-15）和式（6-16）代入式（6-14），得

$$\left.\begin{aligned}\Delta_{1\text{P}} &= -\int \frac{M^0 y}{EI}\mathrm{d}s \\ \delta_{11} &= \int \frac{y^2}{EI}\mathrm{d}s + \int \frac{\cos^2\varphi}{WA}\mathrm{d}s\end{aligned}\right\} \tag{6-17}$$

由力法方程可求 X_1（即推力 F_{H}）

$$X_1 = F_{\text{H}} = -\frac{\Delta_{1\text{P}}}{\delta_{11}}$$

求出 F_{H} 后，与三铰拱内力计算相同，在竖向荷载作用下，两铰拱的内力计算公式为

$$\left.\begin{aligned}M &= M^0 - F_{\text{H}}y \\ F_{\text{Q}} &= F_{\text{Q}}^0\cos\varphi - F_{\text{H}}\sin\varphi \\ F_{\text{N}} &= -F_{\text{Q}}^0\sin\varphi - F_{\text{H}}\cos\varphi\end{aligned}\right\} \tag{6-18}$$

从受力性能来看，两铰拱与三铰拱基本相同，内力的计算方法和计算公式在形式上与三铰拱相同。所不同的是：在三铰拱中，推力 F_{H} 是由平衡条件求得的；在两铰拱中，推力 F_{H} 是由变形条件求得的。

在屋盖结构中采用的两铰拱，通常带拉杆［图 6-49（a）］。设拉杆的目的，一方面是使砖墙或立柱不受推力，从而在砖墙或立柱中不产生弯矩；另一方面又使拱肋承受推力，从而减小了拱肋的弯矩。

计算带拉杆的两铰拱时，可将拉杆切断，基本体系如图 6-49（b）所示。基本未知力 X_1

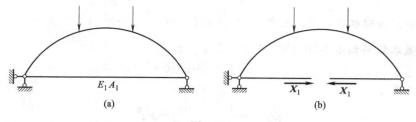

图 6-49

是拉杆内的拉力，也就是拱肋所受的推力 F_H。力法方程（表示切口两边无相对位移）为

$$\delta_{11}X_1 + \Delta_{1P} = 0$$

与无拉杆的两铰拱相比，力法方程在形式上是一样的。但是在计算 δ_{11} 时，应当考虑拉杆的变形，即

$$\delta_{11} = \int \frac{\overline{M}_1^2}{EI}\mathrm{d}s + \int \frac{\overline{F}_{N1}^2}{EA}\mathrm{d}s + \int_0^l \frac{\overline{F}_{N1}^2}{E_1A_1}\mathrm{d}x \tag{6-19}$$

这里，前两项是对拱肋积分，末项是对拉杆积分。E_1 和 A_1 分别表示拉杆的弹性模量和截面面积。基本结构在 $X_1 = 1$ 作用下，拉杆的轴力为 $\overline{F}_{N1} = 1$。因此，末项积分为

$$\int_0^l \frac{\overline{F}_{N1}^2}{E_1A_1}\mathrm{d}x = \int_0^l \frac{1^2}{E_1A_1}\mathrm{d}x = \frac{l}{E_1A_1} \tag{6-20}$$

将式（6-20）代回式（6-19），得

$$\delta_{11} = \int \frac{\overline{M}_1^2}{EI}\mathrm{d}s + \int \frac{\overline{F}_{N1}^2}{EA}\mathrm{d}s + \frac{l}{E_1A_1} \tag{6-21}$$

基本结构在荷载作用下，拉杆的拉力为零。因此，计算 Δ_{1P} 时只对拱肋积分，即

$$\Delta_{1P} = \int \frac{\overline{M}_1 M_P}{EI}\mathrm{d}s \tag{6-22}$$

这个式子与无拉杆的两铰拱是一样的。

下面对两铰拱的两种形式（有拉杆和无拉杆）加以比较。由式（6-21）和式（6-22），可得出位移 δ_{11}、Δ_{1P}（无拉杆）与位移 δ_{11}^*、Δ_{1P}^*（有拉杆）之间的关系如下

$$\delta_{11}^* = \delta_{11} + \frac{l}{E_1A_1}$$

$$\Delta_{1P}^* = \Delta_{1P}$$

由此可得出推力 F_H（无拉杆）和 F_H^*（有拉杆）的计算式如下

$$F_H = -\frac{\Delta_{1P}}{\delta_{11}}, \quad F_H^* = -\frac{\Delta_{1P}^*}{\delta_{11}^*} = -\frac{\Delta_{1P}}{\delta_{11} + \dfrac{l}{E_1A_1}} \tag{6-23}$$

如果拉杆的刚度很大（$E_1A_1 \to \infty$），则 $F_H^* \to F_H$。这时，两种形式的推力基本相等，因而受力状态也基本相同。

如果拉杆的刚度很小（$E_1A_1 \to 0$），则 $F_H^* \to 0$。这时，带拉杆的两铰拱实际上是一简支曲梁，拱肋的受力状态是不利的。

由此可见，在设计带拉杆的两铰拱时，为了减小拱肋的弯矩，改善拱的受力状态，应当适当地加大拉杆的刚度。

例 6-12 试求如图 6-50（a）所示抛物线拱中 AB 拉杆的内力。计算时取 $l = l_C/\cos\phi$，已知：拱顶 $EI_C = 5000\text{kN} \cdot \text{m}^2$，拉杆 $E_1A_1 = 2 \times 10^5\text{kN}$（对拱肋不考虑轴力对位移的影响）。

解：拱轴线为抛物线，其方程为 $\quad y = \dfrac{4f}{l^2}x(l-x)$

切断拉杆，基本体系如图 6-50 （b） 所示，力法方程为

$$\delta_{11}X_1 + \Delta_{1P} = 0$$

且注意以下关系.

$$\frac{\mathrm{d}s}{EI} = \frac{1}{E\dfrac{I_C}{\cos\phi}} \times \frac{\mathrm{d}x}{\cos\phi} = \frac{\mathrm{d}x}{EI_C}$$

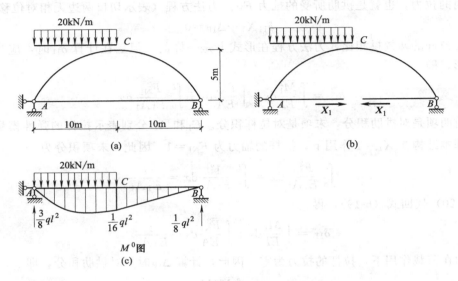

图 6-50

先计算 δ_{11}（拱肋不考虑轴力对位移的影响）

$$
\begin{aligned}
\delta_{11} &= \int_0^l \frac{\overline{M}_1^2}{EI}\mathrm{d}s + \int_0^l \frac{\overline{N}_1^2}{E_1 A_1}\mathrm{d}s = \frac{l_1}{E_1 A_1} + \frac{1}{EI_C}\int_0^l y^2 \mathrm{d}s \\
&= \frac{l_1}{E_1 A_1} + \frac{1}{EI_C}\int_0^l \left[\frac{4f}{l^2}x(l-x)\right]^2 \mathrm{d}x = \frac{l_1}{E_1 A_1} + \frac{8f^2 l}{15 EI_C} \\
&= \frac{20}{2 \times 10^5} + \frac{8 \times 5^2 \times 20}{15 \times 5000} = 0.0534
\end{aligned}
$$

计算 Δ_{1P} 时，先求简支梁的弯矩 M^0。M^0 图如图 6-50 （c） 所示，弯矩方程分两段表示如下：

左半跨$\left(0 < x < \dfrac{l}{2}\right)$ $\qquad M^0 = \dfrac{3}{8}qlx - \dfrac{1}{2}qx^2$

右半跨$\left(\dfrac{l}{2} < x < l\right)$ $\qquad M^0 = \dfrac{ql}{8}(l-x)$

因此

$$
\begin{aligned}
\Delta_{1P} &= -\frac{1}{EI}\int_0^l yM^0\mathrm{d}s = -\frac{1}{EI_c}\int_0^l M^0 y\mathrm{d}x \\
&= -\frac{1}{EI_c}\int_0^{\frac{l}{2}} y\left(\frac{3}{8}ql - \frac{1}{2}qx^2\right)\mathrm{d}x - \frac{1}{EI_c}\int_{\frac{l}{2}}^l y\frac{1}{8}ql(l-x)\mathrm{d}x \\
&= -\frac{qfl^3}{30EI_C} = -\frac{20 \times 5 \times 20^3}{30 \times 5000} = -5.333
\end{aligned}
$$

代入力法方程求得： $X_1 = -\dfrac{\Delta_{1P}}{\delta_{11}} = \dfrac{5.333}{0.0534} = 99.986$

故拉杆中的内力为 99.986kN。

6.7 无 铰 拱

超静定拱中较常见的是无铰拱，其弯矩分布比较均匀，且构造简单，工程中应用较多。例如钢筋混凝土拱桥或石拱桥，隧道的混凝土拱圈〔图 6-47（a）、（b）、（c）〕等。本节只讨论常见的、有代表性的对称无铰拱在恒载作用下的计算。

（1）确定拱截面尺寸

因为超静定结构的内力与变形有关，所以计算超静定拱之前，须事先确定拱轴线方程和截面变化规律。常用的拱轴线形式有悬链线、抛物线、圆弧等。可以证明，在计算超静定拱时若忽略轴向变形的影响，则其合理拱轴线与相应三铰拱的相同。若考虑轴向变形，则由于拱轴受压缩的影响，超静定拱必将产生附加内力而出现弯矩，但其数值不大，仍然接近于无弯矩状态。因此，在初步计算时，常用相应三铰拱的合理拱轴线作为超静定拱的轴线。然后根据计算结果加以修正调整，以尽量减小弯矩。在无铰拱中，由于拱趾处的弯矩常比其他截面的大，故截面常设计成由拱趾逐渐增大的变截面形式，如图 6-51 所示。

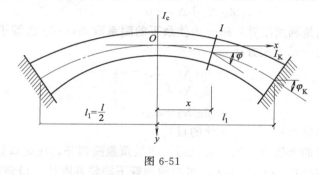

图 6-51

在拱桥设计中，可采用下列经验公式

$$I = \frac{I_c}{\left[1 - (1-n)\dfrac{x}{l_1}\right]\cos\varphi} \tag{6-24}$$

式中，I 为距拱顶 x 处截面的惯性矩；φ 为该处拱轴切线倾角；I_c 为拱顶截面惯性矩；l_1 为跨度之半；n 为拱厚变化系数。

I_K 为拱趾截面惯性矩，拱轴切线倾角为 φ_K，当 $x=l_1$ 时，由式（6-24）有

$$n = \frac{I_c}{I_K \cos\varphi_K} \tag{6-25}$$

可见 n 愈小，I_c 与 I_K 之比愈小，即拱厚变化愈剧烈。n 的范围一般为 0.25～1。当取 $n=1$ 时，截面惯性矩即按下列"余弦规律"变化

$$I = \frac{I_c}{\cos\varphi} \tag{6-26}$$

对于截面面积 A，为了简化计算亦常近似取为

$$A = \frac{A_c}{\cos\varphi} \tag{6-27}$$

当拱高 $f < l/8$ 时，因 φ 较小，又可近似取为

$$A = A_c = 常数 \tag{6-28}$$

（2）弹性中心法

图 6-52（a）为一对称无铰拱，为三次超静定结构。为了简化计算，采用两项简化措施。

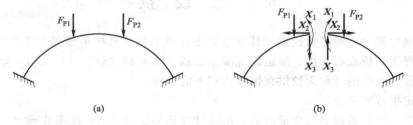

图 6-52

第一项简化措施是利用结构的对称性。为此选取对称的基本结构，在拱顶截开〔图6-52（b）〕。由于多余未知力中的弯矩 X_1 和轴力 X_2 是正对称的，剪力 X_3 是反对称的，因此力法方程为

$$\left.\begin{array}{l} \delta_{11}X_1 + \delta_{12}X_2 + \Delta_{1P} = 0 \\ \delta_{21}X_1 + \delta_{22}X_2 + \Delta_{2P} = 0 \\ \delta_{33}X_3 + \Delta_{3P} = 0 \end{array}\right\} \tag{6-29}$$

第二项简化措施是利用刚臂，进一步使余下的副系数 $\delta_{12} = \delta_{21}$ 也等于零，从而使力法方程简化为三个独立的一元一次方程

$$\left.\begin{array}{l} \delta_{11}X_1 + \Delta_{1P} = 0 \\ \delta_{22}X_2 + \Delta_{2P} = 0 \\ \delta_{33}X_3 + \Delta_{3P} = 0 \end{array}\right\} \tag{6-30}$$

下面说明如何利用刚臂来达到上述简化的目的。

首先假设把原来的无铰拱〔图 6-52（a）〕在拱顶截面切开，在切口处沿竖向对称轴向引出两根刚性无穷大的刚臂 CO 和 C_1O_1，再在两刚臂下端将其刚结，得到如图 6-53（a）所示结构，由于刚臂本身是不变形的，在任意荷载作用下，切口两边截面也就没有任何相对位移，这就保证了带刚臂的无铰拱〔图 6-53（a）〕与原来无铰拱〔图 6-52（a）〕的变形情况一致，所以在计算中可以用它代替原无铰拱。

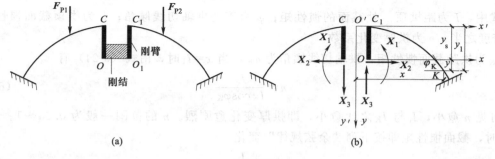

图 6-53

然后，取基本结构如图 6-53（b）所示，即将此结构从刚臂下端的刚结处切开，并代之以多余未知力 X_1、X_2 和 X_3。这个基本结构仍然是对称的，力法方程（6-29）仍然成立。利用对称性，并适当选择刚臂长度。为此，先写出副系数 $\delta_{12} = \delta_{21} = 0$ 的算式如下

$$\delta_{12} = \int \frac{\overline{M}_1 \overline{M}_2}{EI} ds + \int \frac{\gamma \overline{F}_{Q1} \overline{F}_{Q2}}{GA} ds + \int \frac{\overline{F}_{N1} \overline{F}_{N2}}{EA} ds \qquad (6\text{-}31)$$

这个积分的范围只包括为拱轴的全长，而不含附加刚臂部分，因为刚臂 $EI \to \infty$，其积分值等于零。如图 6-53（b）所示，以刚臂端点 O 为坐标原点，并规定 x 轴向右为正，y 轴向下为正，建立 Oxy 坐标系。为了确定刚臂长度，另取一个参考坐标系 $O'x'y'$，其中 O' 位于拱顶点，y' 轴与 y 轴重合，x' 轴与 x 轴相距为 y_s，即刚臂长度。弯矩以使拱内侧受拉为正，剪力使隔离体顺时针转为正，轴力以压为正。当单位力 $\overline{X}_1 = 1$，$\overline{X}_2 = 1$、$\overline{X}_3 = 1$ 分别作用在基本结构上时，在图 6-53（b）所引起的内力为

$$\left. \begin{array}{l} \overline{M}_1 = 1, \overline{F}_{Q1} = 0, \overline{F}_{N1} = 0 \\ \overline{M}_2 = y, \overline{F}_{Q2} = \sin\varphi, \overline{F}_{N2} = \cos\varphi \\ \overline{M}_3 = x, \overline{F}_{Q3} = \cos\varphi, \overline{F}_{N3} = -\sin\varphi \end{array} \right\} \qquad (6\text{-}32)$$

式中 φ 为拱轴各点切线的倾角，由于 x 轴向右为正，y 轴向下为正，故 φ 在右半拱取正，左半拱取负。将式（6-32）代入式（6-31），得

$$\delta_{12} = \int y \frac{ds}{EI} \qquad (6\text{-}33)$$

在图 6-53（b）中拱轴上任一点 K 的新坐标 y_1 与原坐标 y 有如下的关系

$$y = y_1 - y_s \qquad (6\text{-}34)$$

将式（6-32）代入式（6-33）得

$$\delta_{12} = \int y \frac{ds}{EI} = \int (y_1 - y_s) \frac{ds}{EI} = \int y_1 \frac{ds}{EI} - y_s \int \frac{ds}{EI}$$

令 $\delta_{12} = 0$，便可得到刚臂长度 y_s 为

$$y_s = \frac{\displaystyle\int y_1 \frac{ds}{EI}}{\displaystyle\int \frac{ds}{EI}} \qquad (6\text{-}35)$$

说明：当参考坐标系 $O'x'y'$ 的原点 O' 选在拱顶时，按式（6-35）算出的即为附加刚臂 y_s 的长度，而当原点 O' 选在其他位置时，则由式（6-35）计算出的数值为坐标系 xOy 的原点 O 到参考坐标系 $x'O'y'$ 的原点 O' 的距离。

设想沿拱轴线作宽度等于 $\frac{1}{EI}$ 的图形（图 6-54），则 $\frac{ds}{EI}$ 就代表此图中的微面积，而式（6-35）就是计算这个图形面积的形心坐标公式。由于此图形的面积与结构的弹性性质 EI 有关，故称它为弹性面积图。它的形心则称为弹性中心。

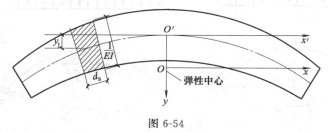

图 6-54

上面介绍的计算方法，通常称为弹性中心法。方法的要点是：选取参考坐标系 $O'x'y'$，由式（6-35）确定弹性中心的位置，然后建立坐标系 Oxy 并取带刚臂的基本体系，多余未知力作用在弹性中心的位置上，最后按力法方程（6-20）解出多余未知力。

下面给出力法方程中的系数和自由项的算式。

计算位移 Δ_{iP} 和 δ_{ii} 时，通常只考虑弯矩的影响，但在计算 δ_{22} 时，有时需要考虑轴力的影响（$f < l/5$）。因此，计算位移时通常采用下列算式

$$\left.\begin{aligned}
\Delta_{1P} &= \int \frac{\overline{M}_1 M_P}{EI} ds, \quad \delta_{11} = \int \frac{\overline{M}_1^2}{EI} ds \\
\Delta_{2P} &= \int \frac{\overline{M}_2 M_P}{EI} ds, \quad \delta_{22} = \int \frac{\overline{M}_2^2}{EI} ds + \int \frac{\overline{F}_{N2}^2}{EA} ds \\
\Delta_{3P} &= \int \frac{\overline{M}_3 M_P}{EI} ds, \quad \delta_{33} = \int \frac{\overline{M}_3^2}{EI} ds
\end{aligned}\right\} \quad (6\text{-}36)$$

将式（6-32）代入式（6-36），则得

$$\left.\begin{aligned}
\Delta_{1P} &= \int \frac{M_P}{EI} ds, \quad \delta_{11} = \int \frac{ds}{EI} \\
\Delta_{2P} &= \int \frac{y M_P}{EI} ds, \quad \delta_{22} = \int \frac{y^2}{EI} ds + \int \frac{\cos^2 \varphi}{EA} ds \\
\Delta_{3P} &= \int \frac{x M_P}{EI} ds, \quad \delta_{33} = \int \frac{x^2}{EI} ds
\end{aligned}\right\} \quad (6\text{-}37)$$

如果拱轴方程和截面变化规律已知，则上式中各项可用积分计算。当截面按"余弦规律"变化，即 $I = \dfrac{I_c}{\cos\varphi}$，并取 $A = \dfrac{A_c}{\cos\varphi}$ 时，则有

$$\frac{ds}{I} = \frac{ds\cos\varphi}{I_c} = \frac{dx}{I_c} \quad \text{及} \quad \frac{ds}{A} = \frac{dx}{A_c}$$

代入式（6-37）可写成

$$\left.\begin{aligned}
EI_c \delta_{11} &= \int ds = l & EI_c \Delta_{1P} &= \int M_P dx \\
EI_c \delta_{22} &= \int y^2 dx + \frac{I_c}{A_c} \int \cos^2\varphi \, dx & EI_c \Delta_{2P} &= \int y M_P dx \\
EI_c \delta_{33} &= \int x^2 dx & EI_c \Delta_{3P} &= \int x M_P dx
\end{aligned}\right\} \quad (6\text{-}38)$$

例 6-13 试求如图 6-55（a）所示等截面圆弧无铰拱在均布竖向荷载 $q = 10\text{kN/m}$ 作用下的内力。设跨度 $l = 10\text{m}$，矢高 $f = 2.5\text{m}$。

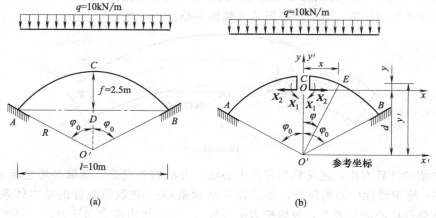

图 6-55

解：① 求圆拱的半径 R 和半拱的圆心角 φ_0。

由直角三角形 $O'AD'$，得 $R^2=\left(\dfrac{l}{2}\right)^2+(R-f)^2$

所以，$R=\dfrac{l^2+4f^2}{8f}=6.25\mathrm{m}$

$\sin\varphi_0=\dfrac{AD}{O'A}=\dfrac{l/2}{R}=0.8$，$\cos\varphi_0=0.6$，$\varphi_0=0.9273\mathrm{rad}$

② 确定弹性中心 O 的位置。

坐标系 Oxy 和 $O'x'y'$ 的关系如图 6-55（b）所示，且拱上任意点 E 的坐标 x、y 和 x'、y' 可用圆心角 φ 表示如下

$$x'=x=R\sin\varphi$$
$$y'=y+d=R\cos\varphi$$

弹性中心 O 与圆心 O' 的距离为

$$d=\frac{\displaystyle\int y_1\frac{\mathrm{d}s}{EI}}{\displaystyle\int \frac{\mathrm{d}s}{EI}}=\frac{2\displaystyle\int_0^{\varphi_0}R\cos\varphi R\,\mathrm{d}\varphi}{2\displaystyle\int_0^{\varphi_0}R\,\mathrm{d}\varphi}=\frac{R\sin\varphi_0}{\varphi_0}=5.39\mathrm{m}$$

③ 求系数 δ_{11} 和 δ_{22}。

由于对称，$X_3=0$。计算位移时，只考虑弯矩的影响。在 $X_1=1$ 和 $X_2=1$ 分别作用下

$$\overline{M}_1=1$$

$$\overline{M}_2=-y=d-y'=R\left(\frac{\sin\varphi_0}{\varphi_0}-\cos\varphi\right)$$

因此，

$$EI\delta_{11}=\int\overline{M}_1^2\,\mathrm{d}s=2\int_0^{\varphi_0}R\,\mathrm{d}\varphi=2R\varphi_0$$

$$EI\delta_{22}=\int\overline{M}_2^2\,\mathrm{d}s=2\int_0^{\varphi_0}R^2\left(\frac{\sin\varphi_0}{\varphi_0}-\cos\varphi\right)^2R\,\mathrm{d}\varphi$$

$$=2R^3\left(\frac{\varphi_0}{2}-\frac{\sin^2\varphi_0}{\varphi_0}+\frac{1}{4}\sin2\varphi_0\right)$$

将数值代入得　　　　　　$EI\delta_{11}=1.855R$，$EI\delta_{22}=0.0270R^3$

④ 求自由项 Δ_{1P} 和 Δ_{2P}。

基本结构在荷载作用下的弯矩方程为

$$M_P=-\frac{q}{2}x^2=-\frac{q}{2}R^2\sin^2\varphi$$

因此

$$EI\Delta_{1P}=\int\overline{M}_1M_P\,\mathrm{d}s=2\int_0^{\varphi_0}1\times\left(-\frac{q}{2}R^2\sin^2\varphi\right)\times R\,\mathrm{d}\varphi$$

$$=-qR^3\left(\frac{\varphi_0}{2}-\frac{1}{4}\sin2\varphi_0\right)$$

$$EI\Delta_{2P}=\int\overline{M}_2M_P\,\mathrm{d}s=2\int_0^{\varphi_0}R\left(\frac{\sin\varphi_0}{\varphi_0}-\cos\varphi\right)\times\left(-\frac{q}{2}R^2\sin^2\varphi\right)\times R\,\mathrm{d}\varphi$$

$$=-qR^4\left(\frac{1}{2}\sin\varphi_0-\frac{1}{4\varphi_0}\sin\varphi_0\sin2\varphi_0-\frac{1}{3}\sin^3\varphi_0\right)$$

将数字代入，得

$$EI\Delta_{1P}=-0.224qR^3\ ,\ EI\Delta_{2P}=-0.023qR^4$$

⑤ 内力计算。

$$X_1 = -\frac{\Delta_{1P}}{\delta_{11}} = \frac{0.224qR^3}{1.855R} = 0.121qR^2 = 47.1\text{kN} \cdot \text{m}$$

$$X_2 = -\frac{\Delta_{2P}}{\delta_{22}} = \frac{0.0223qR^4}{0.0270R^3} = 0.827qR = 51.7\text{kN}$$

水平推力

$$F_H = X_2 = 51.7\text{kN}$$

拱顶弯矩

$$M_0 = X_1 - X_2(R-d) = 47.1 - 51.7 \times (6.25 - 5.39) = 2.76\text{kN} \cdot \text{m}$$

拱脚弯矩

$$M_A = M_B = X_1 + X_2(d - R\cos\varphi_0) - \frac{q}{2}\left(\frac{l}{2}\right)^2 = 6.98\text{kN} \cdot \text{m}$$

6.8   超静定结构的位移计算

计算静定结构的位移计算公式，对于超静定结构的位移计算也同样适用。即计算静定结构的位移计算公式

$$\Delta = \sum \int (\overline{M}k + \overline{F}_N\epsilon + \overline{F}_Q\gamma_0)\mathrm{d}s - \sum \overline{F}_{Rk}C_K$$

对于超静定结构也同样适用。具体来说，如果超静定结构在荷载、温度变化、支座移动等因素共同影响下的位移计算公式在形式上与静定结构在上述因素影响下的位移计算公式完全相同，即

$$\Delta = \sum \int \frac{\overline{M}M}{EI}\mathrm{d}s + \sum \int \frac{\overline{F}_N F_N}{EA}\mathrm{d}s + \int \frac{k\overline{F}_Q F_N}{EA}\mathrm{d}s + \sum \int \overline{M}\frac{\alpha\Delta t}{h}\mathrm{d}s + \sum \int \overline{F}_N \alpha t_0 \mathrm{d}s - \sum \overline{F}_{RK}C_K$$

$$(6-39)$$

所不同的是，式（6-39）中的 M、F_Q、F_N 是超静定结构在全部因素影响下的内力，也可以视为上述因素和多余未知力共同作用于基本结构上产生的内力。而 $\overline{M}$、$\overline{F}_N$、$\overline{F}_Q$ 和 $\overline{F}_{RK}$ 仍是基本结构在单位作用下的内力和支座反力。因此，超静定结构的位移计算问题可以理解为上述因素和多余未知力共同作用于基本结构的位移计算问题，这样超静定结构的位移计算就转化为基本结构的位移计算。具体计算时可以将单位力直接作用在某一基本结构上，而无须再依次解算超静定结构。

另外，由于超静定结构的最后内力图并不因所取基本结构的不同而有所改变，因此可以将内力看成是按任意基本结构而求得的。这样，在计算超静定结构的位移时，可以将虚拟的单位力施加于任意基本结构，或者说，应根据求超静定结构位移的具体情况而定，即可以选择与内力计算时不相同的基本结构，完全取决所求位移的具体情况，即选择针对计算位移时比较简便的基本结构。

例 6-14   计算图 6-56（a）所示刚架截面 K 的竖向位移。

解： 图 6-56（b）所示为原结构在荷载共同作用于基本结构上的弯矩图。它可以视为在多余未知力和荷载共同作用于基本结构上的弯矩图。为此，取图 6-56（c）所示基本结构并作出在 $F_{PK}=1$ 作用下的单位荷载弯矩图，由图 6-56（b）所示 M 与图 6-56（c）所示 $\overline{M}_K$ 图相乘。则 K 点竖向位移如下

$$\Delta_{KV} = \sum \frac{1}{EI}\omega_{\overline{M}}y_c = \frac{1}{EI}\left(\frac{1}{2} \times 3 \times 3 \times \frac{5}{6} \times 30\right) + \frac{1}{2EI}(-4 \times 3 \times 30) = -\frac{135}{2EI}(\uparrow)$$

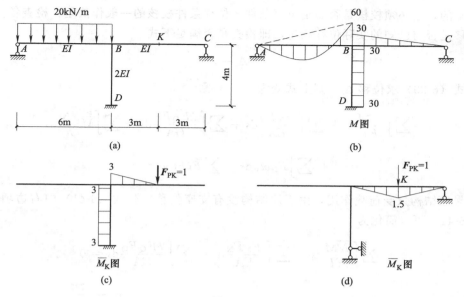

图 6-56

同样，也可以取图 6-56（d）所示基本结构，并作出相应的 $\overline{M}_K$ 图。现将图 6-56（b）与图 6-56（d）$\overline{M}_K$ 相图乘，可以得出 K 点的竖向位移如下

$$\Delta_{KV}=\frac{1}{EI}\left(-\frac{1}{2}\times6\times\frac{3}{2}\times\frac{1}{2}\times30\right)=-\frac{135}{2EI}(\uparrow)$$

比较二者可见，计算结果完全相同，而选择图 6-56（d）所示基本结构比选择图 6-56（c）所示基本结构计算超静定结构的位移更为简单。

6.9 超静定结构内力图的校核

用力法计算超静定结构，步骤多，易出错，因此应注意步步检查，尤其是作为计算成果的最后内力图是结构设计的依据，必须保证其正确性，故应加以校核。正确的内力图必须同时满足平衡条件和位移条件，因此校核必须从这两方面进行。

下面以图 6-57（a）、（b）、（c）所示内力图为例加以说明。

（1）平衡条件的校核

从结构中任意取出一部分，都应当满足平衡条件。常用的作法是：截取结构的结点，杆件或结构的一部分作为隔离体，检查是否满足 $\sum M=0$，$\sum F_x=0$ 和 $\sum F_y=0$ 的平衡条件。例如：如图 6-57（d）、（e）所示，满足：

$$\sum M=60+40-100=0$$

$$\sum F_x=3.7+11.3-15=0$$

$$\sum F_y=75+147.5-200-22.5=0$$

的平衡条件。

（2）位移条件的校核

满足了平衡条件，还不能说明最后的内力图是正确的。这是因为最后内力图是在求出了多余未知力之后按平衡条件或叠加法作出的，而多余未知力的数值正确与否，平衡条件是检查不出来的，还必须校核是否满足位移条件。位移条件校核的一般作法是：检查各多余约束处的位移是否与已知的实际位移相符，即检查是否满足下式

$$\Delta_i = a \qquad (6\text{-}40)$$

如果按式（6-39）求位移 Δ_i，则上式变为

$$\sum \int \frac{\overline{M}M}{EI}\mathrm{d}s + \sum \int \frac{\overline{F}_N F_N}{EA}\mathrm{d}s + \sum \int \frac{k\overline{F}_Q F_Q}{GA}\mathrm{d}s + \sum \int \overline{M}\frac{\alpha \Delta t}{h}\mathrm{d}s$$
$$+ \sum \int \overline{F}_N \alpha t_0 \mathrm{d}s - \sum \overline{F}_{RK} C_K = a \qquad (6\text{-}41)$$

如果原结构只受荷载作用，由于原结构没有支座位移，公式（6-41）中右边项必为零。则式（6-41）可以简化为

$$\sum \int \frac{\overline{M}M}{EI}\mathrm{d}s + \sum \int \frac{\overline{F}_N F_N}{EA}\mathrm{d}s + \sum \int \frac{k\overline{F}_Q F_Q}{GA}\mathrm{d}s = 0 \qquad (6\text{-}42)$$

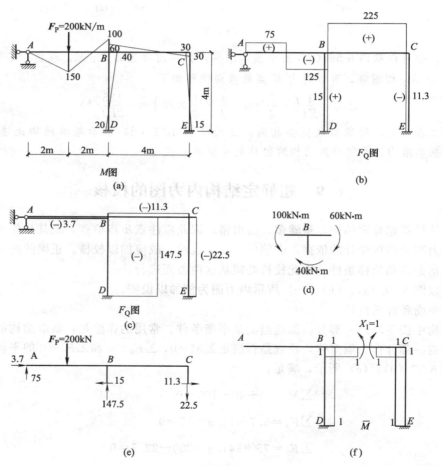

图 6-57

对于位移条件的校核与超静定结构位移计算一样，也不限于在原解算内力时所用的基本结构上进行。对于具有封闭无铰框格的刚架，利用框格上任一截面处的相对位移为零的条件

来校核弯矩图是很方便的。例如，为了校核图 6-57 （a）所示的 M 图，可选用图 6-57 （f）所示的基本结构，将图 6-57 （f）所示的基本结构的单位弯矩图 $\overline{M}$ 与原结构 ［图 6-57 （a）］的 M 图相乘，以检验相对转角是否为零。这时，在单位力 $\overline{X}_1 = 1$ 作用下，只有封闭框形 $DBCE$ 部分产生弯矩 $\overline{M} = 1$。因此，位移条件式（6-42）为

$$\oint \frac{M}{EI}\mathrm{d}s = 0 \qquad (6\text{-}43)$$

由此得出结论，当结构只受荷载作用时，沿封闭无铰的框格上 $\dfrac{M}{EI}$ 图形的总面积应等于零。现利用这个结论来检查图 6-57 （a）中的 M 图。沿 $DBCE$ 部分进行积分，其值为

$$\oint \frac{M}{EI}\mathrm{d}s = \frac{1}{EI}\left(-\frac{1}{2}\times 20\times 4 + \frac{1}{2}\times 40\times 4\right) + \frac{1}{2EI}\left(-\frac{1}{2}\times 60\times 4 + \frac{1}{2}\times 30\times 4\right)$$

$$+ \frac{1}{EI}\left(-\frac{1}{2}\times 15\times 4 + \frac{1}{2}\times 30\times 4\right) = \frac{1}{EI}\times 40 \neq 0$$

可见图 6-57 （a）中的 M 图未能满足变形条件，故计算结果显然是错误的。

6.10　温度变化和支座位移时的计算

超静定结构有一个重要特点，就是无荷载作用时，也可以产生内力。温度变化、支座位移、材料收缩、制造误差等使结构发生变形的因素都能使超静定结构产生内力。其原因是当上述因素发生在超静定结构上时，由于多余约束的存在，结构的变形不可能自由地发生，因此，将产生强制内力或称为自内力。用力法计算自内力时，计算步骤与荷载作用的情形基本相同，仍是根据基本结构在上述因素和多余未知力共同作用下，在去掉多余联系处的位移应与原结构的位移相符这一原则进行的。

下面分别就温度变化和支座移动时超静定结构的计算进行讨论。

（1）温度变化时超静定结构的计算

如图 6-58 （a）所示刚架，其温度变化如图 6-58 （a）所示，取图 6-58 （b）所示基本体系，力法典型方程为

$$\left.\begin{array}{l} \delta_{11}X_1 + \delta_{12}X_2 + \delta_{13}X_3 + \Delta_{1t} = 0 \\ \delta_{21}X_1 + \delta_{22}X_2 + \delta_{23}X_3 + \Delta_{2t} = 0 \\ \delta_{31}X_1 + \delta_{32}X_2 + \delta_{33}X_3 + \Delta_{3t} = 0 \end{array}\right\} \qquad (6\text{-}44)$$

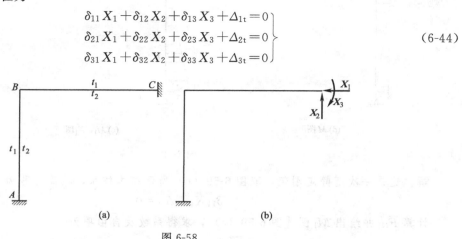

（a）　　　　　　　　　（b）

图 6-58

其中系数计算与前相同。而自由项 Δ_{1t}、Δ_{2t}、Δ_{3t} 则分别为基本结构由于温度变化引起

的沿 X_1、X_2、X_3 方向的位移。根据第 5 章可知，它们的计算式可写为

$$\Delta_{1t} = \sum \overline{F}_{iN} \alpha\, t_0 l + \sum \frac{\alpha \Delta t}{h} \int \overline{M}_i \,\mathrm{d}s \tag{6-45}$$

将系数和自由项求得后代入力法典型方程可求得多余未知力。

因为基本结构是静定的，温度变化并不使其产生内力，故最后内力是由多余未知力所引起的，即

$$M = \overline{M}_1 X_1 + \overline{M}_2 X_2 + \overline{M}_3 X_3$$

但温度变化却会使基本结构产生位移，因此在求位移时，除了考虑由于内力而产生的弹性变形引起的位移，还要加上由于温度变化所引起的位移。

对于梁和刚架，超静定结构的位移计算公式（6-39）简化为

$$\Delta = \sum \int \frac{\overline{M}M}{EI}\,\mathrm{d}s + \sum \overline{F}_N \alpha\, t_0 l + \sum \frac{\alpha \Delta t}{h} \int \overline{M}\,\mathrm{d}s \tag{6-46}$$

例 6-15   结构温度改变如图 6-59（a）所示，$EI =$ 常数，截面对称于形心轴，其高度 $h = l/10$，材料的线胀系数为 α。试求：①弯矩图 M；②杆端 A 的转角。

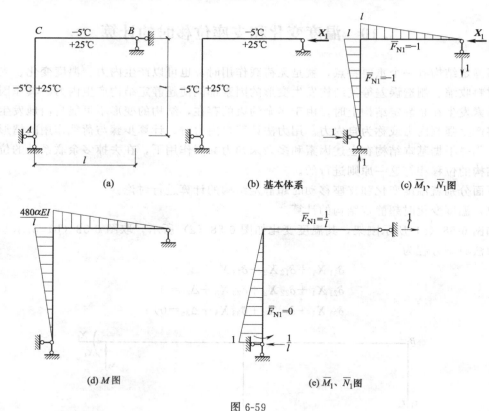

图 6-59

解：这是一次超静定刚架，取图 6-59（b）所示基本体系，典型方程为

$$\delta_{11} X_1 + \Delta_{1t} = 0$$

计算 $\overline{F}_{N1}$ 并绘出 $\overline{M}_1$ 图 [图 6-59（c）]，求得系数及自由项为

$$\delta_{11} = \sum \int \frac{\overline{M}_1^2 \,\mathrm{d}s}{EI} = \frac{1}{EI}\left(2 \times \frac{l^2}{2} \times \frac{2l}{3}\right) = \frac{2l^3}{3EI}$$

$$\Delta_{1t} = \sum \overline{F}_{N1} \alpha t_0 l + \sum \frac{\alpha \Delta t}{h} \int \overline{M}_1 ds$$

$$= 2 \times (-1) \times \alpha \times \frac{25-5}{2} \times l - \alpha \frac{25-(-5)}{h} \times \left(2 \times \frac{l^2}{2}\right) = -20\alpha l\left(1 + \frac{3l}{2h}\right) = -320\alpha l$$

故得：
$$X_1 = -\frac{\Delta_{1t}}{\delta_{11}} = \frac{320\alpha l}{\dfrac{2l^2}{3EI}} = \frac{480\alpha EI}{l^2}$$

最后弯矩图 $M = \overline{M}_1 X_1$，如图 6-59（d）所示。由计算结果可知，在温度变化影响下，超静定结构的内力与各杆刚度的绝对值有关，这与荷载作用下结构的内力与杆件之间的相对刚度有关是不同的。

为了求杆端 A 的转角，作出基本结构在单位力偶作用下的 $\overline{M}_1$ 图，并求出 $\overline{F}_{N1}$［图 6-59（e）］，然后由位移计算公式得

$$\varphi_A = \sum \int \frac{\overline{M}_1 M}{EI} ds + \sum \overline{F}_{N1} \alpha t_0 l + \sum \frac{\alpha \Delta t}{h} \int \overline{M} ds$$

$$= \frac{1}{EI}\left(\frac{1}{2} \times l \times \frac{480EI}{l} \times \frac{1}{3} \times 1\right) + \frac{1}{l} \times \alpha \times \frac{25-5}{2} \times l - \frac{\alpha[25-(-5)]}{h} \times \left(\frac{1}{2} \times l \times 1\right)$$

$$= 80\alpha + 10\alpha - 150\alpha = -60\alpha（顺时针）$$

（2）支座位移时超静定结构的计算

用力法分析超静定结构在支座位移时的内力，其原理与荷载作用或温度变化时的计算仍相同，唯一的区别仅在于典型方程中的自由项不同。

例如图 6-60（a）所示刚架，设其支座 B 由于某种原因产生了水平位移 a、竖向位移 b 及转角 φ。现取基本体系如图 6-60（b）所示。根据基本结构在多余未知力和支座位移共同影响下，沿各多余未知力方向的位移应与原结构相应的位移相同的条件，可建立典型方程如下

$$\left.\begin{aligned}
\delta_{11} X_1 + \delta_{12} X_2 + \delta_{13} X_3 + \Delta_K &= 0 \\
\delta_{21} X_1 + \delta_{22} X_2 + \delta_{23} X_3 + \Delta_{2C} &= -\varphi \\
\delta_{31} X_1 + \delta_{32} X_2 + \delta_{33} X_3 + \Delta_{3C} &= -a
\end{aligned}\right\} \tag{6-47}$$

式中的系数与外因无关，其计算同前。自由项 Δ_{1C}、Δ_{2C}、Δ_{3C} 则分别代表基本结构上由于支座移动所引起的沿 X_1、X_2、X_3 方向的位移，它们可按第 5 章的公式来计算

$$\Delta_{iC} = -\sum \overline{F}_{Ri} C$$

由图 6-60（c）、（d）和（e）所示的虚拟反力，按上式可求得

$$\Delta_{1C} = -\left(-\frac{1}{l}b\right) = \frac{b}{l}, \quad \Delta_{2C} = -\left(\frac{1}{l}b\right) = -\frac{b}{l}, \quad \Delta_{3C} = 0$$

自由项求出后，解出 X_1、X_2、X_3。对静定基本结构，与温度变化下的情况类似，支座移动在基本体系中不引起内力。此时最后内力也只是由多余未知力所引起的，即

$$M = \overline{M}_1 X_1 + \overline{M}_2 X_2 + \overline{M}_3 X_3$$

但在求位移时，则应加上支座移动的影响

$$\Delta_K = \sum \int \frac{\overline{M} M}{EI} ds + \Delta_{KC} = \sum \int \frac{\overline{M} M}{EI} ds - \sum \overline{F}_{RK} C \tag{6-48}$$

例 6-16　如图 6-61（a）所示单跨超静定梁在支座 A 发生了转角 θ，在支座 B 产生了沉降 a，求作其弯矩图。

解：取悬臂梁为基本结构［图 6-61（b）］，力法典型方程为

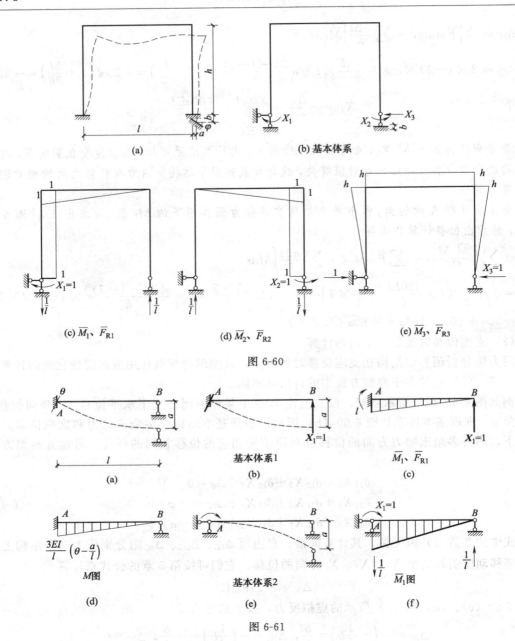

图 6-60

图 6-61

$$\delta_{11}X_1 + \Delta_{1C} = -a$$

绘出 $\overline{M}_1$ 图 [图 6-61（c）] 并求出 $\overline{F}_{R1}$，由图乘法求得：$\delta_{11} = \dfrac{l^3}{3EI}$，自由项 Δ_{1C} 代表基本结构由于支座移动在去掉多余约束处沿 X_1 方向所产生的位移

$$\Delta_{1C} = -\sum \overline{F}_{R1}C = -(l\theta) = -l\theta$$

代入力法方程：
$$X_1 = -\frac{\Delta_{1C}}{\delta_{11}} = \frac{3EI}{l^2}\Big(\theta - \frac{a}{l}\Big)$$

最后的 M 图由 $M = \overline{M}_1 X_1$ 求得，如图 6-61（d）所示。另外，也可以取简支梁为基本结构 [图 6-61（e）]。写出力法方程为

$$\delta_{11}X_1 + \Delta_{1C} = \theta$$

绘出 $\overline{M}_1$ 图 [6-61（f）]，并求系数和自由项

$$\delta_{11}=\frac{l}{3EI}, \quad \Delta_{1C}=-\sum \overline{F}_{R1}C=-\left(-\frac{1}{l}a\right)=\frac{a}{l}$$

因此解得：$X_1=\frac{3EI}{l}\left(\theta-\frac{a}{l}\right)$，相应的 M 图同样如图 6-52（d）所示。

一般说来，凡是与多余未知力相应的支座位移参数出现在力法的右边项中，而其他的支座位移参数都出现在左边的自由项中。与温度变化相同的是支座移动引起的内力与结构的绝对刚度有关。

例 6-17 如图 6-62（a）所示，刚架在支座 A 下沉了 Δ，求作 M 图。

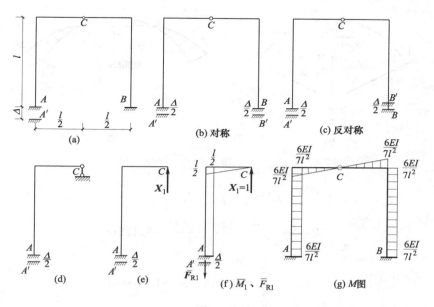

图 6-62

解：将支座 A 的位移分解成图 6-62（b）、（c）所示正对称支座位移和反对称支座位移两组。在正对称支座位移作用下结构不产生内力，在反对称支座位移作用下，根据结构对称性的特点，取半边结构如图 6-62（d）所示，基本结构如图 6-62（e）所示。

列力法方程：
$$\delta_{11}X_1+\Delta_{1C}=0$$

绘 $\overline{M}_1$ 图并求 $\overline{F}_{R1}$，如图 6-62（f）所示系数和自由项为

$$\delta_{11}=\frac{1}{EI}\left[\left(\frac{1}{2}\times\frac{l}{2}\times\frac{l}{2}\times\frac{2}{3}\times\frac{l}{2}\right)+\left(l\times\frac{l}{2}\times\frac{l}{2}\right)\right]=\frac{7l^3}{24EI}$$

$$\Delta_{1C}=-\sum\overline{F}_{R1}C=-\left(1\times\frac{\Delta}{2}\right)=-\frac{\Delta}{2}$$

代入力法方程：
$$X_1=-\frac{\Delta_{1C}}{\delta_{11}}=\frac{\Delta}{2}\times\frac{24EI}{7l^3}=\frac{12EI}{7l^3}\Delta$$

由 $M=\overline{M}_1X_1$，绘弯矩图如图 6-62（g）所示。

例 6-18 图 6-63（a）所示为一等截面圆弧无铰拱，设支座 B 发生水平位移 $\Delta_H=0.002$m。试求拱顶和拱脚处的截面弯矩。已知 $l=14$m，$f=4$m，$E=2.6\times10^4$MPa，矩形截面尺寸为 0.5m$\times0.5$m。

解：① 求圆拱的半径 R 和半拱的圆心角。由直角三角形 $O'AD$ [图 6-63（a）] 得

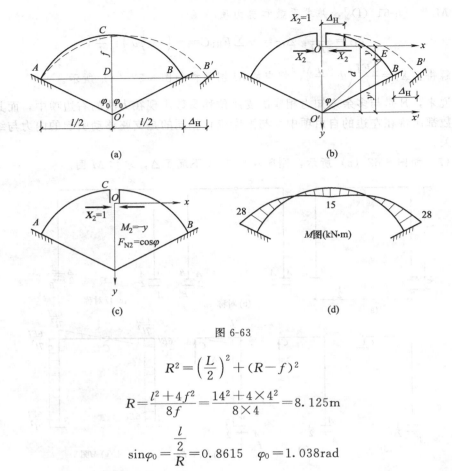

图 6-63

$$R^2 = \left(\frac{L}{2}\right)^2 + (R-f)^2$$

故　　　　　　　$$R = \frac{l^2 + 4f^2}{8f} = \frac{14^2 + 4 \times 4^2}{8 \times 4} = 8.125\text{m}$$

$$\sin\varphi_0 = \frac{\dfrac{l}{2}}{R} = 0.8615 \quad \varphi_0 = 1.038\text{rad}$$

② 确定弹性中心 O 位置。

取通过圆心 O' 的参考坐标系 $x'O'y'$ 如图 6-63（b）所示，拱上任一点 E 的坐标 x、y 和 x'、y' 可用其圆心角 φ 表示如下

$$x' = x = R\sin\varphi, \quad y' = d - y = R\cos\varphi$$

弹性中心 O 与圆心 O' 的距离可由公式（6-35）确定

$$d = \frac{\displaystyle\int y' \frac{\mathrm{d}s}{EI}}{\displaystyle\int \frac{\mathrm{d}s}{EI}} = \frac{2\displaystyle\int_0^{\varphi_0} R\cos\varphi R\,\mathrm{d}\varphi}{2\displaystyle\int_0^{\varphi_0} R\,\mathrm{d}\varphi} = \frac{R\sin\varphi_0}{\varphi_0} = \frac{8.125 \times 0.8615}{1.038} = 6.75\text{m}$$

截面惯性矩：　　　　　　$$I = \frac{(0.5)^4}{12} = 0.0052\text{m}^4$$

附加刚臂的长度：$y_s = R - d = 8.125 - 6.75 = 1.375\text{m}$

③ 取基本体系。

图 6-63（b）为所取的基本体系。由于支座只发生水平位移，因此弹性中心处的弯矩 X_1 和竖向力 X_3 都等于零，只剩下一个水平力 X_2，相应的力法方程为

$$\delta_{22}X_2 + \Delta_{2\text{C}} = 0$$

④ 求 δ_{22}、$\Delta_{2\text{C}}$ 和 X_2

求 δ_{22} 时，考虑弯矩和轴力的影响 ［图 6-63（c）］，得

$$\delta_{22} = \int \frac{\overline{M}_2^2}{EI} \mathrm{d}s + \int \frac{\overline{F}_{N2}^2}{EA} \mathrm{d}s = \int \frac{y^2}{EI} \mathrm{d}s + \int \frac{\cos^2 \varphi}{EA} \mathrm{d}s$$

$$= \frac{R^3}{EI}\left(\varphi_0 + \cos\varphi_0 \sin\varphi_0 - \frac{2\sin^2\varphi_0}{\varphi_0}\right) + \frac{R}{EA}(\varphi_0 + \cos\varphi_0 \sin\varphi_0)$$

$$= \frac{1}{EI}\left(24.64 + 11.99 \frac{I}{A}\right) = \frac{24.9}{EI}$$

$$\Delta_{2C} = -\sum \overline{F}_{F2} C = -(1 \times \Delta_H) = -\Delta_H = -0.002$$

由力法方程得

$$X_2 = -\frac{\Delta_{2C}}{\delta_{22}} = 0.002 \times \frac{EI}{24.9} = 0.80 \times 10^{-4} EI = 10.9 \mathrm{kN}$$

⑤ 求内力。

拱顶截面　　　$M_C = X_2(R-d) = 10.9 \times (8.125 - 6.75) = 15.0 \mathrm{kN \cdot m}$

拱脚截面　　　$M_A = M_B = -X_2(f-R+d) = -10.9 \times (4 - 1.375) = -28.5 \mathrm{kN \cdot m}$

弯矩图如图 6-63（d）所示。

可以看到，无铰拱对于支座移动是很敏感的，不大的支座移动可以引起相当数量的内力。拱的抗弯刚度 EI 愈大，则引起的内力愈大。因此，选用无铰拱这类结构形式时，应当注意地基情况，防止出现由于地基变形对拱产生的不利影响。

6.11　超静定结构的特征

超静定结构与静定结构对比，具有以下一些重要特征。了解这些特性有助于加深对超静定结构的认识，并更好地应用它们。

（1）温度和支座沉陷等变形因素的影响

"没有荷载，就没有内力"。这个结论只适用于静定结构，而不适用于超静定结构。在超静定结构中，支座移动、温度变化、材料收缩、制造误差因素都可以引起内力。这时因为存在着多余联系，当结构受到这些因素影响而发生位移时，一般将要受到多余联系的约束，因而相应地要产生内力。

由于温度或支座移动因素在超静定结构中引起的内力，一般是与各杆刚度的绝对值成正比。因此，简单地增加结构截面尺寸并不能有效地抵抗温度或支座移动引起的内力。为了防止温度变化或支座沉降而产生过大的附加内力。在结构设计时，通常采用预留温度缝和沉降缝来减少这种附加内力。另外，也可以主动地利用这种自内力来调节超静定结构的内力。如对于连续梁，可以通过改变支座的高度来调整梁的内力，以得到更合理的内力分布。

（2）结构的刚度分布对结构内力的影响

静定结构的内力只由平衡条件即可确定，其值与结构的材料性质和截面尺寸无关。而超静定结构的内力仅由平衡条件则无法全部确定，还必须考虑变形条件才能确定其解答，因此其内力数值与材料性质和截面尺寸有关。

在超静定结构中，各杆刚度比值有任何改变，都会使结构的内力重新分布。这是因为在力法方程中，系数和自由项都与各杆刚度有关，如果各杆的刚度比值有改变，各系数与自由项之间的比值也随之而改变，因而内力分布也改变。如果杆件的比值不变，由此可知，在荷载作用下超静定结构的内力分布与各杆刚度的比值有关，而与其绝对值无关。

由于超静定结构的内力状态与各杆刚度比值有关，因此在设计超静定结构时，须事先根据经验拟定或用近似方法估算截面尺寸，以此为基础才能求出截面内力，然后再根据内力重新选择截面。所选的截面尺寸与事先拟定的截面尺寸不一定相符合。这就需要调整截面进行计算，如此反复进行，直到得出一个满意的结果为止。由此可见，超静定结构的设计过程比静定结构设计复杂。另一方面，也可以利用超静定结构这一特点，通过改变各杆的刚度大小来调整超静定结构的内力分布，以达到预期的目的。

（3）多余约束的存在及其影响

从抵抗突然破坏的防护能力看，超静定结构在多余联系被破坏后，仍能维持几何不变，具有一定的承载能力；而静定结构在任何一个联系被破坏后，便立即成为几何可变体系而丧失了承载能力。因此，从军事防卫及抗震方面来看，超静定结构具有较强的防御能力。

从内力、变形的分布来看，超静定结构由于具有多余联系，一般地说，要比相应的静定结构的刚度大些，内力及变形分布也均匀些。例如图 6-64（a）、（b）所示三跨连续梁和静定多跨梁，在荷载、跨度及截面相同的情况下，显然前者的最大挠度及最大弯矩值都较后者为小。而且连续梁具有较平滑的变形曲线，这对于桥梁可以减小行车时的冲击作用。

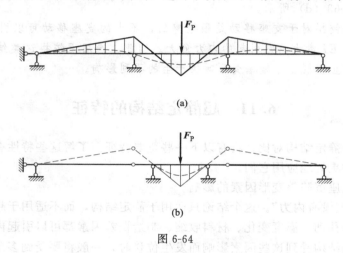

图 6-64

另外，从结构的稳定来看，如对于轴心受压柱，约束越强，相对应的临界力就越高，其稳定性也就越好。

6.12　小　结

掌握力法的基本原理，主要是掌握解力法的基本未知量、力法的基本体系和力法方程这三个环节。在力法中，把求多余未知力的计算作为突破口。突破了这个关口，超静定问题就转化为静定问题。计算多余未知力的方法是：首先把多余约束去掉，以暴露多余未知力；以多余约束处的实际位移条件建立力法方程。解出多余未知量，然后利用平衡方程计算出其他内力或反力。这里，要着重理解变形条件的几何意义，即：力法方程中每一项代表什么意义？如何求出方程中的系数和自由项？另外，如何将温度、支座位移等因素的影响反映在力法方程中去。

掌握力法在解超静定梁、刚架、桁架、组合结构、排架和超静定拱中的应用，注意拱结构是曲杆，计算时有一些特点，首先是不能用图乘法，需要直接积分或采用数值积分，计算位移时，忽略轴力、剪力的影响是有条件的，理解弹性中心法的基本思想。

为了使计算简化，要善于选取合适的基本体系，会利用对称性简化力法计算。

以上是本章的主要内容，应当通过作较多的习题加以巩固。此外，还要记住，计算超静定结构的位移时，虚设的单位力可以加在任意基本结构上，最后了解超静定结构的特性和在结构设计中所起的作用。

习 题

6-1 试确定下列结构的超静定次数。

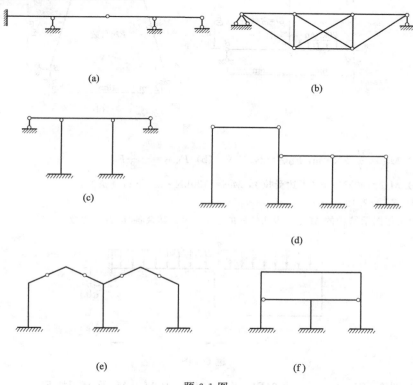

题 6-1 图

6-2 试用力法计算图示超静定梁，并绘出 M、F_Q 图。

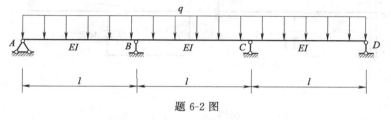

题 6-2 图

答案：$M_{BA} = \dfrac{ql^2}{10}$ ，$F_{QAB} = \dfrac{6}{10}ql$ 。

6-3 试用力法计算图示刚架结构，并绘 M 图。

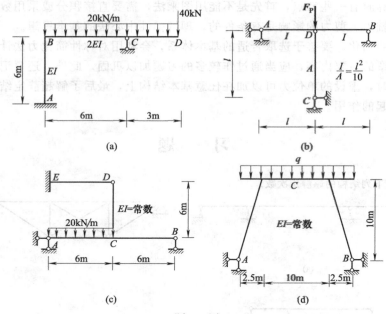

题 6-3 图

答案：(a) $M_{BC} = \dfrac{15}{7}$ kN·m，$F_{QBC} = 24.6$kN (b) $F_{NCD} = -\dfrac{5}{8}F_P$

(c) $M_{CA} = 90$kN·m（下边受拉），$M_{CB} = 120$kN·m（下边受拉）

(d) $F_{yA} = 2.19q(\rightarrow)$

6-4 用力法作图示结构的 M 图。设 BC 杆的 $EA = \infty$，其余各杆 $EI =$ 常数。

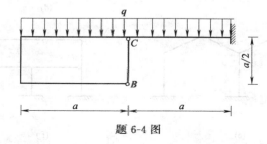

题 6-4 图

答案：$\delta_{11} = 7_a{}^3/6EI$；$\Delta_{1P} = -qa^4/24EI$；$X_1 = qa/28$，且 $\overline{M}_1$、M_P 及 M 图如下：

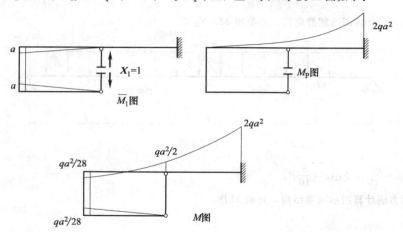

6-5 用力法作 M 图。各杆 EI 相同。

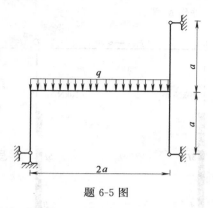

题 6-5 图

答案：$\delta_{11} = 8A^3/3EI$，$\Delta_{1P} = -qa^4/3EI$（各 4 分）；$X_1 = qa/8$；且 $\overline{M}_1$、M_P 及 M 图如下：

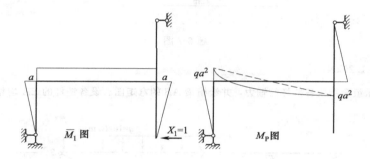

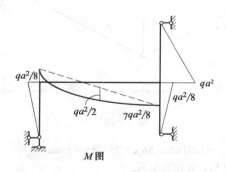

6-6 试用力法计算下列桁架的轴力，各杆 $EA=$ 常数。

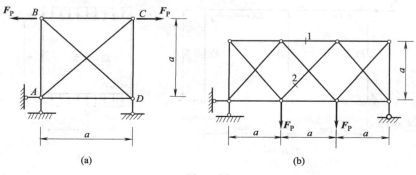

题 6-6 图

答案：(a) $F_{NBC}=0.896F_P$。(b) $F_{N1}=-1.387kN$（压力），$F_{N2}=0.613F_P$。

6-7 试用力法计算图示排架，并作 M 图。

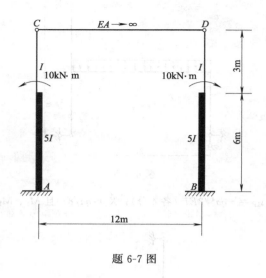

题 6-7 图

答案：$F_{NCD}=1.29kN$。

6-8 计算图示组合结构各链杆的轴力，并绘横梁 AB 的弯矩图。设各链杆的 EA 均相同，$A=\dfrac{I}{16}$。

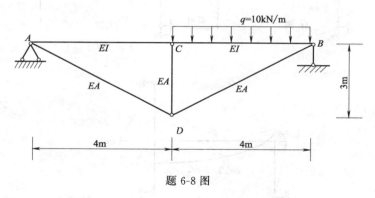

题 6-8 图

答案：$F_{NCD}=-1.57kN$，$F_{NAD}=1.31kN$，$M_{CA}=36.86kN\cdot m$。

6-9 试利用对称性计算图示结构，并作弯矩图。

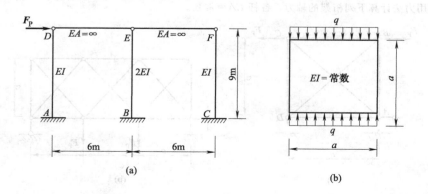

(a)   (b)

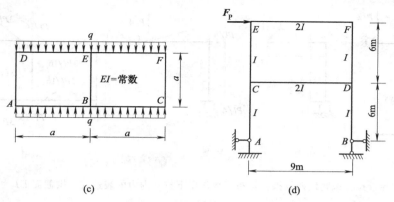

(c)   (d)

题 6-9 图

答案：（a）$M_{AD} = \dfrac{9}{4} F_P$（左侧受拉）。

（b）角点弯矩$\dfrac{qa^2}{24}$（外侧受拉）。

（c）角点弯矩$\dfrac{qa^2}{36}$（外侧受拉）。

（d）$M_{EC} = 1.8 F_P$（内部受拉），$M_{CE} = 1.2 F_P$（外部受拉），$M_{CA} = 3 F_P$（内部受拉），$M_{CD} = 4.2 F_P$（下部受拉）。

6-10 利用对称性选取图示刚架的半结构，并用力法作刚架弯矩图，已知 EI＝常数。

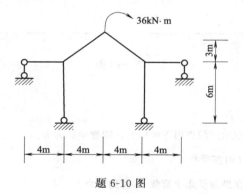

题 6-10 图

答案：斜杆上端弯矩为 18kN・m（上侧受拉），下端弯矩为 5kN・m（下侧受拉）。

6-11 用力法计算，并绘图示结构的 M 图。E＝常数。

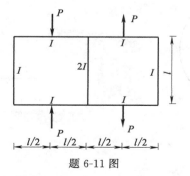

题 6-11 图

答案：$\delta_{11} = L/EI$，$\Delta_{1P} = -3Pl^2/16EI$，$X_1 = 3PL/16$，且 $\overline{M}_1$、M_P 及 M 图如下：

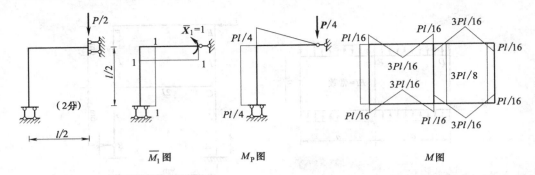

$\overline{M}_1$ 图 M_P 图 M 图

6-12 试推导带拉杆抛物线两铰拱在均布荷载作用下拉杆内力的表达式。拱截面 EI 为常数，拱轴方程为 $y=\dfrac{4f}{l^2}x(l-x)$。计算位移时，拱身只考虑弯矩的作用，并假设：$\mathrm{d}s=\mathrm{d}x$。

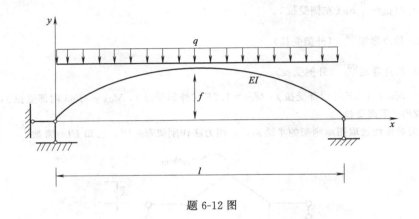

题 6-12 图

答案：$F_H=\dfrac{ql^2}{8}\cdot\dfrac{1}{1+\dfrac{15}{8}\dfrac{EI}{E_1A_1f^2}}$。

6-13 试求等截面圆管在图示荷载作用下的内力。圆管半径为 R。

答案：$M_A=M_B=\dfrac{1}{\pi}F_PR$（内部受拉）。

6-14 试求等截面半圆拱在拱顶受集中荷载 F_P 时的内力。

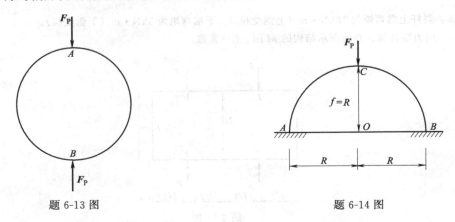

题 6-13 图   题 6-14 图

答案：水平推力：$F_H=0.46F_P$。

6-15 用力法计算图示刚架，并作图示结构的 M 图。

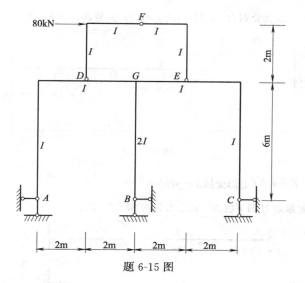

题 6-15 图

答案：（$M_{DG} = 30$kN·m 上部受拉，$M_{GB} = 220$kN·m 右侧受拉）

6-16 用力法计算并作图示结构的 M 图。各受弯杆件 $EI =$ 常数，不考虑链杆的轴向变形。

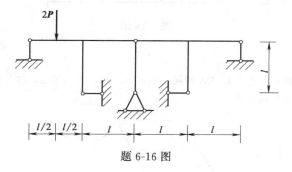

题 6-16 图

答案：

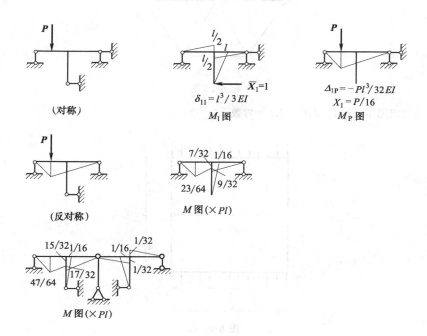

6-17 梁上、下侧温度变化分别为 $+t_1$ 与 $+t_2(t_2>t_1)$，梁截面高为 h，温度膨胀系数 α，试求作梁的 M 图和挠曲线方程。

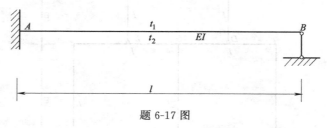

题 6-17 图

答案：$M_{\mathrm{AB}}=\dfrac{3EI}{2h}\alpha(t_2-t_1)$（上部受拉），$y(x)=\dfrac{\alpha(t_1-t_1)}{4h}\left(x^2-\dfrac{x^3}{l}\right)$

6-18 图示两端固定梁的 B 端下沉 Δ，试绘出梁的 M、F_{Q} 图。

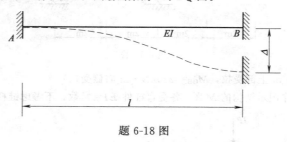

题 6-18 图

答案：$M_{\mathrm{AB}}=\dfrac{6EI}{l^2}\Delta$。

6-19 图示桁架，各杆长度均为 l，EA 相同。但杆 AB 制作时短了 Δ，将其拉伸（在弹性极限内）后进行装配。试求装配后杆 AB 的长度。

答案：$l_{\mathrm{AB}}=l-\dfrac{11}{12}\Delta$。

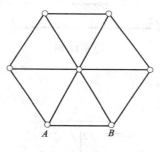

题 6-19 图

6-20 用力法求图示结构的 M 图 。$EI=$ 常数。

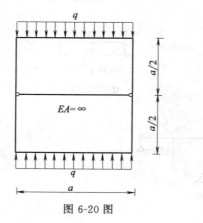

图 6-20 图

答案：取 3 次超静定的封闭框架作力法基本结构。

$$EI\delta_{11}=\frac{5A^3}{192}, \quad EI\Delta_{1P}=-\frac{qa^4}{96}, \quad X_1=\frac{2}{5}qa$$

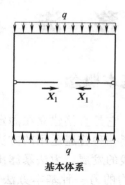

基本体系

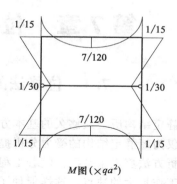

M图$(\times qa^2)$

第7章 位 移 法

7.1 位移法的基本概念

力法是分析超静定结构历史最悠久的基本方法，它是直接建立在静定结构受力分析的基础之上的。力法不仅为超静定结构的受力分析提供了一种普遍适用的方法，而且为发展解超静定结构的其他分析方法奠定了基础。随着工程实践的发展，力法暴露出在求解刚架等高次超静定结构时计算工作量大的缺点，这样促使了结构的另一种基本方法——位移法的形成。位移法是分析超静定结构的第二个基本方法。位移法是将结构折成杆件，以杆件的内力和位移关系作为计算的基础，再把杆件组装成结构，这一过程是通过各杆件在结点处的力的平衡和变形协调来实现的。

本章主要讨论位移法的基本原理和应用位移法计算刚架等结构。位移法方程有两种表现形式：直接写平衡方程的和基本体系典型方程的形式，前者便于理解和手算，后者利于与力法以及后续的矩阵位移法相比较，以加深对内容的理解。另外，还将进一步讨论位移法的一系列简化计算方法。

先看位移法的一个算例，以便了解位移法的基本思路。

图 7-1（a）为一杆系结构，承受荷载 F_P，结点 B 只发生竖向位移 Δ，水平位移为零，求各杆的轴力。

① 选取竖向位移 Δ 为基本未知量。若将 Δ 求出，则各杆的伸长变形即可求出，内力也就得出。

② 如图 7-2（a）所示，已知杆端 B 沿轴向的位移为 u_i，则杆端力 F_{Ni} 应为

$$F_{Ni} = \frac{EA_i}{l_i} u_i \tag{7-1}$$

系数 $\dfrac{EA_i}{l_i}$ 是杆端产生单位位移时所需的杆端力，称为杆件的刚度系数，式（7-1）称为刚度方程。

③ 如图 7-2（b）所示，根据变形协调条件，各杆端位移 u_i 与基本未知量 Δ 的关系为

$$u_i = \Delta \sin\alpha_i \tag{7-2}$$

④ 再考虑结点 B 的平衡条件 $\sum F_y = 0$，得 ［图 7-1（b）］

$$\sum_{i=1}^{5} F_{Ni} \sin\alpha_i = F_P \tag{7-3}$$

将各杆轴力 F_{Ni} 由式（7-1）表示，再考虑到式（7-2）的关系，则式（7-3）成为

$$\sum_{i=1}^{5} \frac{EA_i}{l_i} \sin^2\alpha_i \Delta = F_P \tag{7-4}$$

这就是位移法的基本方程，表明了位移 Δ 与荷载 F_P 之间的关系，由此解得

$$\Delta = \frac{F_P}{\displaystyle\sum_{i=1}^{5} \frac{EA_i}{l_i} \sin^2\alpha_i} \tag{7-5}$$

至此，完成了位移法计算中的关键一步。

⑤ 最后，将式（7-5）代入式（7-2），再代入式（7-1）可得

$$F_{Ni} = \frac{\dfrac{EA_i}{l_i}\sin\alpha_i}{\sum\limits_{i=1}^{5}\dfrac{EA_i}{l_i}\sin^2\alpha_i} F_P \qquad (7-6)$$

将图 7-1（a）的尺寸代入式（7-5）和式（7-6），设各杆 EA 相同，得

$$\Delta = 0.637\frac{F_P a}{EA}$$

$F_{N1} = F_{N5} = 0.159F_P$，$F_{N2} = F_{N4} = 0.255F_P$，

$$F_{N3} = 0.319F_P$$

在图 7-1（a）中，如只有 2 根杆，结构是静定的；当杆数大于或等于 3 时，结构是超静定的，均可用上述方法计算。

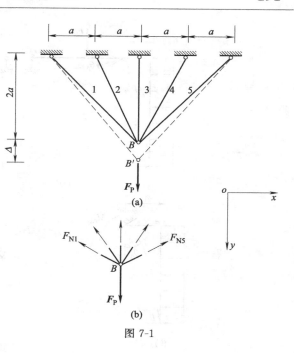

图 7-1

可见，用位移法计算时，计算方法并不因结构的静定或超静定而有所不同。

根据以上简例，可归纳出位移法的要点如下。

① 确定位移法的基本未知量［如图 7-1（a）中 B 点的竖向位移 Δ］。

② 建立位移法的基本方程（为一平衡方程）

③ 建立基本方程又分两步：

a. 把结构折成杆件进行分析，得杆件的刚度方程，这是位移法分析的基础；

b. 再把杆件组合成结构，进行整体分析，得基本方程。

总之，位移法是通过一折一搭，把复杂结构计算问题转化成简单杆件的分析和综合的问题，这就是位移法的基本思路。

又如图 7-3（a）所示刚架，在荷载作用下，结点 A 发生角位移 θ_A 和线位移 Δ，将其作为位移法的基本未知量。并将刚架视为由一系列单跨梁组合而成的整体，如图 7-3（b）、（c）所示，即 AB 杆视为两端固定的单跨梁，AC 杆视为一端固定、一端铰支的单跨梁，它们分别在荷载和支座位移作用下，将产生杆端内力。如果能求出结点位移（θ_A 和 Δ），则余下的问题就是杆件的计算问题。以上是用位移法计算刚架的

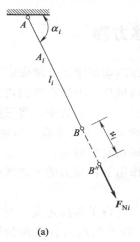

(a)

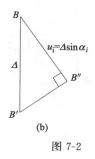

(b)

图 7-2

基本思路。为此，应首先建立单跨梁的杆端内力与杆端位移和荷载的关系，该关系称为杆件的转角位移方程。

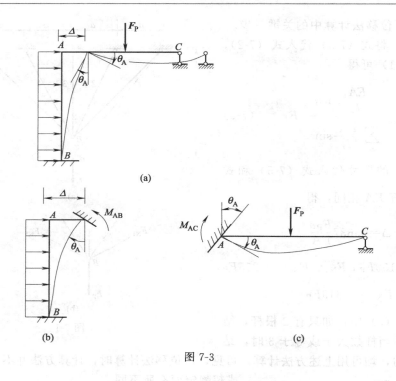

图 7-3

7. 2　等截面杆件的转角位移方程

在位移法中，将超静定刚架等结构中的杆件分为三类：即两端固定、一端固定另一端铰支和一端固定另一端定向的等截面直杆。求得位移法基本未知量后，上述杆件的内力均可以由力法求得。此时，位移法基本未知量就成为杆件的支座位移。在位移法中，将三类基本杆件由单位位移引起的杆端力称为刚度系数，因为它们只与杆件的截面尺寸和材料性质有关，所以称为**形常数**；将荷载引起的杆端弯矩和剪力称为固端弯矩和固端剪力，由于它们只与荷载的形式有关，所以也称为**载常数**。将支座位移与荷载共同作用下杆端力的表达式称为转角位移方程。

在结构力学中，从位移法开始，对杆端弯矩的正负号规定进行了重新定义（与材料力学中梁下部纤维受拉为正有所不同）。如图 7-4 所示，对杆端，弯矩以顺时针转向为正，剪力仍然是使脱离体顺时针转为正。

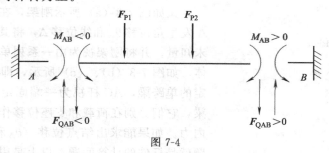

图 7-4

7. 2. 1　两端固定等截面杆件的转角位移方程

图 7-5 所示为横向荷载作用下的两端固定的等截面直杆。设该杆 A、B 两端分别发生顺

时针转角 θ_A 和 θ_B，并且两端发生横向相对线位移 Δ。当等截面杆件在已知荷载作用和端点位移作用下，则根据力法可导出杆端弯矩的一般公式为

$$\left.\begin{array}{l} M_{AB}=4i\theta_A+2i\theta_B-6i\dfrac{\Delta}{l}+M_{AB}^F \\[2mm] M_{BA}=2i\theta_A+4i\theta_B-6i\dfrac{\Delta}{l}+M_{BA}^F \end{array}\right\} \tag{7-7}$$

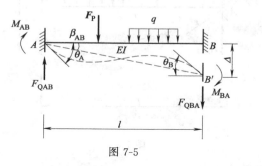

图 7-5

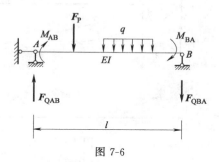

图 7-6

式中，结点转角 θ_A、θ_B 一律以顺时针转向为正；两端垂直杆轴的相对位移为 Δ，使杆顺时针转向为正，$i=\dfrac{EI}{l}$，称为线刚度；$\beta_{AB}=\dfrac{\Delta}{l}$（图 7-5），称为杆件的弦转角；$M_{AB}^F$ 和 M_{BA}^F 是由荷载引起的固端弯矩，由表 7-1 给出。

式（7-7）即为两端固定等截面杆件的转角位移方程。

由式（7-7）求得杆端弯矩后，就可以根据静力平衡条件导出杆端剪力的表达式。以图 7-6 所示的简支梁为出发点，当仅作用有杆端力矩时有

$$F_{QAB}=F_{QBA}=-\frac{1}{l}(M_{AB}+M_{BA})$$

当同时有横向荷载作用时，上述杆端剪力还应叠加荷载作用下的简支梁杆端剪力，此时杆端剪力的一般公式为

$$\left.\begin{array}{l} F_{QAB}=-\dfrac{6i}{l}\theta_A-\dfrac{6i}{l}\theta_B+\dfrac{12i}{l^2}\Delta+F_{QAB}^F \\[2mm] F_{QBA}=-\dfrac{6i}{l}\theta_A-\dfrac{6i}{l}\theta_B+\dfrac{12i}{l^2}\Delta+F_{QBA}^F \end{array}\right\} \tag{7-8}$$

式中，F_{QAB}^F 和 F_{QBA}^F 是由荷载引起的固端剪力，由表 7-1 给出。表 7-1 中列出了三类基本的超静定杆件在各单位杆端位移以及常见荷载单独作用下的杆端力，以备查用。

7.2.2 一端固定另一端铰支的等截面直杆

图 7-7 所示为一端固定另一端铰支的等截面直杆。设杆件 A 端发生顺时针转角 θ_A，A、B 两端发生相对线位移 Δ，则由力法可导出杆端弯矩的一般公式为

$$M_{AB}=3i\theta_A-3i\frac{\Delta}{l}+M_{AB}^F \tag{7-9}$$

相应的杆端剪力为

$$F_{QAB}=-\frac{3i\theta_A}{l}+\frac{3i\Delta}{l^2}+F_{QAB}^F$$

$$F_{QBA}=-\frac{3i\theta_A}{l}+\frac{3i\Delta}{l^2}+F_{QBA}^F \tag{7-10}$$

式中各符号的意义同前。

7.2.3 一端固定另一端定向支座的等截面直杆

图 7-8 所示为一端固定另一端定向支座的等截面直杆。若结构变形时杆件 A 端发生转角 θ_A，则杆端弯矩的一般公式为

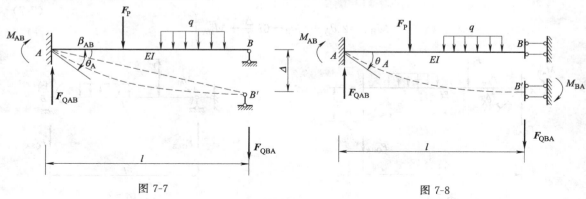

图 7-7　　　　　　　　　　　　　　图 7-8

$$\left.\begin{array}{l} M_{AB}=i\theta_A+M_{AB}^{F} \\ M_{BA}=-i\theta_A+M_{BA}^{F} \end{array}\right\} \tag{7-11}$$

相应的杆端剪力为

$$F_{QAB}=F_{QAB}^{F} \tag{7-12}$$

本节解决了杆件的杆端力与杆端位移及荷载的关系问题，式（7-7）～式（7-12）又称为等截面杆件的转角位移方程，是位移法的基础。

表 7-1　等截面超静定杆件杆端弯矩和剪力

编号	梁的简图	弯矩		剪力	
		M_{AB}	M_{BA}	F_{QAB}	F_{QBA}
1	$\theta=1$	$\dfrac{4EI}{l}=4i$	$\dfrac{2EI}{l}=2i$	$-\dfrac{6EI}{l^2}=-6\dfrac{i}{l}$	$-\dfrac{6EI}{l^2}=-6\dfrac{i}{l}$
2	$\Delta=1$	$-\dfrac{6EI}{l^2}=-6\dfrac{i}{l}$	$-\dfrac{6EI}{l^2}=-6\dfrac{i}{l}$	$\dfrac{12EI}{l^3}=12\dfrac{i}{l^2}$	$\dfrac{12EI}{l^3}=12\dfrac{i}{l^2}$
3	F_P, a, b	$-\dfrac{F_P ab^2}{l^2}$　$-\dfrac{F_P l}{8}\left(\text{当}\,a=b=\dfrac{1}{2}\right)$	$\dfrac{F_P a b^2}{l^2}$　$\dfrac{F_P l}{8}$	$\dfrac{F_P b^2(l+2a)}{l^3}$　$\dfrac{F_P}{2}$	$-\dfrac{F_P b^2(l+2a)}{l^3}$　$-\dfrac{F_P}{2}$
4	q	$-\dfrac{1}{12}ql^2$	$\dfrac{1}{12}ql^2$	$\dfrac{1}{2}ql$	$-\dfrac{1}{2}ql$
5	q	$-\dfrac{1}{20}ql^2$	$\dfrac{1}{30}ql^2$	$\dfrac{7}{20}ql$	$-\dfrac{3}{20}ql$

编号	梁的简图	弯矩		剪力	
		M_{AB}	M_{BA}	F_{QAB}	F_{QBA}
6		$\dfrac{b(3a-l)}{l^2}M$	$\dfrac{a(3b-l)}{l^2}M$	$-\dfrac{6ab}{l^3}M$	$-\dfrac{6ab}{l^3}M$
7		$\dfrac{3EI}{l}=3i$	0	$-\dfrac{3EI}{l^2}=-3\dfrac{i}{l}$	$-\dfrac{3EI}{l^2}=-3\dfrac{i}{l}$
8		$-\dfrac{3EI}{l^2}=-3\dfrac{i}{l}$	0	$\dfrac{3EI}{l^3}=3\dfrac{i}{l^2}$	$\dfrac{3EI}{l^3}=3\dfrac{i}{l^2}$
9		$-\dfrac{F_Pab(l+b)}{2l^2}$ $-\dfrac{3}{16}F_Pl$ $\left(当\,a=b=\dfrac{l}{2}\right)$	0	$\dfrac{F_Pb(3l^2-b^2)}{2l^3}$ $\dfrac{11}{16}F_P$	$\dfrac{F_Pa^2(2l+b)}{2l^3}$ $-\dfrac{5}{16}F_P$
10		$-\dfrac{1}{8}ql^2$	0	$\dfrac{5}{8}ql$	$-\dfrac{3}{8}ql$
11		$-\dfrac{1}{15}ql^2$	0	$\dfrac{4}{10}ql$	$-\dfrac{1}{10}ql$
12		$-\dfrac{7}{120}ql^2$	0	$\dfrac{9}{40}ql$	$-\dfrac{11}{40}ql$
13		$\dfrac{l^2-3b^2}{2l^2}M$ $\dfrac{M}{8}\left(a=b=\dfrac{l}{2}\right)$	0 $(a<l)$	$-\dfrac{3(l^2-b^2)}{2l^3}M$ $-\dfrac{9}{2l}M$	$-\dfrac{3(l^2-b^2)}{2l^3}M$ $-\dfrac{9}{2l}M$

续表

编号	梁的简图	弯矩		剪力	
		M_{AB}	M_{BA}	F_{QAB}	F_{QBA}
14	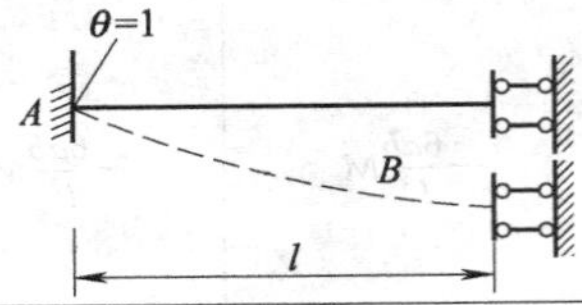	$\dfrac{EI}{l}=i$	$-\dfrac{EI}{l}=-i$	0	0
15	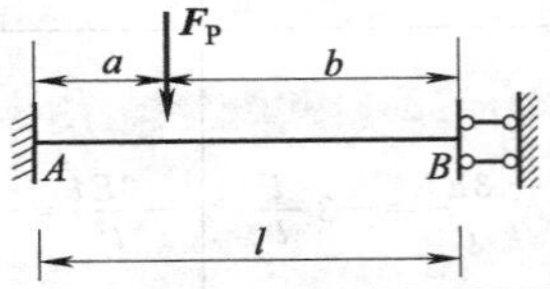	$-\dfrac{F_{P}a(l+b)}{2l}$ $-\dfrac{3F_{P}l}{8}$ $\left(\text{当}\,a=b=\dfrac{l}{2}\right)$	$-\dfrac{F_{P}a^{2}}{2l}$ $-\dfrac{F_{P}l}{8}$	F_{P} F_{P}	0
16	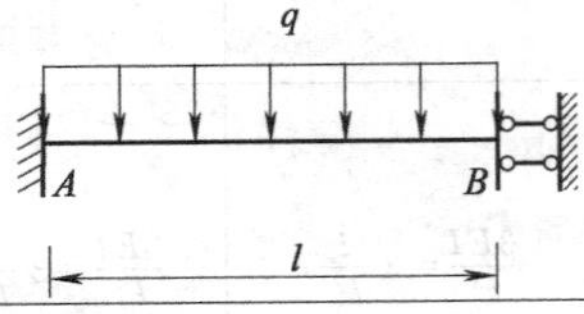	$-\dfrac{1}{3}ql^{2}$	$-\dfrac{1}{6}ql^{2}$	ql	0
17	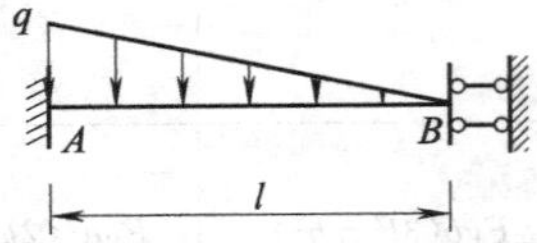	$-\dfrac{1}{8}ql^{2}$	$-\dfrac{1}{24}ql^{2}$	$\dfrac{1}{2}ql$	0
18	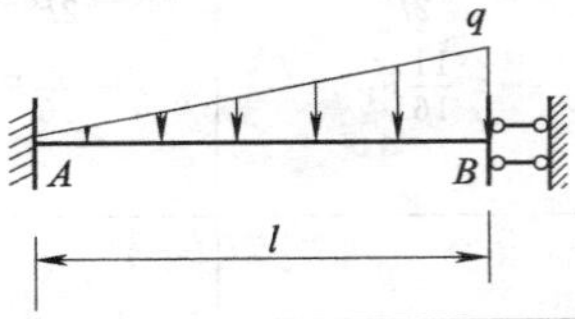	$-\dfrac{5}{24}ql^{2}$	$-\dfrac{1}{8}ql^{2}$	$\dfrac{1}{2}ql$	0
19	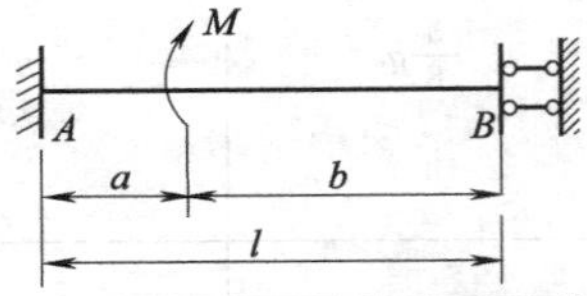	$-M\dfrac{b}{l}$ $-\dfrac{M}{2}$ $\left(\text{当}\,a=b=\dfrac{l}{2}\right)$	$-M\dfrac{b}{l}$ $-\dfrac{M}{2}$	0	0

7.3　位移法的基本未知量数目

在位移法的基本未知量中，既包含了结点角位移，又包含了结点线位移。严格来说，一个刚结点存在一个角位移和两个线位移，使得位移法的基本未知量过多，计算工作量过大，在手算时，通常引入如下假设：

①　忽略轴力产生的轴向变形，或称为轴向刚性；

②　结点转角 θ 和各杆弦转角 φ 都很微小。

根据以上假设，尽管杆件发生了轴向变形和弯曲变形，但杆件两端结点之间结点的距离保持不变。一般说来，位移法的基本未知量数目等于基本结构上所具有的附加联系数目。以图 7-9（a）所示刚架为例，由于各杆两端距离假设不变，因此，在微小位移的情况下，结点 C 和 D 的水平位移也彼此相等，可用一个独立的结点线位移 Δ 来表示。结构全部基本未知量只有三个，即 θ_C、θ_D 和 Δ。如果在结点 C 和结点 D 引入附加刚臂来阻止结点 C 和结点 D 发生转动，引入一附加水平链杆阻止结点 C 和结点 D 发生水平位移，如图 7-9（b）所示，则刚架就成为位移法的基本结构。其中：

① 附加刚臂数，等于原结构中刚结点的数目。注意：弯矩已知或间接已知的刚结点不计入。

② 附加链杆数，等于独立的结点线位移数目。

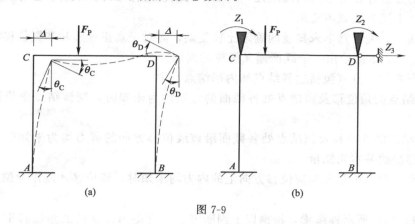

图 7-9

对于一般刚架，独立结点线位移数目常可由观察判定，如图 7-9（a）中，只有一个独立线位移。但在一般情况下，结点独立的线位移数目还可以用几何构造分析的方法确定。如果将结构中各刚结点（含固定端支座）全部铰化，则此铰结体系的自由度就是原结构使独立的结点线位移数目。或者说，为了使此铰结体系成为几何不独立变体系，而需添加的链杆数就等于原结构的结点线位移的数目。以图 7-10（a）所示刚架为例，为了确定独立的结点线位移数，把所有刚结点都改为铰结点，得到图 7-10（b）中实线所示的体系。添加两根链杆（虚线）后，体系就由几何可变成为几何不变。由此可知，图 7-10（a）中的刚架有两个独立结点线位移。

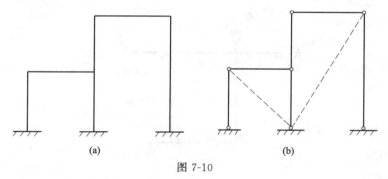

图 7-10

又如图 7-11（a）所示刚架，将其中刚结点都改为铰结点，得图 7-11（b）中所示的体系，体系为一几何瞬变体系，具有一个自由度，在铰 C 处增加一根链杆后，体系才成为几何不变体，故 7-11（a）中的刚架有一个独立结点线位移。

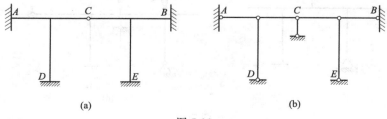

图 7-11

总的来说，位移法的基本未知量包括结点转角和独立结点线位移。结点转角的数目等于刚结点的数目，独立结点线位移的数目等于铰结体系的自由度的数目。以上确定位移法基本未知量数目的方法存在着很大的局限性，例如，当支座链杆与杆件轴线重合时，或者支座为定向支撑时，上述方法就不适用了。

在位移法中，关于基本未知量的确定比较复杂，而对于真正理解和掌握位移法的基本原理又是至关重要，下面给出一个既严谨又简单的判别方法。

在结构所有的结点（包括边界结点和内部结点）中：

① 若某结点的角位移及该结点处各截面的弯矩均为未知时，则该结点角位移为位移法的基本未知量。

② 若某结点的线位移及该结点处各截面沿该线位移方向的剪力均为未知时，则该结点线位移为位移法的基本未知量。

概括起来，只有位移和相应位移方向上的内力均未知时，该位移才能作为位移法的基本未知量。

如图 7-12 （a）所示连续梁，根据以上判断方法，支座 A、D 处的角位移不作为基本未知量，E 点虽然沿竖向线位移，但其相应方向上的剪力已知为零，则 E 点的竖向线位移不作为基本未知量。又如图 7-12 （b）所示刚架，刚结点 A 处的角位移可作为基本未知量，而

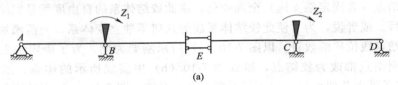

(a)

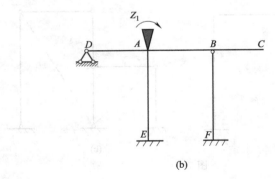

(b)

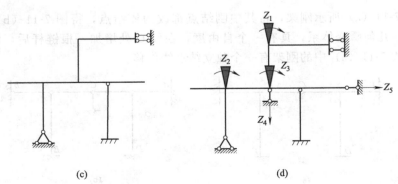

(c)   (d)

图 7-12

刚结点 B 处的弯矩已知，则相应的角位移不作为基本未知量。

最后，如图 7-12（c）所示刚架，按照以上判别方法，共有 3 个角位移、2 个线位移作为位移法的基本未知量，见图 7-12（d）。

7.4　应用转角位移方程建立位移法方程

直接应用转角位移方程建立位移法方程步骤为：
① 确定位移法的基本未知量；
② 写出各杆件的转角位移方程；
③ 利用结点或楼层的平衡条件建立位移法方程；
④ 解方程，得基本未知量；
⑤ 代回转角位移方程得各杆端内力。

注意：写转角位移方程是在位移法的基本体系上进行的，即将结构视为一系列单跨梁的集合体，无需引入附加刚臂和附加链杆，即先拆后搭。下面用例子说明位移法的基本方程是如何建立的。

例 7-1　如图 7-13（a）所示刚架，各杆刚度 EI，试用位移法求作刚架的 M 图。

解：① 基本未知量为刚结点 B 的转角 $\theta_B = Z_1$ 和柱顶的水平位移 Δ，如图 7-12（b）所示，令：$i = EI/4$。

② 利用式（7-7）、式（7-9），并叠加固端弯矩后，可写出各杆的杆端弯矩如下

$$\left.\begin{aligned} M_{AB} &= 2iZ_1 - 6i\frac{Z_2}{4} - \frac{1}{12} \times 24 \times 4^2 \\ M_{BA} &= 4iZ_1 - 6i\frac{Z_2}{4} + \frac{1}{12} \times 24 \times 4^2 \\ M_{BC} &= 3iZ_1 \\ M_{DC} &= -3i\frac{Z_2}{4} \end{aligned}\right\} \tag{7-13}$$

首先，取结点 B 为隔离体［图 7-13（c）］，可列出力矩平衡方程

$$\sum M_B = 0 , \quad M_{BA} + M_{BC} = 0 \tag{7-14}$$

利用式（7-13），此平衡方程可写为

$$7iZ_1 - 1.5iZ_2 + 32 = 0 \tag{7-15}$$

其次，取柱顶以上横梁 BC 部分为隔离体［图 7-13（d）］，可列出水平投影方程

$$\sum F_x = 0 , \quad F_{QBA} + F_{QCD} - 30 = 0 \tag{7-16}$$

式（7-16）中的杆端剪力，可由杆端弯矩换算得到。为此，取柱 AB 作隔离体［图 7-13（e）］，得

$$\sum M_A = 0, \quad F_{QBA} = -\frac{1}{4}(M_{BA} + M_{AB}) - 48$$

再取柱 CD 作隔离体［图 7-13（e）］，得

$$\sum M_D = 0, \quad F_{QCD} = -\frac{1}{4}M_{DC}$$

将以上两式代入式（7-16），并利用式（7-13）可得

$$-\frac{3}{2}iZ_1 + \frac{15}{16}iZ_2 - 78 = 0 \tag{7-17}$$

③ 解联立方程式（7-15）和式（7-17），得到 $Z_1 = \dfrac{464}{23i}$，$Z_2 = \dfrac{2656}{23i}$，将其代回转角位移方程式可得杆端弯矩，据此绘出刚架的弯矩图和剪力图［图 7-13（f）］。

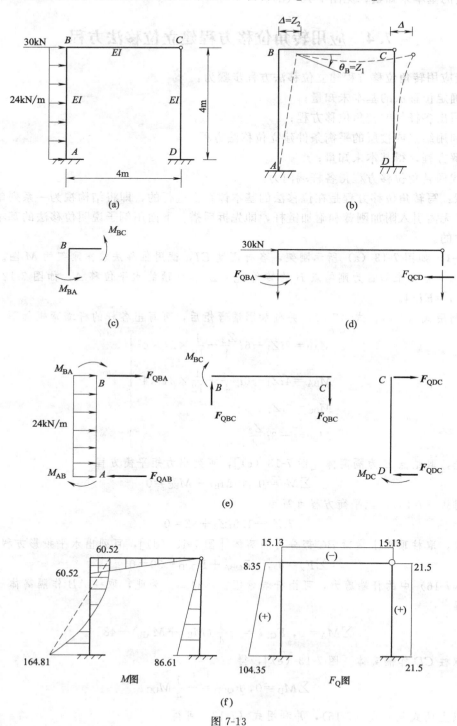

图 7-13

例 7-2　试用位移法解算图示刚架［图 7-14（a）］，并绘出弯矩图 M。

解：① 位移法的基本未知量为结点 D 的转角和楼层的水平侧移，基本体系如图 7-14 (b) 所示，且令 $i=EI/4$。

② 利用式 (7-7)、式 (7-9)，并叠加固端弯矩后，可写出各杆的杆端弯矩如下

$$M_{AD}=2iZ_1-\frac{6i}{4}Z_2 \left.\right\}$$

$$M_{DA}=4iZ_1-\frac{6i}{4}Z_2$$

$$M_{DE}=3\times(2i)=6iZ_1$$

$$M_{BE}=-\frac{3i}{4}Z_2+\frac{1}{8}\times10\times4^2 \left.\right\}$$

③ 为了求柱顶剪力，取隔离体如图 7-14 (e)、(f) 所示。

$$\sum M_A=0，\quad F_{QDA}=-\frac{1}{4}(M_{AD}+M_{DA})=-\frac{6i}{4}Z_1+\frac{12}{16}iZ_2$$

$$\sum M_B=0，\quad F_{QEB}=-\frac{1}{4}(M_{BE}-80)=\frac{3i}{16}Z_2+15$$

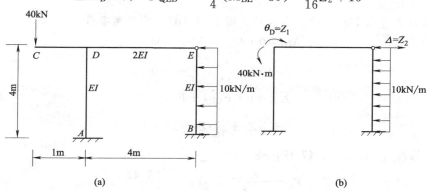

(a) (b)

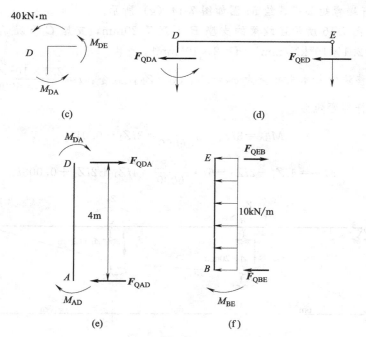

(c) (d)

(e) (f)

图 7-14

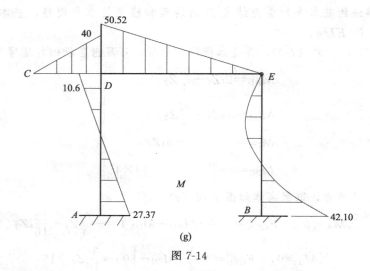

(g)

图 7-14

④ 根据结点 [图 7-13 (c)] 和楼层 [图 7-14 (d)] 的平衡条件

$$\sum M_D = 0 : M_{DC} + M_{DA} + M_{DE} = 0$$

$$10iZ_1 - \frac{6i}{4}Z_2 + 40 = 0 \tag{7-18}$$

$$\sum X = 0 : F_{QDA} + F_{QEB} = 0$$

$$-\frac{6i}{4}Z_1 + \frac{15}{16}iZ_2 + 15 = 0 \tag{7-19}$$

联立求解式 (7-18)、式 (7-19) 得

$$Z_1 = -\frac{8.42}{i} , \quad Z_2 = -\frac{29.47}{i}$$

将其代回杆端弯矩公式，绘 M 图如图 7-14 (g) 所示。

例 7-3 如图 7-15 所示连续梁的支座 B 下沉了 20mm，支座 C 下沉了 12mm，求作 M 图。已知：$E = 2.1 \times 10^2 \, \text{kN/mm}^2$，$I = 2 \times 10^8 \, \text{mm}^4$。

解：① 位移法的基本未知量为 $\varphi_B = Z_1$，$\varphi_C = Z_2$，且令：$i = \dfrac{2.1 \times 10^2 \times 2 \times 10^8}{6000}$。

② 各杆的杆端弯矩为

$$M_{BA} = 3iZ_1 - 3i\frac{20}{6000} = 3iZ_1 - 0.01i$$

$$M_{BC} = 4iZ_1 - 2iZ_2 - 6i \cdot \frac{(-8)}{6000} = 4iZ_1 + 2iZ_2 + 0.008i$$

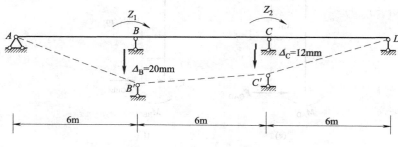

图 7-15

$$M_{CB} = 2iZ_1 + 4iZ_2 + 0.008i$$
$$M_{CD} = 3iZ_2 + 0.006i$$

③ 列位移法方程

$$\sum M_B = 0 : M_{BA} + M_{BC} = 0$$
$$7iZ_1 + 2iZ_2 - 0.002i = 0 \tag{a}$$
$$\sum M_C = 0 : M_{CB} + M_{CD} = 0$$
$$2iZ_1 + 7iZ_2 + 0.014i = 0 \tag{b}$$

解得：$Z_1 = 0.000933$, $Z_2 = -0.02266$

④ 代回杆端弯矩公式

$$M_{BA} = 3iZ_1 - 0.01i = -0.007201i = -50.4 \text{kN} \cdot \text{m}$$
$$M_{BC} = 4iZ_1 + 2iZ_2 + 0.008i = 0.0072i = 50.4 \text{kN} \cdot \text{m}$$
$$M_{CB} = 2iZ_1 + 4iZ_2 + 0.008i = 0.000802i = 5.6 \text{kN} \cdot \text{m}$$
$$M_{CD} = 3iZ_2 + 0.006i = -0.000802i = -5.6 \text{kN} \cdot \text{m}$$

可见，最终的内力与绝对刚度有关，如图 7-16 所示。

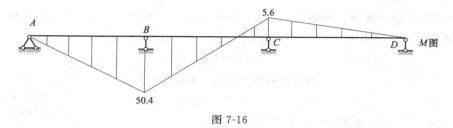

图 7-16

7.5　位移法在对称结构中的改进和应用

　　现行结构力学教材中，在力法和位移法中经常利用结构的对称性进行简化计算，应用最为普遍的是根据对称结构在对称荷载及反对称荷载作用下的内力和变形的特点，取 1/2 或 1/4 结构进行计算。在具体操作过程中，有些读者难于理解，并且在作替代变换时常常出错。在此，根据对称结构在对称荷载及反对称荷载作用下的变形特点，改进位移法的计算，克服了对称结构在计算时取 1/2 或 1/4 结构所产生的不便。改进后的位移法更容易理解，且直接在原结构上进行计算，操作起来简单、可靠、不易出错。

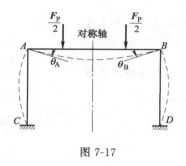

图 7-17

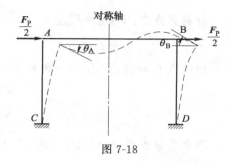

图 7-18

　　针对对称结构在对称荷载和反对称荷载作用下变形的特点，转角位移方程式 (7-7) 可作如下变换。

① 对称结构在对称荷载作用下，如图 7-17 所示，结构的变形是对称的，且 $\theta_A = -\theta_B$，将其代入式（7-7），AB 杆的转角位移方程简化为

$$\left.\begin{array}{l} M_{AB} = 2i\theta_A + M_{AB}^F \\ M_{BA} = 2i\theta_B + M_{BA}^F \end{array}\right\} \tag{7-20}$$

② 对称结构在反对称荷载作用下，如图 7-18 所示，结构的变形是反对称的，且 $\theta_A = \theta_B$，将其代入式（7-7），AB 杆的转角位移方程简化为

$$\left.\begin{array}{l} M_{AB} = 6i\theta_A + M_{AB}^F \\ M_{BA} = 6i\theta_B + M_{BA}^F \end{array}\right\} \tag{7-21}$$

因此，作用于对称结构上的任意荷载，总是可以分解为对称荷载和反对称荷载。下面在具体解题时，在对称荷载作用下，与对称轴相交的杆件的转角位移方程由式（7-20）给出；在反对称荷载作用下，与对称轴相交的杆件的转角位移方程由式（7-21）给出。

例 7-4 试作图 7-19（a）所示刚架的弯矩图。

解： 将图 7-19（a）上的荷载分解为对称荷载［图 7-19（b）］和反对称荷载［图 7-19（c）］的组合。

① 在对称荷载作用下，如图 7-19（b）所示，由式（7-20）和式（7-7）写出 AC 杆和 CD 杆的转角位移方程为

$$M'_{CD} = 2i\theta_C$$
$$M'_{CA} = 4i\theta_C + M_{CA}^F = 4i\theta_C + 1.5$$
$$M'_{AC} = 2i\theta_C + M_{AC}^F = 2i\theta_C - 1.5$$

由结点 C 的平衡，$\sum M_C = 0$，得位移法方程为

$$2i\theta_C + 4i\theta_C + 1.5 = 0$$

解得：$\theta_C = -0.25/i$，因此，将其代回转角位移方程得杆端弯矩，其弯矩图 M' 如图 7-19（d）所示。

② 在反对称荷载作用下，如图 7-19（c）所示，由式（7-21）和式（7-7）写出 AC 杆和 CD 杆的转角位移方程为

$$M''_{CD} = 6i\theta_C$$
$$M''_{CA} = 4i\theta_C - 6i\frac{\Delta}{l} + M_{CA}^F = 4i\theta_C - i\Delta + 1.5$$
$$M''_{AC} = 2i\theta_C - 6i\frac{\Delta}{l} + M_{AC}^F = 2i\theta_C - i\Delta - 1.5$$

杆端剪力为：$F''_{QCA} = F''_{QDB} = -\left(\dfrac{M''_{CA} + M''_{AC}}{l}\right) + F_{QCA}^0 = -i\theta_C + \dfrac{1}{3}i\Delta - 1.5$

式中，F_{QCA}^0 为固端剪力。

由结点 C 和楼层 CD 的平衡条件，即 $\sum M_C = 0$ 和 $\sum X = 0$，得位移法方程

$$10i\theta_C - i\Delta + 1.5 = 0 \tag{7-22}$$
$$2i\theta_C - \frac{2}{3}i\Delta + 3 = 0 \tag{7-23}$$

联立求解方程式（7-22）、式（7-23）得

$$\theta_C = \frac{3}{7i}, \Delta = \frac{5.786}{i}$$

因此，将其代回转角位移方程得杆端弯矩，其弯矩图 M'' 如图 7-19（e）所示。

③ 叠加图 7-19（d）和图 7-19（e）得最终的弯矩图 M，如图 7-19（f）所示。

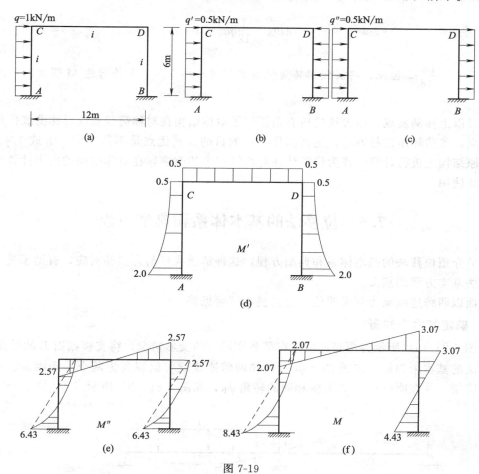

图 7-19

例 7-5 试作图 7-20（a）所示对称刚架的 M 图。各杆 EI 为常数。且令 $i = EI/a$。

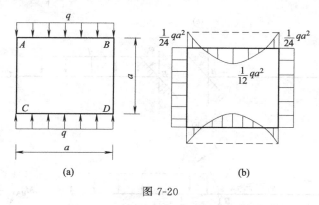

图 7-20

解：在图示对称荷载作用下，AB 杆和 AC 杆的转角位移方程均由式（7-14）给出

$$M_{AB} = 2i\theta_A + M_{AB}^F = 2i\theta_A - \frac{1}{12}qa^2$$

$$M_{AC} = 2i\theta_A$$

由结点 A 的平衡 $\sum M_A = 0$，得位移法方程

$$4i\theta_A - \frac{1}{12}qa^2 = 0$$

解得 $\theta_A = \dfrac{qa^2}{48i}$，因此，将其代回转角位移方程得杆端弯矩，并绘弯矩 M 图如图 7-20（b）所示。

通过以上算例发现，该方法的核心是抓住了对称结构在对称荷载及反对称荷载作用下变形的特点，改造转角位移方程，达到简化计算的目的。其优点是不需要取 1/2 或 1/4 结构，直接在原结构上进行计算。作为位移法在对称结构中的改进，在对称结构的内力计算中，可供参考和使用。

7.6 位移法的基本体系和典型方程

本节介绍位移法的基本体系和典型方程，这种解题程序与力法相对应，有助于进一步理解位移法基本方程的意义。

下面以两跨连续梁为例说明位移法的基本解题思路。

7.6.1 确定基本未知量

如图 7-21（a）所示为两跨连续梁在荷载作用下的变形情况，将支座截面 B 的转角 φ_B 作为位移法的基本未知量，记做 $Z_1 = \varphi_B$。这样两跨连续梁可以视其为两个一端固定、一端铰支的单跨梁，并在刚结点 B 处发生相同的转角 φ_B，如图 7-21（b）所示。

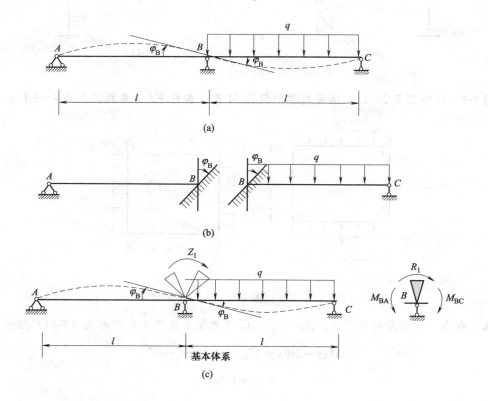

(a)

(b)

(c)

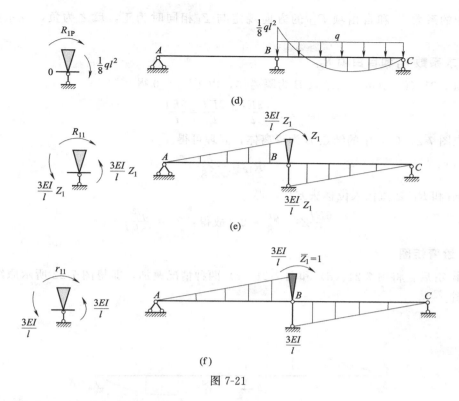

图 7-21

7.6.2 建立位移法的基本体系

如图 7-21 （c）所示，通过引入"附加刚臂"控制结点 B 不发生转动，即成为位移法的基本结构。将外荷载作用于基本结构并强迫使基本结构在附加刚臂处产生与实际相同的转角 Z_1，则基本结构与原结构具有相同的受力和变形。或者说，放松结点 B，使之产生与原结构具有相同的实际位移 $Z_1 = \varphi_B$，这样附加刚臂中的附加反力矩也就完全消失了。

7.6.3 建立位移法方程

根据叠加原理将基本结构［图 7-21 （c）］分解成图 7-21 （d）、（e）所示两种。在图 7-21 （d）中，只有荷载 q 的作用而无转角 Z_1 的影响，其中 AB 杆无荷载作用，不发生变形，故无内力，而荷载 q 作用下的 BC 杆的弯矩图由表 7-1 确定。

在图 7-21 （e）中，杆 AB 和 BC 相当于一端固定、一端铰支的梁在支座 B 处发生支座位移 Z_1 的情况，其弯矩图可由式（7-9）求得。

设以 R_{1P} 表示基本结构由于荷载在单独作用时在附加刚臂上产生的反力偶，R_{11} 表示基本结构由于发生转角 Z_1 时在附加刚臂上产生的反力偶。当荷载 q 和转角 Z_1 共同作用时，基本结构在附加刚臂上的反力偶 $R_1 = R_{11} + R_{1P}$，为了使基本结构与原结构具有相同的受力和变形，故在基本结构的附加刚臂上的反力偶 R_1 应等于零。即

$$R_1 = R_{11} + R_{1P} = 0$$

如令 r_{11} 表示当 Z_1 为单位转角 $\bar{Z}_1 = 1$ 时附加刚臂上的反力偶［图 7-21 （f）］，则有 $R_{11} = r_{11} Z_1$，故上述方程可写为

$$r_{11} Z_1 + R_{1P} = 0 \tag{7-24}$$

式（7-24）称为位移法的典型方程。

式中的系数 r_{11} 和自由项 R_{1P} 的方向规定与 Z_1 相同时为正，反之为负，且系数 r_{11} 恒为正。

7.6.4　求系数 r_{11} 和自由项 R_{1P}

如图 7-21（f）所示，取结点 B 为隔离体，由 $\sum M_B = 0$ 得

$$r_{11} = \frac{3EI}{l} + \frac{3EI}{l} = \frac{6EI}{l}$$

再取图 7-21（d）中的结点 B 为隔离体，同理可得

$$R_{1P} = -\frac{ql^2}{8}$$

将 r_{11} 和 R_{1P} 之值代入位移法方程，得

$$\frac{6EI}{l} Z_1 - \frac{ql^2}{8} = 0, \quad 故得：Z_1 = \frac{ql^2}{48EI}$$

7.6.5　绘弯矩图

求出 Z_1 后，将图 7-21（d）和图 7-21（e）两种情况叠加，即得图 7-22 所示原结构的最后弯矩图。

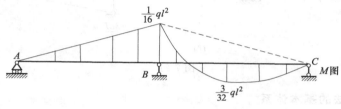

图 7-22

为了将位移法典型方程的解法推广到两个基本未知量以上的结构中去。现仍然以例 7-1 中所示的刚架为例说明位移法典型方程建立的过程，并求作刚架的弯矩图。

① 确定位移法的基本结构。

如图 7-23（a）所示刚架，结点 B 的转角和楼层的水平位移 Δ 作为位移法的基本未知量，在结点 C 引入水平附加链杆阻止楼层水平侧移，则位移法的基本体系如图 7-23（b）所示。

② 建立位移法典型方程。

为了使基本结构的受力和变形情况与原结构相同，必须强迫使附加联系处发生与实际情况相同的位移。基本结构［图 7-23（b）］在位移 Z_1 和 Z_2 以及荷载作用下的受力和变形，可以看成为图 7-23（c）、（d）、（e）三种情况叠加而成。

首先，基本结构在 Z_1 单独作用时［图 7-23（c）］，即基本结构在结点 B 发生转角 Z_1，而结点 C 仍被附加链杆固锁，而图中 R_{11}、R_{21} 为附加刚臂单独转动 Z_1 时，分别在附加刚臂和附加链杆中所引起的反力偶和反力。

其次，基本结构在 Z_2 单独作用下［图 7-23（d）］，在附加刚臂和附加链杆中所引起的反力偶和反力分别为 R_{12} 和 R_{22}。

最后，基本结构在荷载单独作用下［图 7-23（e）］，在附加刚臂和附加链杆中所引起的反力偶和反力分别为 R_{1P} 和 R_{2P}。

基本结构与原结构具有相同的受力和变形条件就是在附加联系中的总附加反力偶和总附加反力应应等于零。即

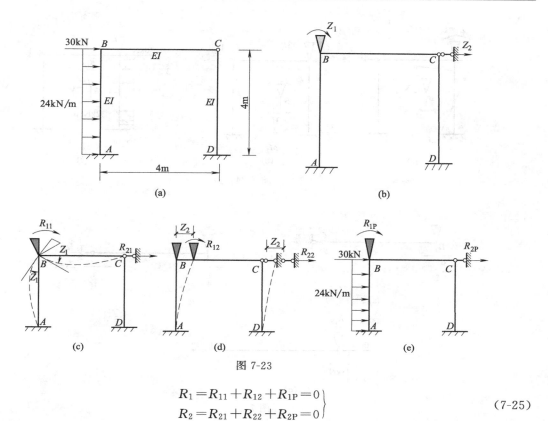

图 7-23

$$
\left.\begin{array}{l}
R_1 = R_{11} + R_{12} + R_{1P} = 0 \\
R_2 = R_{21} + R_{22} + R_{2P} = 0
\end{array}\right\} \tag{7-25}
$$

利用叠加原理，可将 R_{11}、R_{21}、R_{12}、R_{22} 等表示为基本未知量 Z_1、Z_2 的有关量，将式（7-17）表示为

$$
\left.\begin{array}{l}
r_{11}Z_1 + r_{12}Z_2 + R_{1P} = 0 \\
r_{21}Z_1 + r_{22}Z_2 + R_{2P} = 0
\end{array}\right\} \tag{7-26}
$$

式中，r_{11}、r_{21} 为基本结构在单位结点位移 $\overline{Z}_1 = 1$ 单独作用时，在附加刚臂和附加链杆中所引起的反力矩和反力；r_{12}、r_{22} 为基本结构在单位结点位移 $\overline{Z}_2 = 1$ 单独作用时，在附加刚臂和附加链杆中所引起的反力矩和反力。

式（7-26）就是两个基本未知量的位移法典型方程，其物理意义是：基本结构在荷载及各结点位移共同作用下，在每个附加联系中的反力矩或反力等于零，它实质上反映了原结构的静力平衡条件。

③ 确定系数和自由项。

利用表 7-1，且令：$i = \dfrac{EI}{4}$，分别绘出当 $\overline{Z}_1 = 1$、$\overline{Z}_2 = 1$ 和荷载单独作用时的 $\overline{M}_1$、$\overline{M}_2$ 及 M_P 图。如图 7-24（a）、（b）、（c）所示。根据以上 $\overline{M}_1$、$\overline{M}_2$ 和 M_P 图，由结点 B 的平衡 $\sum M_B = 0$，得

$$
r_{11} = 7i, \quad r_{12} = -\frac{3i}{2}, \quad R_{1P} = 32 \text{kN} \cdot \text{m}
$$

再根据 CD 杆的平衡条件 $\sum X = 0$，如图 7-25（a）、（b）、（c）所示，得

$$
r_{21} = -\frac{3i}{2}, \quad r_{22} = \frac{3i}{4} + \frac{3i}{16} = \frac{15}{16}i, \quad R_{2P} = -78 \text{kN}
$$

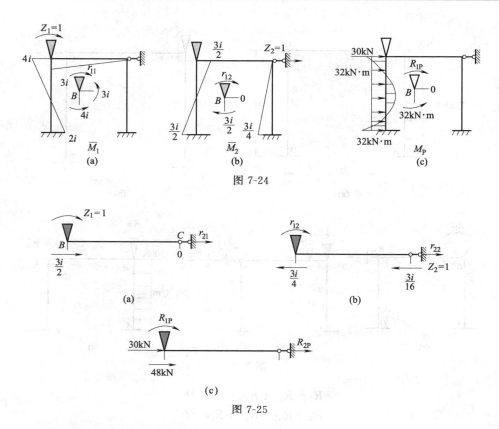

图 7-24

图 7-25

将以上系数代入位移法方程式（7-19）有

$$7iZ_1 - \frac{3i}{2}Z_2 + 32 = 0$$

$$-\frac{3i}{2}Z_1 + \frac{15}{16}iZ_2 - 78 = 0$$

解得：$Z_1 = \dfrac{464}{23i}$，$Z_2 = \dfrac{2656}{23i}$

④ 最后，按叠加原理计算各杆杆端弯矩，并绘 M 图（图 7-26）。

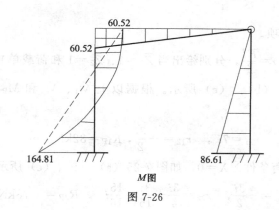

M图

图 7-26

$$M = \overline{M}_1 Z_1 + \overline{M}_2 Z_2 + M_P$$

如：$M_{AB} = 2i \times \left(\frac{464}{23i}\right) + \left(-\frac{3i}{2}\right) \times \left(\frac{2656}{23i}\right) - 32 = -164.87 \text{kN} \cdot \text{m}$

对于具有 n 个基本未知量的结构，其位移法方程的典型形式如下

$$\left.\begin{array}{l} r_{11} Z_1 + r_{12} Z_2 + \cdots\cdots + r_{1n} Z_n + R_{1P} = 0 \\ r_{21} Z_1 + r_{22} Z_2 + \cdots\cdots + r_{2n} Z_n + R_{2P} = 0 \\ \quad\vdots \qquad\quad \vdots \qquad\qquad \vdots \qquad\quad \vdots \\ r_{n1} Z_1 + r_{n2} Z_2 + \cdots\cdots + r_{nn} Z_n + R_{nP} = 0 \end{array}\right\} \quad (7\text{-}27)$$

式中，r_{ij} 为基本结构在单位结点位移法 $\overline{Z}_j = 1$ 单位作用时，在附加约束 i 中产生的约束力（$i = 1, 2, \cdots, n$; $j = 1, 2, \cdots n$）；R_{iP} 为基本结构在荷载单独作用时，在附加约束 i 中产生的约束力（$i = 1, 2, \cdots, n$）。

由位移法方程（7-27）解出基本未知量。最后可按叠加公式

$$M = \overline{M}_1 Z_1 + \overline{M}_2 Z_2 + \cdots\cdots + \overline{M}_n Z_n + M_P \quad (7\text{-}28)$$

绘出最后的弯矩图。

说明：① 在建立位移法时，基本未知量 Z_1、Z_2、$\cdots Z_n$ 均假设为正，计算结果为正，说明 Z_1，Z_2，$\cdots Z_n$ 的实际方向与假设方向一致，反之，则相反。

② 式（7-19）中的系数 r_{ij} 称为结构的刚度系数，主对角线的系数 r_{ii} 恒大于零，称为主系数，其余的 r_{ij} 称为负系数，可正、可负，且 $r_{ij} = r_{ji}$。

位移法典型方程应用举例如下。

例 7-6 试用位移法计算图 7-27（a）所示刚架，并绘 M 图。令 $i = \dfrac{EI}{l}$。

解： ① 确定位移法的基本结构。位移法的基本未知量为结点 C 的转角和楼层的水平侧移，基本结构如图 7-27（b）所示。

② 建立位移法典型方程

$$\left.\begin{array}{l} r_{11} Z_1 + r_{12} Z_2 + R_{1P} = 0 \\ r_{21} Z_1 + r_{22} Z_2 + R_{2P} = 0 \end{array}\right\}$$

③ 求系数和自由项。

分别绘出 $\overline{M}_1$、$\overline{M}_2$ 和 M_P 图，如图 7-27（c）、（d）、（e）、（f）所示。

根据结点 C 的平衡条件 $\sum M = 0$，得

$$r_{11} = 16i, \quad r_{12} = -6\frac{i}{l}, \quad R_{1P} = \frac{1}{8}ql^2$$

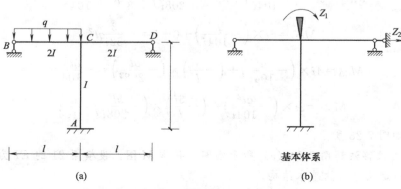

(a)　　　　　　　　　(b)

图 7-27

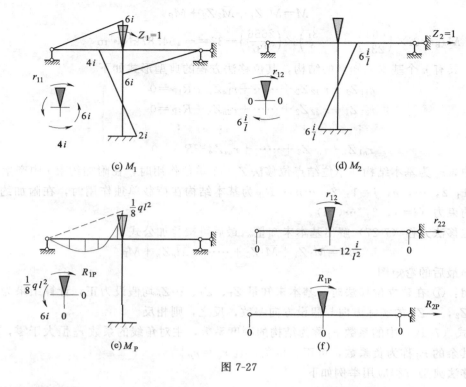

图 7-27

再根据楼层的水平平衡条件 [图 7-27 (f)] $\sum X=0$，得

$$r_{22}=12\frac{i}{l^2}\ ,\quad R_{2P}=0$$

④ 将以上系数和自由项代入位移法方程

$$16iZ_1-\frac{6i}{l}Z_2+\frac{1}{8}ql^2=0$$
$$-\frac{6i}{l}Z_1+\frac{12i}{l^2}Z_2=0$$

解得 $Z_1=-\dfrac{ql^2}{104i}$ ，$\quad Z_2=-\dfrac{ql^3}{208i}$

⑤ 按叠加法有 $M=\overline{M}_1Z_1+\overline{M}_2Z_2+M_P$

$$M_{CB}=6i\times\left(-\frac{ql^2}{104i}\right)+0\times\left(-\frac{ql^3}{208i}\right)+\frac{1}{8}ql^2=\frac{7}{104}ql^2$$

$$M_{CD}=6i\times\left(-\frac{ql^2}{104i}\right)+0+0=-\frac{3}{52i}ql^2$$

$$M_{CA}=4i\times\left(-\frac{ql^2}{104i}\right)+\left(-\frac{6i}{l}\right)\times\left(-\frac{ql^3}{208i}\right)=-\frac{ql^2}{104},$$

$$M_{AC}=2i\times\left(-\frac{ql^2}{104i}\right)+\left(-\frac{6i}{l}\right)\times\left(-\frac{ql^3}{208i}\right)=\frac{ql^2}{104}$$

绘 M 图如图 7-28 所示。

例 7-7　用位移法解图 7-29 (a) 所示刚架，并作 M 图，设横梁 21 的 EI 为无穷大。

解：① 确定位移法的基本结构。

由于横梁刚度无穷大，刚结点 1、2 无角位移，位移法的基本未知量只有横梁的水平线

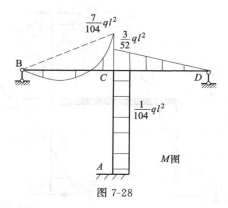

图 7-28

位移 Z_1，基本结构如图 7-29（b）所示。

② 位移法方程：$r_{11}Z_1 + R_{1P} = 0$。

③ 绘 M_1、M_P 图，求系数和自由项。

因为

$$F_{Q2A} = F_{Q1A} = F_{Q1C} = -\frac{1}{l}\left(-\frac{6i}{l} - \frac{6i}{l}\right) = \frac{12}{l^2}i$$

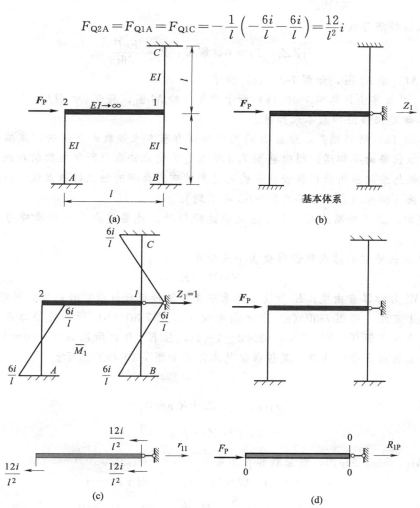

图 7-29

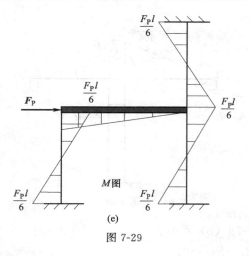

M图

(e)

图 7-29

由平衡条件［图 7-29（c）、（d）］

$$\sum X=0 \qquad r_{11}=3 \times \frac{12i}{l^2}=\frac{36i}{l^2}, \quad R_{1P}=-F_{1P}$$

④ 代入位移法方程

$$\frac{36i}{l^2}Z_1-F_P=0，解得：Z_1=\frac{F_P l^2}{36i}$$

由 $M=\overline{M}Z_1$ 绘 M 图，如图 7-29（e）所示。

例 7-8 用位移法计算图 7-30（a）所示刚架并绘 M 图，且令 $i=EI/6$。

解： ① 确定位移法的基本未知数。

如图 7-30（a）所示刚架，结点 B 的角位移作为基本未知数是显然的，该结构是否存在独立的结点线位移尚不知道。根据前面 7.3 节所述的铰化法来判断独立的结点线位移是存在问题的，如果想继续应用前述换铰法来确定这类结构所具有的独立的结点线位移数目，在此应用如下方法［参考《力学与实践》2005 年 4 期］。

a. 换铰时，除了对刚结点、固定端支座处换铰外，还要将定向支座换成与原支杆平行的链杆支座。

b. 原结构的独立的结点线位移数由下式确定

$$S=W-K$$

式中，W 为计算自由度；K 为铰结体系中支座链杆与杆轴线重合的支座链杆数。

根据以上方法，将图 7-30（a）所示刚架铰化成图 7-30（b）所示铰结体系，且将支座 D 的定向支座换成链杆，$W=3 \times 3-2 \times 2-4=1$，且 $K=0$，所以 $S=1-0=1$，故原结构中有一个独立的结点线位移数。其位移法基本体系如图 7-30（c）所示。

② 位移法方程

$$\left.\begin{array}{l} r_{11}Z_1+r_{12}Z_2+R_{1P}=0 \\ r_{21}Z_1+r_{22}Z_2+R_{2P}=0 \end{array}\right\}$$

③ 绘 $\overline{M}_1$、$\overline{M}_2$、M_P 图，求系数和自由项

$$r_{11}=8i+4i+6i=18i, \; r_{12}=-2i+i=-i$$

$$r_{22}=\frac{2}{3}i+\frac{1}{6}i=\frac{5}{6}i, \; R_{1P}=-100, \quad R_{2P}=0$$

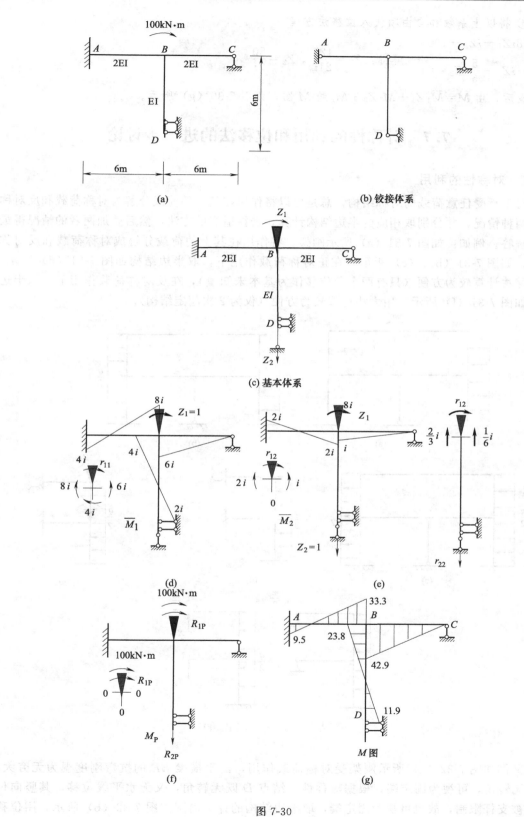

(a)

(b) 铰接体系

(c) 基本体系

(d)

(e)

(f)

(g)

图 7-30

④ 将以上系数和自由项代入位移法方程

$$\left.\begin{aligned} 18iZ_1 - iZ_2 - 100 \\ -iZ_1 + \frac{5}{6}iZ_2 = 0 \end{aligned}\right\}$$ 解得：$Z_1 = \frac{125}{21i}$ ，$Z_2 = \frac{50}{7i}$

最后，由 $M = \overline{M}_1 Z_1 + \overline{M}_2 Z_2 + M_P$ 绘 M 图，如图 7-30（g）所示。

7.7 对称性的利用和位移法的进一步讨论

7.7.1 对称性的利用

对于承受任意荷载的对称结构，总是可以将作用在其上的荷载分解为对称荷载和反对称荷载两种情况，并分别取相应的半边结构计算，选择适当的方法，然后叠加两者的情况得最终的解答。例如：如图 7-31（a）所示刚架，将作用在其上的荷载分解成对称荷载和反对称荷载，如图 7-31（b）、（c）所示。在正对称荷载作用下，取半边结构如图 7-31（d）所示，用位移法计算较为方便（只有两个角位移作为基本未知量），在反对称荷载作用下，取半边结构如图 7-31（f）所示，用力法计算较为方便（仅为 2 次超定结构）。

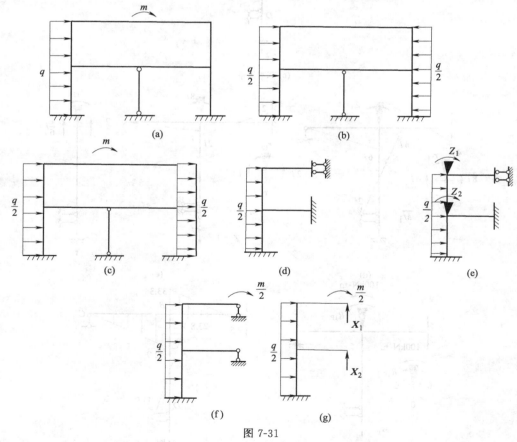

图 7-31

又例如图 7-32（a）所示刚架受对称荷载作用，由于横梁 BE 的抗弯刚度视为无穷大，B 端无转角，可视为固定端，根据对称性，结点 D 既无转角，又无水平线位移，其竖向位移又被支杆限制，故也可视为固定端，取半边结构的计算简图如图 7-32（b）所示，用位移法求解，只有一个角位移 θ_A 作为基本未知量。

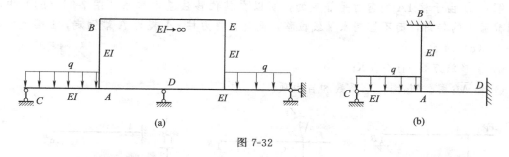

图 7-32

7.7.2 杆轴线与支座链杆重合时的处理

图 7-33（a）中链杆 C 与 AC 杆轴线重合，故 AC 杆在图示荷载作用下 M_{CA}、F_{QCA} 都等于零，但轴力不为零，故 CA 杆在 A 端相当于一半铰，进而可用一支杆代替，如图7-33（b）所示，位移法仅有一个未知量 φ_B。

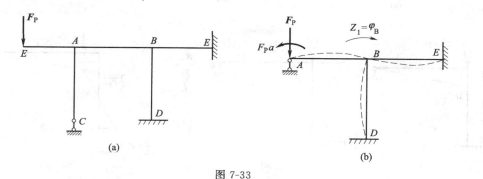

图 7-33

7.7.3 静定部分的处理

如图 7-34（a）所示刚架，AB 部分为静定部分，为了绘其内力图，可先求得反力 F_{RB}，反其方向作用于超静定部分上，如图 7-34（b）所示，进一步简化为图 7-34（c）所示，用位移法求解，仅结点 D 的转角 φ_D 为未知数。

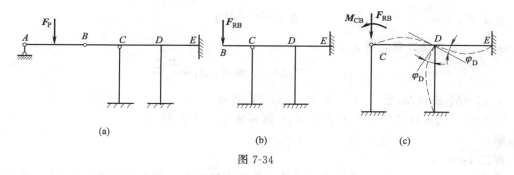

图 7-34

7.7.4 静定剪力柱带来的简化

静定剪力柱的特征是，柱中各截面剪力可以由平衡条件确定，而无需利用变形条件。如果结构中所有柱子都是静定剪力柱，则形成基本体系时，只需施加附加刚臂，而无需施加附加链杆，即只有结点转角是位移法的基本未知量。

例 7-9 试用位移法求解图 7-35（a）所示刚架并绘 M 图。

解： ① 由于柱 1A 的剪力是静定的，所以在其位移法基本体系 [图 7-35（b）] 中，只控制截面 1 的转角，而不控制水平线位移，同时，将力柱 1A 视为 A 端固定，1 端定向，如图 7-35（c）所示。

② 位移法方程 $r_{11}Z_1 + R_{1P} = 0$。

③ 绘 $\overline{M}_1$ 图、M_P 图，求系数和自由项。

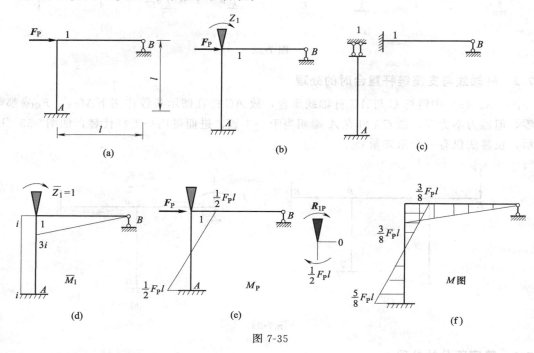

图 7-35

在作 $\overline{M}_1$ 图时，立柱 1A 中的剪力为零，即固定端 A 中的水平反力为零，因而，可将 A 端换成滑动支座，而 1 端视为刚结，作出的 $\overline{M}_1$ 图如图 7-35（d）所示。然而，求作 M_P 时，仍然将 1 端视为定向，A 端固定，查表 7-1 得杆端弯矩，并绘 M_P 图如图 7-35（e）所示。

系数：
$$r_{11} = 3i + 1 = 4i$$

自由项：
$$R_{1P} = -\frac{1}{2}F_P l$$

④ 代入位移法方程，解方程，即

$$4iZ_1 - \frac{1}{2}F_P L = 0,\ \text{解得：} Z_1 = \frac{F_P L}{8i}$$

由 $M = \overline{M}_1 Z_1 + M_P$ 绘 M 图，如图 7-35（f）所示。

例 7-10 试用位移法计算图 7-36（a）所示刚架，并绘 M 图。

解：

解法 1：

① 按一般的解法，不考虑静定剪力柱，原结构经简化后的受力如图 7-36（b）所示，位移法的基本未知量为 Z_1 和 Z_2，如图 7-36（c）所示为基本体系。

② 位移法方程

$$\left.\begin{array}{l} r_{11}Z_1 + r_{12}Z_2 + R_{1P} = 0 \\ r_{21}Z_1 + r_{22}Z_2 + R_{2P} = 0 \end{array}\right\}$$

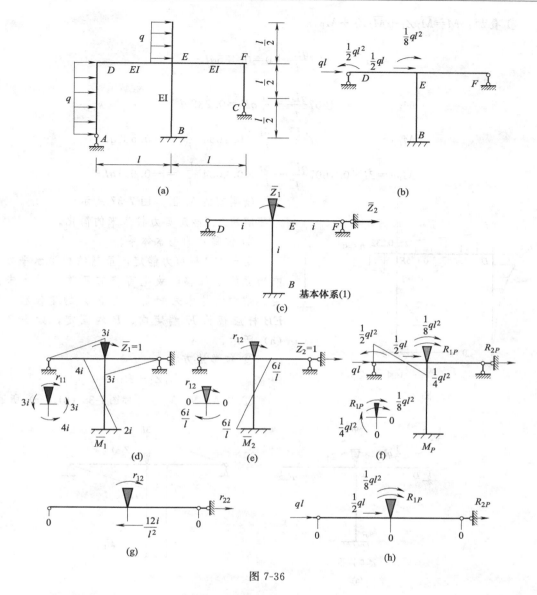

图 7-36

③ 绘出 $\overline{M}_1$、$\overline{M}_2$ 及 M_P 图，求系数和自由项。

由结点 E 及楼层的平衡条件可求得

$$r_{11}=10i , \quad r_{12}=-\frac{6i}{l}, \quad R_{1P}=-\frac{3}{8}ql^2$$

$$r_{22}=\frac{12i}{l^2} , \quad R_{2P}=-\frac{3}{2}ql$$

④ 代入位移法方程有

$$10iZ_1-\frac{6i}{L}Z_2-\frac{3}{8}qL^2=0$$

$$-\frac{6i}{L}Z_1+\frac{12i}{L^2}Z_2-\frac{3}{2}qL=0$$

$$\left.\begin{cases} Z_1=0.1607\dfrac{qL^2}{i} \\[2mm] Z_2=0.2054\dfrac{qL^3}{i} \end{cases}\right.$$

⑤ 叠加：$M = \overline{M}_1 Z_1 + \overline{M}_2 Z_2 + M_P$

$$M_{EF} = 3i \times 0.1607 \frac{qL^2}{i} + 0 = 0.485qL^2$$

$$M_{ED} = 3i \times 0.1607 \frac{qL^2}{i} - \frac{1}{4}ql^2 = 0.232ql^2$$

$$M_{EB} = 4i \times 0.1607 \frac{qL^2}{i} - \frac{6i}{L} \times 0.2054 \frac{qL^3}{i} = -0.589qL^2$$

$$M_{BE} = 2i \times 0.1607 \frac{qL^2}{i} - \frac{6i}{L} \times 0.2054 \frac{qL^3}{i} = -0.911qL^2$$

绘刚架的 M 图如图 7-37 所示。

解法 2：静定剪力柱带来的简化。

① 位移法的基本体系。

由于 EB 杆剪力静定，虽然结构沿水平方向有独立的线位移，故也可将它不作为基本未知量。结构的基本未知量只有 E 点的角位移。但 EB 杆应视为 E 端定向、B 端固定，如图 7-38（a）所示。

② 位移法方程

$$r_{11}Z_1 + R_{1P} = 0$$

③ 作 $\overline{M}_1$ 图、M_P 图［如图 7-38（b）、（c）所示］

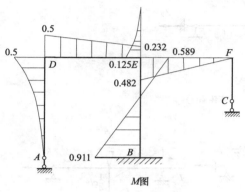

M图

图 7-37

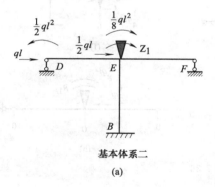

基本体系二

(a)

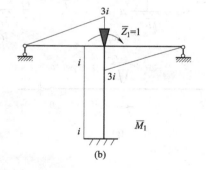

$\overline{M}_1$

(b)

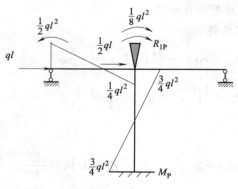

M_P

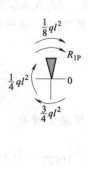

(c)

图 7-38

注意：作 $\overline{M}_1$ 图时由于 EB 杆剪力为零，可将 E 端视为刚结、B 端视为定向。

由图 7-38（b）、（c）结点 E 的平衡

$$r_{11} = 7i , \quad R_{1P} = -\frac{9}{8}ql^2$$

代入位移法方程 $7iZ_1 - \frac{9}{8}ql^2 = 0$，解得：$Z_1 = \frac{9}{56i}ql^2$

由 $M = \overline{M}_1 Z_1 + M_P$ 得各杆端弯矩

$$M_{EF} = 3i \times \left(\frac{9ql^2}{56i}\right) + 0 = \frac{27}{56}ql^2 , \quad M_{ED} = 3i \times \left(\frac{9ql^2}{56i}\right) - \frac{1}{4}ql^2 = \frac{13}{56}ql^2$$

$$M_{EB} = i \times \left(\frac{9ql^2}{56i}\right) - \frac{3}{4}ql^2 = -\frac{33}{56}ql^2 , \quad M_{BE} = (-i) \times \left(\frac{9ql^2}{56i}\right) - \frac{3}{4}ql^2 = -\frac{51}{56}ql^2$$

绘出的 M 图与图 7-37 完全一致。

例 7-11 试用位移法计算图 7-39（a）所示刚架，并绘 M 图。

解： 按 7.3 节介绍的确定位移法基本未知量，即刚结点 2 弯矩及转角均未知，故设为一未知量 Z_1。而杆 425 沿 y 方向虽有独立的结点线位移，但相应沿 y 方向的各杆剪力静定已知，故该方向的线位移不作为基本未知量。取基本体系如图 7-39（b）所示。

位移法方程为

$$r_{11}Z_1 + R_{1P} = 0$$

作 $\overline{M}_1$ 图、M_P 图，如图 7-39（c）、（d）所示。

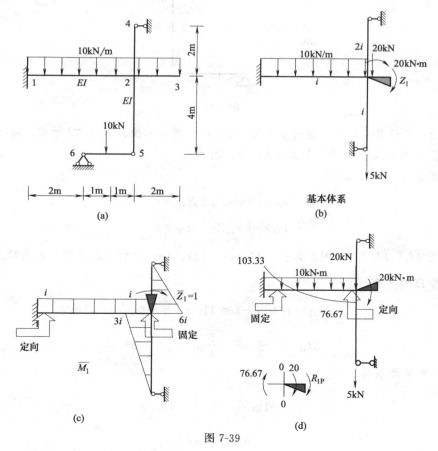

图 7-39

由结点 2 的平衡

$$r_{11}=10i$$

$$R_{1P}=-\left(\frac{ql^2}{6}+\frac{F_Pl}{2}+20\right)$$

$$=-\left(\frac{10\times4^2}{6}+\frac{25\times4}{2}+20\right)$$

$$=-\frac{290}{3}$$

代入位移法方程　　$10iZ_1-\dfrac{290}{3}=0$

解得：　　$Z_1=\dfrac{29}{3i}$

杆端弯矩由 $M=\overline{M}_1Z_1+M_P$ 计算，并绘 M 图，如图 7-40 所示。

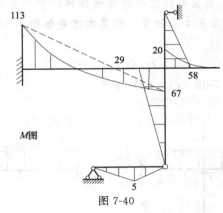

M图

图 7-40

例 7-12　用位移法典型方程计算如图 7-41（a）所示刚架，各杆 EI 相同，绘 M 图。

解：① 位移法基本体系，如图 7-41（b）所示。

② 位移法方程，令 $i=EI/a$

$$r_{11}Z_1+r_{12}Z_2+R_{1P}=0$$

$$r_{21}Z_1+r_{22}Z_2+R_{2P}=0$$

③ 作出 $\overline{M}_1$、$\overline{M}_2$ 及 M_P 图，如图 7-41（c）、（d）、（e）所示，求系数和自由项。

由结点 D 的平衡

$$r_{11}=4i+3i+3i=11i,\ r_{12}=-6i\ \frac{1}{a}$$

$$R_{1P}=-\frac{1}{2}qa^2-\frac{1}{8}qa^2=-\frac{5}{8}qa^2$$

由楼层的平衡条件

$$r_{22}=12i\ \frac{1}{a^2}+3i\ \frac{1}{a^2}=15i\ \frac{1}{a^2}$$

$$R_{2P}=-qa$$

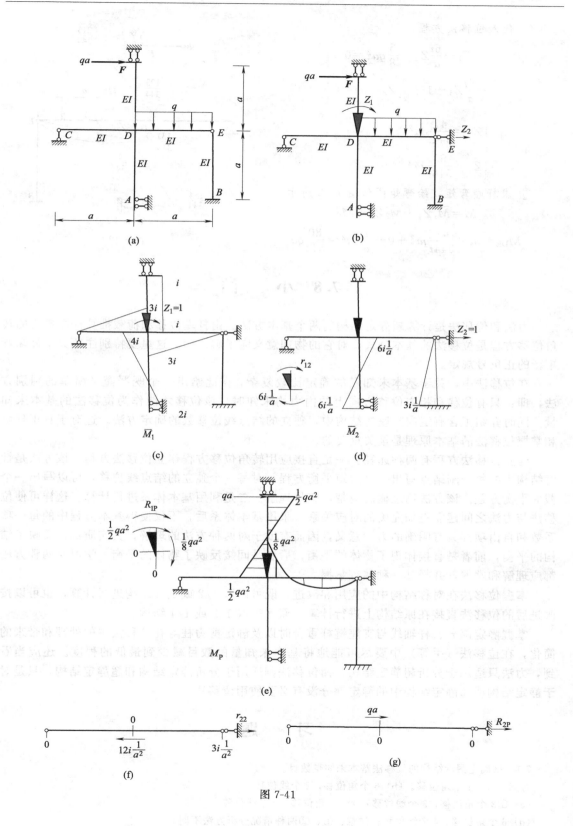

图 7-41

④ 代入位移法方程

$$11iZ_1 - \frac{6i}{a}Z_2 - \frac{5}{8}qa^2 = 0 \left.\right\}$$

$$-\frac{6i}{a}Z_1 + 15i\frac{1}{a^2}Z_2 - qa = 0 \left.\right\}$$

解得：

$$\begin{cases} Z_1 = \dfrac{41}{344i}qa^2 \\ Z_2 = \dfrac{59}{516i}qa^3 \end{cases}$$

⑤ 求杆端弯矩，绘弯矩图如图 7-42 所示。

$$M = \overline{M}_1 Z_1 + \overline{M}_2 Z_2 + M_P$$

$$M_{DE} = 3i \times \frac{41}{344i}qa^2 + 0 - \frac{1}{8}qa^2 = \frac{80}{344}qa$$

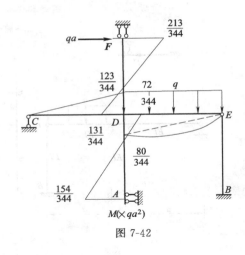

图 7-42

7.8 小　结

力法和位移法是计算超静定结构的两个基本方法。由杆端位移和荷载推算杆端弯矩的转角位移方程是位移法的基本公式，对它的物理意义应了解清楚。这里要特别注意关于杆端弯矩新的正负号规定。

在位移法中，关于基本未知量的确定比较复杂，在此给出一个既严谨又简单的判别方法，即：只有位移和相应位移方向上的内力均未知时，该位移才能作为位移法的基本未知量。同时介绍了含有定向支座的结构中，独立的结点线位移数的确定方法。这对于真正理解和掌握位移法的基本原理是至关重要的。

建立位移法方程有两种途径。一是直接应用转角位移方程建立位移法方程。该方法是针对结构中的每个刚结点写出一个力矩平衡方程，对每一个独立的结点线位移，可以写出一个截面平衡方程。该方法物理概念清楚，容易理解。二是利用基本体系进行计算。这样可使位移法与力法之间建立更加完美的对应关系，采用基本体系后，不仅使得基本方程中的每一项系数和自由项都具有明确的力学意义，因而有助于对两种方法的理解，其实质都是反映了结构的平衡，前者是直接体现了物体的平衡，后者是间接反映了物体的平衡。学习时两种方法都应理解和掌握，并择其一种熟练掌握。

掌握位移法在对称结构中的应用和改进，既可以取 1/2 或 1/4 结构进行计算，也可以按改进后的位移法直接在原结构上进行计算，而无需取 1/2 或 1/4 结构。

掌握静定部分、杆轴线与支座链杆重合时以及静定剪力柱等在位移法中的处理和带来的简化，在位移法（手算）中要尽可能地将基本未知量的数目减少到最低的程度。还应当看到，力法只适用于分析超静定结构，而位移法则通用于分析静定结构和超静定结构，只是对于静定结构或超静定结构中的静定部分没有必要使用位移法。

习　题

7-1　试确定图示结构的位移法基本未知量数目。

答案：（a）1 个角位移。（b）6 个角位移，2 个线位移。

（c）①3 个角位移，3 个线位移；②1 个角位移，2 个线位移。

（d）6 个角位移，4 个线位移；注意：①、②两种情况分析方法不同。

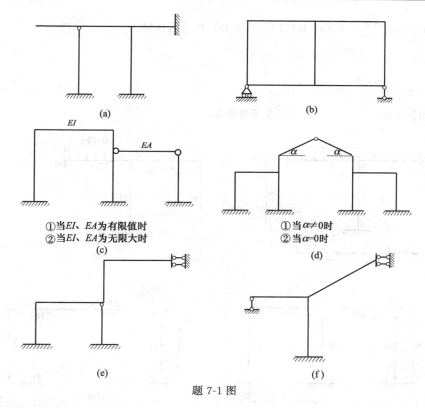

题 7-1 图

（e）3 个角位移，1 个线位移。

（f）1 个角位移，1 个线位移。

7-2 试利用转角位移方程建立求解图示结构内力的位移法方程。

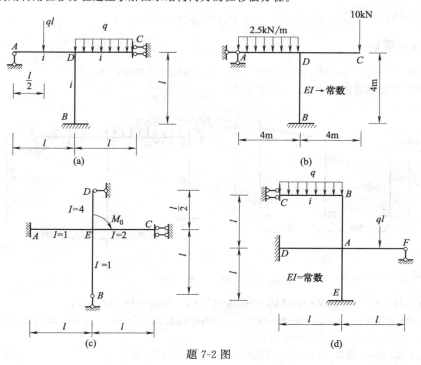

题 7-2 图

答案：(a) $8i\theta_D - \dfrac{7ql^2}{48} = 0$ (b) $1.75EI\theta_D = 35$ (c) $30\dfrac{E}{l}\theta_E = M_0$

(d) $\begin{cases} 15i\theta_A + 2i\theta_B - \dfrac{3ql^2}{16} = 0 \\ 2i\theta_A + 5i\theta_B + \dfrac{ql^2}{3} = 0 \end{cases}$

7-3 试用位移法计算图示结构，并绘制其弯矩图。

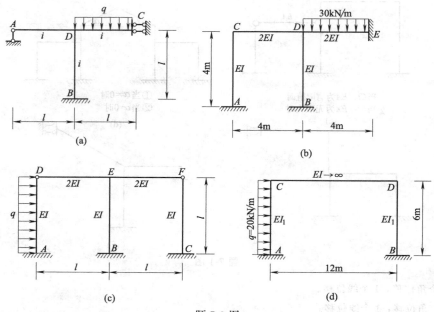

题 7-3 图

答案：(a) $M_{DC} = -\dfrac{7ql^2}{24}$，$M_{DB_1} = \dfrac{ql^2}{6}$，(b) $M_{ED} = \dfrac{340}{7} \text{kN} \cdot \text{m}$。

(c) $M_{BE} = -\dfrac{ql^2}{8} \text{kN} \cdot \text{m}$。

(d) $M_{AC} = -150 \text{kN} \cdot \text{m}$，$M_{CA} = -30 \text{kN} \cdot \text{m}$，$M_{BD} = M_{DB} = -90 \text{kN} \cdot \text{m}$。

7-4 试用位移法解算图示结构，并绘弯矩图。

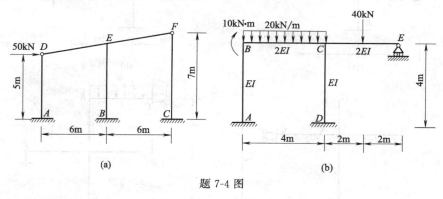

题 7-4 图

答案：(a) $M_{AD} = -84.2 \text{kN} \cdot \text{m}$，$M_{EB} = -70.0 \text{kN} \cdot \text{m}$，$M_{ED} = 35.1 \text{kN} \cdot \text{m}$。

(b) $M_{AB} = 6.47 \text{kN} \cdot \text{m}$，$M_{BC} = -2.92 \text{kN} \cdot \text{m}$，$M_{CB} = 35.34 \text{kN} \cdot \text{m}$，$M_{CD} = -2.14 \text{kN} \cdot \text{m}$。

7-5 用位移法解算图示结构，并绘弯矩图。

答案：(a) $M_{BA} = -6 \text{kN} \cdot \text{m}$，$M_{BC} = 54 \text{kN} \cdot \text{m}$，$M_{BD} = 48 \text{kN} \cdot \text{m}$。

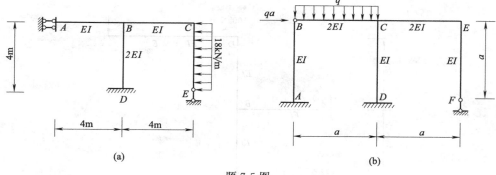

题 7-5 图

（b）$M_{CB}=\dfrac{67}{272}qa^2$， $M_{CD}=-\dfrac{100}{272}qa^2$， $M_{CE}=\dfrac{33}{272}qa^2$。

7-6　试用位移法计算图示对称刚架，并绘弯矩图。各杆的 $EI=$ 常数。

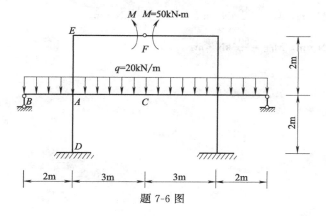

题 7-6 图

答案：

$M_{AB}=31.093\text{kN}\cdot\text{m}$，$M_{AC}=-55.31\text{kN}\cdot\text{m}$，$M_{AD}=28.124\text{kN}\cdot\text{m}$，$M_{AE}=-3.91\text{kN}\cdot\text{m}$

7-7　试利用对称性计算图示刚架，并绘弯矩图。

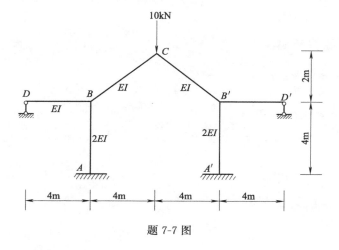

题 7-7 图

答案：$M_{AB}=7.15\text{kN}\cdot\text{m}$，$M_{CB}=-4.83\text{kN}\cdot\text{m}$。

7-8　试计算图示有静定剪力杆的刚架，并绘弯矩图。

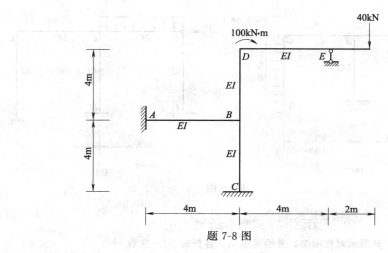

题 7-8 图

答案：$M_{BA} = \dfrac{48}{7}$ kN·m，$M_{BC} = \dfrac{48}{7}$ kN·m，$M_{BD} = -\dfrac{96}{7}$ kN·m。

$M_{DB} = \dfrac{96}{7}$ kN·m，$M_{DE} = \dfrac{604}{7}$ kN·m。

第8章 渐 近 法

8.1 概 述

前面两章介绍了超静定结构的两种基本计算方法——力法、位移法，两种算法概念清晰，易于掌握，但需解联立方程组，当未知数过多时，其计算过程较复杂，若仅靠人工计算，许多复杂结构的分析工作几乎难以完成。因此，人们便设法寻求简化的实用计算方法。20 世纪 30 年代，美国的 Cross 教授提出了力矩分配法。随后，学者们又不断改进，进一步得到了许多简单、实用的计算方法，如无剪力分配法、迭代法等。这些方法都是由位移法演变而来的，其共同的特点就是通过逐步修正的步骤，接近精确解，从而避开了计算方程组。所以，通常将这一类方法称为渐近法。

力矩分配法在分析无侧移结构时，完全不需要解算联立方程，而无剪力分配法适用于刚架中除两端无相对线位移的杆件，其余杆件都是剪力静定杆件的情况。对于一般有结点线位移的刚架，可用力矩分配法和位移法联合求解。另外，分层法、反弯法、D 值法等近似计算方法广泛地应用于结构计算。

8.2 力矩分配法的基本原理

力矩分配法的理论基础是位移法，解题的方法采用渐近法，它采用位移法的基本结构，并逐次放松结点，使各刚结点逐步达到平衡，随着计算轮次的增加，其结果逼近结构的真实解。它是由位移法演变而来的，因此，位移法中的变形假定在本部分仍然适用。力矩分配法的解题过程遵循一定的机械步骤进行，易掌握，适合于手算。

8.2.1 力矩分配法的基本原理

下面以图 8-1 （a）所示等截面两跨连续梁为例说明力矩分配法的基本原理。当用位移法计算时，只有刚结点 B 的角位移一个基本未知量。

（1）一锁

假设先用附加刚臂约束刚结点的角位移，则可得固端弯矩［图 8-1 （b）］。此时，刚结点处的两端弯矩之间通常是不平衡的，故在结点 B 处产生一不平衡力矩，其值为

$$M_B = 50 - 80 = -30\text{kN} \cdot \text{m}（逆时针）$$

（2）二松

为了消除附加刚臂的影响，应将该不平衡力矩或称约束力矩，反号施加于结点 B ［（图 8-1 （c）］，则图 8-1 （b）、（c）两图叠加即为原结构的受力状态［图 8-1 （d）］。

（3）三分配

刚结点 B 发生单位顺时针转角时，则应在 B 端各杆施加的外力矩分别为

$$m_{BA} = 4i_{BA} \times 1 = 4 \times 2i \times 1 = 8i \ , \ m_{BC} = 4i_{BC} \times 1 = 4 \times i \times 1 = 4i$$

二者之间的比值为：$m_{BA} : m_{BC} = 8i : 2i = 2 : 1$。

无论作用于结点处的集中力偶矩数值如何，各杆端弯矩之间的比值将保持不变，故

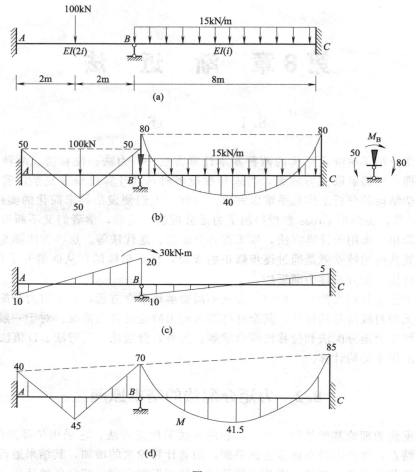

图 8-1

BA、BC 在 B 端分配到的弯矩为

$$M_{BA} = \frac{2}{3} \times 30 = 20 \text{kN} \cdot \text{m}, \quad M_{BC} = \frac{1}{3} \times 30 = 10 \text{kN} \cdot \text{m}$$

进而确定各杆件的远端弯矩为

$$M_{AB} = \frac{1}{2} \times 20 = 10 \text{kN} \cdot \text{m}, \quad M_{CB} = \frac{1}{2} \times 10 = 5 \text{kN} \cdot \text{m}$$

（4）四叠加

将固端弯矩［图 8-1（b）］与分配弯矩、传递弯矩［图 8-1（c）］进行叠加得连续梁最终的弯矩图［图 8-1（d）］。

综上所述，力矩分配法的基本思想是按各杆端承受弯矩的能力，对结点不平衡力矩（约束力矩）进行分配。

现在把单结点力矩分配法的计算步骤归纳如下。

先在刚结点 B 上加上阻止转动的约束，把连续梁分为单跨梁，求出杆端产生的固端弯矩，然后求出结点的不平衡力矩 M_B。即 $M_B = M_{BC}^F + M_{BA}^F$，以顺时针转向为正。去掉约束（相当于在结点上施加 $-M_B$），求出各杆 B 端新产生的分配力矩 M_{BA}^μ 和 M_{BC}^μ，同时在远端产生的传递力矩为 M_{AB}^C，叠加各杆端记下的力矩就得到实际的杆端弯矩。

8.2.2 力矩分配法的基本要素

（1）转动刚度

使杆端产生单位转角所需施加的力矩称为杆件的转动刚度。转动刚度表示杆端承受力矩的能力，它与杆件的线刚度 $i\left(\dfrac{EI}{l}\right)$ 和远端的支承情况有关。图 8-2 给出了下列情况下 A 端转动刚度 S_{AB} 的数值。其值也可由位移法中的杆端弯矩公式导出，即

远端固定，$S=4i$；远端简支，$S=3i$
远端滑动，$S=i$；远端自由，$S=0$

（2）分配系数

如图 8-3 所示三杆 AB、AC 和 AD 在刚结点 A 连接在一起，其远端支承如图所示。

设有一力偶矩作用于结点 A，使各杆在 A 端均产生相同的转角 θ_A，然后达平衡。根据转动刚度的定义，则各杆杆端弯矩为

$$\left.\begin{array}{l} M_{AB}=S_{AB}\theta_A=4i_{AB}\theta_A \\ M_{AC}=S_{AC}\theta_A=i_{AC}\theta_A \\ M_{AD}=S_{AD}\theta_A=3i_{AD}\theta_A \end{array}\right\}(a)$$

取结点 A 作隔离体［图 8-3（b）］，由平衡方程 $\sum M=0$，得 $M=S_{AB}\theta_A+S_{AC}\theta_A+S_{AD}=\sum\limits_{A}S\theta_A$

所以，$\theta_A=\dfrac{M}{\sum\limits_{A}S}$，将其代入式（a）得

$$\left.\begin{array}{l} M_{AB}=\dfrac{S_{AB}}{\sum\limits_{A}S}M \\[3mm] M_{AC}=\dfrac{S_{AC}}{\sum\limits_{A}S}M \\[3mm] M_{AD}=\dfrac{S_{AD}}{\sum\limits_{A}S}M \end{array}\right\}(b)$$

由此可见，各杆杆端弯矩与相应的转动刚度成正比，即

$$M_{Aj}=\mu_{Aj}M \tag{8-1}$$

$$\mu_{Aj}=\dfrac{S_{Aj}}{\sum\limits_{A}S} \tag{8-2}$$

式中 μ_{Aj} 称为分配系数。

其中 j 可以是 B、C 或 D，如 μ_{AB} 称为杆 AB 在 A 端的分配系数。且同一点各杆分配系数之间存在下列关系

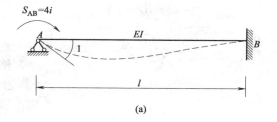

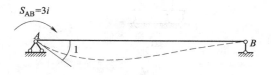

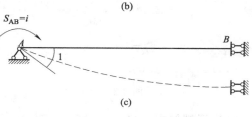

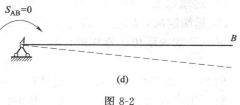

图 8-2

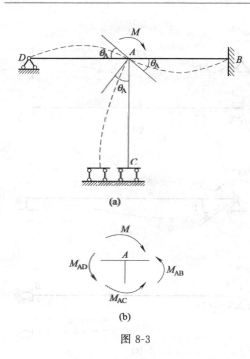

图 8-3

$$\sum \mu_{Aj} = \mu_{AB} + \mu_{AC} + \mu_{AD} = 1$$

（3）传递系数

在图 8-3（a）中，力偶矩 M 作用于 A 点，使各杆近端分配了弯矩，同时，也使各杆远端产生了弯矩，就好像各杆近端分配了弯矩后，又向远端转递一样，可以表示成

$$M_{AB} = 4i_{AB}\theta_A, \quad M_{BA} = 2i_{AB}\theta_A$$
$$M_{AC} = i_{AC}\theta_A, \quad M_{CA} = -i_{AC}\theta_A$$
$$M_{AD} = 3i_{AD}\theta_A, \quad M_{DA} = 0$$

由上述结果可知

$$\frac{M_{BA}}{M_{AB}} = C_{AB} = \frac{1}{2}$$

这个比值 $C_{AB} = \frac{1}{2}$ 称为传递系数。它表示当近端有转角时，远端弯矩与近端弯矩的比值。传递系数随远端的支承情况而异，数值如下：

a）远端固定：$M_{BA} = CM_{AB}$，$C = \frac{1}{2}$。

b）远端铰支：$M_{DA} = CM_{AD}$，$C = 0$。

c）远端定向：$M_{CA} = CM_{AC}$，$C = -1$。

故用下列公式表示传递弯矩的计算

$$M_{BA} = C_{AB}M_{AB} \tag{8-3}$$

例 8-1 图 8-4（a）所示一连续梁，试用力矩分配法作弯矩图。

解：①先在结点 B 加上约束 [图 8-4（b）]，计算由荷载产生的固端弯矩，并写在各杆端的下方

$$M_{AB}^F = -M_{BA}^F = -\frac{200 \times 6}{8} = -150 \text{kN} \cdot \text{m}$$

$$M_{BC}^F = -\frac{20 \times 6^2}{8} = -90 \text{kN} \cdot \text{m}$$

在结点 B 处的不平衡力矩为 $M_B = 150 - 90 = 60 \text{kN} \cdot \text{m}$，如图 8-4（b）所示。

② 计算分配系数。杆 AB 和 BC 的线刚度相等，且 $i = EI/6$。则转动刚度为：$S_{BA} = 4i$，$S_{BC} = 3i$

分配系数：$\mu_{BA} = \frac{4i}{4i + 3i} = 0.571$

$$\mu_{BC} = \frac{3i}{4i + 3i} = 0.492$$

将分配系数写在结点 B 上面的方框内。

③ 分配与传递。将结点 B 的不平衡力矩反号（$-60 \text{kN} \cdot \text{m}$）后分配至结点 B 的两端

$$M_{BA}' = 0.571 \times (-60) = -34.3 \text{kN} \cdot \text{m}$$
$$M_{BC}' = 0.429 \times (-60) = -25.7 \text{kN} \cdot \text{m}$$

在分配力矩下面画一横线，表示结点已放松，达到平衡。传递力矩：

$$M_{AB}' = \frac{1}{2}M_{BA}' = \frac{1}{2}(-34.3) = -17.2 \text{kN} \cdot \text{m}$$

$$M'_{CB} = 0$$

④ 将以上结果叠加，即得到最后的杆端弯矩。并据此绘出 M 图，如图 8-4（d）所示。

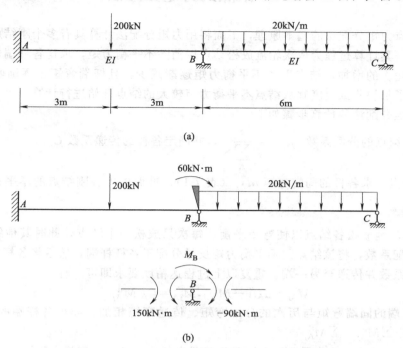

(a)

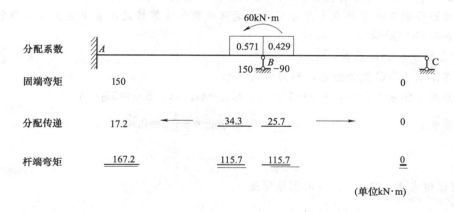

(b)

分配系数				60kN·m		
	A			0.571	0.429	C
				150 B −90		
固端弯矩	150					0
分配传递	17.2	←	34.3	25.7	→	0
杆端弯矩	167.2		115.7	115.7		0

（单位 kN·m）

(c)

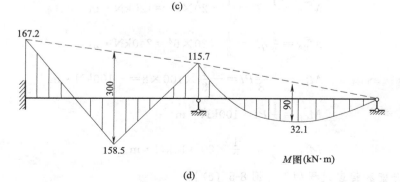

(d)

图 8-4

8.3 多结点的力矩分配法

介绍完结点力矩分配法的基本原理，下面将用力矩分配法计算具有多个刚结点的连续梁和无侧移刚架，其计算过程为依次轮流放松结点以消除不平衡力矩，求得各杆端弯矩的修正值。随着计算轮次的增加，结点上的不平衡力矩逐渐减少，且杆端弯矩也逐渐收敛于精确值。同时，为了加快收敛速度宜从结点不平衡力矩较大的结点开始进行计算。

多结点力矩分配法的计算步骤如下。

① 计算各结点的分配系数：$\mu_{Aj} = \dfrac{S_{Aj}}{\sum\limits_{A} S}$，并确定各杆的传递系数 C_{Aj}。

② 锁住结点，求各杆的固端弯矩 M_{Aj}^{F}（表 7-1），进而求出各刚结点的不平衡力矩，即 $M_A = \sum M_{Aj}^{F}$。

③ 逐次循环地放松各结点以使弯矩平衡。每次只放松一个结点，此时其他结点仍暂时锁住，即按分配系数，将该结点的不平衡力矩反号分配于各杆杆端，然后将各杆所得的分配弯矩乘以传递系数并传递至另一端。重复以上过程达精度要求即可。有

$$M_{Aj} = \mu_{Aj}[-M_A], \quad M_{jA}^{C} = C_{Aj}M_{Aj}^{u}$$

④ 将各杆端的固端弯矩与历次的分配弯矩、传递弯矩相加，即得各杆端的最后弯矩，即 $M_{Aj} = M_{Aj}^{F} + \sum M_{Aj}^{u} + \sum M_{Aj}^{C}$

例 8-2　用力矩分配法作图 8-5（a）示连续梁弯矩图，各杆线刚度 i 已知。

解： 通过此例说明多结点力矩分配法的运算步骤和演算格式，首先去掉静定部分，简化结构如图 8-5（b）所示。

① 求各结点的分配系数。

首先在结点 B、C 施加约束，然后依次放松。

转动刚度：$S_{BA} = i_1 = 6$，$S_{BC} = 4i_2 = 4$，$S_{CB} = 4i_2 = 4$，$S_{CD} = 3i_3 = 6$

分配系数：
$$\mu_{BA} = \frac{6}{6+4} = 0.6, \quad \mu_{BC} = \frac{4}{6+4} = 0.4$$

$$\mu_{CB} = \frac{4}{4+6} = 0.4, \quad \mu_{CD} = \frac{6}{4+6} = 0.6$$

② 锁住结点 B、C，求各杆的固端弯矩

$$M_{AB}^{F} = \frac{1}{6}ql^2 = \frac{1}{6} \times 20 \times 6^2 = 120\text{kN} \cdot \text{m}$$

$$M_{BA}^{F} = \frac{1}{3}ql^2 = \frac{1}{3} \times 20 \times 6^2 = 240\text{kN} \cdot \text{m}$$

$$M_{BC}^{F} = -\frac{1}{8}Pl = -\frac{1}{8} \times 100 \times 8 = -100\text{kN} \cdot \text{m}$$

$$M_{CB}^{F} = \frac{1}{8}Pl = 100\text{kN} \cdot \text{m}$$

$$M_{CD}^{F} = \frac{1}{2}m = \frac{1}{2} \times 20 = 10\text{kN} \cdot \text{m}$$

③ 力矩分配和传递过程如下［图 8-5（c）］。

a）放松结点 B，结点 C 仍被锁住。按单结点力矩分配法，在结点 B 进行分配和传递。

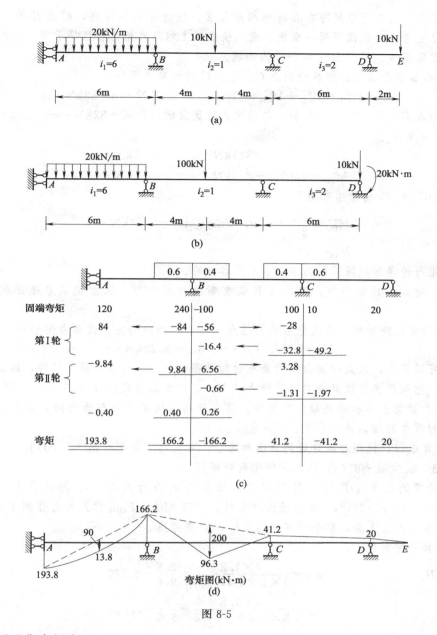

图 8-5

结点 B 的不平衡力矩为

$$M_B^F = M_{BA}^F + M_{BC}^F = 140 \text{kN} \cdot \text{m}$$

将结点 B 的不平衡力矩 $140 \text{kN} \cdot \text{m}$ 反号后施加于结点 B，BA、BC 两杆的相应分配弯矩为

$$M_{BA}^\mu = 0.6 \times (-140) \text{kN} \cdot \text{m} = -84 \text{kN} \cdot \text{m}$$

$$M_{BC}^\mu = 0.4 \times (-140) \text{kN} \cdot \text{m} = -56 \text{kN} \cdot \text{m}$$

对杆端 AB 和 CB 的传递弯矩为

$$M_{AB}^c = -1 \times (-84) \text{kN} \cdot \text{m} = 84 \text{kN} \cdot \text{m}$$

$$M_{AB}^c = \frac{1}{2} \times (-56) \text{kN} \cdot \text{m} = -28 \text{kN} \cdot \text{m}$$

将以上分配和传递弯矩分别写在各杆端相应位置。经过分别和传递，结点 B 的力矩已经平衡，可在分配弯矩的数值下画一横线，表示横线以上结点力矩总和已等于零。同时，用箭头表示将分配弯矩传到结点 B 上各杆件的远端。

b）重新锁住结点 B、并放松结点 C。结点 C 的约束力矩为

$$M_C = M_{CB}^F + M_{CD}^F + M_{CB}^C = (100+10-28)\text{kN} \cdot \text{m} = 82\text{kN} \cdot \text{m}$$

放松结点 C，等于在结点 C 加一与约束力矩反向的力偶矩 $-82\text{kN} \cdot \text{m}$，相应杆端 CB 和 CD 的分配弯矩为

$$M_{CB}^\mu = 0.4 \times (-82)\text{kN} \cdot \text{m} = -32.8\text{kN} \cdot \text{m}$$

$$M_{CD}^\mu = 0.6 \times (-82)\text{kN} \cdot \text{m} = -49.2\text{kN} \cdot \text{m}$$

杆端 BC 和 CD 的传递弯矩为

$$M_{BC}^c = \frac{1}{2} \times (-32.8)\text{kN} \cdot \text{m} = -16.4\text{kN} \cdot \text{m}$$

$$M_{DC}^c = 0$$

将分配弯矩与传递弯矩按同样的方法表示于各杆端。

此时，结点 C 已经平衡，但结点 B 又有新的约束力矩。以上完成力矩分配的第一轮循环。

c）进行第二轮循环。再次先后放松结点 B 和 C，相应的结点约束力矩分别为

$$M_B = -16.4\text{kN} \cdot \text{m}, \quad M_C = 3.28\text{kN} \cdot \text{m}$$

由此可以看出，结点约束力矩的衰减过程是很快的。进行第二循环以后，结点约束力矩已经很小，结构已接近恢复到实际的受力状态，故计算工作可以停止。

d）叠加计算出各杆端的最终弯矩值。将各杆端的固端弯矩与历次的分配弯矩、传递弯矩相加，即得各杆端的最后弯矩。

④ 绘弯矩图，根据杆端弯矩的数值和符号，可画出弯矩图 [图 8-5（d）]。

例 8-3 试作图 8-6（a）所示连续梁的弯矩图。

解：此梁的悬臂 DE 为一静定部分，该部分的内力按静力平衡条件求得：$M_{DE} = -40\text{kN} \cdot \text{m}$，$F_{QDE} = 20\text{kN}$。若将该部分去掉，而将 M_{DE}、F_{QDE} 作为外力作用于结点 D 处，则结点 D 即化为铰支座，整个计算按图 8-6（b）来考虑。

① 计算分配系数。

结点 B：
$$\mu_{BA} = \frac{3 \times 1.2}{3 \times 1.2 + 4 \times 1.5} = \frac{3.6}{9.6} = 0.375$$

$$\mu_{BC} = \frac{4 \times 1.5}{3 \times 1.2 + 4 \times 1.5} = \frac{6}{9.6} = 0.625$$

结点 C：
$$\mu_{CB} = \frac{4 \times 1.5}{3 \times 1.2 + 4 \times 1.5} = \frac{6}{9.6} = 0.625$$

$$\mu_{CD} = \frac{3 \times 1.2}{3 \times 1.2 + 4 \times 1.5} = \frac{3.6}{9.6} = 0.375$$

② 计算固端弯矩。对于 CD 杆，相当于一端固定一端铰支的单跨梁，该梁除受均布荷载外，还在铰支座 C 处受一集中力和集中力偶作用，其中集中力由支座直接承受，对梁不产生内力，而其余的外力则将使 CD 杆引起固端弯矩，其值为

$$M_{CD}^F = -\frac{1}{8} \times 20 \times 4^2 + \frac{1}{2} \times 40 = -20\text{kN} \cdot \text{m}$$

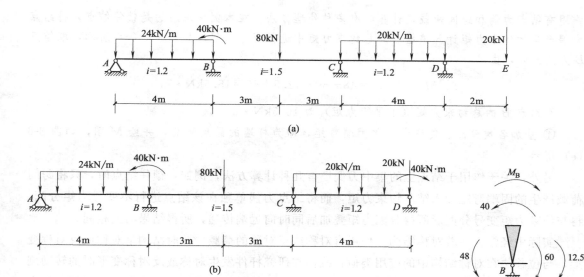

(a)

(b)

（c）

		$M_0=-40\text{kN·m}$					
	A	0.375	0.625		0.625	0.375	D
固端弯矩	0	48	B −60		C 60	−20	40
第Ⅰ轮			−12.5 ←		−25	−15 →	0
	0 ←	−5.8	−9.7		→ −4.8		
第Ⅱ轮			1.5 ←		3	1.8	
	0 →	−0.6	−0.9		→ −0.45		
					0.28	0.17	
杆端弯矩	0	41.6	−81.6		33.08	−33.03	40

(d)

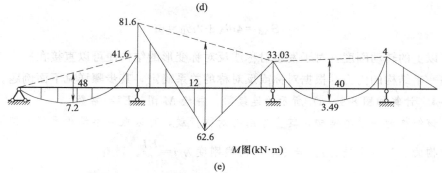

M图(kN·m)

(e)

图 8-6

其余各杆的固端弯矩都可以按表 7-1 求得，在此略。将计算结果列在计算图示的第一行中。

③ 分配与传递。首先从结点 C 开始分配，然后再分配结点 B。另外，当连续梁上同时

作用有结点力偶和跨间荷载，计算时有多种处理方法，在本例中采用的是锁住结点，将结点力偶产生的约束力矩计入该结点的总约束力矩中进行变号分配。如图 8-6（c）所示，取结点 B 为隔离体，由

$$\sum M_B = 0; M_B = 48 - 60 - 12.5 + 40 = 15.5 \text{kN} \cdot \text{m}$$

则结点 B 的总约束力矩（不平衡力矩）为 15.5kN·m，反号后分配。

④ 叠加各次分配、传递弯矩和固端弯矩，即为杆端的最后弯矩，并绘 M 图，如图 8-6（e）所示。

另外，关于作用于结点上的集中力偶还有几种计算方法，例如：锁住结点时，只将跨间荷载产生的固端弯矩计入结点约束力矩，而将结点力偶单独在该结点进行不变号力矩分配，再与约束力矩变号分配后所得分配力矩叠加后同时向远端传递，所得结果与上相同。

实际中经常存在着对称结构上作用有对称或反对称的荷载，此时结构呈对称或反对称变形，与位移法在对称结构中的应用类似，我们在研究杆件发生对称或反对称变形时的转动刚度的基础上，改进力矩分配法在对称结构中的应用，改进后的力矩分配法更容易理解，且在原结构的半边上直接进行计算，不需要取 1/2 或 1/4 结构。

如图 8-7 所示的杆件，在其两端施加对称的力矩，让其发生对称的变形，此时，两端均有转角产生，并且 $\theta_A = -\theta_B$。若令 $\theta_A = 1$，则得该杆件的转动刚度

$$S_{AB} = 4i\theta_A + 2i\theta_B = 2i$$

如图 8-8 所示的杆件，在其两端施加反对称的力矩，让其发生反对称的变形，此时，两端的转角相等，即 $\theta_A = \theta_B$。若令 $\theta_A = \theta_B = 1$，则得该杆件的转动刚度

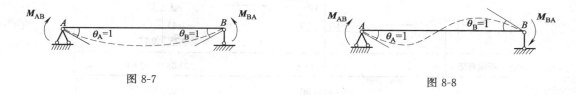

图 8-7　　　　　　　　　　　　　　　图 8-8

$$S_{AB} = 4i\theta_A + 2i\theta_B = 6i$$

有了以上的转动刚度，对于发生对称或反对称变形的结构便可以直接在一半结构上进行计算，另一半结构的内力则根据对称或反对称的关系确定，其步骤详见下面例题。

例 8-4 计算如图 8-9（a）所示的连续梁，并绘 M 图。EI = 常数。

解： 该结构为一对称结构，其上作用有对称荷载，可以取一半结构进行弯矩分配（实际上在原结构的左半边上进行）。若令各杆的线刚度为 $i = \dfrac{EI}{8}$。则有

$$\mu_{BA} = \frac{3i}{4i + 3i} = 0.429, \quad \mu_{BC} = \frac{4i}{4i + 3i} = 0.571$$

$$\mu_{CB} = \frac{4i}{4i + 2i} = 0.667, \quad \mu_{CD} = \frac{2i}{4i + 2i} = 0.333$$

注意：与对称轴相交的杆件 CD 的转动刚度为 $2i$。

固端弯矩：$\dfrac{F_P ab(l+b)}{2l^2}=\dfrac{30\times4\times4\times(8+4)}{2\times8^2}=45\text{kN}\cdot\text{m}$

$$M^{\text{F}}_{\text{BC}}=-M^{\text{F}}_{\text{CB}}=-\dfrac{ql^2}{12}=-\dfrac{15\times8^2}{12}=-80\text{kN}\cdot\text{m}$$

计算过程如图 8-9（b）中表；注意：在此过程中远端 D 也同时放松了，C 端分配得到的弯矩不再向远端传递。绘弯矩图如图 8-9（b）所示。

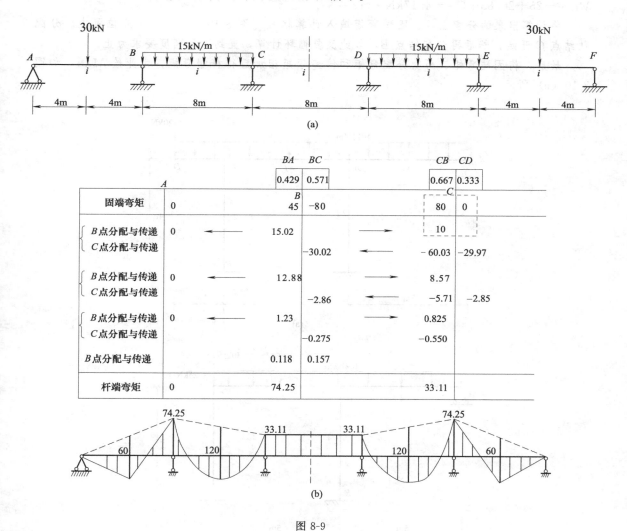

图 8-9

8.4 利用力矩分配法计算无侧移超静定刚架

利用力矩分配法计算无侧移超静定刚架与计算超静定梁相同，只是刚架更复杂而已。在刚架中，一个结点通常与几根杆件相连，因此计算结点的不平衡力矩需要同时考虑几根杆端的作用。与分析连续梁一样，同时放松几个结点，进行弯矩分配、传递。

例 8-5 试求图 8-10（a）所示刚架的弯矩图。

解：悬臂的 CD 部分为一静定部分，则 $M_{\text{CD}}=-25\text{kN}\cdot\text{m}$，$F_{\text{QCD}}=30\text{kN}$，将 CD 部分

去掉，而将 M_{CD}、F_{QCD} 作用于刚结点 C，其中 F_{QCD} 不会引起弯矩，只能使 CD 柱产生一轴力（$-30kN$），相当于刚结点 C 上作用一外力偶矩 $25kN \cdot m$，如图 8-10（b）所示。计算结点 C 时，将结点力偶矩产生的约束力矩（$-25kN \cdot m$）计入该结点的总约束力矩中反号后分配。

为了计算结点 C 的不平衡力矩，取隔离体如图 8-7（c）所示，结点 C 的约束力矩为 $M_C = -25 + 20.83 + 0 = -4.17kN \cdot m$。

将计算出来的分配系数、固端弯矩填入计算格式［图 8-10（d）］的相应位置上。分配从结点 C 开始，然后再分配结点 B，如此反复循环计算，直到满足精度要求为止。

最后，将固端弯矩、历次分配弯矩和传递弯矩相加后得杆端弯矩，由此绘 M 图，如图 8-10（e）所示。

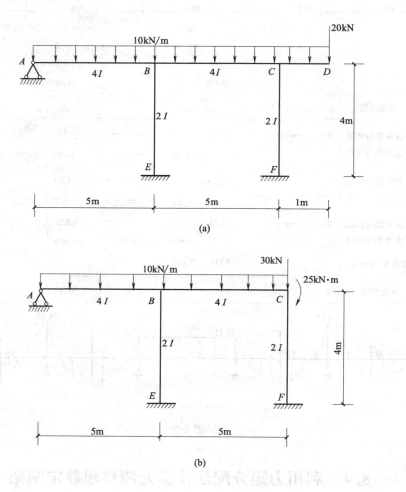

(a)

(b)

(c)

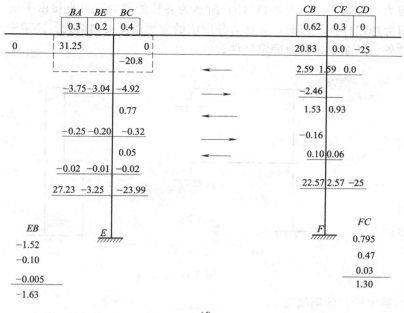

	BA	BE	BC			CB	CF	CD
	0.3	0.2	0.4			0.62	0.3	0
0	31.25		0			20.83	0.0	−25
			−20.8		←	2.59	1.59	0.0
	−3.75	−3.04	−4.92		→	−2.46		
			0.77		→	1.53	0.93	
	−0.25	−0.20	−0.32		←	−0.16		
			0.05		→	0.10	0.06	
	−0.02	−0.01	−0.02		←			
	27.23	−3.25	−23.99			22.57	2.57	−25

EB
−1.52
−0.10
−0.005
−1.63

E

F

FC
0.795
0.47
0.03
1.30

(d)

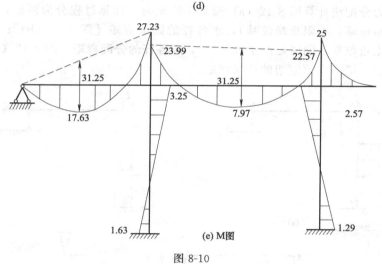

(e) M图

图 8-10

8.5　有侧移超静定刚架的计算方法

前面所述的力矩分配法只适用于无侧移的刚架中,对于有侧移的结构,必须加以修改或配合其他的方法才能计算。通常这些方法分为两类:一类是不需要解方程的直接法,如无剪力分配法、迭代法等;另一类是需要解部分方程的间接法,如力矩分配法与位移法的联合应用。现分别介绍之。

8.5.1　无剪力分配法

(1) 应用条件

无剪力分配法不能直接用于有侧移的一般刚架,而只能用于某些特殊刚架。图 8-11 (a) 所示有侧移半刚架中,各梁的两端结点没有垂直于杆轴的相对线位移;各柱的两端结点虽然有侧移，但剪力是静定的，即图 8-11（b）所示为各柱的剪力，可直接由平衡条件求出，这种杆件称为剪力静定杆件。因此，无剪力分配法的应用条件可归纳为：刚架中除两端无相对线位移的杆件外，其余都是剪力静定杆件。

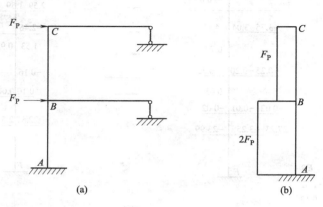

图 8-11

（2）剪力静定杆件的固端弯矩

采用无剪力分配法计算图 8-12（a）所示半刚架时，计算过程分为两步：第一步是锁住结点（只阻止角位移，不阻止线位移），求各杆的固端弯矩 [图 8-12（b）]；第二步是放松结点（结点产生角位移，同时也产生线位移），求各杆的分配弯矩 [图 8-12（c）]。将以上两步所得结果叠加，即得出原刚架的杆端弯矩。

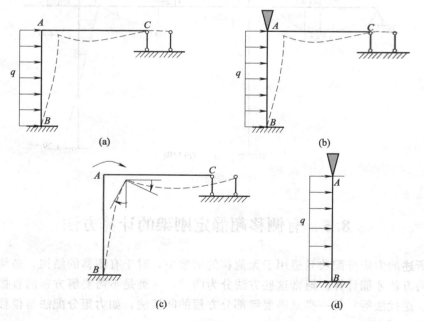

图 8-12

现在求图 8-12（b）中杆 AB 的固端弯矩。此杆的变形特点是：两端没有转角，但有相对侧移。受力特点是：整根杆件的剪力是静定的。因此，图 8-12（b）中杆 AB 的受力状态与图 8-12（d）所示下端固定、上端滑动的杆 AB 相同。它的固端弯矩可根据表 7-1 查出。

图 8-13（a）所示两层半边刚架处于锁住状态。其中杆 ABC 的受力状态可用图 8-13

（b）表示。根据平衡条件可知，A 点下边截面的剪力为 F_{P1}、B 点下边截面的剪力为 $F_{P1}+F_{P2}$。因此，杆 AB 和 BC 的固端弯矩按下端固定、上端滑动 ［图 8-13 （c）、（d）］ 的情况查表 7-1 来确定。

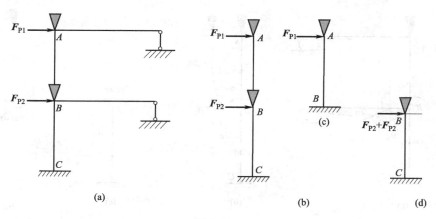

图 8-13

总之，对于刚架中任何形式的剪力静定杆件，求固端弯矩的步骤是：先根据静力条件求出杆端剪力，然后，将杆端剪力看作杆端荷载，按该端滑动、另端固定的杆件进行计算。

（3）零剪力杆件的转动刚度和传递系数

放松结点 A 的约束，相当于在结点 A 加上一个与图 8-12 （b）中约束力偶等值方向的力偶矩，如图 8-14 （a）所示。

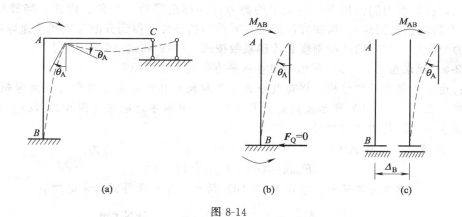

图 8-14

在图 8-14 （a）中，杆 AB 的变形特点是：结点 A 既有转角，同时也有侧移。受力特点：各截面剪力都为零，因而各截面的弯矩为一常数。这种杆件称为零剪力杆件。其受力如同图 8-14 （b）中的悬臂杆。当 A 端转动 θ_A 时，杆端力偶为

$$M_{AB}=i_{AB}\theta_A,\ M_{BA}=-M_{AB}$$

由此可知，零剪力杆件的转动刚度为

$$S_{AB}=i_{AB} \tag{8-4}$$

传递系数为

$$C_{AB}=-1 \tag{8-5}$$

由于在图 8-14 （b）中，固定端 B 的水平反力为零。因此，不妨把固定端 B 换成滑动支

座，如图 8-14 (c) 所示。两者相比，内力状态、杆轴的弯曲形状和端点转角都彼此相同，只是水平位移可能相差一个常数 Δ_B。因此，二者的转动刚度和传递系数也是彼此相同的。

下面再考虑图 8-15 所示刚架在放松结点 B 时的情形。

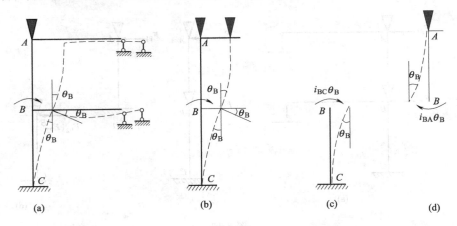

图 8-15

现在讨论图 8-15 (a) 中杆 ABC 变形状态，它可用图 8-15 (b) 来表示。由于杆 ABC 为零剪力杆件，因此，其中 BC 段的受力情况 [图 8-15 (c)] 为

$$S_{BC}=i_{BC}, \quad C_{BC}=-1 \tag{8-6}$$

同时，杆 ABC 中的 AB 段的受力状态如图 8-15 (d) 所示，即

$$S_{BA}=i_{BA}, \quad C_{BA}=-1 \tag{8-7}$$

总之，在结点力偶作用下，刚架中的剪力杆件都是零剪力杆件。因此，当放松结点时（结点既有转动、又侧移），这些杆件都是在零剪力的条件下得到分配弯矩和传递弯矩，故称为无剪力分配法。它们的转动刚度和传递系数按式 (8-4) 和式 (8-5) 确定。

例 8-6　试求图 8-16 (a) 所示刚架在水平力作用下的弯矩图。

解：由于刚架为对称结构，将荷载分成对称和反对称两部分。对称荷载对弯矩无影响，不予考虑。在图 8-16 (b) 所示反对称荷载作用下，可取半边刚架 [图 8-16 (c)] 计算。横梁长度减少一半，故其线刚度增大 1 倍。

① 固端弯矩。立柱 AB 和 BC 为剪力静定杆，由平衡条件得剪力

$$F_{QAB}=4\text{kN}, \quad F_{QBC}=12.5\text{kN}$$

将杆端剪力看作杆端荷载，按图 8-16 (d) 所示杆件可求得固端弯矩如下

$$M_{AB}^{F}=M_{BA}^{F}=-\frac{1}{2}\times4\times3.3=-6.6\text{kN}\cdot\text{m}$$

$$M_{BC}^{F}=M_{CB}^{F}=-\frac{1}{2}\times12.5\times3.6=-22.5\text{kN}\cdot\text{m}$$

② 分配系数。以结点 B 为例：$S_{BA}=i_{BA}=3.5$；$S_{BC}=i_{BC}=5$；$S_{BE}=3i_{BE}=3\times54=162$。故结点 B 的分配系数为

$$\mu_{BA}=\frac{3.5}{170.5}=0.0206, \quad \mu_{BC}=\frac{5}{170.5}=0.0293, \quad \mu_{BE}=\frac{162}{170.5}=0.9501$$

同理，可求出结点 A 的分配系数，写在图 8-17 的方格内。

③ 力矩分配和传递。计算过程如图 8-17 所示，结点分配次序为 B、A、B、A。注意：立柱的传递系数为 -1。最后作 M 图，如图 8-18 所示。

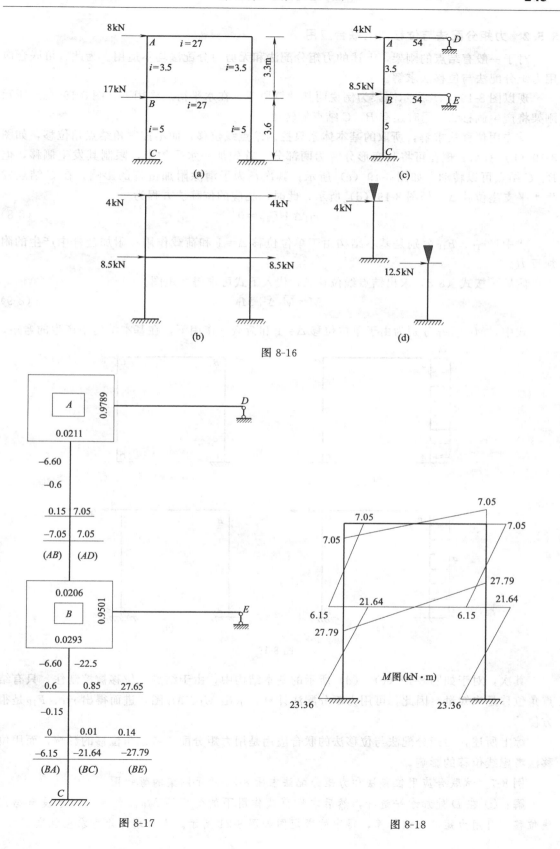

图 8-16

图 8-17

图 8-18

8.5.2　力矩分配法与位移法的联合应用

对于一般有结点的刚架，上述的力矩分配法和无剪力分配法均不适用。为此，可联合应用力矩分配法与位移法求解。

现以图 8-19（a）所示刚架为例说明其计算原理。在水平荷载作用下，图 8-19（a）所示刚架将产生侧移 Δ，同时还有 B、C 结点的转角。

首先用位移法求解，所取的基本体系只控制结点线位移，而不控制角结点角位移，如图 8-19（b）所示。现在可将其变形分解为两部分，首先加一水平约束，限制其发生侧移，但 B、C 结点可以转动，如图 8-19（c）所示；其次，为了消除附加链杆的影响，在 C 结点发生水平支座位移 Δ，如图 8-19（d）所示，此时，相应的位移法方程为

$$r_{11}\Delta + F_{1P} = 0 \tag{8-8}$$

式中，r_{11}、F_{1P} 分别是基本结构由于单位位移 $\Delta=1$ 和荷载作用在附加链杆中产生的附加反力。

然后，按式（8-8）求出结点线位移 Δ，代入下式可求得弯矩图。

$$M = \overline{M}_1\Delta + M_P \tag{8-9}$$

式中，$\overline{M}_1$、M_P 分别为由于单位位移 $\Delta=1$ 和荷载 q 作用下，在基本结构中产生的弯矩。

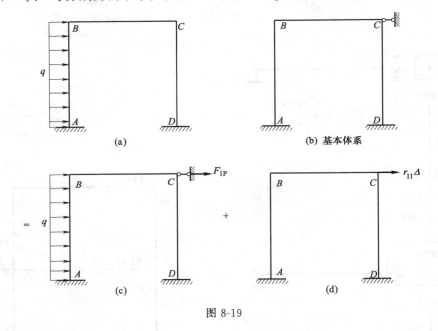

图 8-19

其次，对于如图 8-19（c）、（d）所示的基本结构中，由于结点线位移被控制住，只有结点角位移是未知量，因此，可用力矩分配法计算，求出 $\overline{M}_1$、M_P 图，进而得出 r_{11}、F_{1P} 是很方便的。

综上所述，力矩分配法与位移法的联合应用是用力矩分配法考虑角位移的影响，而用位移法考虑线位移的影响。

例 8-7　试联合应用位移法和力矩分配法求图 8-20 所示刚架的弯矩图。

解： ① 在 D 处加水平链杆，然后求作荷载作用下的弯矩图 M_P。此时，由于没有结点线位移，可用力矩分配法计算，得出的弯矩图如图 8-21 所示。由杆端弯矩可求出柱底剪力

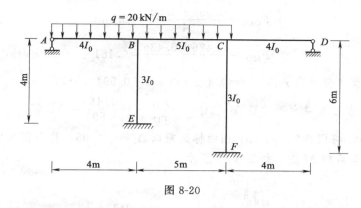

图 8-20

$$F_{\text{QEB}} = -\frac{3.45 + 1.7}{4} = -1.29\text{kN}; \quad F_{\text{QFC}} = \frac{9.8 + 4.9}{6} = 2.45\text{kN}$$

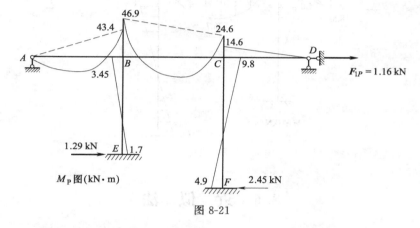

图 8-21

再由整个刚架的平衡条件$\sum F_x = 0$，求得

$$F_{1P} = (2.45 - 1.29)\text{kN} = 1.16\text{kN}(\rightarrow)$$

② 求作支座 D 产生单位位移时刚架的弯矩图 $\overline{M}_1$。这是结点线位移已知为 $\Delta_1 = 1$，且设 $EI_0 = 1$，可用力矩分配法计算得到的弯矩图（图 8-22）。

由杆端弯矩求柱底剪力为

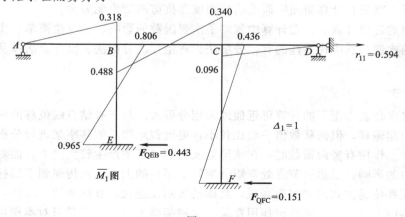

图 8-22

$$F_{QEB} = \frac{0.965 + 0.806}{4} = 0.443$$

$$F_{QFC} = \frac{0.476 + 0.436}{6} = 0.151$$

再由整体平衡条件求出 r_{11}：$r_{11} = 0.443 + 0.151 = 0.594$（→）

③ 由位移法方程求得水平位移 Δ_1：$\Delta_1 = -\dfrac{F_{1P}}{r_{11}} = -\dfrac{1.16}{0.594} = -1.95$

④ 作弯矩图。将图 8-22 中的 $\overline{M}_1$ 图的标距乘以 $\Delta_1 = -1.95$，再与图 8-21 中的 M_P 图的标距叠加，即得最后的 M 图，如图 8-23 所示。

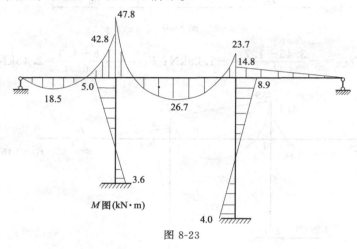

图 8-23

8.6 近 似 法

在初步设计和结构设计计算中，往往想以较小的工作量获得一个较为粗略的解答，为此引入一些假设来简化计算，这种情况实际上在前面讲述的所谓精确方法中已经有所体现。例如：

① 在计算梁和刚架的位移时，忽略剪力和轴力产生的变形，只计弯矩引起的变形；

② 在位移法和力矩分配法中都只考虑了弯矩引起的变形，计算中忽略剪力和轴力引起的变形，实际上就是在计算简图中假设抗拉刚度和抗剪刚度为无穷大。

下面介绍的近似计算法，在计算中忽略了次要因数的影响，其方法简单、实用，深受工程技术人员的欢迎。其中代表性的有：分层法、弯矩二次分配法、反弯点法以及修正的反弯点法（D 值法）。

8.6.1 分层法

刚架在竖向荷载作用下的计算可近似地采用分层法。对于有结点线位移的刚架，虽然竖向荷载也要引起侧移，但侧移数值一般比较小，可近似地按无侧移刚架进行分析。

当某层梁上作用有竖向荷载时，在该层梁及相邻柱子中产生较大内力，而对其他楼层的梁、柱中内力的影响，是通过节点处弯矩分配给下层柱的上端，再传递到下层柱的下端，其值将随着分配和传递次数的增加而衰减，且梁的线刚度越大，衰减越快。因此，在进行竖向荷载作用下的内力分析时，可假定作用在某一层刚架梁上的竖向荷载只对本楼层的梁及与本层梁相连的刚架柱产生弯矩和剪力，而对其他楼层的刚架梁和隔层刚架柱都不产生弯矩和剪力。

多层多跨刚架在竖向荷载作用下的分层计算法就是忽略侧移影响的一种近似法，它采用了如下两个假设：

① 忽略侧移的影响，用力矩分配法计算；

② 忽略每层梁的竖向荷载对其他各层的影响，把多层刚架分解成一层一层地单独计算。

如图 8-24（a）所示为四层刚架，按层分成图 8-24（b）所示的四个分层刚架分别计算，除底层外，每个柱同属于相邻两层刚架，因此柱的弯矩应由两部分叠加得出。荷载在本层结点产生不平衡力矩，经过分配和传递，才影响到本层的柱的远端，然后在柱的远端再经过分配，才影响到相邻的楼层。这样，就可以忽略每层梁的竖向荷载对其他各层的影响，把多层刚架分解成一层一层地单独计算。

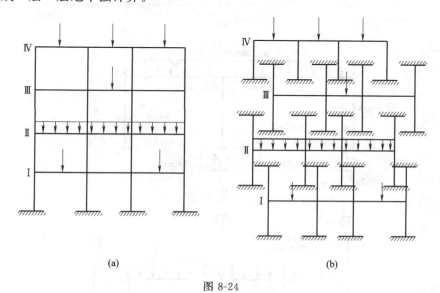

(a)　　　　　　　　　　(b)

图 8-24

在分层法计算中，还应当注意以下两点：

① 在每层刚架中除底层柱底看成为固定端外，其余各柱柱端实际应看成弹性固定端。为此，将上层各柱的线刚度乘以 0.9，传递系数由 1/2 改为 1/3。

② 在分层计算的结果中，刚结点上的弯矩是不平衡的，如有必要，可对结点上的不平衡弯矩再进行一次分配。

例 8-8　如图 8-25（a）二层框架，忽略其在竖向荷载作用下的刚架侧移，用分层法计算其弯矩图，括号内数字表示各梁、柱杆件线刚度值 $\left(i=\dfrac{EI}{l}\right)$。

解：① 图 8-25（a）所示的二层刚架可简化为二层和底层计算简图〔如图 8-25（b）、(c)〕，只对一层横梁的刚架进行分析。

② 计算修正后的梁、柱刚度与弯矩传递系数。

采用分层法计算时，假定上、下柱的远端为固定，则与实际情况有出入。因此，除底层外，其余各层柱的线刚度应乘以 0.9 的修正系数。修正后的梁柱线刚度如图 8-25（d）所示。底层柱的弯矩传递系数为 1/2，其余各层柱的弯矩系数为 1/3，各层梁的弯矩传递系数均为 1/2。

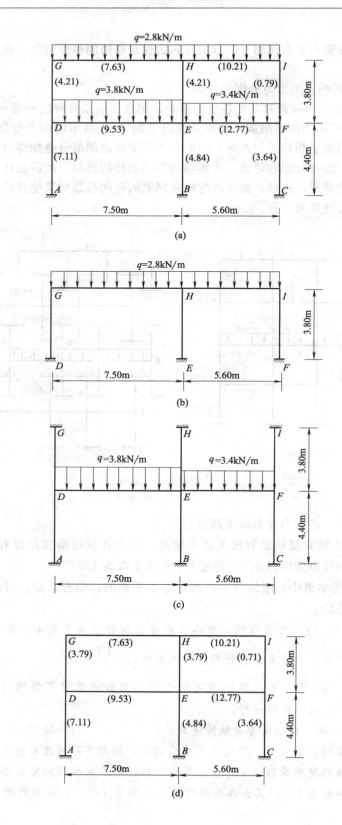

(a)

(b)

(c)

(d)

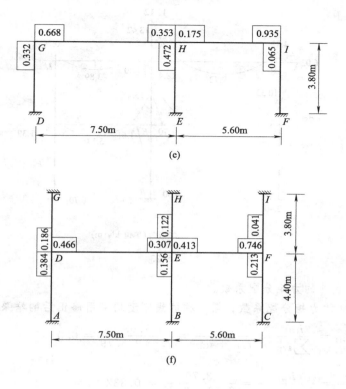

(e)

(f)

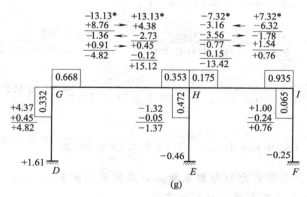

(g)

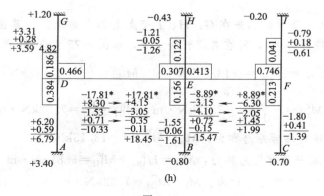

(h)

图 8-25

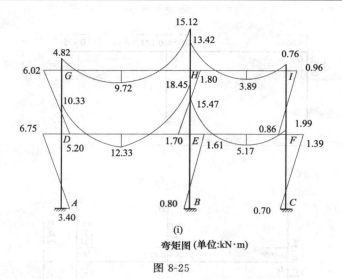

(i)

弯矩图（单位：kN·m）

图 8-25

③ 计算各节点处的力矩分配系数。

计算各节点处的力矩分配系数，梁、柱的线刚度均采用修正后的结果进行计算

G 节点处：$\mu_{GH} = \dfrac{i_{GH}}{\sum\limits_{G} i_{Gj}} = \dfrac{i_{GH}}{i_{GH} + i_{GD}} = \dfrac{7.63}{7.63 + 3.79} = 0.668$

$\mu_{GD} = \dfrac{i_{GD}}{\sum\limits_{G} i_{Gj}} = \dfrac{i_{GD}}{i_{GH} + i_{GD}} = \dfrac{3.79}{7.63 + 3.79} = 0.332$

H 节点处：$\mu_{HG} = \dfrac{i_{HG}}{\sum\limits_{H} i_{Hj}} = \dfrac{i_{HG}}{i_{HG} + i_{HE} + i_{HI}} = \dfrac{7.63}{7.63 + 3.79 + 10.21} = 0.353$

$\mu_{HI} = \dfrac{i_{HI}}{\sum\limits_{H} i_{Hj}} = \dfrac{i_{HI}}{i_{HG} + i_{HE} + i_{HI}} = \dfrac{10.21}{7.63 + 3.79 + 10.21} = 0.472$

$\mu_{HE} = \dfrac{i_{HE}}{\sum\limits_{H} i_{Hj}} = \dfrac{i_{HE}}{i_{HG} + i_{HE} + i_{HI}} = \dfrac{3.79}{7.63 + 3.79 + 10.21} = 0.175$

同理，可计算其余各节点力矩分配系数，计算结果如图 8-25（e）、（f）所示。

④ 采用力矩分配法计算各梁、柱杆端弯矩。

a. 第二层。

ⅰ. 计算各梁的杆端弯矩。先在 G、H、I 节点上加上约束。计算由荷载产生的各梁的固端弯矩（顺时针转向为正），写在各梁杆端下方，如图 8-25（g）所示。

$$M_{GH}^{F} = -\dfrac{ql^2}{12} = -13.13\,\text{kN} \cdot \text{m} \qquad M_{HG}^{F} = \dfrac{ql^2}{12} = 13.13\,\text{kN} \cdot \text{m}$$

$$M_{HI}^{F} = -\dfrac{ql^2}{12} = -7.32\,\text{kN} \cdot \text{m} \qquad M_{IH}^{F} = \dfrac{ql^2}{12} = 7.32\,\text{kN} \cdot \text{m}$$

节点 G 处，各梁杆端弯矩总和为：$M_G = M_{GH}^{F} = -13.13\,\text{kN} \cdot \text{m}$

节点 H 处，各梁杆端弯矩总和为：$M_H = H_{HG}^{F} + M_{HI}^{F} = 5.81\,\text{kN} \cdot \text{m}$

节点 I 处，各梁杆端弯矩总和为：$M_I = M_{IH}^{F} = 7.32\,\text{kN} \cdot \text{m}$

ⅱ. 各梁端节点进行弯矩分配，各两次，如图 8-25（g）所示。

第一次弯矩分配过程：ⅰ）放松节点 G，即节点 G 处施加力矩 13.13kN·m，乘以相应分配系数 0.668 和 0.332，得到梁端 8.76kN·m 和柱端 4.37kN·m，梁端弯矩按 1/2 传到 GH 梁 H 端；ⅱ）放松节点 I，即节点 I 处施加力矩 −7.32kN·m，乘以相应分配系数 0.935 和 0.065，得到梁端 −6.32kN·m 和柱端 1kN·m，梁端弯矩按 1/2 传到 IH 梁 H 端；ⅲ）放松节点 H，相应地在节点 H 处新加一个外力偶，其中包括 GH 梁右端弯矩、IH 左端弯矩、GH 梁和 IH 梁传来的弯矩，其值 −（13.13＋4.38−7.32−3.16）kN·m＝−7.03kN·m，乘以分配系数，HI 梁分配 −3.56kN·m、HG 梁分配 −2.73kN·m 和 HE 柱分配 −1.32kN·m，按 1/2 传到 I 端和 G 端。第一次分配过程完成。

第二次弯矩分配过程：重复第一次弯矩分配过程，叠加两次结果，得到杆端最终弯矩值。

ⅲ．计算各柱的杆端弯矩。二层柱的远端弯矩为各柱的近端弯矩的 1/3，带 ＊ 号的数值是各梁的固端弯矩，各杆分配系数写在图 8-25（g）中的长方框内。

b. 第一层。

ⅰ．计算各梁的杆端弯矩。先在 D、E、F 节点上加上约束。计算由荷载产生的各梁的固端弯矩（顺时针转向为正），写在各梁杆端下方，见图 8-25（h）。

$$M_{DE}^F = -\frac{ql^2}{12} = -17.81\text{kN·m} \qquad M_{ED}^E = \frac{ql^2}{12} = 17.81\text{kN·m}$$

$$M_{EF}^F = -\frac{ql^2}{12} = -8.89\text{kN·m} \qquad M_{FE}^F = \frac{ql^2}{12} = 8.89\text{kN·m}$$

节点 D 处，各梁杆端弯矩总和为：$M_D = M_{DE}^F = -17.81$kN·m

节点 E 处，各梁杆端弯矩总和为：$M_E = M_{ED}^F + M_{EFI}^F = 8.92$kN·m

节点 F 处，各梁杆端弯矩总和为：$M_F = M_{FE}^F = 8.89$kN·m

ⅱ．各梁端节点进行弯矩分配，各两次，分配及传递过程同第二层，但弯矩传递时要注意传递系数的差别。

ⅲ．计算各柱的杆端弯矩。二层柱的远端弯矩为各柱的近端弯矩的 1/3，底层柱的远端弯矩为近端弯矩的 1/2，带 ＊ 号的数值是各梁的固端弯矩，各杆分配系数写在图 8-25（h）中的长方框内。

⑤ 将二层和底层各梁、柱杆端弯矩的计算结果叠加，就得到各梁、柱的最后弯矩图，如图 8-25（i）所示。

⑥ 力矩再分配。由以上各梁、柱的杆端弯矩图可知，节点处有不平衡力矩，可以将不平衡力矩再在节点处进行一次分配，此次分配只在节点处进行，并且在各杆件上不再传递。因本题中，由于不平衡力矩相对较小，力矩可不再分配。

8.6.2　反弯点法

对于有结点线位移的刚架，当梁的线刚度比柱的线刚度大得多时，则在水平荷载作用下，结点侧移是主要位移，结点转角较小，可以忽略。多层多跨刚架在水平荷载作用下的反弯点法就是忽略结点转角的一种近似方法。

反弯点法的基本假设是把刚架中的横梁简化为刚性梁，如图 8-26（a）所示刚架的变形特点是结点有侧移而无转角，弯矩图的特点是立柱中的弯矩为零，如图 8-26（b）所示。图中左柱线刚度为 i_1，高度为 h_1；右柱线刚度为 i_2，高度为 h_2。由于两柱侧移 Δ 相等，因此，两柱剪力应为 ［如图 8-26（c）所示］。

$$\left.\begin{aligned} F_{Q1} &= \frac{12i_1}{h_1^2}\Delta = k_1\Delta \\ F_{Q2} &= \frac{12i_2}{h_2^2}\Delta = k_2\Delta \end{aligned}\right\} \tag{8-10}$$

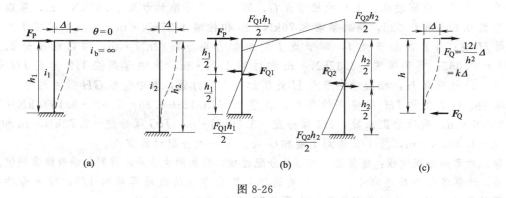

图 8-26

这里，$k = 12\dfrac{i}{h^2}$ 是柱的抗侧移刚度，即柱顶有单位侧移时所引起的剪力。

由平衡条件，两柱的剪力的和应等于 F_P，即

$$F_{Q1} + F_{Q2} = F_P \tag{8-11}$$

由式（8-10）和式（8-11）可得出

$$\left.\begin{array}{l} F_{Q1} = \dfrac{k_1}{\displaystyle\sum_{i=1}^{2} k_i} F_P \\[4mm] F_{Q2} = \dfrac{k_2}{\displaystyle\sum_{i=1}^{2} k_i} F_P \end{array}\right\} \tag{8-12}$$

由此看出，各柱的剪力与该柱的抗侧移刚度 k_j 成正比，$\dfrac{k_j}{\sum k_i}$ 称为剪力分配系数。因此，荷载 F_P 按剪力分配系数分配给各柱。

求出各柱的剪力后，再利用反弯点在各柱中点这一特性，可知各柱两端弯矩为 $M = F_Q\dfrac{h}{2}$，由此可画出立柱的弯矩图。根据结点的力矩平衡条件，可求出梁端弯矩，画出横梁的弯矩图，如图 8-26（b）所示。

综上所述，反弯点法的要点可归纳如下。

① 刚架在结点水平荷载作用下，当梁柱线刚度比值较大（$i_b/i_c \geqslant 3\sim5$）时，可采用反弯点法计算。

② 反弯点法假设横梁相对线刚度为无限大，因此刚架结点不发生转角，只有侧移。

③ 各层的总剪力按各柱的侧移刚度在总侧移刚度中所占的比例分配到各柱。所以，反弯点法又称为剪力分配法。

④ 柱的弯矩是由侧移引起的，所以柱的反弯点在柱中点处。在多层刚架中，底层柱的反弯点常设在柱的 2/3 高度处。

⑤ 柱端弯矩根据柱的剪力和反弯点位置确定。梁端弯矩由结点不平衡条件确定，中间结点的两侧梁端弯矩，按梁的转动刚度分配不平衡力矩求得。

例 8-9 利用反弯点法计算图 8-27 所示刚架，并画出弯矩图。圆圈内的数字为杆件线刚度的相对值。

解： 设柱反弯点在高度中点。在反弯点处将柱切开，隔离体如图 8-28 示。

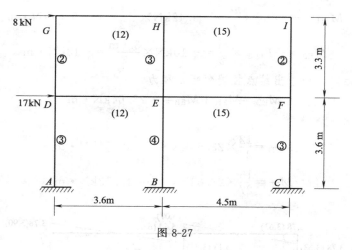

图 8-27

① 求各柱剪力分配系数 $\mu_k = \dfrac{k_j}{\sum k_i}$

顶层：$\mu_{CD} = \mu_{IF} = \dfrac{2}{2 \times 2 + 3} = 0.286$

$$\mu_{EH} = \dfrac{3}{2 \times 2 + 3} = 0.428$$

底层：$\mu_{AD} = \mu_{FC} = \dfrac{3}{3 \times 2 + 4} = 0.3$

$$\mu_{EB} = \dfrac{4}{3 \times 2 + 4} = 0.4$$

② 计算各柱剪力

$F_{QGD} = F_{QIF} = 0.286 \times 8\text{kN} = 2.29\text{kN}$

$F_{QHE} = 0.428 \times 8\text{kN} = 3.42\text{kN}$

$F_{QAD} = F_{QCF} = 0.3 \times 25\text{kN} = 7.5\text{kN}$

$F_{QBE} = 0.4 \times 25\text{kN} = 10\text{kN}$

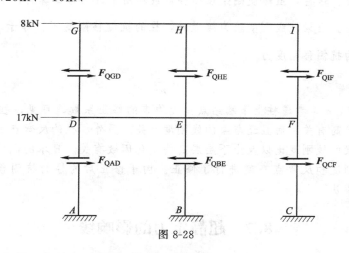

图 8-28

③ 计算杆端弯矩。以结点 E 为例说明杆端弯矩的计算。

柱端弯矩

$$M_{\text{EH}} = -F_{\text{QHE}} \times \frac{h_2}{2} = -3.42\text{kN} \times \frac{3.3\text{m}}{2} = -5.64\text{kN} \cdot \text{m}$$

$$M_{\text{EB}} = -F_{\text{QBE}} \times \frac{h_1}{2} = -10\text{kN} \times \frac{3.6\text{m}}{2} = -18\text{kN} \cdot \text{m}$$

计算梁端弯矩时，先求出结点柱端弯矩之和为

$$M_{\text{ED}} = M_{\text{EH}} + M_{\text{EB}} = -23.64\text{kN} \cdot \text{m}$$

按梁刚度分配

$$M_{\text{ED}} = \frac{12}{27} \times 23.64\text{kN} \cdot \text{m} = 10.51\text{kN} \cdot \text{m}$$

$$M_{\text{EF}} = \frac{15}{27} \times 23.64\text{kN} \cdot \text{m} = 13.13\text{kN} \cdot \text{m}$$

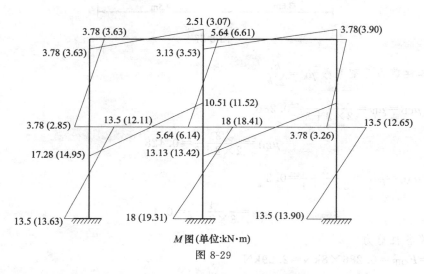

M 图(单位:kN·m)

图 8-29

图 8-29 是刚架弯矩图。括号内的数值是精确法计算的杆端弯矩。可见反弯点与精确法存在着相当大的误差，主要原因是反弯点法假定梁柱之间的线刚度之比为无穷大，且假定反弯点高度为一定值。这样，虽然使刚架在侧移荷载作用下的内力计算得到了简化，但同时也带来了一定的误差。当梁柱线刚度较为接近时，柱的抗侧移刚度不再等于 $12\dfrac{i}{h^2}$，应当加以修正，修正后柱的抗侧移刚度为

$$D = \alpha \frac{12i}{h^2} \tag{8-13}$$

式（8-13）中，α 是考虑柱上下端结点弹性约束的修正系数，可见，柱的侧移刚度不仅与柱的线刚度和层高有关，而且还与梁的线刚度有关。另外，柱的反弯点高度也与梁柱线刚度比、上下层横梁的线刚度比以及上下层层高的变化因数有关。日本的武藤清教授对反弯点法中的柱的侧移刚度和反弯点高度进行了修正。由于修正后的柱的抗侧移刚度以 D 表示，故此法称为"D 值法"。

8.7 超静定力的影响线

超静定力的影响线有两种作法：一是用力法、位移法等方法直接求出影响系数的方法；二是利用超静定力影响线与挠度图间的比拟关系。它们分别对应静力法与机动法。

以图 8-30（a）所示一超静定梁支座 B 反力 Z_1 的影响线为例，说明影响线与挠度图之间的比拟关系。

设荷载 $F_P = 1$ 作用于位置 x，采用力法求所引起的支座反力 Z_1。

取 Z_1 作基本未知力，基本体系如图 8-30（b）所示。显然，这个基本体系仍是超静定的，是 $n-1$ 次超静定。相应的力法方程为

$$\delta_{11} Z_1 + \delta_{1P} = 0$$

由此解得

$$Z_1 = -\frac{\delta_{1P}}{\delta_{11}} \qquad\qquad (8\text{-}14)$$

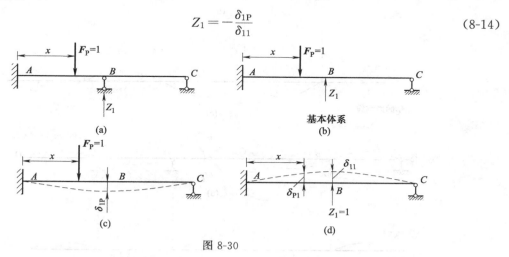

图 8-30

式中 δ_{1P} 和 δ_{11} 都是单位力在基本结构中产生的位移，如图 8-30（c）、（d）所示。

应用位移互等定理：$\delta_{1P} = \delta_{P1}$

式（8-14）可写为

$$Z_1 = -\frac{\delta_{P1}}{\delta_{11}} \qquad\qquad (8\text{-}15)$$

δ_{P1} 是单位力 $Z_1 = 1$ 在基本结构中引起的沿荷载 $F_P = 1$ 作用点的竖向位移，如图 8-30（d）所示。

在式（8-15）中，支座反力 Z_1 和位移 δ_{P1} 都是位置 x 的函数。δ_{11} 是个常数。因此，式（8-15）可以更明确地写成如下的形式

$$Z_1(x) = -\frac{1}{\delta_{11}} \delta_{P1}(x) \qquad\qquad (8\text{-}16)$$

式（8-16）表示了影响量值与挠度图之间的关系。根据这一关系，可利用挠度图作超静定力的影响线。用机动法作超静定力的影响线与作静定结构的影响线是类似的，步骤如下：

① 去掉所求约束力 Z_1 相应的约束；

② 使体系沿 Z_1 的正方向发生位移，作出挠度图，即为影响线的形状；

③ 将 δ_{P1} 图除以 δ_{11}，便确定了影响线的数值；

④ 横坐标以上图形为正号、以下图形为负号。

图 8-31 为连续梁的几个影响线的形状。其中图 8-31（b）为铰 C 左右有相对转角时的挠度图，图 8-31（c）为 M_C 影响线，图 8-31（d）为铰 K 左右有相对转角时的挠度图，图 8-31（e）为 M_K 影响线，图 8-31（f）为 F_Q 影响线，图 8-31（g）为 F_{QC}^R 影响线。

应当指出：对静定内力或反力来讲，位移图是几何可变体系的位移图，因而是折线图形。对超静定内力或反力来讲，位移图是几何不变体系的挠度图，因而是曲线图形。

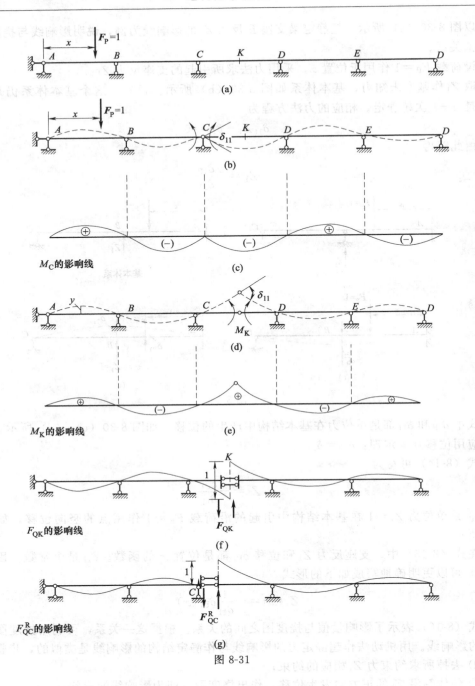

M_C 的影响线 (c)

M_K 的影响线 (e)

F_{QK} 的影响线 (f)

F_{QC}^R 的影响线 (g)

图 8-31

8.8 连续梁的最不利荷载分布及内力包络图

连续梁是工程中常见的一种结构，通常承受恒载和活载的两部分荷载的作用，恒载是布满全跨，对某一个截面来说，恒载产生的内力是不变的，而活载不同时布满各跨，其产生的内力随活荷的位置发生变化。设计时为了保证结构的安全使用，必须求得各截面在各种荷载作用下的最大内力。如果把梁上各截面内力的最大值按同一比例标在图上并连成曲线，称为内力包络图。内力包络图表示了各截面内力变化的极限值，是结构设计的主要依据。

求截面内力最大值的主要问题在于确定活载作用下某一截面的最大内力，再加上恒载作用下该截面的内力，得恒载和活载作用下的最大内力。为此，首先要确定活载的最不利位置，而要确定活载的最不利位置要用到影响线。

在图 8-32 中给出了五跨连续梁支座截面 B 和跨中截面 2 的弯矩影响线的图形，同时附有最大弯矩和最小弯矩相应的最不利荷载的情况如下。

① 支座截面最大负弯矩：支座两邻跨有活载，然后每隔一跨有活载。

② 跨中截面最大正弯矩：本跨有活载，然后每隔一跨有活载。

注意：弯矩的最不利荷载布置都是满跨布置，而只有剪力在其截面内力要变号，但设计中主要用到的是支座剪力，这样作内力包络图时均按满跨布置考虑。

在各种荷载作用下，连续梁的内力可用力矩分配法计算。等跨连续梁在各种荷载作用下的内力值已制成表格，设计时可直接查用。

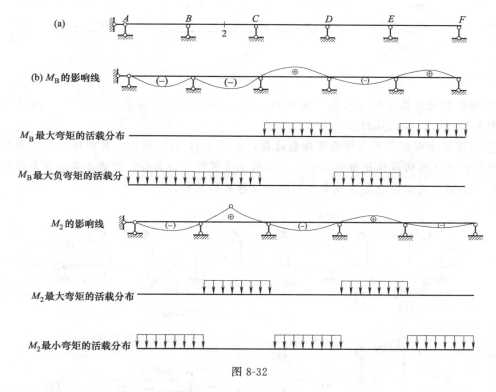

图 8-32

连续梁的内力包络图代表结构各杆件中内力变化上、下限值的图形。在绘制连续梁的内力包络图时，需要计算出各截面上的最大和最小内力值。为此，可先计算出连续梁在每一跨单独有活载作用时的内力，然后再进行同号内力的叠加，最后再叠加由恒载引起的内力。

内力包络图在连续梁和刚架的设计中是很重要的，根据内力包络图可合理地选择尺寸，在设计钢筋混凝土梁和刚架时，它是确定钢筋用量和布置钢筋的重要依据。

例 8-10 一多层工业厂房楼盖结构的剖面如图 8-33（a）所示，作主梁的弯矩包络图。

解：①主梁的计算简图如图 8-33（b）所示。因为主梁的线刚度远大于和墙的线刚度，且主梁支座在墙上，梁下支座处有局部变形，所以柱和墙对主梁起铰支座的作用。次梁加在主梁上的反力以集中力形式给出，并且主梁的自重也折算在恒载 F_G 内。

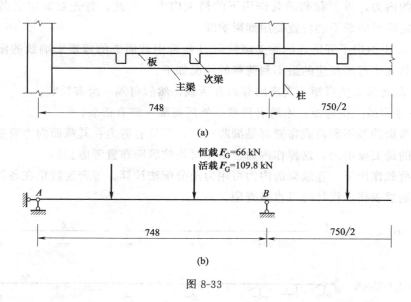

图 8-33

② 先作恒载作用下的弯矩图 [图 8-34 （a）]，再分别作各跨单独活载 F_P 作用时的弯矩图 [图 8-34 （b）、（c）、（d）]。

③ 根据以上弯矩图可以作出弯矩包络图，如图 8-34 （e）所示。其中最大弯矩图的纵标距等于恒载弯矩图的纵标距与各活载弯矩图的正号纵标距的总和；而最小弯矩图的纵标距等于恒载弯矩图的纵标距与各活载弯矩图的负号标距的总和。

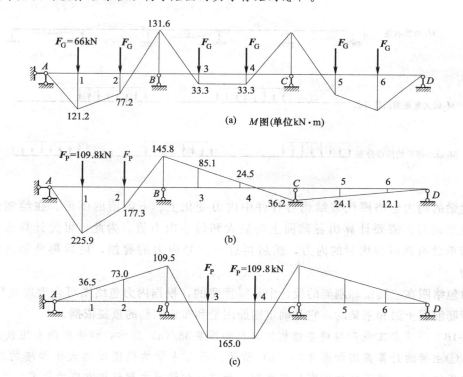

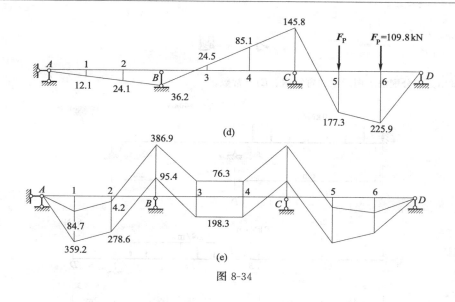

图 8-34

8.9 小　　结

以力矩分配法为代表的渐近法是从位移法演变而来的。从应用范围上看，力矩分配法适用于连续梁和无结点线位移的刚架；而无剪力分配法和力矩分配法与位移法的联合应用适用于解有侧移刚架。它们的优点是：无需建立和解算联立方程，且力学概念明确，收敛速度快，直接以杆端弯矩进行运算等。即使在计算机技术飞速发展的今天，以力矩分配法为代表的渐近法，也不失为一种简单、适用的方法。

力矩分配法的计算过程可概括为以下四个环节。

① 一锁：通过引入附加刚臂来限制结点角位移，并进而求出固端弯矩和结点的不平衡力矩。

② 二松：将结点的不平衡力矩（约束力矩）反号施加于结点，以消除附加刚臂的影响。

③ 三分配：根据分配系数和传递系数求分配弯矩和传递弯矩。

④ 叠加：将固端弯矩、历次分配弯矩和传递弯矩相加的杆端弯矩。

以上四步中，核心是第三步。要透彻理解每一步的物理意义，才能灵活应用。例如：对于结点有集中力偶作用的情况，有多种计算方法，只要概念清楚，各种方法其实都是相同的。

与位移法在对称结构中的应用类似，改进后的力矩分配法在对称结构中的应用更容易理解，且该方法在原结构的半边上直接进行计算，不需要取 1/2 或 1/4 替代结构。

对于无剪力分配法主要是要清楚它的应用条件，即刚架中除杆端无相对线位移的杆件外，其余都是剪力静定杆件的情况。对于一般有结点线位移的刚架，联合应用力矩分配法和位移法求解，发挥两种方法的长处。

多层多跨刚架在竖向荷载作用下的分层法和水平荷载作用下的反弯点法，是工程中常用的近似方法。

利用超静定力的影响线与挠度图间的比拟关系，可以方便地给出影响线的形状，可用来判断活载的最不利荷载位置的分布。连续梁内力包络图，特别是弯矩包络图在钢筋混凝土连续梁的设计中起作至关重要的作用。

习　题

8-1　试用力矩分配法求图示梁的弯矩图。EI＝常数。

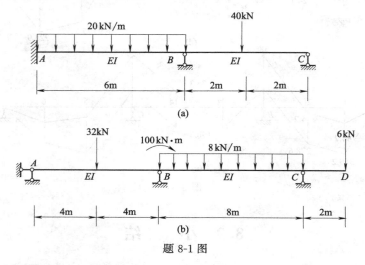

(a)

(b)

题 8-1 图

答案：(a) M_B＝45.88kN·m（上边受拉）

(b) M_B^l＝103kN·m（上边受拉），M_B^l＝3kN·m（上边受拉）

8-2　试用力矩分配法求作图示刚架的弯矩图。

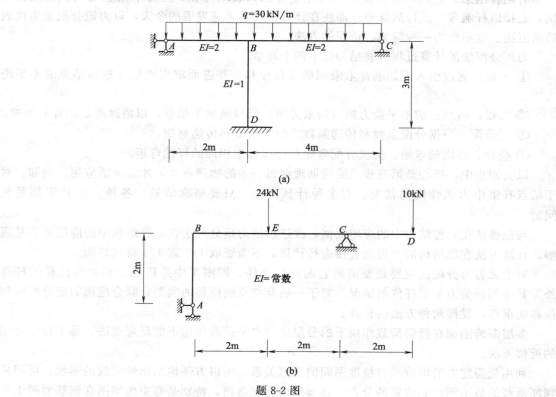

(a)

(b)

题 8-2 图

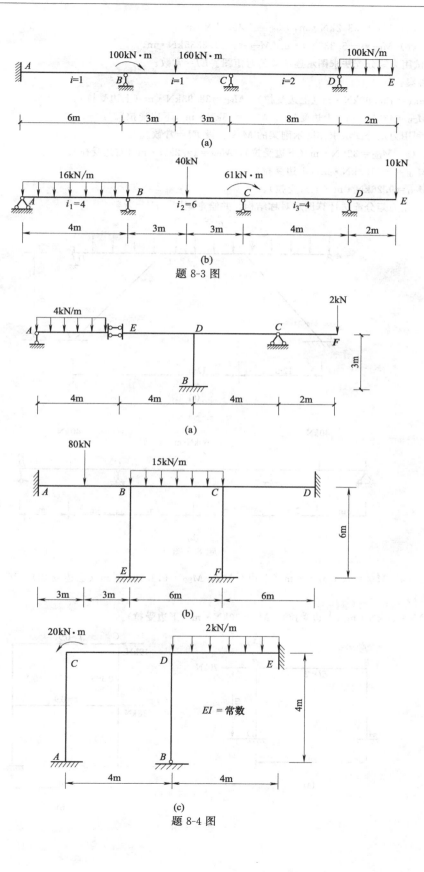

题 8-3 图

题 8-4 图

答案：（a）$M_{BA}=38.2\text{kN}\cdot\text{m}$，$M_{BC}=-48.4\text{kN}\cdot\text{m}$。

（b）$M_{BE}=-5.333\text{kN}\cdot\text{m}$，$M_{EB}=-11.3335\text{kN}\cdot\text{m}$。

8-3 试用力矩分配法求图示连续梁的弯矩图。$EI=$常数。

答案：

（a）$M_{BA}=138.93\text{kN}\cdot\text{m}$（上边受拉），$M_{BC}=38.93\text{kN}\cdot\text{m}$（上边受拉）。

（b）$M_{CB}=43\text{kN}\cdot\text{m}$（上边受拉），$M_{CD}=18\text{kN}\cdot\text{m}$（下边受拉）。

8-4 利用力矩分配法求作图示刚架的 M 图。设 $EI=$常数。

答案：（a）$M_{DE}=32\text{kN}\cdot\text{m}$（下边受拉），$M_{DB}=19.2\text{kN}\cdot\text{m}$（右边受拉）。

（b）$M_{AB}=-61.3\text{kN}\cdot\text{m}$（上边受拉）。

（c）$M_{CD}=9.26\text{kN}\cdot\text{m}$（上边受拉）。

8-5 试用力矩分配法计算图示对称结构，并绘弯矩图。$EI=$常数。

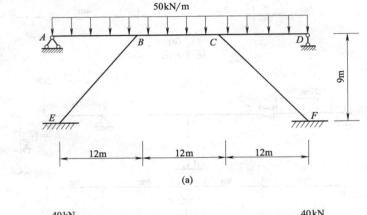

(a)

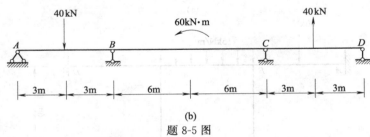

(b)

题 8-5 图

答案：（a）$M_{BA}=790.5\text{kN}\cdot\text{m}$（上边受拉），$M_{BC}=673.2\text{kN}\cdot\text{m}$（上边受拉），$M_{BE}=117.3\text{kN}\cdot\text{m}$（右边受拉）。

（b）$M_{B}=30\text{kN}\cdot\text{m}$（上边受拉），$M_{C}=30\text{kN}\cdot\text{m}$（下边受拉）。

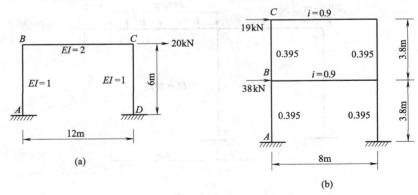

(a)

(b)

题 8-6 图

8-6 试用无剪力分配法求作图示刚架的弯矩图。

答案：(a) $M_{BA} = -25.7\text{kN} \cdot \text{m}$，(b) $M_{CB} = -21.2\text{kN} \cdot \text{m}$，$M_{AB} = 58.9\text{kN} \cdot \text{m}$。

8-7 试联合应用力矩分配法与位移法计算图示刚架。

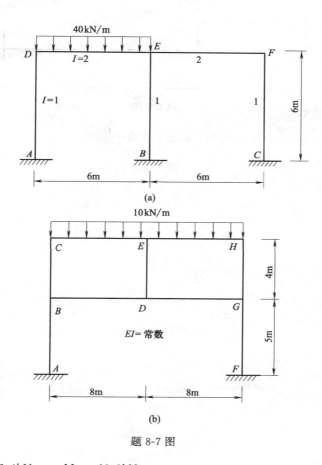

(a)

(b)

题 8-7 图

答案：(a) $M_{DA} = 46.4\text{kN} \cdot \text{m}$，$M_{AD} = 19.1\text{kN} \cdot \text{m}$

(b) $M_{BA} = 18.94\text{kN} \cdot \text{m}$，$M_{BC} = 71.65\text{kN} \cdot \text{m}$，$M_{BD} = -90.59\text{kN} \cdot \text{m}$，

$M_{CE} = 107.79\text{kN} \cdot \text{m}$，$M_{EC} = -25.11\text{kN} \cdot \text{m}$

8-8 试用反弯点作图示刚架的弯矩图。

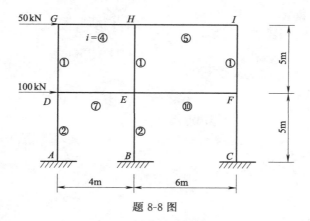

题 8-8 图

答案：$M_{DG}=-41.67\text{kN}\cdot\text{m}$，$M_{DA}=-125\text{kN}\cdot\text{m}$，$M_{DE}=166.67\text{kN}\cdot\text{m}$。

8-9　试作图示两端固定梁 AB 的杆端弯矩 M_A 的影响线。荷载 $F_P=1$ 作用在何处时，M_A 达极大值？

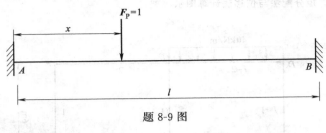

题 8-9 图

答案：$\overline{M}_A=-\dfrac{x\,(l-x)^2}{l^2}$，当 $x=\dfrac{l}{3}$ 时，M_A 达极大值 $-\dfrac{4l}{27}$。

第9章　矩阵位移法

9.1　矩阵位移法的概述

现代工程结构正向大型化、复杂化方向发展，这就使得传统的结构力学方法与手段难以胜任，如力法和位移法，当基本未知量的数目过多时，由于计算工作量庞大，通过人工计算线性方程组已不可能，因此必须寻求新的途径。在近几十年里，由于计算机技术的迅猛发展，它为结构分析方法与手段取得根本性的进步创造了条件。结构矩阵分析正是在这种情况下产生的，它是以传统结构力学的理论为基础，以矩阵作为表达形式，以计算机作为计算手段、三位一体的方法。

与传统的力法和位移法相对应，结构矩阵分析又分为矩阵力法和矩阵位移法。矩阵位移法由于具有易于实现计算过程的程序化的优点，并且与有限元法一脉相承，它又称为杆系有限元法。即一般连续体的有限元法起源于杆系有限元法。因此，矩阵位移法在结构分析中广为流传。本章只介绍矩阵位移法。

矩阵位移法的解题步骤如下。

① 首先将结构分解成单元（杆件），这一过程称作离散。离散是有限元的精髓。如图9-1（a）所示的二层框架结构 ABCDEF，可以分成6根杆件的组合，如图9-1（b）所示。每一根杆件就称为一个单元，所有单元（6个）的集合，就构成原框架。

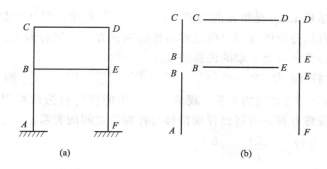

（a）　　　　　　　　　　　　　　（b）

图 9-1　框架结构矩阵位移法示例

② 接着就是单元分析，通过分析，找出杆端力与杆端位移之间的关系，建立单元刚度矩阵。

③ 然后根据平衡条件和变形协调条件，将离散的单元重新组合起来，使之恢复为原结构，并建立结构的总刚度方程，同时引入支撑约束条件。

④ 等效结点荷载的形成，将作用于杆件上的非结点荷载转化为等效结点荷载。

⑤ 最后解方程求位移，进而求出杆端内力。

综上所述，矩阵位移法的基本思路是：先分后合、先拆后搭。在这一分一合、先拆后搭的过程中，把复杂问题的计算转换为简单单元的分析和集合问题。单元分析是矩阵位移法（有限元）的基础，整体分析是矩阵位移法（有限元）的核心内容。

9.2 单元刚度矩阵

本节将针对平面结构的一般刚架进行单元分析，得出单元刚度方程和单元刚度矩阵。单元刚度矩阵实际上是反映单元两端的杆端位移与杆端力之间的关系矩阵。推导它有两种途径，一种是静力方法，另一种是能量方法。

在进行单元分析时，首先是建立局部坐标系中的单元杆端位移与杆端力之间的关系，即局部坐标系中的单元刚度矩阵。然后，再通过坐标变换得到整体坐标系中单元杆端位移与杆端力之间的关系，即整体坐标系中单元刚度矩阵。

9.2.1 单元刚度矩阵（局部坐标系）

如图 9-2 为一平面刚架中的等截面直杆单元。杆件除弯曲变形以外，还有轴向变形。杆端有三个位移分量 $\bar{u}$、$\bar{v}$、$\bar{\theta}$ 并对应有三个力分量 $\bar{F}_x$、$\bar{F}_y$、$\bar{M}$。

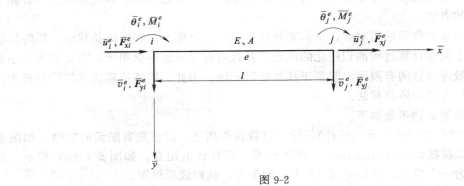

图 9-2

图中采用的坐标系 $\bar{x}$、$\bar{y}$ 是单元的局部坐标系，并且规定：图 9-2 中所示的位移、力分量为正方向，即轴力和剪力以及相应的位移与坐标轴正方向一致者为正，弯矩及转角以顺时针方向为正，弯矩的符号与第 7 章的位移法规定的一致。

现在来讨论杆端力 $\bar{F}^e = \begin{bmatrix} \bar{F}_{xi} & \bar{F}_{yi} & \bar{M}_i & \bar{F}_{xj} & \bar{F}_{yj} & \bar{M}_j \end{bmatrix}$ 和杆端位移 $\bar{\delta}^e = \begin{bmatrix} \bar{u}_i^e & \bar{v}_i^e & \bar{\theta}_i^e & \bar{u}_j^e & \bar{v}_j^e & \bar{\theta}_j^e \end{bmatrix}$ 之间的关系。现将图 9-2 中的杆件视为两端固定的单跨梁。根据第 6 章推导的转角位移方程，可写出杆端位移与杆端力之间的关系。

$$
\left.
\begin{aligned}
\bar{F}_{xi}^e &= \frac{EA}{l}\bar{u}_i^e - \frac{EA}{l}\bar{u}_j^e \\[4pt]
\bar{F}_{yi}^e &= \frac{12EI}{l^3}\bar{v}_i^e + \frac{6EI}{l^2}\bar{\theta}_i^e - \frac{12EI}{l^3}\bar{v}_j^e + \frac{6EI}{l^2}\bar{\theta}_j^e \\[4pt]
\bar{M}_i^e &= \frac{6EI}{l^2}\bar{v}_i^e + \frac{4EI}{l}\bar{\theta}_i^e - \frac{6EI}{l^2}\bar{v}_j^e + \frac{2EI}{l}\bar{\theta}_j^e \\[4pt]
\bar{F}_{xi}^e &= -\frac{EA}{l}\bar{u}_i^e + \frac{EA}{l}\bar{u}_j^e \\[4pt]
\bar{F}_{yj}^e &= -\frac{12EI}{l^3}\bar{v}_i^e - \frac{6EI}{l^2}\bar{\theta}_i^e + \frac{12EI}{l^3}\bar{v}_j^e - \frac{6EI}{l^2}\bar{\theta}_j^e \\[4pt]
\bar{M}_j^e &= \frac{6EI}{l^2}\bar{v}_i^e + \frac{2EI}{l}\bar{\theta}_i^e - \frac{6EI}{l^2}\bar{v}_j^e + \frac{4EI}{l}\bar{\theta}_j^e
\end{aligned}
\right\}
\tag{9-1}
$$

并记为如下矩阵形式

$$
\left\{
\begin{matrix}
\overline{F}_{xi} \\
\overline{F}_{yi} \\
\overline{M}_i \\
\overline{F}_{xj} \\
\overline{F}_{yj} \\
\overline{M}_j
\end{matrix}
\right\}^e
=
\begin{bmatrix}
\dfrac{EA}{l} & 0 & 0 & -\dfrac{EA}{l} & 0 & 0 \\[2mm]
0 & \dfrac{12EI}{l^3} & \dfrac{6EI}{l^2} & 0 & -\dfrac{12EI}{l^3} & \dfrac{6EI}{l^2} \\[2mm]
0 & \dfrac{6EI}{l^2} & \dfrac{4EI}{l} & 0 & -\dfrac{6EI}{l^2} & \dfrac{2EI}{l} \\[2mm]
-\dfrac{EA}{l} & 0 & 0 & \dfrac{EA}{l} & 0 & 0 \\[2mm]
0 & -\dfrac{12EI}{l^3} & -\dfrac{6EI}{l^2} & 0 & \dfrac{12EI}{l^3} & -\dfrac{6EI}{l^2} \\[2mm]
0 & \dfrac{6EI}{l^2} & \dfrac{2EI}{l} & 0 & -\dfrac{6EI}{l^2} & \dfrac{4EI}{l}
\end{bmatrix}
\cdot
\left\{
\begin{matrix}
\overline{u}_i \\
\overline{v}_i \\
\overline{\theta}_i \\
\overline{u}_j \\
\overline{v}_j \\
\overline{\theta}_j
\end{matrix}
\right\}^e
\tag{9-2}
$$

上式称为杆件的刚度方程，可简写为

$$
\overline{\boldsymbol{F}}^e = \overline{\boldsymbol{k}}^e \overline{\boldsymbol{\delta}}^e \tag{9-3}
$$

其中：
$$
\overline{\boldsymbol{F}}^e =
\left\{
\begin{matrix}
\overline{F}_{xi} \\
\overline{F}_{yi} \\
\overline{M}_i \\
\overline{F}_{xj} \\
\overline{F}_{yj} \\
\overline{M}_j
\end{matrix}
\right\}^e ,\quad
\overline{\boldsymbol{\delta}}^e =
\left\{
\begin{matrix}
\overline{u}_i \\
\overline{v}_i \\
\overline{\theta}_i \\
\overline{u}_j \\
\overline{v}_j \\
\overline{\theta}_j
\end{matrix}
\right\}^e
$$

称为杆端力向量与杆端位移向量。

$$
\overline{\boldsymbol{k}}^e =
\begin{bmatrix}
\dfrac{EA}{l} & 0 & 0 & -\dfrac{EA}{l} & 0 & 0 \\[2mm]
0 & \dfrac{12EI}{l^3} & \dfrac{6EI}{l^2} & 0 & -\dfrac{12EI}{l^3} & \dfrac{6EI}{l^2} \\[2mm]
0 & \dfrac{6EI}{l^2} & \dfrac{4EI}{l} & 0 & -\dfrac{6EI}{l^2} & \dfrac{2EI}{l} \\[2mm]
-\dfrac{EA}{l} & 0 & 0 & \dfrac{EA}{l} & 0 & 0 \\[2mm]
0 & -\dfrac{12EI}{l^3} & -\dfrac{6EI}{l^2} & 0 & \dfrac{12EI}{l^3} & -\dfrac{6EI}{l^2} \\[2mm]
0 & \dfrac{6EI}{l^2} & \dfrac{2EI}{l} & 0 & -\dfrac{6EI}{l^2} & \dfrac{4EI}{l}
\end{bmatrix}
\tag{9-4}
$$

$\overline{\boldsymbol{k}}^e$ 称为局部坐标下的单元刚度矩阵。它的行数对应杆端力数，列数对应杆端位移数。其中，任意元素 k_{mn} 表示当第 n 个位移为 1 其余位移为零时第 m 个杆端力。例如，$k_{23}=\dfrac{6EI}{l^2}$ 代表当 $\overline{\theta}_i^e=1$，其余位移为零时的 i 端的剪力值。

9.2.2　单元刚度矩阵的性质和特殊单元

（1）对称性

平面刚架单元的单元刚度矩阵是一个对称的 6 阶方阵，即 $k_{mn}=k_{nm}$，这一性质可由反力互等定理得出。

（2）奇异性

$\bar{k}^e$ 还是奇异矩阵，它对应的行列式值等于零，即，$\bar{k}^e$ 不存在逆矩阵，也就是说，当已知杆端位移时，由式（9-2）可唯一地确定杆端力，但仅已知杆端力却无法唯一确定杆端位移，如图 9-3 所示，图 9-3（a）和图 9-3（b）对应相同的受力和变形状态，却存在不同的位移状态，它们之间相差的是刚性位移。

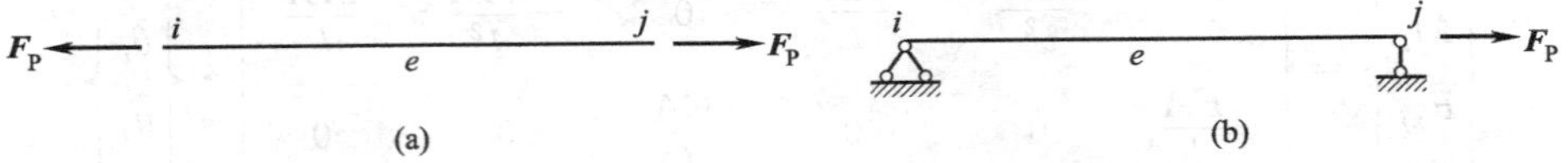

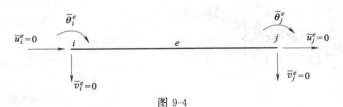

图 9-3

（3）特殊单元

式（9-3）是一般刚架单元的刚度方程，而连续梁和平面桁架可视为平面刚架单元的特殊情况，其单元刚度方程无需另行推导，只需对一般刚架单元的刚度方程作一些特殊处理便可自动得到。

例如：对于连续梁（如图 9-4 所示），以每跨梁作为单元，则只有杆端位移分量 $\bar{\theta}_i^e$，$\bar{\theta}_j^e$，而其余四个分量已知为零。

图 9-4

在式（9-2）中划去杆端轴力和杆端剪力相应第 1、2、4、5 行和列后自动得出连续梁的单元刚度方程如下

$$\left\{\begin{matrix}\overline{M}_i\\\overline{M}_j\end{matrix}\right\}^e=\begin{bmatrix}\dfrac{4EI}{l}&\dfrac{2EI}{l}\\\dfrac{2EI}{l}&\dfrac{4EI}{l}\end{bmatrix}\left\{\begin{matrix}\bar{\theta}_1\\\bar{\theta}_2\end{matrix}\right\}^e \tag{9-5}$$

同样，对于平面桁架单元（如图 9-5 所示），由于杆件仅有轴向变形，因此，可由一般刚架单元刚度矩阵方程式（9-2）中划去杆端弯矩和杆端剪力相应第 2、3、5、6 行和列后自动得出，其单元刚度矩阵方程为

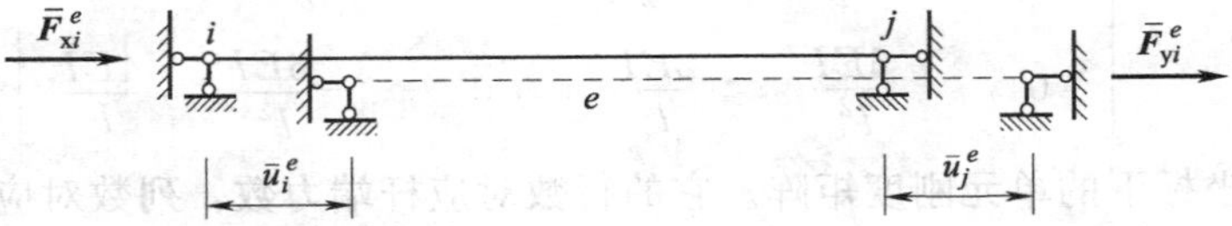

图 9-5

$$\left\{\begin{matrix}\overline{F}_{xi}\\\overline{F}_{xj}\end{matrix}\right\}^e=\begin{bmatrix}\dfrac{EA}{l}&-\dfrac{EA}{l}\\-\dfrac{EI}{l}&\dfrac{EA}{l}\end{bmatrix}\left\{\begin{matrix}\bar{u}_i\\\bar{u}_j\end{matrix}\right\}^e \tag{9-6}$$

在结构矩阵分析中，应着眼于计算过程的程序化、标准化和自动化，没有必要将特殊单元的单元刚度矩阵都罗列出来，以免头绪太多。正如以上情况，连续梁和平面桁架的单元刚度矩阵可由平面刚架单元退化得到，这一过程将由计算机程序自动完成。

（4）平面刚架弹簧单元

工程实际中有很多结构构件的节点具有半刚性连接的性质，如：钢管脚手架、高压电线塔、钢结构的某些梁柱节点等。此类结构按照框架处理，则必造成很大的安全隐患，而按照桁架处理则偏保守。研究具有半刚性节点性质的弹簧单元具有重要的理论意义和工程应用价值。如图 9-6 所示为忽略轴向变形的平面刚架弹簧单元，弹簧的转角刚度为 k，杆件的抗弯刚度为 EI，弹簧单元在杆端弯矩 $M_{12}=X_1$ 和 $M_{21}=X_2$ 作用下发生的转角为 θ_1 和 θ_2，加入轴向变形后，其单元刚度矩阵可以如式（9-7）表示

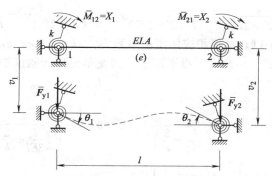

图 9-6　平面刚架弹簧单元（忽略轴向变形）

$$
\begin{Bmatrix} \overline{F}_{x1} \\ \overline{F}_{y1} \\ \overline{X}_1 \\ \overline{F}_{x2} \\ \overline{F}_{y2} \\ \overline{X}_2 \end{Bmatrix}^e = \begin{bmatrix} \dfrac{EA}{l} & 0 & 0 & -\dfrac{EA}{l} & 0 & 0 \\ 0 & k_{22} & k_{23} & 0 & k_{25} & k_{26} \\ 0 & k_{32} & k_{33} & 0 & k_{35} & k_{36} \\ -\dfrac{EA}{l} & 0 & 0 & \dfrac{EA}{l} & 0 & 0 \\ 0 & k_{52} & k_{53} & 0 & k_{55} & k_{56} \\ 0 & k_{62} & k_{63} & 0 & k_{65} & k_{66} \end{bmatrix}^e \begin{Bmatrix} \overline{u}_1 \\ \overline{v}_1 \\ \overline{\theta}_1 \\ \overline{u}_2 \\ \overline{v}_2 \\ \overline{\theta}_2 \end{Bmatrix}^e
\tag{9-7}
$$

根据力法列出柔度方程为

$$
\begin{cases} \delta_{11}X_1 + \delta_{12}X_2 + \Delta_{1C} = \theta_1 \\ \delta_{21}X_1 + \delta_{22}X_2 + \Delta_{2C} = \theta_2 \end{cases}
\tag{9-8}
$$

式中各未知项的系数表达式如下所示

$$
\delta_{11} = \delta_{22} = \frac{l}{3EI} + \frac{1}{k}, \quad \delta_{12} = \delta_{21} = -\frac{l}{6EI}, \quad \Delta_{1C} = \Delta_{2C} = \frac{v_2 - v_1}{l}
$$

对方程式（9-8）进行求解可以得到 X_1 及 X_2 的表达式如下所示

$$
\begin{cases} X_1 = \dfrac{1}{l\left(\frac{1}{2}Z+K\right)}\overline{v}_1 + \dfrac{(Z+K)}{\left(\frac{3}{2}Z+K\right)\left(\frac{1}{2}Z+K\right)}\overline{\theta}_1 - \dfrac{1}{l\left(\frac{1}{2}Z+K\right)}\overline{v}_2 + \dfrac{z}{(3Z+K)(Z+K)}\overline{\theta}_2 \\[4mm] X_2 = \dfrac{1}{l\left(\frac{1}{2}Z+K\right)}\overline{v}_1 + \dfrac{Z}{(3Z+K)(Z+K)}\overline{\theta}_1 - \dfrac{1}{l\left(\frac{1}{2}Z+K\right)}\overline{v}_2 + \dfrac{(Z+K)}{\left(\frac{3}{2}Z+K\right)\left(\frac{1}{2}Z+K\right)}\overline{\theta}_2 \end{cases}
$$

$$\tag{9-9}$$

式中，$Z = \dfrac{1}{3EI}$，$K = \dfrac{1}{k}$，将其与式（9-7）对比，可得相应刚度系数 k_{32}、k_{33}、k_{35}、k_{36} 以及 k_{62}、k_{63}、k_{65}、k_{66}。

再求杆端剪力 $\overline{F}_{y1}^e$、$\overline{F}_{y2}^e$，如图 9-6 所示，其表达式为

$$\begin{cases} \overline{F}_{y1} = \dfrac{1}{l}(X_1 + X_2) = k_{22}\overline{v}_1 + k_{23}\overline{\theta}_1 + k_{25}\overline{v}_2 + k_{26}\theta_2 \\ \overline{F}_{y1} = -\dfrac{1}{l}(X_1 + X_2) = k_{52}\overline{v}_1 + k_{53}\overline{\theta}_1 + k_{55}\overline{v}_2 + k_{56}\theta_2 \end{cases} \tag{9-10}$$

将式（9-9）的结果代入式（9-10）中，可以得到 $\overline{F}_{y1}^e$ 及 $\overline{F}_{y2}^e$ 的结果如下

$$\begin{cases} \overline{F}_{y1} = \dfrac{4}{l^2(Z+2K)}\overline{v}_1 + \dfrac{2l}{l^2(Z+2K)}\overline{\theta}_1 - \dfrac{4}{l^2(Z+2K)}\overline{v}_2 + \dfrac{2l}{l^2(Z+2K)}\overline{\theta}_2 \\ \overline{F}_{y2} = -\dfrac{4}{l^2(Z+2K)}\overline{v}_1 - \dfrac{2l}{l^2(Z+2K)}\overline{\theta}_1 + \dfrac{4}{l^2(Z+2K)}\overline{v}_2 - \dfrac{2l}{l^2(Z+2K)}\overline{\theta}_2 \end{cases} \tag{9-11}$$

对比式（9-10）和式（9-11）可得相应的刚度系数 k_{22}、k_{23}、k_{25}、k_{26} 及 k_{52}、k_{53}、k_{55}、k_{56}。将各刚度系数 k 值代入式（9-7），可得平面刚架弹簧单元单元刚度矩阵为

$$K^e = \begin{bmatrix} \dfrac{EA}{l} & 0 & 0 & -\dfrac{EA}{l} & 0 & 0 \\ 0 & \dfrac{4}{l^2\left(\frac{l}{3EI}+\frac{2}{k}\right)} & \dfrac{2}{l\left(\frac{l}{3EI}+\frac{2}{k}\right)} & 0 & -\dfrac{4}{l^2\left(\frac{l}{3EI}+\frac{2}{k}\right)} & \dfrac{2}{l\left(\frac{l}{3EI}+\frac{2}{k}\right)} \\ 0 & \dfrac{2}{l\left(\frac{l}{3EI}+\frac{2}{k}\right)} & \dfrac{4\left(\frac{l}{3EI}+\frac{1}{k}\right)}{\left(\frac{l}{EI}+\frac{2}{k}\right)\left(\frac{l}{3EI}+\frac{2}{k}\right)} & 0 & -\dfrac{2}{l\left(\frac{l}{3EI}+\frac{2}{k}\right)} & \dfrac{\frac{2l}{3EI}}{\left(\frac{l}{EI}+\frac{2}{k}\right)\left(\frac{l}{3EI}+\frac{2}{k}\right)} \\ -\dfrac{EA}{l} & 0 & 0 & \dfrac{EA}{l} & 0 & 0 \\ 0 & -\dfrac{4}{l^2\left(\frac{l}{3EI}+\frac{2}{k}\right)} & -\dfrac{2}{l\left(\frac{l}{3EI}+\frac{2}{k}\right)} & 0 & \dfrac{4}{l^2\left(\frac{l}{3EI}+\frac{2}{k}\right)} & -\dfrac{2}{l\left(\frac{l}{3EI}+\frac{2}{k}\right)} \\ 0 & \dfrac{2}{l\left(\frac{l}{3EI}+\frac{2}{k}\right)} & \dfrac{\frac{2l}{3EI}}{\left(\frac{l}{EI}+\frac{2}{k}\right)\left(\frac{l}{3EI}+\frac{2}{k}\right)} & 0 & -\dfrac{2}{l\left(\frac{l}{3EI}+\frac{2}{k}\right)} & \dfrac{4\left(\frac{l}{3EI}+\frac{1}{k}\right)}{\left(\frac{l}{EI}+\frac{2}{k}\right)\left(\frac{l}{3EI}+\frac{2}{k}\right)} \end{bmatrix} \tag{9-12}$$

讨论

① $k \to 0$ 时，式（9-12）退化为

$$K^e = \begin{bmatrix} \dfrac{EA}{l} & 0 & 0 & -\dfrac{EA}{l} & 0 & 0 \\ 0 & 0 & 0 & 0 & 0 & 0 \\ 0 & 0 & 0 & 0 & 0 & 0 \\ -\dfrac{EA}{l} & 0 & 0 & \dfrac{EA}{l} & 0 & 0 \\ 0 & 0 & 0 & 0 & 0 & 0 \\ 0 & 0 & 0 & 0 & 0 & 0 \end{bmatrix}^e \tag{9-13}$$

式（9-13）为两端铰接的平面桁架单元刚度矩阵。

② $k \to \infty$ 时，式（9-12）退化为

$$K'^e = \begin{bmatrix} \dfrac{EA}{l} & 0 & 0 & -\dfrac{EA}{l} & 0 & 0 \\[2mm] 0 & \dfrac{12EI}{l^3} & \dfrac{6EI}{l^2} & 0 & -\dfrac{12EI}{l^3} & \dfrac{6EI}{l^2} \\[2mm] 0 & \dfrac{6EI}{l^2} & \dfrac{4EI}{l} & 0 & -\dfrac{6EI}{l^2} & \dfrac{2EI}{l} \\[2mm] -\dfrac{EA}{l} & 0 & 0 & \dfrac{EA}{l} & 0 & 0 \\[2mm] 0 & -\dfrac{12EI}{l^3} & -\dfrac{6EI}{l^2} & 0 & \dfrac{12EI}{l^3} & -\dfrac{6EI}{l^2} \\[2mm] 0 & \dfrac{6EI}{l^2} & \dfrac{2EI}{l} & 0 & -\dfrac{6EI}{l^2} & \dfrac{4EI}{l} \end{bmatrix} \tag{9-14}$$

式（9-14）为一般刚架梁单元的单元刚度矩阵。

9.2.3　单元刚度矩阵（整体坐标系）

为了对结构进行整体分析，需要用一个统一的结构坐标系——整体坐标系，用 x、y 表示整体坐标。将局部坐标系中的杆端力、杆端位移和单元刚度都统一在该坐标系下来表示。为此，首先要建立杆端力在局部坐标系和整体坐标系中的变换关系，称为坐标变换矩阵。然后，将单元刚度矩阵转化到整体坐标系下表示，便于整体分析。

（1）单元坐标变换矩阵

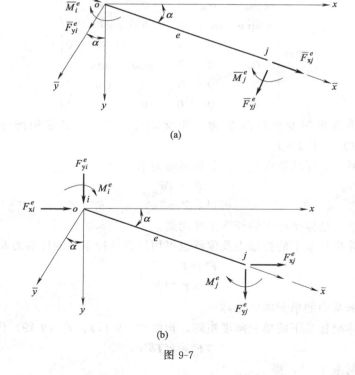

图 9-7

设某单元局部坐标系 $O\overline{xy}$、整体坐标系 Oxy 如图 9-7 所示。x 轴与 $\overline{x}$ 之间夹角为 α，以顺时针方向为正。局部坐标系中的杆端力分量用 $\overline{F}_x^e$、$\overline{F}_y^e$、$\overline{M}^e$ 表示，整体坐标系中则用 F_x^e、

F_y^e、M^e 表示。显然，在新旧坐标系中单元杆端力分量存在如下关系

$$\left.\begin{array}{l} \overline{F}_{xi}^e = F_{xi}^e \cos\alpha + F_{yi}^e \sin\alpha \\[4pt] \overline{F}_{yi}^e = -F_{xi}^e \sin\alpha + F_{yi}^e \cos\alpha \\[4pt] \overline{M}_i^e = M_i^e \\[4pt] \overline{F}_{xj}^e = F_{xj}^e \cos\alpha + F_{yj}^e \sin\alpha \\[4pt] \overline{F}_{yj}^e = -F_{xj}^e \sin\alpha + F_{yj}^e \cos\alpha \\[4pt] \overline{M}_j^e = M_j^e \end{array}\right\} \tag{9-15}$$

将式（9-15）写成矩阵形式

$$\left\{\begin{array}{c} \overline{F}_{xi} \\ \overline{F}_{yi} \\ \overline{M}_i \\ \overline{F}_{xj} \\ \overline{F}_{yj} \\ \overline{M}_j \end{array}\right\}^e = \begin{bmatrix} \cos\alpha & \sin\alpha & 0 & 0 & 0 & 0 \\ -\sin\alpha & \cos\alpha & 0 & 0 & 0 & 0 \\ 0 & 0 & 1 & 0 & 0 & 0 \\ 0 & 0 & 0 & \cos\alpha & \sin\alpha & 0 \\ 0 & 0 & 0 & -\sin\alpha & \cos\alpha & 1 \\ 0 & 0 & 0 & 0 & 0 & 1 \end{bmatrix} \left\{\begin{array}{c} F_{xi} \\ F_{yi} \\ M_i \\ F_{xj} \\ F_{yj} \\ M_j \end{array}\right\}^e \tag{9-16}$$

或简写成：
$$\overline{\boldsymbol{F}}^e = \boldsymbol{T} \boldsymbol{F}^e \tag{9-17}$$

式（9-17）是两种坐标系单元杆端力的转换式。

式中，$\boldsymbol{T}$ 称为单元坐标变换矩阵

$$\boldsymbol{T} = \begin{bmatrix} \cos\alpha & \sin\alpha & 0 & 0 & 0 & 0 \\ -\sin\alpha & \cos\alpha & 0 & 0 & 0 & 0 \\ 0 & 0 & 1 & 0 & 0 & 0 \\ 0 & 0 & 0 & \cos\alpha & \sin\alpha & 0 \\ 0 & 0 & 0 & -\sin\alpha & \cos\alpha & 0 \\ 0 & 0 & 0 & 0 & 0 & 1 \end{bmatrix}^e \tag{9-18}$$

可以证明，单元坐标变换矩阵 $\boldsymbol{T}$ 为一正交矩阵。因此，其逆矩阵等于其转置矩阵，$\boldsymbol{T}^{-1} = \boldsymbol{T}^{\mathrm{T}}$，且，$\boldsymbol{T}\boldsymbol{T}^{\mathrm{T}} = \boldsymbol{T}^{\mathrm{T}}\boldsymbol{T} = \boldsymbol{I}$

同理，两种坐标系下的杆端位移也存在着相同的关系，即

$$\overline{\boldsymbol{\delta}}^e = \boldsymbol{T} \boldsymbol{\delta}^e \tag{9-19}$$

式中 $\overline{\boldsymbol{\delta}}^e = [\overline{u}_i^e \quad \overline{v}_i^e \quad \overline{\theta}_i^e \quad \overline{u}_j^e \quad \overline{v}_j^e \quad \overline{\theta}_j^e]^{\mathrm{T}}$，$\boldsymbol{\delta}^e = [u_i^e \quad v_i^e \quad \theta_i^e \quad u_j^e \quad v_j^e \quad \theta_j^e]^{\mathrm{T}}$ 分别为局部坐标系与整体坐标下的杆端位移向量。

反过来，整体坐标系下的杆端力及位移也可用局部坐标系下的杆端力及位移表示，即

$$\left.\begin{array}{l} \boldsymbol{F}^e = \boldsymbol{T}^{-1} \overline{\boldsymbol{F}}^e \\[4pt] \boldsymbol{\delta}^e = \boldsymbol{T}^{-1} \overline{\boldsymbol{\delta}}^e \end{array}\right\} \tag{9-20}$$

（2）整体坐标系中的单元刚度矩阵

为了求出整体坐标系下的单元刚度矩阵，现将式（9-17）、式（9-19）代入式（9-3），得

$$\boldsymbol{T}\boldsymbol{F}^e = \overline{\boldsymbol{k}}^e \boldsymbol{T} \boldsymbol{\delta}^e$$

将上式两边同乘 $\boldsymbol{T}^{-1}$，得

$$\boldsymbol{T}^{-1} \boldsymbol{T} \boldsymbol{F}^e = \boldsymbol{T}^{-1} \overline{\boldsymbol{k}}^e \boldsymbol{T} \boldsymbol{\delta}^e \tag{9-21}$$

根据逆矩阵的定义，上式可简化为

$$F^e = T^{-1}\bar{k}^e T \delta^e$$

即
$$F^e = k^e \delta^e \tag{9-22}$$

上式即为整体坐标系下的单元刚度方程。

所以在整体坐标系下的单元刚度矩阵为

$$k^e = T^{-1}\bar{k}^e T \tag{9-23}$$

对于坐标变换矩阵，由于是正交矩阵 $T^{-1} = T^{T}$，所以式（9-23）可写为

$$k^e = T^{T}\bar{k}^e T \tag{9-24}$$

式（9-24）即为整体坐标系下的单元刚度矩阵。

9.3　整体刚度矩阵

在上节单元分析的基础上，本节将转入结构的整体分析，建立结构的整体刚度方程，导出整体刚度矩阵。首先，以连续梁为例，然后讨论一般刚架的情况，并考虑杆件的轴向变形的影响。

9.3.1　连续梁的整体刚度矩阵

图 9-8（a）所示为受结点荷载作用的连续梁，将支座也视为结点，共有四个结点，依次编码为 1、2、3、4。划分为三个单元，单元编码为（1）、（2）、（3）。各单元无杆端线位移，共有三个结点转角位移 θ_1、θ_2、θ_3，统一编码为 1、2、3。相应的结点荷载为 M_1、M_2、M_3。注意：对于连续梁来说，局部坐标与整体坐标一致。

（1）按位移法建立结构的整体刚度方程

由式（9-5），可写出各单元刚度方程为

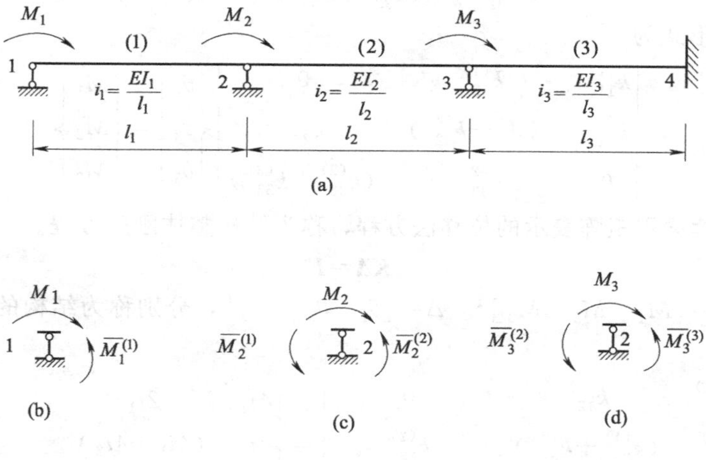

（a）

图 9-8

单元（1）
$$\begin{Bmatrix} \overline{M}_1^{(1)} \\ \overline{M}_2^{(1)} \end{Bmatrix} = \begin{bmatrix} 4i_1 & 2i_1 \\ 2i_1 & 4i_1 \end{bmatrix} \begin{Bmatrix} \theta_1^{(1)} \\ \theta_2^{(1)} \end{Bmatrix} \tag{9-25}$$

单元（2）
$$\begin{Bmatrix} \overline{M}_2^{(2)} \\ \overline{M}_3^{(2)} \end{Bmatrix} = \begin{bmatrix} 4i_2 & 2i_2 \\ 2i_2 & 4i_2 \end{bmatrix} \begin{Bmatrix} \theta_2^{(2)} \\ \theta_3^{(2)} \end{Bmatrix} \tag{9-26}$$

单元（3）

$$\left\{\begin{matrix}\overline{M}_3^{(3)}\\\overline{M}_4^{(3)}\end{matrix}\right\}=\begin{bmatrix}4i_3&2i_3\\2i_3&4i_3\end{bmatrix}\left\{\begin{matrix}\overline{\theta}_3^{(3)}\\\overline{\theta}_4^{(3)}\end{matrix}\right\}\qquad(9\text{-}27)$$

引入变形协调条件，即单元的杆端位移与结点位移的关系为

$$\overline{\theta}_1^{(1)}=\theta_1\quad\overline{\theta}_2^{(1)}=\overline{\theta}_2^{(2)}=\theta_2$$

$$\overline{\theta}_3^{(2)}=\overline{\theta}_3^{(3)}=\theta_3\quad\overline{\theta}_4^{(3)}=0$$

在式（9-25）~式（9-27）中，将各单元的杆端位移编码（局部码）换为与其相应的结点位移编码（总码），并根据结点位移编码为各刚度系数编制下标后，各单元刚度方程可写为

$$\left\{\begin{matrix}M_1^{(1)}\\M_2^{(1)}\end{matrix}\right\}=\begin{bmatrix}k_{11}^{(1)}&k_{12}^{(1)}\\k_{21}^{(1)}&k_{22}^{(1)}\end{bmatrix}\left\{\begin{matrix}\theta_1\\\theta_2\end{matrix}\right\}\qquad(9\text{-}28)$$

$$\left\{\begin{matrix}M_2^{(2)}\\M_3^{(2)}\end{matrix}\right\}=\begin{bmatrix}k_{22}^{(2)}&k_{23}^{(2)}\\k_{32}^{(2)}&k_{33}^{(2)}\end{bmatrix}\left\{\begin{matrix}\theta_2\\\theta_3\end{matrix}\right\}\qquad(9\text{-}29)$$

$$\left\{\begin{matrix}M_3^{(3)}\\M_4^{(3)}\end{matrix}\right\}=\begin{bmatrix}k_{33}^{(3)}&k_{30}^{(3)}\\k_{03}^{(3)}&k_{00}^{(3)}\end{bmatrix}\left\{\begin{matrix}\theta_3\\\theta_0\end{matrix}\right\}\qquad(9\text{-}30)$$

取图 9-8（b）、（c）、（d）所示的结点为隔离体，建立相应的平衡方程

$$M_1^{(1)}=M_1\quad M_2^{(1)}+M_2^{(2)}=M_2\quad M_3^{(2)}+M_3^{(3)}=M_3$$

将式（9-28）~式（9-30）展开并代入上面平衡方程得

$$k_{11}^{(1)}\theta_1+k_{12}^{(1)}\theta_2=M_1$$
$$k_{21}^{(1)}\theta_1+(k_{22}^{(1)}+k_{22}^{(2)})\theta_2+k_{23}^{(2)}\theta_3=M_2$$
$$k_{32}^{(2)}\theta_2+(k_{33}^{(2)}+k_{33}^{(3)})\theta_3=M_3$$

将其改写为矩阵形式为

$$\begin{bmatrix}k_{11}^{(1)}&k_{12}^{(1)}&0\\k_{21}^{(1)}&(k_{22}^{(1)}+k_{22}^{(2)})&k_{23}^{(2)}\\0&k_{32}^{(2)}&(k_{33}^{(2)}+k_{33}^{(3)})\end{bmatrix}\left\{\begin{matrix}\theta_1\\\theta_2\\\theta_3\end{matrix}\right\}=\left\{\begin{matrix}M_1\\M_2\\M_3\end{matrix}\right\}\qquad(9\text{-}31)$$

式（9-31）为连续梁用矩阵表示的位移法方程，称为结构整体刚度方程。

可缩写成
$$\boldsymbol{K\Delta}=\boldsymbol{F}\qquad(9\text{-}32)$$

式（9-32）中 $F=\begin{bmatrix}M_1&M_2&M_3\end{bmatrix}^T$，$\Delta=\begin{bmatrix}\theta_1&\theta_2&\theta_3\end{bmatrix}^T$，分别称为结构的结点荷载列阵和结点位移列阵。

$$\boldsymbol{K}=\begin{bmatrix}k_{11}^{(1)}&k_{12}^{(1)}&0\\k_{21}^{(1)}&(k_{22}^{(1)}+k_{22}^{(2)})&k_{23}^{(2)}\\0&k_{32}^{(2)}&(k_{33}^{(2)}+k_{33}^{(3)})\end{bmatrix}=\begin{bmatrix}4i_1&2i_1&0\\2i_1&(4i_1+4i_2)&2i_2\\0&2i_2&(4i_2+4i_3)\end{bmatrix}\qquad(9\text{-}33)$$

$\boldsymbol{K}$ 称为结构的整体刚度矩阵。结构的整体刚度矩阵仍为对称的方阵，其中每一列对应于一个结点位移，每一行对应于一个结点荷载。

（2）直接刚度法——按单元定位向量 $\boldsymbol{k}^e$ 求 $\boldsymbol{K}$

在结构整体分析中，对结构未知自由结点位移的统一编码称为总码。在图 9-8（a）中，连续梁的结点位移统一编码为 1、2、3。

在单元分析中，对单元结点位移的编码称为局部码，如：连续梁单元的局部码为 (1)、(2)。

由式 (9-33) 可知：结构刚度矩阵中的元素是由各单元刚度矩阵中的元素集合而成的，单元刚度矩阵中的元素在结构刚度矩阵中的位置，可由它的下标所决定，第一个下标指明该元素在结构刚度矩阵中的哪一行，第二个下标指明该元素在结构刚度矩阵中的哪一列。例如单元 (1) 中的元素 $k_{21}^{(1)}$ 应该在结构刚度矩阵中的第 2 行第 1 列的位置，其他元素以此类推。按照单元定位向量组集总刚的步骤如下。

① 换码 用结点位移的总码替换单元的局部码，则得单元定位向量 $\boldsymbol{\lambda}^{(e)}$，并且规定：凡是给定为 0 值的结点位移分量，其总码均编为零。例如上例中各单元的定位向量为

$$\boldsymbol{\lambda}^{(1)}=\begin{Bmatrix}1\\2\end{Bmatrix},\ \boldsymbol{\lambda}^{(2)}=\begin{Bmatrix}2\\3\end{Bmatrix},\ \boldsymbol{\lambda}^{(3)}=\begin{Bmatrix}3\\0\end{Bmatrix}$$

根据单元定位向量即可确定单元刚度矩阵中各元素的下标号。例如上例中单元 (1)、(2)、(3)。同时，分别将 $\boldsymbol{\lambda}^{(1)}$、$\boldsymbol{\lambda}^{(2)}$、$\boldsymbol{\lambda}^{(3)}$ 的各元素标在 $\overline{\boldsymbol{k}}^{(1)}$、$\overline{\boldsymbol{k}}^{(2)}$、$\overline{\boldsymbol{k}}^{(3)}$ 的上方和右方，得

$$\overline{\boldsymbol{k}}^{(1)}=\begin{bmatrix}\overset{1}{4i_1} & \overset{2}{2i_1}\\2i_1 & 4i_1\end{bmatrix}\begin{matrix}1\\2\end{matrix}=\begin{bmatrix}k_{11}^{(1)} & k_{12}^{(1)}\\k_{21}^{(1)} & k_{22}^{(1)}\end{bmatrix}$$

$$\overline{\boldsymbol{k}}^{(2)}=\begin{bmatrix}\overset{2}{4i_2} & \overset{3}{2i_2}\\2i_2 & 4i_2\end{bmatrix}\begin{matrix}2\\3\end{matrix}=\begin{bmatrix}k_{22}^{(2)} & k_{23}^{(2)}\\k_{32}^{(2)} & k_{33}^{(2)}\end{bmatrix}$$

$$\overline{\boldsymbol{k}}^{(3)}=\begin{bmatrix}\overset{3}{4i_3} & \overset{0}{2i_3}\\2i_3 & 4i_3\end{bmatrix}\begin{matrix}3\\0\end{matrix}=\begin{bmatrix}k_{33}^{(3)} & k_{30}^{(3)}\\k_{03}^{(3)} & k_{00}^{(3)}\end{bmatrix}$$

② 对号入座 将单元刚度矩阵中的元素按其下标对号入座在对应的结构总刚度矩阵相应的位置上，下标相同的元素在结构总刚度矩阵中有相同的位置，叠加后放在相同的位置上。下标为零的元素在结构总刚度矩阵中没有位置。或者说，将单元刚度矩阵中的元素，按照上述单元刚度矩阵中上方和右方非零码对应的行码和列码将其分别送入结构总刚度矩阵中去，并且同号相加。

在组集总刚的过程中，将以上步骤合二为一，采用"边定位、边累加"的办法，由 $\boldsymbol{k}^e$ 直接形成 $\boldsymbol{K}$。即

$$\boldsymbol{K}=\begin{bmatrix}\overset{1}{k_{11}^{(1)}} & \overset{2}{k_{12}^{(1)}} & \overset{3}{0}\\k_{21}^{(1)} & (k_{22}^{(1)}+k_{22}^{(2)}) & k_{23}^{(2)}\\0 & k_{32}^{(2)} & (k_{33}^{(2)}+k_{33}^{(3)})\end{bmatrix}\begin{matrix}1\\2\\3\end{matrix}=\begin{bmatrix}4i_1 & 2i_1 & 0\\2i_1 & (4i_1+4i_2) & 2i_2\\0 & 2i_2 & (4i_2+4i_3)\end{bmatrix}$$

这样集成总刚的方法称为直接刚度法，由于在形成总刚之前，即建立单元刚度过程中就引入了位移边界条件，故又称为先处理法。

③ 整体刚度矩阵的性质

a. 整体刚度系数的意义。$\boldsymbol{K}$ 中的元素 K_{ij} 称为整体刚度系数。它表示当第 j 个结点位移分量 $\Delta_j=1$（其他结点位移分量为零）时所产生的第 i 结点力 F_i。

b. $\boldsymbol{K}$ 是对称矩阵。

c. 按本节方法计算连续梁时，$\boldsymbol{K}$ 是可逆矩阵。

d. **K** 是带状稀疏矩阵。

对于图 9-9 所示 n 跨连续梁，不难导出其整体刚度方程如下

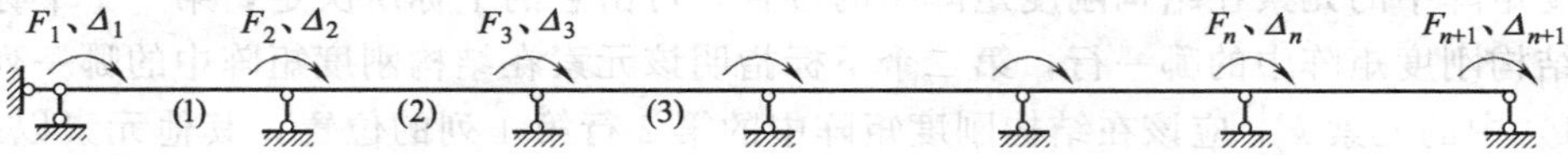

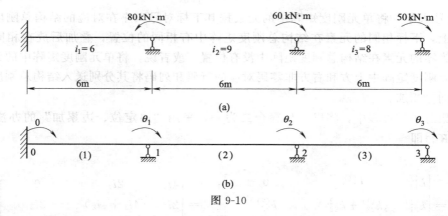

图 9-9

$$
\begin{bmatrix}
F_1 \\
F_2 \\
F_3 \\
\vdots \\
\\
F_n \\
F_{n+1}
\end{bmatrix}
=
\begin{bmatrix}
4i_1 & 2i_1 & 0 & 0 & & \\
2i_1 & 4(i_1+i_2) & 2i_2 & 0 & & \mathbf{0} \\
0 & 2i_2 & 4(i_2+i_3) & 0 & & \\
& & \ddots & \ddots & \ddots & \\
\mathbf{0} & & & 2i_{n-1} & 4(i_{n-1}+i_n) & 2i_n \\
& & & & 2i_n & 4i_n
\end{bmatrix}
\begin{bmatrix}
\Delta_1 \\
\Delta_2 \\
\Delta_3 \\
\vdots \\
\\
\Delta_n \\
\Delta_{n+1}
\end{bmatrix}
\tag{9-34}
$$

由此看出，整体刚度矩阵 **K** 有许多零元素，而且非零元素主要分布在主对角线两侧的带状区域内，故 **K** 为带状稀疏矩阵。

例 9-1 试用直接刚度法建立图 9-10（a）所示连续梁的整体刚度矩阵，并建立整体刚度方程。

图 9-10

解： 结点编码、单元划分及未知结点位移的编码——总码，如图 9-10（b）所示，各单元均以左端为坐标原点。

其结点位移列阵为 $\{\Delta\} = \begin{bmatrix} \theta_1 & \theta_2 & \theta_3 \end{bmatrix}^{\mathrm{T}}$

相应的结点荷载矩阵为 $\{F\} = \begin{bmatrix} -80 & 60 & 50 \end{bmatrix}^{\mathrm{T}}$

对于单元（1），$\{\lambda\}^{(1)} = \begin{bmatrix} 0 & 1 \end{bmatrix}^{\mathrm{T}}$

$$
\bar{k}^{(1)} = \begin{matrix} & {\scriptstyle 0} & {\scriptstyle 1} \\ \begin{matrix} {\scriptstyle 0} \\ {\scriptstyle 1} \end{matrix} & \begin{bmatrix} 24 & 12 \\ 12 & 24 \end{bmatrix} \end{matrix} \qquad \text{定位} \qquad \begin{bmatrix} k_{00} & k_{01} \\ k_{10} & k_{11} \end{bmatrix}
$$

对于单元 (2)，$\{\lambda\}^{(2)}=\begin{bmatrix}1 & 2\end{bmatrix}^{\mathrm{T}}$

$$\bar{\pmb{k}}^{(2)}=\begin{bmatrix}36 & 18 \\ 18 & 36\end{bmatrix}\begin{matrix}1 \\ 2\end{matrix} \qquad 定位 \qquad \begin{bmatrix}k_{11} & k_{12} \\ k_{21} & k_{22}\end{bmatrix}$$

对于单元 (3)，$\{\lambda\}^{(3)}=\begin{bmatrix}2 & 3\end{bmatrix}^{\mathrm{T}}$

$$\bar{\pmb{k}}^{(3)}=\begin{bmatrix}32 & 16 \\ 16 & 32\end{bmatrix}\begin{matrix}2 \\ 3\end{matrix} \qquad 定位 \qquad \begin{bmatrix}k_{22} & k_{23} \\ k_{32} & k_{33}\end{bmatrix}$$

将各单元刚度矩阵中的元素对号入座到结构刚度矩阵中，得

$$[\pmb{K}]=\begin{bmatrix}k_{11} & k_{12} & k_{13} \\ k_{21} & k_{22} & k_{23} \\ k_{31} & k_{32} & k_{33}\end{bmatrix}=\begin{bmatrix}(24+36) & 18 & 0 \\ 18 & (36+32) & 16 \\ 0 & 16 & 32\end{bmatrix}$$

结构刚度的刚度方程

$$\begin{bmatrix}60 & 18 & 0 \\ 18 & 68 & 16 \\ 0 & 16 & 32\end{bmatrix}\begin{Bmatrix}\theta_1 \\ \theta_2 \\ \theta_3\end{Bmatrix}=\begin{Bmatrix}-80 \\ 60 \\ 50\end{Bmatrix}$$

9.3.2 刚架的整体刚度矩阵

与连续梁相比，基本思路相同。其要点仍旧是：$\pmb{K}$ 由 $\pmb{k}^e$ 直接集成，集成包括 $\pmb{k}^e$ 的元素在 $\pmb{K}$ 中定位和累加两个环节。定位是依据单元定位向量 $\pmb{\lambda}^e$ 进行的。

在一般情况下考虑刚架中各杆的轴向变形，而忽略杆件轴向变形作为特殊情况处理。刚架中每个结点的位移分量有三个，即角位移和两个方向的线位移，刚架中各杆轴方向不尽相同，要采用结构整体坐标系。刚架中除刚结点外，还要考虑铰结点等其他情况。

例 9-2 用直接刚度法建立图 9-11 (a) 所示刚架的结构刚度矩阵 $\pmb{K}$。设各杆的杆长和截面尺寸相同。$b\times h=0.5\mathrm{m}\times 1\mathrm{m}$，$E=3\times 10^7\mathrm{kN/m}^2$。

解：① 结点位移的统一编码——总码。

每个结点位移的编码按 u、v、θ 顺序，逐个结点给以统一编码。如图 9-11 (b) 所示，结点 A 有三个位移分量：沿 x 和 y 轴的线位移 u_A、v_A，角位移 θ_A。它们的总码为 (1　2　3)。结点 B 为固定端，三个位移分量 u_B、v_B、θ_B 已知为零，其总码编为 (0　0　0)。结点 C 为铰支座，其线位移 u_C、v_C 已知为零，角位移 θ_C 为未知量，它们的总码编为 (0　0　4)。这里，仍采用如下规定：对于已知为零的结点位移分量，其总码编为 0。

此刚架共有四个未知结点位移分量，它们组成结构的结点位移向量 $\pmb{\Delta}$ 为

$$\pmb{\Delta}=(\Delta_1 \quad \Delta_2 \quad \Delta_3 \quad \Delta_4)^{\mathrm{T}}=(u_A \quad v_A \quad \theta_{、A} \quad \theta_C)^{\mathrm{T}}$$

对应结点荷载向量为

$$\pmb{F}=(F_1 \quad F_2 \quad F_3 、 F_4)^{\mathrm{T}}$$

② 局部坐标系中的单元刚度矩阵 $\bar{\pmb{k}}^e$。

由题给出的条件计算出 $I=\dfrac{bh^3}{12}=\dfrac{1}{24}\mathrm{m}^4$，$\dfrac{EI}{l}=25\times 10^4\mathrm{kN\cdot m}$，$\dfrac{EA}{l}=300\times 10^4\mathrm{kN/m}$。

此刚架划分为两个单元，分别编为 (1)、(2)。图中各杆轴线上的箭头表示各杆局部坐标 $\bar{x}$ 轴的正方向。单元在始末两端的六个位移分量的局部码 (1)、(2)、…、(6)，在图 9-11 (b) 中标明。注意：单元的局部码是针对整体坐标系而言的。

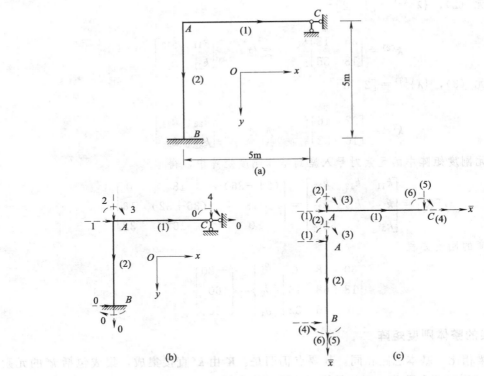

图 9-11

由于单元（1）、（2）的尺寸相同，由式（9-4）得

$$\bar{k}^{(1)}=\bar{k}^{(2)}=10^4 \times \begin{bmatrix} 300 & 0 & 0 & -300 & 0 & 0 \\ 0 & 12 & 30 & 0 & -12 & 30 \\ 0 & 30 & 100 & 0 & -30 & 50 \\ -300 & 0 & 0 & 300 & 0 & 0 \\ 0 & -12 & -30 & 0 & 12 & -30 \\ 0 & 30 & 50 & 0 & -30 & 100 \end{bmatrix}$$

③ 整体坐标系中的单元刚度矩阵 k^e。

单元（1）：$\alpha=0°$，$T^{(1)}=I$

所以　　$k^{(1)}=\bar{k}^{(1)}$

$$
\begin{array}{cccccc}
(1) & (2) & (3) & (4) & (5) & (6) \\
\downarrow & \downarrow & \downarrow & \downarrow & \downarrow & \downarrow \\
1 & 2 & 3 & 0 & 0 & 4
\end{array}
$$

$$k^{(1)}=\bar{k}^{(1)}=10^4 \times \begin{bmatrix} 300 & 0 & 0 & -300 & 0 & 0 \\ 0 & 12 & 30 & 0 & -12 & 30 \\ 0 & 30 & 100 & 0 & -30 & 50 \\ -300 & 0 & 0 & 300 & 0 & 0 \\ 0 & -12 & -30 & 0 & 12 & -30 \\ 0 & 30 & 50 & 0 & -30 & 100 \end{bmatrix} \begin{array}{l} 1\leftarrow(1) \\ 2\leftarrow(2) \\ 3\leftarrow(3) \\ 0\leftarrow(4) \\ 0\leftarrow(5) \\ 4\leftarrow(6) \end{array}$$

单元（2）：$\alpha=90°$，代入式（9-10）得

$$\boldsymbol{T} = \begin{bmatrix} 0 & 1 & 0 & 0 & 0 & 0 \\ -1 & 0 & 0 & 0 & 0 & 0 \\ 0 & 0 & 1 & 0 & 0 & 0 \\ 0 & 0 & 0 & 0 & 1 & 0 \\ 0 & 0 & 0 & -1 & 0 & 0 \\ 0 & 0 & 0 & 0 & 0 & 1 \end{bmatrix}$$

$$\boldsymbol{k}^{(2)} = \boldsymbol{T}^{\mathrm{T}}\, \bar{\boldsymbol{k}}^{(2)}\, \boldsymbol{T} = 10^4 \times \begin{array}{cccccc} {\scriptstyle 1} & {\scriptstyle 2} & {\scriptstyle 3} & {\scriptstyle 0} & {\scriptstyle 0} & {\scriptstyle 0} \\ \begin{bmatrix} 12 & 0 & -30 & -12 & 0 & -30 \\ 0 & 300 & 0 & 0 & -300 & 0 \\ -30 & 0 & 100 & 30 & 0 & 50 \\ -12 & 0 & 30 & 12 & 0 & 30 \\ 0 & -300 & 0 & 0 & 300 & 0 \\ -30 & 0 & 50 & 30 & 0 & 100 \end{bmatrix} & \begin{matrix} {\scriptstyle 1} \\ {\scriptstyle 2} \\ {\scriptstyle 3} \\ {\scriptstyle 0} \\ {\scriptstyle 0} \\ {\scriptstyle 0} \end{matrix} \end{array}$$

④ 形成结构整体刚度矩阵 $\boldsymbol{K}$。

由各单元两端结点位移分量的总码，得出各单元定位向量为

$$\boldsymbol{\lambda}^{(1)} = \begin{bmatrix} 1 & 2 & 3 & 0 & 0 & 4 \end{bmatrix}^{\mathrm{T}}$$

$$\boldsymbol{\lambda}^{(2)} = \begin{bmatrix} 1 & 2 & 3 & 0 & 0 & 0 \end{bmatrix}^{\mathrm{T}}$$

将上式标注在各单元刚度矩阵的上方和右边。右边的标注指明元素在结构整体刚度矩阵中哪一行，上方的标注指明元素在结构整体刚度矩阵中哪一列。与 0 对应的行和列中各元素在结构整体刚度矩阵中没有位置。按单元的顺序依照对号入座的原则将刚度系数累加到 $\boldsymbol{K}$ 中，即得结构刚度矩阵。

单元（1）：删去与 0 对应的行和列并换码，得

$$\boldsymbol{k}^{(1)} = 10^4 \times \begin{array}{cccc} {\scriptstyle 1} & {\scriptstyle 2} & {\scriptstyle 3} & {\scriptstyle 4} \\ \begin{bmatrix} 300 & 0 & 0 & 0 \\ 0 & 12 & 30 & 30 \\ 0 & 30 & 100 & 50 \\ 0 & 30 & 50 & 100 \end{bmatrix} & \begin{matrix} {\scriptstyle 1} \\ {\scriptstyle 2} \\ {\scriptstyle 3} \\ {\scriptstyle 4} \end{matrix} \end{array}$$

单元（2）：删去与 0 对应的行和列并换码，得

$$\boldsymbol{k}^{(2)} = 10^4 \times \begin{array}{ccc} {\scriptstyle 1} & {\scriptstyle 2} & {\scriptstyle 3} \\ \begin{bmatrix} 12 & 0 & -12 \\ 0 & 300 & 30 \\ -30 & 0 & 100 \end{bmatrix} & \begin{matrix} {\scriptstyle 1} \\ {\scriptstyle 2} \\ {\scriptstyle 3} \end{matrix} \end{array}$$

将两者累加得

$$\boldsymbol{K} = 10^4 \times \begin{array}{cccc} {\scriptstyle 1} & {\scriptstyle 2} & {\scriptstyle 3} & {\scriptstyle 4} \\ \begin{bmatrix} 300+(12) & 0+(0) & 0+(-30) & 0 \\ 0+(0) & 12+(300) & 30+(0) & 30 \\ 0+(-30) & 30+(0) & 100+(100) & 50 \\ 0 & 30 & 50 & 100 \end{bmatrix} & \begin{matrix} {\scriptstyle 1} \\ {\scriptstyle 2} \\ {\scriptstyle 3} \\ {\scriptstyle 4} \end{matrix} \end{array}$$

其中括号内的量为单元（2）对 $\mathbf{K}$ 的贡献。

⑤ 铰结点的处理。

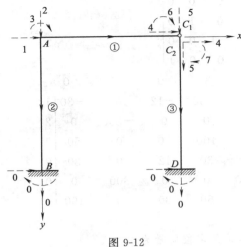

图 9-12

图 9-12 所示为具有铰结点的刚架。现说明与铰结点有关的一些处理方法。

首先，考虑结点位移分量的统一编码：按照前述作法，在固定端 B 和 D 处，三个位移分量的总码编为（0　0　0）。在刚结点 A 处，编号为（1　2　3）。

应注意，铰结点处的两杆杆端结点应看作半独立的两个结点（C_1 和 C_2）：它们的线位移相同（不独立），而角位移独立（独立）。因此，它们的线位移应采用同码，而角位移采用异码。即，结点 C_1 的总码编为（4　5　6），而 C_2 则为（4　5　7）。

其次，考虑单元定位向量：在图 9-12 中，单元①、②、③的 $\bar{x}$ 轴向正方向用箭头表明。各杆的单元定位向量可直接写出如下

$$
\left.\begin{aligned}
\boldsymbol{\lambda}^{(1)} &= (1\ \ 2\ \ 3\ \ 4\ \ 5\ \ 6)^{\mathrm{T}} \\
\boldsymbol{\lambda}^{(2)} &= (1\ \ 2\ \ 3\ \ 0\ \ 0\ \ 0)^{\mathrm{T}} \\
\boldsymbol{\lambda}^{(3)} &= (4\ \ 5\ \ 7\ \ 0\ \ 0\ \ 0)^{\mathrm{T}}
\end{aligned}\right\}
$$

最后，按单元①、②、③的次序进行单元集成，过程与例 9-2 类似。

9.4　等效结点荷载

结构上一般均作用有非结点荷载。在矩阵位移法中，计算结点位移时，是将非结点荷载转换为等效的结点荷载，使结构只在结点处受力，在此情况下建立刚度方程求解结点位移。下面以图 9-13（a）所示刚架所受荷载为例说明等效结点荷载的计算。

首先，在结点处施加附加刚臂或链杆限制结点位移，使各结点均成为固定端，如图 9-13（b）所示。在此情况下计算各杆由荷载产生的固端反力。表 9-1 给出了七种类型的荷载作用下固端反力的计算公式。表中固端反力的符号规定与单元杆端力的符号规定相同。查表 9-1 中和第一项和第二项可计算出单元（1）、（2）的固端反力，如图 9-13（c）所示。

其次，为了消除附加刚臂或链杆的影响，将各杆固端反力反号作用在结点上，分别求其代数和即为相应的等效结点荷载，如图 9-13（d）所示。

注意：结点集中力沿结构整体坐标的正方向为正，结点力矩仍以顺时针转为正。

同时注意到：刚架上任意一点最终的内力或位移［图 9-13（a）］等于图 9-13（b）相应点的内力或位移叠加上图 9-13（d）相应点的内力或位移。在杆端或结点，刚架［图 9-13（a）］的位移等于等效结点荷载作用下产生的位移［图 9-13（d）］，而刚架的杆端力等于荷载单独引起固端反力（载常数）叠加上结点位移 Δ 作用时在基本结构中引起的杆端力（形常数）。

表 9-1　单元固端反力 $\overline{F}_P^e$（局部坐标系）

类别	荷载简图	符号	始端	末端
1		$\overline{F}_{xP}$	0	0
		$\overline{F}_{yP}$	$-qa\left(1-\dfrac{a^2}{l^2}+\dfrac{a^3}{2l^3}\right)$	$-q\dfrac{a^3}{l^2}\left(1-\dfrac{a}{2l}\right)$
		$\overline{M}_P$	$-\dfrac{qa^2}{12}\left(6-8\dfrac{a}{l}+3\dfrac{a^2}{l^2}\right)$	$\dfrac{qa^3}{12l}\left(4-3\dfrac{a}{l}\right)$
2		$\overline{F}_{xP}$	0	0
		$\overline{F}_{yP}$	$-F_P\dfrac{b^2}{l^2}\left(1+2\dfrac{a}{l}\right)$	$-F_P\dfrac{a^2}{l^2}\left(1+2\dfrac{b}{l}\right)$
		$\overline{M}_P$	$-F_P\dfrac{ab^2}{l^2}$	$F_P\dfrac{a^2b}{l^2}$
3		$\overline{F}_{xP}$	0	0
		$\overline{F}_{yP}$	$\dfrac{6Mab}{l^3}$	$-\dfrac{6Mab}{l^3}$
		$\overline{M}_P$	$M\dfrac{b}{l}\left(2-3\dfrac{b}{l}\right)$	$M\dfrac{a}{l}\left(2-3\dfrac{a}{l}\right)$
4		$\overline{F}_{xP}$	0	0
		$\overline{F}_{yP}$	$-q\dfrac{a}{4}\left(2-3\dfrac{a^2}{l^2}+1.6\dfrac{a^3}{l^3}\right)$	$-\dfrac{q}{4}\dfrac{a^3}{l^2}\left(3-1.6\dfrac{a}{l}\right)$
		$\overline{M}_P$	$-q\dfrac{a^2}{6}\left(2-3\dfrac{a}{l}+1.2\dfrac{a^2}{l^2}\right)$	$\dfrac{qa^3}{4l}\left(1-0.8\dfrac{a}{l}\right)$
5		$\overline{F}_{xP}$	$-qa\left(1-0.5\dfrac{a}{l}\right)$	$-0.5a\dfrac{a^2}{l}$
		$\overline{F}_{yP}$	0	0
		$\overline{M}_P$	0	0
6		$\overline{F}_{xP}$	$-F_P\dfrac{b}{l}$	$-F_P\dfrac{a}{l}$
		$\overline{F}_{yP}$	0	0
		$\overline{M}_P$	0	0
7		$\overline{F}_{xP}$	0	0
		$\overline{F}_{yP}$	$q\dfrac{a^2}{l^2}\left(\dfrac{a}{l}+3\dfrac{b}{l}\right)$	$-q\dfrac{a^2}{l^2}\left(\dfrac{a}{l}+3\dfrac{b}{l}\right)$
		$\overline{M}_P$	$-q\dfrac{b^2}{l^2}a$	$q\dfrac{a^2}{l^2}b$

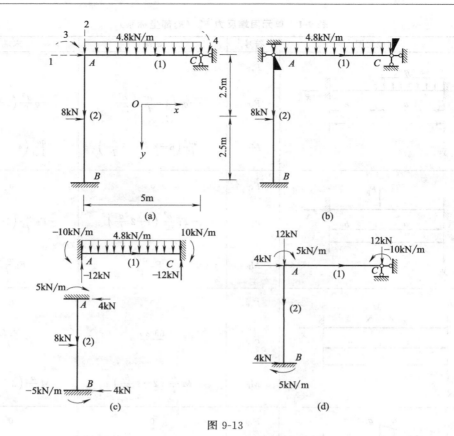

图 9-13

等效结点荷载的原则：在等效结点荷载作用下产生的结点位移与原结构上的荷载作用下产生的结点位移相同。即，将各附加约束上的固端反力反号作用在结构的结点上，得等效结点荷载。若结构的结点上还作用有实际的结点荷载，则应与相应的等效结点荷载叠加在一起作为总的结点荷载。下面举例说明形成等效结点荷载的步骤。

例 9-3 试求图 9-13（a）所示刚架的等效结点荷载向量 $\boldsymbol{F_P}$。

解：①求局部坐标系中的固端反力列阵 $\overline{\boldsymbol{F}}_\mathbf{P}^e$

单元（1）：由表 9-1 第 1 行，$q=4.8\text{kN/m}$，$a=l=5\text{m}$ 得

$$\overline{\boldsymbol{F}}_\mathbf{P}^{(1)}=\begin{bmatrix}\overline{F}_{\text{xPA}} & \overline{F}_{\text{yPA}} & \overline{M}_{\text{PA}} & \overline{F}_{\text{xPC}} & \overline{F}_{\text{yPC}} & \overline{M}_{\text{PC}}\end{bmatrix}^\mathrm{T}$$
$$=\begin{bmatrix}0 & -12 & -10 & 0 & -12 & 10\end{bmatrix}^\mathrm{T}$$

单元（2）：由表 9-1 第 2 行，$F_\mathrm{P}=-8\text{kN/m}$，$a=b=2.5\text{m}$ 得

$$\overline{\boldsymbol{F}}_\mathbf{P}^{(2)}=\begin{bmatrix}\overline{F}_{\text{xPA}} & \overline{F}_{\text{yPA}} & \overline{M}_{\text{PA}} & \overline{F}_{\text{xPB}} & \overline{F}_{\text{yPB}} & \overline{M}_{\text{PB}}\end{bmatrix}^\mathrm{T}$$
$$=\begin{bmatrix}0 & 4 & 5 & 0 & 4 & -5\end{bmatrix}^\mathrm{T}$$

② 求各单元在结构坐标系中的结点荷载列阵 $\boldsymbol{F}_\mathbf{P}^e$

相当于将固端反力经坐标变换后，反号作用在结点上。

单元（1）：$\alpha=0°$

$$\boldsymbol{F}_\mathbf{P}^{(1)}=-\overline{\boldsymbol{F}}_\mathbf{P}^{(1)}=\begin{bmatrix}0 & 12 & 10 & 0 & 12 & -10\end{bmatrix}^\mathrm{T}$$

单元（2）：$\alpha=90°$

$$\boldsymbol{F}_\mathbf{P}^{(2)}=-\boldsymbol{T}^{(2)}\overline{\boldsymbol{F}}_\mathbf{P}^{(2)}=\begin{bmatrix}4 & 0 & -5 & 4 & 0 & 5\end{bmatrix}^\mathrm{T}$$

③ 求刚架的等效结点荷载列阵 $\boldsymbol{F}_\mathbf{P}$。

相当于求相应固端反力反号后的代数和，并将支座处与零位移对应的值删除。

$$\boldsymbol{\lambda}^{(1)} = [1 \quad 2 \quad 3 \quad 0 \quad 0 \quad 4]^T$$
$$\boldsymbol{\lambda}^{(2)} = [1 \quad 2 \quad 3 \quad 0 \quad 0 \quad 0]^T$$

将 $\boldsymbol{F}_P^{(1)}$ 和 $\boldsymbol{F}_P^{(2)}$ 中与 0 对应的行删除，$\boldsymbol{F}_P^{(2)}$ 中最后一行是为了叠加而补 0。

$$\boldsymbol{F}_P^{(1)} = [0 \quad 12 \quad 10 \quad -10]^T$$
$$\boldsymbol{F}_P^{(2)} = [4 \quad 0 \quad -5 \quad 0]^T$$

叠加得等效结点荷载为

$$\boldsymbol{F}_P = [4 \quad 12 \quad 5 \quad -10]^T$$

9.5 矩阵位移法的解题步骤和算例

用矩阵位移法计算平面结构的步骤如下。

① 整理原始数据，对单元和结构进行局部编码和总体编码。

② 建立单元坐标系中的单元刚度矩阵 $\bar{\boldsymbol{k}}^e$，用式（9-4）。

③ 形成整体坐标系中的单元刚度矩阵，用式（9-24）。

④ 用单元集成法形成整体刚度矩阵 $\boldsymbol{K}$。

⑤ 形成等效结点荷载 $\boldsymbol{F}_P$。

⑥ 解方程 $\boldsymbol{K\Delta} = \boldsymbol{F}_P$，求出结点位移 $\boldsymbol{\Delta}$。

⑦ 计算单元杆端内力。其计算式为

$$\overline{\boldsymbol{F}}^e = \bar{\boldsymbol{k}}^e \overline{\boldsymbol{\Delta}}^e + \overline{\boldsymbol{F}}_P^e \tag{9-35}$$

式中，$\overline{\boldsymbol{\Delta}}^e = \boldsymbol{T\Delta}^e$，$\overline{\boldsymbol{F}}_P^e$ 为单元固端力列阵。

例 9-4 用矩阵位移法求解图 9-14（a）所示连续梁，作 M 图。

解： ① 整理原始数据，并对单元和结点位移统一编码。为了表述方便，刚度取相对值。设 $EI = 12$，则

$$i_{AB} = i_1 = \frac{2EI}{12} = 2, \quad i_{BC} = i_2 = \frac{EI}{8} = 1.5$$

单元划分，结点统一编码如图 9-14（a）所示。其中：结点 A、B 的转角 θ_A、θ_B 编码为 1、2，固定端的转角已知为零，用 0 编码。结点位移列阵和结点荷载列阵分别为

$$\boldsymbol{\Delta} = [\theta_A \quad \theta_B]^T, \quad \boldsymbol{F} = [M_A \quad M_B]^T$$

② 建立各单元刚度矩阵 各单元无杆端线位移，由式（9-5）得

$$\bar{\boldsymbol{k}}^{(1)} = \begin{bmatrix} 4i_1 & 2i_1 \\ 2i_1 & 4i_1 \end{bmatrix} = \begin{bmatrix} 8 & 4 \\ 4 & 8 \end{bmatrix}, \quad \bar{\boldsymbol{k}}^{(2)} = \begin{bmatrix} 4i_2 & 2i_2 \\ 2i_2 & 4i_2 \end{bmatrix} = \begin{bmatrix} 6 & 3 \\ 3 & 6 \end{bmatrix}$$

③ 形成结构刚度，各杆的定位向量为

$$\boldsymbol{\lambda}^{(1)} = [1 \quad 2]^T, \boldsymbol{\lambda}^{(2)} = [2 \quad 0]^T$$

按照单元定位向量依次将各单元刚度矩阵中的元素定位并累加得结构刚度矩阵为

$$\boldsymbol{K} = \begin{bmatrix} 8 & 4 \\ 4 & (8+6) \end{bmatrix} = \begin{bmatrix} 8 & 4 \\ 4 & 14 \end{bmatrix}$$

④ 计算等效结点荷载。

由前所述，等效结点荷载等于结点处各杆固端力的代数和，但其方向相反。本例中与结点位移对应，只需计算 M_A、M_B。计算如下。

a. 在结点 A、B 处附加刚臂，计算固端弯矩如图 9-14（b）所示。将各杆两端固端弯矩

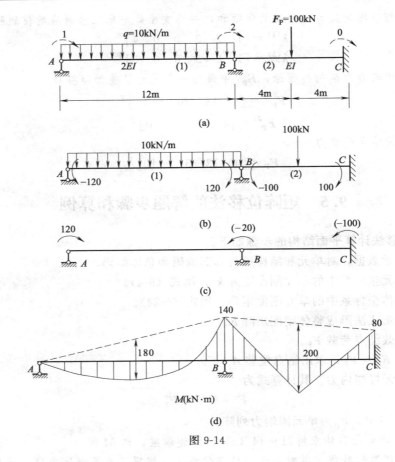

图 9-14

用列阵表示为

$$\{\overline{M}^{\mathrm{F}}\}^{(1)} = [-120 \quad 120]^{\mathrm{T}}, \quad \{\overline{M}^{\mathrm{F}}\}^{(2)} = [-100 \quad 100]^{\mathrm{T}}$$

b. 计算结点处各固端弯矩的代数和，反方向加在结点上即相应的等效结点荷载，如图 9-14（c）所示。则荷载列阵为

$$\boldsymbol{F} = [M_{\mathrm{A}} \quad M_{\mathrm{B}}]^{\mathrm{T}} = [120 \quad -20]^{\mathrm{T}}$$

⑤ 解方程 $\boldsymbol{K\Delta} = \boldsymbol{F}$，求结点位移

$$\begin{bmatrix} 8 & 4 \\ 4 & 14 \end{bmatrix} \begin{Bmatrix} \theta_{\mathrm{A}} \\ \theta_{\mathrm{B}} \end{Bmatrix} = \begin{Bmatrix} 120 \\ -20 \end{Bmatrix}$$

解此方程得

$$\begin{Bmatrix} \theta_{\mathrm{A}} \\ \theta_{\mathrm{B}} \end{Bmatrix} = \begin{Bmatrix} \dfrac{55}{3} \\ -\dfrac{20}{3} \end{Bmatrix}$$

⑥ 计算杆端内力。将结点位移代回各单元刚度方程，并考虑跨间荷载，可计算各杆端弯矩为

$$\overline{\boldsymbol{F}}^e = \overline{\boldsymbol{k}}^e \overline{\boldsymbol{\Delta}}^e + \overline{\boldsymbol{F}}^e_{\mathrm{P}}$$

单元（1）：

$$\begin{Bmatrix} \overline{M}_{\mathrm{A}} \\ \overline{M}_{\mathrm{B}} \end{Bmatrix}^{(1)} = \begin{bmatrix} 8 & 4 \\ 4 & 8 \end{bmatrix} \begin{Bmatrix} \dfrac{55}{3} \\ -\dfrac{20}{3} \end{Bmatrix} + \begin{Bmatrix} -120 \\ 120 \end{Bmatrix} = \begin{Bmatrix} 0 \\ 140 \end{Bmatrix}$$

单元 (2)：$\left\{\begin{matrix}\overline{M}_B \\ \overline{M}_C\end{matrix}\right\}^{(2)} = \begin{bmatrix}6 & 3 \\ 3 & 6\end{bmatrix}\left\{\begin{matrix}-\dfrac{20}{3} \\ 0\end{matrix}\right\} + \left\{\begin{matrix}-100 \\ 100\end{matrix}\right\} = \left\{\begin{matrix}-140 \\ 80\end{matrix}\right\}$

由此可作出弯矩图如图 9-14 (d) 所示。

例 9-5　试求作图 9-13 (a) 所示刚架的内力图。

解： ① 单元及结点编号、形成单元刚度矩阵 k^e 和整体刚度矩阵 K。以上过程见例 9-2。

② 等效结点荷载列阵，见例 9-3。

③ 解方程 $K\Delta = F_P$

$$10^4 \times \begin{bmatrix}312 & 0 & -30 & 0 \\ 0 & 312 & 30 & 30 \\ -30 & 30 & 200 & 50 \\ 0 & 30 & 50 & 100\end{bmatrix}\left\{\begin{matrix}u_A \\ v_A \\ \theta_A \\ \theta_C\end{matrix}\right\} = \left\{\begin{matrix}4 \\ 12 \\ 5 \\ -10\end{matrix}\right\}$$

求得结点位移　$\Delta = \left\{\begin{matrix}u_A \\ v_A \\ \theta_A \\ \theta_C\end{matrix}\right\} = \left\{\begin{matrix}0.0182 \\ 0.0467 \\ 0.0563 \\ -0.1421\end{matrix}\right\} \times 10^{-4}$

④ 计算各杆杆端力 $\overline{F}^e$

单元 (1)：$\alpha = 0°$，$\overline{k}^{(1)} = k^{(1)}$，

$$\overline{\Delta}^{(1)} = \Delta^{(1)}$$
$$\overline{F}^{(1)} = \overline{k}^{(1)}\overline{\Delta}^{(1)} + \overline{F}_P^{(1)}$$

由　$\lambda^{(1)} = \left\{\begin{matrix}1 \\ 2 \\ 3 \\ 0 \\ 0 \\ 4\end{matrix}\right\}$；得　$\overline{\Delta}^{(1)} = \left\{\begin{matrix}0.0182 \\ 0.0467 \\ 0.0563 \\ 0 \\ 0 \\ -0.1421\end{matrix}\right\} \times 10^{-4}$

$$\overline{F}^{(1)} = \left\{\begin{matrix}\overline{F}_{xA} \\ \overline{F}_{yA} \\ \overline{M}_A \\ \overline{F}_{xC} \\ \overline{F}_{yC} \\ \overline{M}_C\end{matrix}\right\} = 10^4 \times \begin{bmatrix}300 & 0 & 0 & -300 & 0 & 0 \\ 0 & 12 & 30 & 0 & -12 & 30 \\ 0 & 30 & 100 & 0 & -30 & 50 \\ -300 & 0 & 0 & 300 & 0 & 0 \\ 0 & -12 & -30 & 0 & 12 & -30 \\ 0 & 30 & 50 & 0 & -30 & 100\end{bmatrix}$$

$$\times \left\{\begin{matrix}0.0182 \\ 0.0467 \\ 0.0563 \\ 0 \\ 0 \\ -0.1421\end{matrix}\right\} \times 10^{-4} + \left\{\begin{matrix}0 \\ 12 \\ -10 \\ 0 \\ 12 \\ 10\end{matrix}\right\} = \left\{\begin{matrix}5.47 \\ -14.01 \\ -10.08 \\ -5.47 \\ -9.99 \\ 0\end{matrix}\right\}$$

单元 (2)：$\alpha = 90°$

$$\overline{\boldsymbol{F}}^{(2)}=\overline{\boldsymbol{k}}^{(2)}\overline{\boldsymbol{\Delta}}^{(2)}+\overline{\boldsymbol{F}}_{\mathrm{P}}^{(2)}$$

由
$$\boldsymbol{\lambda}^{(2)}=\begin{Bmatrix}1\\2\\3\\0\\0\\0\end{Bmatrix},\ 得\ \overline{\boldsymbol{\Delta}}^{(2)}=\begin{Bmatrix}0.0467\\-0.0182\\0.0563\\0\\0\\0\end{Bmatrix}\times10^{-4}$$

所以
$$\overline{\boldsymbol{F}}^{(2)}=\begin{Bmatrix}\overline{F}_{\mathrm{xA}}\\\overline{F}_{\mathrm{yA}}\\\overline{M}_{\mathrm{A}}\\\overline{F}_{\mathrm{xB}}\\\overline{F}_{\mathrm{yB}}\\\overline{M}_{\mathrm{B}}\end{Bmatrix}=10^{4}\times\begin{bmatrix}300&0&0&-300&0&0\\0&12&30&0&-12&30\\0&30&100&0&-30&50\\-300&0&0&300&0&0\\0&-12&-30&0&12&-30\\0&30&50&0&-30&100\end{bmatrix}\begin{Bmatrix}0.0467\\-0.0182\\0.0563\\0\\0\\0\end{Bmatrix}\times10^{-4}$$

$$+\begin{Bmatrix}0\\4\\5\\0\\4\\-5\end{Bmatrix}=\begin{Bmatrix}14.01\\5.47\\10.08\\-14.01\\2.53\\-2.74\end{Bmatrix}$$

由以上杆端力按内力符号规定可做出其内力图，如图 9-15 所示。

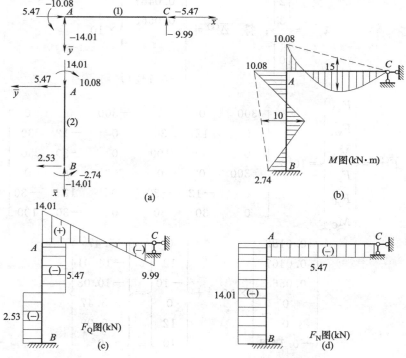

图 9-15

以上，通过例题说明了矩阵位移法的解题过程。下面讨论平面桁架和组合结构的计算特点。

（1）平面桁架的计算

桁架的计算可借用平面刚架的计算程序，具体计算时应注意以下两点。

① 结点位移的统一编码。图 9-16 所示桁架，单元编码与坐标系如图 9-16 所示。编码时注意：桁架的转角不作为未知量，编为 0 码。这样，支座结点 A、B 的编码为 $[0 \quad 0 \quad 0]^T$，结点 C 的编码为 $[1 \quad 2 \quad 0]^T$，结点 D 的编码为 $[3 \quad 4 \quad 0]^T$。则各单元定位向量为

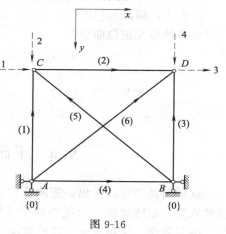

图 9-16

$$\boldsymbol{\lambda}^{(1)} = [0 \quad 0 \quad 0 \quad 1 \quad 2 \quad 0]^T$$
$$\boldsymbol{\lambda}^{(2)} = [1 \quad 2 \quad 0 \quad 3 \quad 4 \quad 0]^T$$
$$\boldsymbol{\lambda}^{(3)} = [0 \quad 0 \quad 0 \quad 3 \quad 4 \quad 0]^T$$
$$\boldsymbol{\lambda}^{(4)} = [0 \quad 0 \quad 0 \quad 0 \quad 0 \quad 0]^T$$
$$\boldsymbol{\lambda}^{(5)} = [0 \quad 0 \quad 0 \quad 1 \quad 2 \quad 0]^T$$
$$\boldsymbol{\lambda}^{(6)} = [0 \quad 0 \quad 0 \quad 3 \quad 4 \quad 0]^T$$

② 单元刚度方程。将 $EI=0$ 引入式（9-2）可得桁架单元在局部坐标系中的刚度方程为

$$\begin{Bmatrix} \overline{F}_{xi} \\ 0 \\ 0 \\ \overline{F}_{xj} \\ 0 \\ 0 \end{Bmatrix}^e = \begin{bmatrix} \dfrac{EA}{l} & 0 & 0 & -\dfrac{EA}{l} & 0 & 0 \\ 0 & 0 & 0 & 0 & 0 & 0 \\ 0 & 0 & 0 & 0 & 0 & 0 \\ -\dfrac{EA}{l} & 0 & 0 & \dfrac{EA}{l} & 0 & 0 \\ 0 & 0 & 0 & 0 & 0 & 0 \\ 0 & 0 & 0 & 0 & 0 & 0 \end{bmatrix} \cdot \begin{Bmatrix} \overline{u}_i \\ 0 \\ 0 \\ \overline{u}_j \\ 0 \\ 0 \end{Bmatrix}^e \quad (9\text{-}36)$$

写成以上形式主要是便于利用平面刚架程序计算桁架，式（9-36）也体现出了桁架内只有轴力和轴向位移。

（2）组合结构的计算

计算组合结构时，应先区分梁式杆和桁架杆。对梁式杆，采用一般单元的单元刚度方程及相应的计算公式。对于桁架杆。设其 $EI=0$。两端铰结点或铰支座的转角不作为未知量。

组合结构的计算同样可以利用平面刚架程序。下面对图 9-17 所示组合结构的结点位移、单元进行统一编码。就可以借用平面刚架程序分析组合结构。

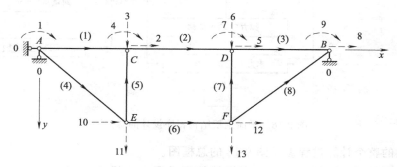

图 9-17

支座 A：相对于梁 AC，编码为 $[0\ \ 0\ \ 1]^T$，相对于杆 AE，编码为 $[0\ \ 0\ \ 0]^T$。

支座 B：相对于梁 AB，编码为 $[8\ \ 0\ \ 9]^T$，相对于杆 BF，编码为 $[8\ \ 0\ \ 0]^T$。

结点 C：相对于梁 AB，编码为 $[2\ \ 3\ \ 4]^T$，相对于杆 CE，编码为 $[2\ \ 3\ \ 0]^T$。

结点 D 类推。

结点 E：编码为 $[10\ \ 11\ \ 0]^T$，结点 F：编码为 $[12\ \ 13\ \ 0]^T$。

相应的单元定位向量为

$$\boldsymbol{\lambda}^{(1)} = [0\ \ 0\ \ 1\ \ 2\ \ 3\ \ 4]^T \qquad \boldsymbol{\lambda}^{(5)} = [10\ \ 11\ \ 0\ \ 2\ \ 3\ \ 0]^T$$
$$\boldsymbol{\lambda}^{(2)} = [2\ \ 3\ \ 4\ \ 5\ \ 6\ \ 7]^T \qquad \boldsymbol{\lambda}^{(6)} = [10\ \ 11\ \ 0\ \ 12\ \ 13\ \ 0]^T$$
$$\boldsymbol{\lambda}^{(3)} = [5\ \ 6\ \ 7\ \ 8\ \ 0\ \ 9]^T \qquad \boldsymbol{\lambda}^{(7)} = [12\ \ 13\ \ 0\ \ 5\ \ 6\ \ 0]^T$$
$$\boldsymbol{\lambda}^{(4)} = [0\ \ 0\ \ 0\ \ 10\ \ 11\ \ 0]^T \qquad \boldsymbol{\lambda}^{(7)} = [12\ \ 13\ \ 0\ \ 8\ \ 0\ \ 0]^T$$

9.6 平面刚架程序设计和算例

从前面几节可以看出，矩阵位移法并不适合于手算，即使非常简单的结构，计算起来也非常麻烦。矩阵位移法的优势在于计算过程的程序化和通用性。结合矩阵位移法的解题步骤，编制程序，应用电子计算机解决手算难以解决的结构分析问题。目前，各种结构分析问题，已基本形成标准的计算程序。本节介绍一个用 FORTRAN90 编写的平面刚架结构静力分析程序，并通过算例说明其具体应用。

9.6.1 平面刚架程序设计总框图与程序标识符说明

（1）适用范围

该程序适用于由等直杆组成的具有任意几何形状的平面杆系结构，包括：刚架、桁架、连续梁和组合结构。结点可以是刚结点、铰结点或组合结点。支座可以是固定端支座、铰支座、链杆支座和滑动支座。作用在结构上的荷载可以是结点荷载和非结点荷载（类型见表 9-1）。

（2）总框图

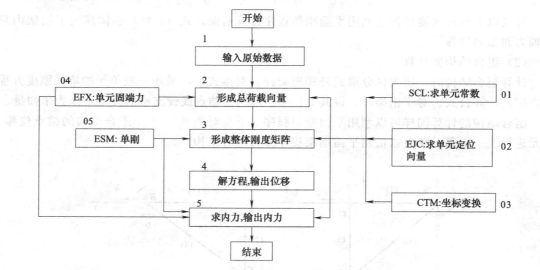

图 9-18　平面刚架结构程序设计的总框图

平面刚架的整个计算过程参见图 9-18 的总框图。

总框图由两级子框图组成。平面刚架的整个过程由一级子框图 1、2、3、4 和 5 组成。

或者说平面刚架的主程序可由这五个框图编写而成。二级子框图 01、02、03、04 和 05 分别对应一个子程序，总框图中亦标明了子程序的名称，它们在运算中被主程序多次调用。主程序与子程序之间的数据传递均通过形式参数来实现。

（3）输入原始数据的标识符说明（按输入顺序）

NE：单元数。

NJ：结点数。

N：结点位移未知量总数。

NW：最大半带宽。

NPJ：结点荷载数（若无，输入 0）。

NPF：非结点荷载数（若无，输入 0）。

以上数据按序一次输入。

X（NJ）、Y（NJ）：结点坐标数据。

JN（3，NJ）：结点位移的统一编码数组。

以上三个数组按结点编号顺序一次输入，对每一结点，输入的顺序为 $[x，y，u，v，\theta]$。

JE（2，NE）：单元两端结点编号数组。

EA（NE）、EI（NE）：单元的抗拉、抗弯刚度数组。

以上三个数组按单元排序一次输入，对每一单元，输入的顺序为 ［始端、末端，EA、EI］。

PJ（2，NPJ）：结点荷载数组。

按结点荷载对应的结点位移的编码顺序输入，对每一结点荷载，输入的顺序为 ［对应位移分量的编码，荷载的值］。若 NPJ＝0，此数组不输入任何值。其中对应位移分量的编码实际上表示了结点荷载的位置和方位，荷载的值应根据本章的符号规定输入正值或负值。

PF（4，NPF）：非结点荷载数组。

按所在单元的编号顺序输入，对每一非结点荷载，输入的顺序为 ［所在单元的编号、荷载类型号、位置 a，数据 q］。后三个元素见表 9-1，同样，荷载的数值应根据本章的符号规定输入正值或负值。若 NPF＝0，此数组不输入任何值。

（4）输出结果及程序中其他标识符的说明

① 所输入的原始数据。

② 结点位移。

③ 各单元杆端内力。

IND：非结点荷载类型码。

M：单元序号。

BL：单元长度。

SI：单元的 $\sin\alpha$。

CO：单元的 $\cos\alpha$。

JC（6）：存放单元定位向量的数组。

KD（6，6）：存放局部坐标系中的单刚 $\bar{k}^e$ 的数组。

KE（6，6）：存放整体坐标系中的单刚 k^e 的数组。

T（6，6）：存放单元坐标转换矩阵 T 的数据。

KB（N，NW）：存放整体刚度矩阵的数组。

P（N）：结点总荷载数组，后存结点位移。

FO（6）：局部坐标系中的单元固端力数组。

F（6）：先存放整体坐标系中的单元等效结点荷载，然后存放局部坐标系中的单元杆端力。

D（6）：整体坐标系中的单元杆端位移数组。

（5）整体刚度矩阵 K 的最大半带宽 NW 的计算

设用 MAX 表示单元(e)定位向量中的最大分量，用 MIN 表示其中的最小非零分量，则当向整体刚度矩阵 K 中累加单刚 k^e 时所产生的半带宽 d_e 可按下式计算

$$d_e = \text{MAX} - \text{MIN} + 1 \tag{9-37}$$

每一个单元均可按式（9-37）求出一个 d_e 值，其中最大的 d_e 值即为整体刚度矩阵 K 的最大半带宽 NW。

9.6.2　Fortran 90 语言编程简介

Fortran 语言是最早出现的计算机高级语言之一，也是最适合科学与工程计算的一种计算机高级语言。目前，流行的结构分析软件一般都采用 Fortran 语言作为编程工具。在当今各种新语言层出不穷的情况下，Fortran 语言也在引进其他语言的功能，不断地升级换代，显示出极强的生命力。迄今为止，它仍然是工程分析和数值计算最方便、最有效的语言。

Fortran 90（简称 F90）是 20 世纪 90 年代发展起来的，是 Fortran 77 的替换版本。一方面 Fortran 90 兼容和继承了 Fortran 77 的所有先进特性，另一方面舍取了一些过时的语法规定，同时 Fortran 90 增加了很多新特性，能够使程序员编制出效率高、移植性强、易于维护和更加安全的程序代码，是最富有现代化语言特性的语言之一。

本书介绍的平面刚架源程序是用 Fortran 90 编制的。为了体现 Fortran 90 兼容了 Fortran 77 的所有特性，并兼顾 Fortran 77 的读者和用户，在编制程序时，并没有完全按照 Fortran 90 的新特性彻底修改。以下对平面刚架源程序（Fortran 90）作几点说明。

① 该程序结构采用了主程序与模块（Module）子过程相结合的方式，将程序中具有相关功能的子程序封装在一个名为 Subs 的模块中，在主程序中用 use 语句来引用该模块。在一个完整的程序中，主程序的个数是唯一的，即只能有一个程序单元为主程序。

② Fortran 90 注释语句采用了感叹号"!"，在一行中感叹号后面的所有字符都将被编译器忽略而作为注释内容。

Fortran 90 一般采用自由格式书写，每一行不再区分为标号区、续行区、语句区、注释区等 4 个区域。

Fortran 90 程序的一行最多可以有 132 个字符，当程序语句太长或从阅读角度想要分成几行书写时，可以利用续行符"&"来完成。

③ 本程序中所有语言的关键词都用小写，Fortran 90 建议不使用 I-N 隐含规则，也就是说程序单元内的所有变量必须进行变量声明后才能使用。

④ Fortran 90 提供了使用种类类别参数对数据的精度和范围进行控制。本程序中，整型数采用机器中缺省种别，即与常数 1 的别别相同，ikind＝kind（1）；实型数采用机器中双精度数，即与常数 0.0d0 种别相同，rking＝kind（0. d0）。

⑤ Fortran 90 要求必须指明子程序哑元表中哑元的意向属性，意向属性有如下三种，in 在子程序中不得赋值，out 子程序中必须赋值，in out 在子程序可赋值，也可不赋值。

⑥ 该程序采用了动态数组，具有动态分配与释放的功能。在数组的声明时只需要给定它的类型和形状，不需要确定它的规模。在程序运行中，可根据需要为动态数组分配内存空间或当不再需要时释放动态分配所占用的内存。改进了 Fortran 77 中，程序所需的内存空间完全由编译程序确定和分配的静态存储分配方式（如：主程序中的数组必须进行确定性说

明）。充分利用了内存空间，对解题规模没有限制。

⑦ 数组运算能力增强。Fortran 90 允许对数组进行直接操作，即，对形状相同的数组直接进行加、减、乘、除，而不必在利用循环语句编写程序来完成数组的运算。Fortran 90 引进了很多数组的固有函数（如：矩阵相乘、转置，数组元素求和等）来进行数组运算，在下面的程序中，在一些地方有意地引进了 Fortran 90 的数组的固有函数进行数组运算，目的是让读者体会一下 Fortran 90 的强大数组运算功能。

⑧ 在本程序中引进了 Fortran 90 的 where 结构，可以对整个数组或数组片作有条件的操作。在本程序中还引进了 Fortran 90 的新增的 cycle 和 exit 语句。有效地消除了语句标号，使代码根据结构化。即当执行 cycle 语句时，程序跳过 cycle 下面的语句，控制又返回到所指定的 do 结构名继续执行。它与 exit 语句结束循环的功能不同，而是跳过一些语句后重复循环。另外、Fortran 90 提供的 case 选择结构可以直接处理分支选择（类似于 C 语言的 switch 语句），代替了 go to 语句，在本程序中也有所体现。

⑨ 其他。主程序要求有 program 语句，end program 前必须有 stop 语句表示停止执行。在程序单元的 end 语句中要求后跟程序单元的类型和名称，子过程中必须有 return 语句，以表示返回。数组哑元要求是假定形状，或者有固定的维数和大小，字符哑元要求是假定长度的等等。以上列举了与本程序有关的 Fortran 90 的知识。关于 Fortran 90 程序设计的详细介绍可以参考相关书籍。

9.6.3　平面刚架源程序（FORTEAN 90 语言）

```
! =================================================
      program Main          ! 主程序
! =================================================
      use Subs               ! 在 Module 外调用 Module 中的子程序要用 use 命令
      implicit none          ! 不采用隐含规则
      integer(Ikind),allocatable :: JE(:,:),JN(:,:)    ! 声明可变大小的数组变量
      real(Rkind),   allocatable :: EA(:),EI(:),X(:),Y(:),PJ(:,:), &
                                    PF(:,:),KB(:,:),P(:)
      integer(Ikind)     :: JC(6)
      real(Rkind)        :: KE(6,6),KD(6,6),T(6,6),F(6),FO(6),D(6)
      real(Rkind)        :: BL,SI,CO,C
      integer(Ikind)     :: NPJ,NPF
      integer(Ikind)     :: I,J,K,L,M,N,IM,JM,JJ,NE,NJ,NW
!
!（一）输入原始数据
      OPEN(5,file='PF.DAT')
      OPEN(6,File='RPF.OUT')
      READ(5,*) NE,NJ,N,NW,NPJ,NPF
!
!       给动态数组申请配置内存空间
      allocate (JE(2,NE),JN(3,NJ))
      allocate (EA(NE),EI(NE))
      allocate (X(NJ),Y(NJ))
```

```
          allocate (PJ(2,NPJ),PF(4,NPF))
          allocate (KB(N,NW),P(N))
!
!         读入原始数据并再输出
          read(5,*) (X(J),Y(J),(JN(I,J),I=1,3),J=1,NJ)
          read(5,*) ((JE(I,J),I=1,2),EA(J),EI(J),J=1,NE)
          if(NPJ. ne. 0) read(5,*) ((PJ(I,J),I=1,2),J=1,NPJ)
          if(NPF. ne. 0) read(5,*) ((PF(I,J),I=1,4),J=1,NPF)
          write(6,10) NE,NJ,N,NW,NPJ,NPF
          write(6,20)(J,X(J),Y(J),(JN(I,J),I=1,3),J=1,NJ)
          write(6,30) (J,(JE(I,J),I=1,2),EA(J),EI(J),J=1,NE)
          if(NPJ. ne. 0) write(6,40) ((PJ(I,J),I=1,2),J=1,NPJ)
          if(NPF. ne. 0) write(6,50) ((PF(I,J),I=1,4),J=1,NPF)
10        format(/tr6,'NE=',I5,tr2,'NJ=',I5,tr2,'N=',I5,tr2,     &
                 'NW=',I5,tr2,'NPJ=',I5,tr2,'NPF=',I5)
20        format(/tr7,'NODE',tr7,'X',tr11,'Y',tr12,'XX',tr8,      &
                 'YY',tr8,'ZZ'/(' ',I10,2F12.4,3I10))
30        format(/tr4,'ELEMENT',tr4,'NODE-I',tr4,'NODE-J',tr11,   &
                 'EA',tr13,'EI' /(' ',3I10,2E15.6))
40        format(/tr7,'CODE',tr7,'PX-PY-PM'/(' ',F10.0,F15.4))
50        format(/tr4,'ELEMENT',tr7,'IND',tr10,'A',tr14,'Q'       &
                 /(' ',2F10.0,2F15.4))
!    (二)形成总结点荷载向量
          p=0. d0
          do I=1,NPJ
            L=int(PJ(1,I),Ikind)
            P(L)=PJ(2,I)
          end do
          do I=1,NPF
            M=PF(1,I)
            call SCL(M,NE,NJ,BL,SI,CO,JE,X,Y)
            call EFX(I,NPF,BL,PF,FO)
            call CTM(SI,CO,T)
            call EJC(M,NE,NJ,JE,JN,JC)
            F(:)=-matmul(transpose(T),FO)   !    坐标变化矩阵 T 转置后与固端力矩阵
                                                 相乘
            where (JC. ne. 0)               !    对满足一定条件的数组进行操作
              P(JC)=P(JC)+F(:)
            end where
          end do
```

```
! （三）形成整体刚度矩阵
  KB=0. d0
  do M=1,NE
    call SCL(M,NE,NJ,BL,SI,CO,JE,X,Y)
    call CTM(SI,CO,T)
    call ESM(M,NE,BL,EA,EI,KD)
    call EJC(M,NE,NJ,JE,JN,JC)
! 将局部坐标系下的单刚转换为整体坐标下的单刚
    KE=matmul(transpose(T),matmul(KD,T))
    do L=1,6
    I=JC(L)
    if(I==0) cycle      ! 排除零分量,跳过 cycle 下面的语句,返回到 do L=1,6 继续
执行
      do K=1,6
        J=JC(K)
        if(J==0 .OR. J<I) cycle  ! 排除零分量及 K 中的下 Δ 元素,只存上 Δ 元素。
        JJ=J-I+1
        KB(I,JJ)=KB(I,JJ)+KE(L,K)
      end do
    end do
  end do


! （四）解线性方程组
do K=1,N-1
  IM=K+NW-1
  if(N. lt. IM) IM=N
  do I=K+1,IM
    L=I-K+1
    C=KB(K,L)/KB(K,1)
    JM=NW-L+1
    KB(I,1:JM)=KB(I,1:JM)-C*KB(K,1+I-K:JM+I-K)
    P(I)=P(I)-C*P(K)
  end do
end do
    P(N)=P(N)/KB(N,1)
  do K=1,N-1
    I=N-K
    JM=K+1
    if(NW. lt. JM) JM=NW
    P(I)=P(I)-sum(KB(I,2:JM)*P(1+I:JM+I-1))       ! 求和,相当于一个
循环
    P(I)=P(I)/KB(I,1)
```

```fortran
      end do
      write(6,165)
165   format(/tr7,'NODE',tr10,'U',tr14,'V',tr11,'CeTA')
      do I=1,NJ
        do J=1,3
          D(J)=0. d0
          L=JN(J,I)
          if(L. ne. 0) D(J)=P(L)
        end do
      write(6,180) I,D(1),D(2),D(3)
180   format(' ',I10,3E15. 6)
      end do
```

! （五）求单元杆端内力

```fortran
      write(6,200)
200   format(/tr4,'ELEMENT',tr13,'N',tr17,'Q',tr17,'M')
      do M=1,NE
        call SCL(M,NE,NJ,BL,SI,CO,JE,X,Y)
          call ESM(M,NE,BL,EA,EI,KD)
          call CTM(SI,CO,T)
          call EJC(M,NE,NJ,JE,JN,JC)
        where (JC. ne. 0)
          D=P(JC)
        elsewhere
          D=0. d0
        end where
        F=matmul(KD,matmul(T,D))
        do I=1,NPF
          L=int(PF(1,I))
          if(M. eq. L) then
            call EFX(I,NPF,BL,PF,FO)
            F=F+FO
          end if
        end do
        write(6,280) M,(F(I),I=1,6)
280   format(/'',I10,tr3,'N1=',F12. 4,tr3,'Q1=',F12. 4,tr3,'M1=',F12. 4  &
            /tr15,'N2=',F12. 4,tr3,'Q2=',F12. 4,tr3,'M2=',F12. 4)
      end do
      close(5)
      stop

      end program Main
```

```fortran
! * * * * * * * * * * * * * * * * * * * * * * * * * * * * * * * * * * * * * * * *
  module Subs        !封装功能接近的函数或子程序
! * * * * * * * * * * * * * * * * * * * * * * * * * * * * * * * * * * * * * * * *
  implicit none
  integer (kind(1)),parameter :: Ikind＝kind(1), Rkind＝kind(0.d0)

contains            !内部专用函数或子程序

!（六）形成单元定位向量
! * * * * * * * * * * * * * * * * * * * * * * * * * * * * * * * * * * * * * * * *
  subroutine EJC(M,NE,NJ,JE,JN,JC)
! * * * * * * * * * * * * * * * * * * * * * * * * * * * * * * * * * * * * * * * *
    integer(Ikind), intent(out)   :: JC(6)
    integer(Ikind), intent(in)    :: M,NE,NJ
    integer(Ikind), intent(in)    :: JE(2,NE),JN(3,NJ)
    integer(Ikind)                :: J1,J2

    J1＝JE(1,M)
    J2＝JE(2,M)
    JC(1:3)＝JN(1:3,J1)
    JC(4:6)＝JN(1:3,J2)

    return
  end subroutine EJC
!（七）求单元常数
! * * * * * * * * * * * * * * * * * * * * * * * * * * * * * * * * * * * * * * * *
  subroutine SCL(M,NE,NJ,BL,SI,CO,JE,X,Y)
! * * * * * * * * * * * * * * * * * * * * * * * * * * * * * * * * * * * * * * * *
    real(Rkind),      intent(out) :: BL,SI,CO
    integer(Ikind),   intent(in)  :: M,NE,NJ
    integer(Ikind),   intent(in)  :: JE(2,NE)
    real(Rkind),      intent(in)  :: X(NJ),Y(NJ)
    integer(Ikind)                :: J1,J2
    real(Rkind)                   :: DX,DY

!    F90 中的哑元都要求 intent 属性,in 在子程序中不得赋值,out 在子程序中必须
!    赋值
    J1＝JE(1,M)
    J2＝JE(2,M)
    DX＝X(J2)－X(J1)
```

```
      DY=Y(J2)-Y(J1)
      BL=sqrt(DX*DX+DY*DY)
      SI=DY/BL
      CO=DX/BL

      return
end subroutine SCL
!   (八) 形成单元刚度矩阵
!   ==========================================
      subroutine ESM(M,NE,BL,EA,EI,KD)
!   ==========================================
      real(Rkind),        intent(out)  :: KD(6,6)
      integer(Ikind),     intent(in)   :: M,NE
      real(Rkind),        intent(in)   :: BL,EA(NE),EI(NE)
      integer(Ikind)                   :: I,J
      real(Rkind)                      :: G,G1,G2,G3

      G=EA(M)/BL
      G1=2.d0*EI(M)/BL
      G2=3.d0*G1/BL
      G3=2.d0*G2/BL
      KD=0.d0
      KD(1,1)=G
      KD(1,4)=-G
      KD(4,4)=G
      KD(2,2)=G3
      KD(5,5)=G3
      KD(2,5)=-G3
      KD(2,3)=G2
      KD(2,6)=G2
      KD(3,5)=-G2
      KD(5,6)=-G2
      KD(3,3)=2.d0*G1
      KD(6,6)=2.d0*G1
      KD(3,6)=G1
      do I=1,5
        do J=I+1,6
          KD(J,I)=KD(I,J)
        end do
      end do
      return
```

```
end subroutine ESM
```
! （九）形成单元坐标变换矩阵
```
!    ===========================================
   subroutine CTM(SI,CO,T)
!    ===========================================
      real(Rkind),        intent(out) :: T(6,6)
      real(Rkind),        intent(in)  :: SI,CO

      T=0. d0
      T(1,1:2)=(/ CO, SI /)
      T(2,1:2)=(/-SI, CO /)
      T(3,3)   =1. d0
      T(4:6,4:6)=T(1:3,1:3)
      return
end subroutine CTM
```
! （十）形成单元固端力
```
!    ===========================================
   subroutine EFX(I,NPF,BL,PF,FO)
!    ===========================================
      real(Rkind),        intent(out) :: FO(6)
      integer(Ikind),     intent(in)  :: I,NPF
      real(Rkind),        intent(in)  :: PF(4,NPF),BL
      integer(Ikind)                  :: IND
      real(Rkind)                     :: A,B,C,G,Q,S

      IND=PF(2,I)
      A=PF(3,I)
      Q=PF(4,I)
      C=A/BL
      G=C*C
      B=BL-A
      FO=0. d0
!     write( * , * ) IND
      select case （IND）
```
! 　case 结构代替了 go to 语句,可以直接处理多分支选择,类似与 C 语言的 switch 语句
! 　IND 与 case 中的数值一样时执行下面相应的程序段
```
      case （1）
         S=Q*A*0.5D0
         FO(2)=-S*(2. d0-2. d0*G+C*G)
         FO(5)=-S*G*(2. d0-C)
         S=S*A/6. d0
```

```
        FO(3)=−S*(6.d0−8.d0*C+3.d0*G)
        FO(6)=S*C*(4.d0−3.d0*C)
    case (2)
        S=B/BL
        FO(2)=−Q*S*S*(1.d0+2.d0*C)
        FO(5)=−Q*G*(1.d0+2.d0*S)
        FO(3)=−Q*S*S*A
        FO(6)=Q*B*G
    case (3)
        S=B/BL
        FO(2)=6.d0*Q*C*S/BL
        FO(5)=−FO(2)
        FO(3)=Q*S*(2.d0−3.d0*S)
        FO(6)=Q*C*(2.d0−3.d0*C)
    case (4)
        S=Q*A*0.25d0
        FO(2)=−S*(2.d0−3.d0*G+1.6D0*G*C)
        FO(5)=−S*G*(3.d0−1.6d0*C)
        S=S*A
        FO(3)=−S*(2.d0−3.d0*C+1.2d0*G)/1.5d0
        FO(6)=+S*C*(1.d0−0.8d0*C)
    case (5)
        FO(1)=−Q*A*(1.d0−0.5d0*C)
        FO(4)=−0.5d0*Q*C*A
    case (6)
        FO(1)=−Q*B/BL
        FO(4)=−Q*C
    case (7)
        S=B/BL
        FO(2)=+Q*G*(3.d0*S+C)
        FO(5)=−FO(2)
        S=S*B/BL
        FO(3)=−Q*S*A
        FO(6)=Q*G*B
    case default

        return
    end select
    return
end subroutine EFX

end module Subs
```

9.6.4　算例

例 9-6　用平面刚架静力计算程序求图 9-19 所示结构的内力。各杆 EA、EI 相同。已知：$EA = 4.0 \times 10^6$ kN，$EI = 1.6 \times 10^4$ kN·m^2。

解：① 输入原始数据。全部原始数据均以自由格式输入数据文件 RPF·DAT。

在图 9-19 所示结构中，分别向 K 中累加各单元的 k^e 所引起的半带宽由式 (9-37) 计算

单元①：MAX=3，MIN=1，
$\qquad d_1 = 3 - 1 + 1 = 3$

单元②：MAX=7，MIN=1，
$\qquad d_2 = 7 - 1 + 1 = 7$

单元③：MAX=8，MIN=5，

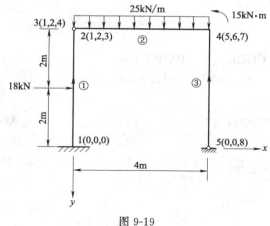

图 9-19

$$d_3 = 8 - 5 + 1 = 4$$

因此，最大半带宽为 NW 等于 7。

控制参数	3，5，8，7，1，2 (NE, NJ, N, NW, NPJ, NPF)
结点坐标及结点	0.0，0.0，0，0，0
未知量编号	0.0，−4.0，1，2，3
	0.0，−4.0，1，2，4
	4.0，−4.0，5，6，7
	4.0，0.0，0，0，8
单元杆端结点编号及单元 EA、EI	1，2，4.0E+6，1.6E+04
	3，4，4.0E+6，1.6E+04
	5，4，4.0E+6，1.6E+04
结点荷载	7.0，−15.0
非结点荷载	1.0，2.0，2.0，18.0
	2.0，1.0，4.0，25.0

② 输出结果（结果文件 RPF·OUT）

NE=	3 NJ=	5 N=	8 NW=	7 NPJ=	1 NPF=	2
NODE	X	Y	XX	YY		ZZ
1	0.0000	0.0000	0	0		0
2	0.0000	−4.0000	1	2		3
3	0.0000	−4.0000	1	2		4
4	4.0000	−4.0000	5	6		7
5	4.0000	0.0000	0	0		8

ELEMENT	NODE-I	NODE-J	EA	EI
1	1	2	0.400000E+07	0.160000E+05
2	3	4	0.400000E+07	0.160000E+05
3	5	4	0.400000E+07	0.160000E+05

CODE	PX-PY-PM
7.	−15.0000

ELEMENT	IND	A	Q
1.	2.	2.0000	18.0000
2.	1.	4.0000	25.0000

NODE	U	V	CeTA
1	0.000000E+00	0.000000E+00	0.000000E+00
2	−0.221743E-02	0.464619E-04	−0.139404E-02
3	−0.221743E-02	0.464619E-04	0.357876E-02
4	−0.222472E-02	0.535381E-04	−0.298554E-02
5	0.000000E+00	0.000000E+00	0.658499E-03

ELEMENT	N	Q	M

1 N1= 46.4619 Q1= −10.7119 M1= −6.8477
   N2= −46.4619 Q2= −7.2881 M2= 0.0000

2 N1= 7.2881 Q1= −46.4619 M1= 0.0000
   N2= −7.2881 Q2= −53.5381 M2= 14.1523

3 N1= 53.5381 Q1= −7.2881 M1= 0.0000
   N2= −53.5381 Q2= 7.2881 M2= −29.1523

③ 内力图。根据上述矩阵位移法程序计算所得结果绘制内力图如图 9-20 所示。

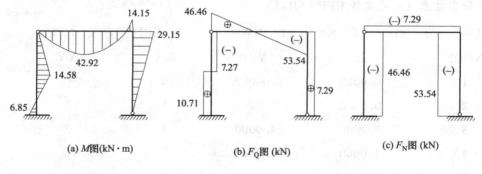

(a) M图(kN·m)   (b) F_Q图 (kN)   (c) F_N图 (kN)

图 9-20

注意：图中弯矩的符号与本章符号规定相同，而剪力和轴力的符号是按传统经典方法标注的。

9.7 小 结

矩阵位移法是电子计算机与传统位移法相结合的产物。矩阵位移法要与传统的位移法对照起来学习，矩阵位移法除了引进了矩阵这种数学表述形式，在基本未知量的确定上也与传统位移法有所区别。

矩阵位移法（有限单元法）是最便于实现计算过程的程序化。因此，它是在结构矩阵分析中占主导地位的方法。其基本控制方程的矩阵形式为

$$\boldsymbol{K}\boldsymbol{\Delta} = \boldsymbol{F}_P \tag{9-38}$$

该方程既可以用于分析梁、刚架、桁架等杆系结构，也可以用于分析实体、板、壳等弹性力学问题，具有普遍性。

矩阵位移法基本方程的建立，归结为两个问题：一是根据结构的几何和弹性性质建立整体刚度矩阵 $\boldsymbol{K}$；二是根据结构的受载情况形成整体荷载向量 $\boldsymbol{F}_P$。

推导结构整体刚度矩阵 $\boldsymbol{K}$ 时，采用单元集成法，其推导过程为

$$\bar{\boldsymbol{k}}^e \xrightarrow{\text{（Ⅰ）坐标转换}} \boldsymbol{k}^e \xrightarrow{\text{（Ⅱ）按 } \lambda^e \text{ 集成}} \boldsymbol{K}$$

第Ⅰ步，进行坐标转换，由局部坐标系中的单元刚度矩阵 $\bar{\boldsymbol{k}}^e$ 导出整体坐标系的单元刚度矩阵 $\boldsymbol{k}^e$，为第Ⅱ作好准备。

第Ⅱ步，根据单位定位向量 λ^e，依次由各单元的刚度矩阵 $\boldsymbol{k}^e$ 进行集成，得出整体刚度矩阵 $\boldsymbol{K}$。"集成"实际上包括将 $\boldsymbol{k}^e$ 的元素在 $\boldsymbol{K}$ 中定位和同一座位上的诸元素进行累加两个环节。在实际编程计算程序时，合二为一，采用了边定位边累加的方案。

在进行整体分析时，有先处理法和后处理法两种方法。本章采用的是先处理法，即在形成整体刚度矩阵的同时引入了约束条件。后处理法是在形成了整体刚度矩阵后再引入约束条件。

对于等效结点荷载，简单说来，就是将非结点荷载引起的固端力反号作用于结点上得到的。若结构上还有结点荷载应与其叠加后得整体荷载向量 $\boldsymbol{F}_P$。解方程式（9-23）的结点位移，进一步求出杆端内力。

为了加深对矩阵位移法的原理的理解，本章介绍了一个用 FORTRAN90 编写的平面刚架源程序及算例，可供上机学习之用。

习 题

9-1 试计算如图所示连续梁的结点转角和杆端弯矩。

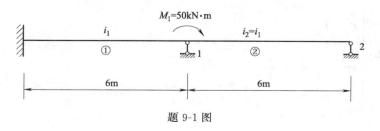

题 9-1 图

答案：结点转角：$\begin{pmatrix}\theta_1\\\theta_2\end{pmatrix}=\begin{pmatrix}\dfrac{50}{7i_1}\\-\dfrac{25}{7i_1}\end{pmatrix}$，杆端弯矩：$\left(\dfrac{\overline{M}_1}{\overline{M}_2}\right)^{(1)}=\begin{pmatrix}14.29\\28.57\end{pmatrix}\mathrm{kN\cdot m}$，$\left(\dfrac{\overline{M}_1}{\overline{M}_2}\right)^{(2)}=\begin{pmatrix}21.29\\0\end{pmatrix}\mathrm{kN\cdot m}$。

9-2　试用直接刚度法建立图示连续梁的整体刚度矩阵和结点荷载列阵（略去轴向变形影响）。

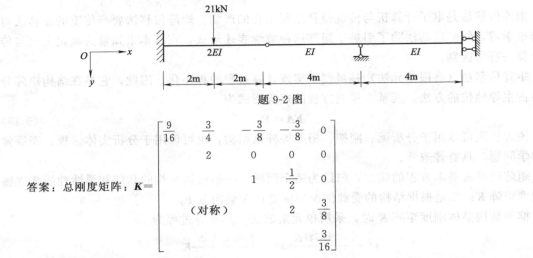

题 9-2 图

答案：总刚度矩阵：$K=\begin{bmatrix}\dfrac{9}{16}&\dfrac{3}{4}&-\dfrac{3}{8}&-\dfrac{3}{8}&0\\&2&0&0&0\\&&1&\dfrac{1}{2}&0\\&（对称）&&2&\dfrac{3}{8}\\&&&&\dfrac{3}{16}\end{bmatrix}$

结点荷载列阵：$\{F_P\}=\begin{bmatrix}10.5&-10.5&0&0&0\end{bmatrix}^{\mathrm{T}}$

9-3　如图所示为等截面连续梁，$i=\dfrac{EI}{l}$，设支座 3 有沉降 Δ。试确定连续梁的整体刚度方程。

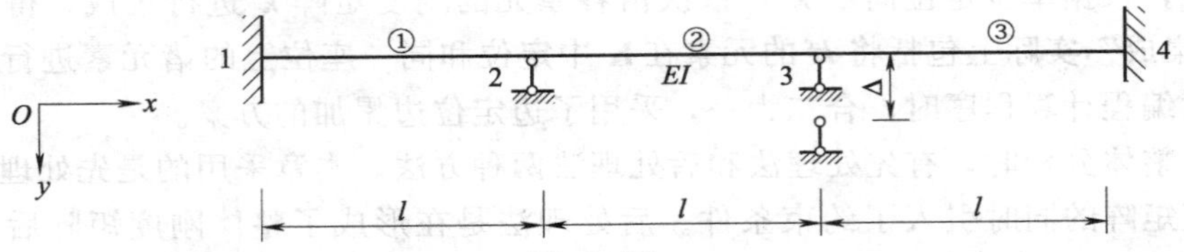

题 9-3 图

答案：整体刚度方程：$2i\begin{pmatrix}4&1\\1&4\end{pmatrix}\begin{pmatrix}\theta_2\\\theta_3\end{pmatrix}=\dfrac{6i}{l}\Delta\begin{pmatrix}1\\0\end{pmatrix}$。

9-4　试求图示连续梁的刚度矩阵 K，并列出基本方程（忽略轴向变形影响）。

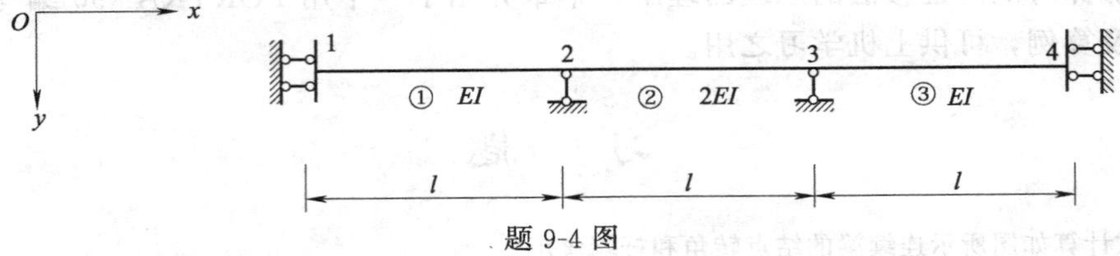

题 9-4 图

答案：$K=\dfrac{2EI}{l}\begin{bmatrix}\dfrac{6}{l^2}&\dfrac{3}{l}&0&0\\&6&2&0\\对&&6&-\dfrac{3}{l}\\&称&&\dfrac{6}{l^2}\end{bmatrix}$

9-5　对图中所示结构，试用单元集成法求出其整体刚度矩阵 $\boldsymbol{K}$，并列出基本方程（忽略轴向变形影响）。

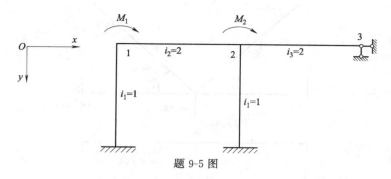

题 9-5 图

答案：整体刚度矩阵：$\boldsymbol{K} = \begin{bmatrix} 12 & 4 & 0 \\ 4 & 24 & 6 \\ 0 & 6 & 12 \end{bmatrix}$

基本方程为：$\begin{bmatrix} 12 & 4 & 0 \\ 4 & 24 & 6 \\ 0 & 6 & 12 \end{bmatrix} \begin{Bmatrix} \theta_1 \\ \theta_2 \\ \theta_3 \end{Bmatrix} = \begin{Bmatrix} M_1 \\ M_2 \\ 0 \end{Bmatrix}$

9-6　试求图示刚架的整体刚度矩阵 $\boldsymbol{K}$（考虑轴向变形）。设各杆几何尺寸相同，$l = 5\text{m}$，$A = 0.5\text{m}^2$，$I = \dfrac{1}{24}\text{m}^4$，$E = 3 \times 10^4\ \text{MPa}$。

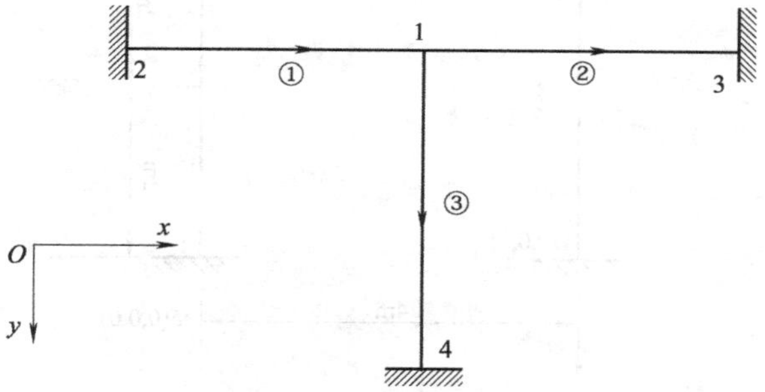

题 9-6 图

答案：$\boldsymbol{K} = 10^4 \times \begin{bmatrix} 612 & 0 & -30 \\ 对 & 324 & 0 \\ 称 & & 300 \end{bmatrix}$

9-7　在上题的刚架中，设在单元①上作用向下的均布荷载 $q = 4.8\text{kN/m}$。试求刚架内力，并画出内力图。

答案：$\overline{\boldsymbol{F}}^{(1)} = \begin{bmatrix} 0.493 \\ -13.45 \\ -12.79 \\ \vdots \\ -0.493 \\ -10.55 \\ 5.54 \end{bmatrix}$，$\overline{\boldsymbol{F}}^{(2)} = \begin{bmatrix} -0.492 \\ -0.561 \\ -2.240 \\ \vdots \\ 0.492 \\ 0.561 \\ -0.564 \end{bmatrix}$，$\overline{\boldsymbol{F}}^{(3)} = \begin{bmatrix} 11.111 \\ -0.985 \\ -1.626 \\ \vdots \\ -11.111 \\ 0.985 \\ -3.300 \end{bmatrix}$

9-8　设图示刚架各杆的 E、I、A，且 $A = 12\sqrt{2}\dfrac{I}{l^2}$。试求各杆内力。

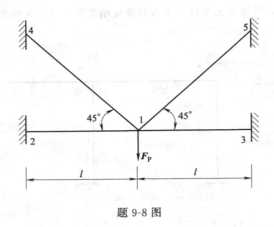

题 9-8 图

答案：$M_{21} = -0.1491F_P l$ ， $F_{Q21} = 0.2982F_P$ ，

$M_{41} = -0.0527F_P l$ ， $F_{Q41} = 0.0746F_P$ 。

9-9 试用平面刚架程序计算图示结构的内力。并作内力图。各杆 EA、EI，已知：$EA = 4.0 \times 10^6$ kN，$EI = 1.6 \times 10^4$ kN·m。

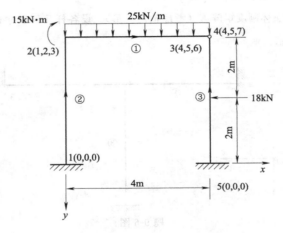

题 9-9 图

答案：

ELEMENT	F_N	F_Q	M
1	$F_{N1} = 8.1467$	$F_{Q1} = -53.3662$	$M_1 = -13.4648$
	$F_{N2} = -8.1467$	$F_{Q2} = -46.6338$	$M_2 = 0$
2	$F_{N1} = 53.37$	$F_{Q1} = 8.1466$	$M_1 = 4.1215$
	$F_{N2} = -53.37$	$F_{Q2} = -8.1466$	$M_2 = 28.4648$
3	$F_{N1} = 46.6338$	$F_{Q1} = 9.8534$	$M_1 = 3.4135$
	$F_{N2} = -46.6338$	$F_{Q2} = 8.1456$	$M_2 = 0$

9-10 试用平面刚架程序计算图示结构的内力，并作内力图。已知：桁架单元的抗拉刚度为 $EA = 2.0 \times 10^6$ kN，平面刚架单元的抗拉刚度为 $EA = 6.0 \times 10^6$ kN，抗弯刚度为 $EI = 1.84 \times 10^5$ kN·m^2。

答案：

ELEMENT	F_N	F_Q	M
1	$F_{N1} = 30.4138$	$F_{Q1} = -37.1896$	$M_1 = 0.0000$

	$F_{N2} = -30.4138$	$F_{Q2} = -42.8104$	$M_2 = 11.2415$
2	$F_{N1} = 30.4138$	$F_{Q1} = -2.8104$	$M_1 = -11.2415$
	$F_{N2} = -30.4138$	$F_{Q2} = 2.8104$	$M_2 = 0.0000$
3	$F_{N1} = -38.0173$	$F_{Q1} = 0.0000$	$M_1 = 0.0000$
	$F_{N2} = 38.0173$	$F_{Q2} = 0.0000$	$M_2 = 0.0000$
4	$F_{N1} = 45.6207$	$F_{Q1} = 0.0000$	$M_1 = 0.0000$
	$F_{N2} = -45.6207$	$F_{Q2} = 0.0000$	$M_2 = 0.0000$
5	$F_{N1} = -38.0173$	$F_{Q1} = 0.0000$	$M_1 = 0.0000$
	$F_{N2} = 38.0173$	$F_{Q2} = 0.0000$	$M_2 = 0.0000$

（以上内力符号是按本章符号规定得出的）。

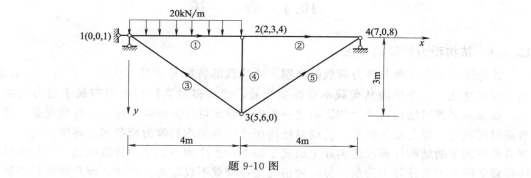

题 9-10 图

第10章 结构动力计算

本章专门讨论在动荷载作用下结构计算的问题。

首先讨论单自由度体系的振动问题，然后再讨论两个自由度体系和多自由度体系的振动问题。

10.1 概　述

10.1.1 结构动力计算的特点

首先说明动力荷载与静力荷载的区别。动荷载的特征是荷载（大小、方向、作用位置）随时间而变化。如果单纯从荷载本身性质来看，绝大多数实际荷载都应属于动力荷载。但是，如果从荷载对结构所产生的影响这一角度来看则可分为两种情况。一种情况是：荷载虽然随时间在变，但是变化得慢，荷载对结构所产生的影响与静力荷载相比甚微，因此，在这种荷载作用下的结构计算问题实际上仍属于静力荷载作用下的结构计算问题。换句话说，这种荷载实际上可看作静力荷载。另一种情况是：荷载不仅随时间在变，而且变化得较快，荷载对结构所产生的影响与静力荷载相比相差甚大，因此，在这种荷载作用下的结构计算问题属于动力计算问题，换句话说，这种荷载实际上应看成动力荷载。

综上所述，静力荷载是指施力过程缓慢，不致使结构产生明显的加速度，因而可以略去惯性力的影响。在静力荷载作用下，结构处于平衡状态，荷载的大小、方向、作用位置及由此引起的结构的内力、应力、位移等各种量值都不随时间变化。反之，结构在动力荷载作用下，将使结构产生显著的加速度，因而必须考虑惯性力对结构的影响，结构发生振动时结构的内力、应力、位移等各种量值都随时间而变化，因而其计算与静力荷载作用下有所不同。二者的主要差别就在于是否考虑惯性力的影响。

结构的动力计算中，通常根据达朗贝尔原理将动力计算问题转换成静力平衡问题来处理。但是，这只是一种形式上的平衡，是在引进惯性力条件后的瞬时动平衡。

10.1.2 动力荷载的分类

工程中经常遇到的动荷载主要有以下几类。

（1）周期荷载

是指随时间按正弦或余弦规律改变大小的周期性荷载，通常也称为简谐荷载，如图10-1所示，例如具有旋转部件的机械在匀速运转时其偏心质量产生的离心力对结构的作用就是简谐周期荷载。

（2）冲击、突加荷载

冲击荷载是指在很短时间内骤然增减的作用。例如：爆炸对建筑物的冲击荷载 [图10-2 (a)] 以及落锤、打桩机工作时所产生的冲击荷载。突加荷载是指在一瞬间施加于结构上并继续留在结构上的荷载 [图10-2 (b)]，例如：粮食口袋卸落在仓库地板上时就是这种荷载。

（3）随机荷载

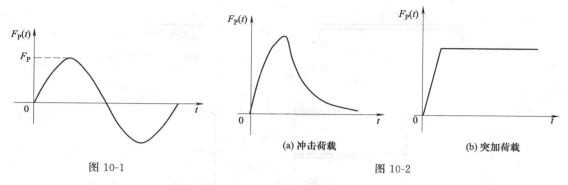

图 10-1

(a) 冲击荷载

图 10-2

(b) 突加荷载

是指荷载的变化极不规则，在任意时刻的数值无法预测，其变化规律不能用确定的函数关系来表达，只是用概率的方法来寻求其统计规律，它是一种非确定性荷载。例如：风力的脉动作用、波浪对码头的拍击［图 10-3（a）］以及地震对建筑物的作用［图 10-3（b）］。

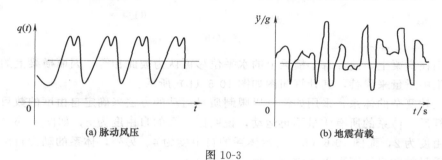

(a) 脉动风压

(b) 地震荷载

图 10-3

结构因动力作用而产生的位移、应力和内力统称为动位移和动内力，或称为结构的动态响应。结构动力学的基本任务，就在于研究和掌握计算动态响应的规律和计算方法，为结构设计提供可靠的依据。而结构的动态响应与动力特性密切相关，其中结构的周期、自振频率和振型是反映结构动力特性的基本特性。注意：地震荷载是在地震过程中作用在结构上的惯性力，它不仅与地震大小有关，而且与建筑结构的动力特性有关。

10.1.3 动力计算中体系的自由度

与静力计算一样，在动力计算中也需要事先选取一个合理的计算简图。二者选取的原则基本相同，因此，还需研究质量在运动过程中的自由度问题。在动力计算中，一个体系的自由度是指为了确定运动过程中任一时刻全部质量的位置所需确定的几何参数的数目。由于实际结构的质量都是连续分布的，因此，任何一个实际结构都可以说具有无限个自由度。但是如果所有结构都按无限自由度去计算，则不仅十分困难，而且也没有必要。通常需要对计算方法加以简化。常用的简化方法有下列三种。

（1）集中质量法

把连续分布的质量集中为几个质点，这样就可以把一个原来是无限自由度的问题简化为有限自由度的问题。图 10-4（a）所示为一简支梁，跨中放有重物 W。当梁本身质量远小于重物的质量时，可取图 10-4（b）所示的计算简图。这时体系由无限自由度简化为一个自由度。

图 10-5（a）所示为一三层平面刚架。在水平力作用下计算刚架的侧向振动时，一种常用的简化计算方法是将柱的分布质量简化为作用于上下横梁处的集中质量，因而刚架的全部

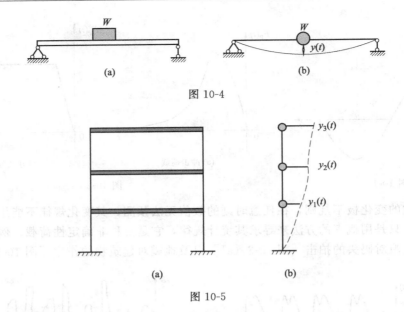

图 10-4

图 10-5

质量都作用在横梁上，此外每个横梁上的水平位移可认为彼此相等，因而横梁上的分布质量可用一个集中质量来代替，其计算简图如图 10-5 （b）所示。

对于比较复杂的体系，采用如链杆以限制质量运动的方法来确定自由度的数目。如果加上 n 根链杆后，体系的所有质量不再运动，说明原体系的自由度为 n，如图 10-6 （a）所示，体系的自由度为 2，而图 10-6 （b）所示体系的自由度为 4。另外，体系的动力自由度不一定就是集中质量的数目，既可以比它多，也可以比它少。

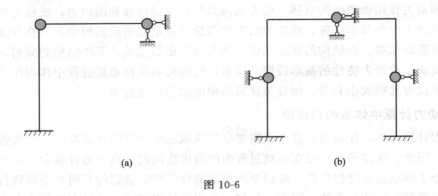

图 10-6

（2）广义坐标法

所谓广义坐标法，是通过对质体运动的位移形态从数学的角度施加一定的内在约束，从而使体系的振动由无限自由度转化为有限自由度。这种约束位移形态的数学表达式称为位移函数，其中所含的独立参数便称为广义坐标。

如图 10-7 所示具有分布质量的简支梁是一个具有无限自由度的体系。简支梁的挠曲线可用三角级数来表示

$$y(x) = \sum_{k=1}^{\infty} a_k \sin \frac{k\pi x}{l} \tag{10-1}$$

这里，正弦函数 $\sin \dfrac{k\pi x}{l}$ 称为形状函数，a_k 是一组待定参数，称为广义坐标。当 k 从 1 到 n

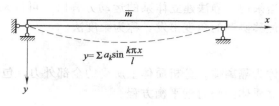

图 10-7

变化时，即取级数的前几项

$$y(x) = \sum_{k=1}^{n} a_k \sin \frac{k\pi x}{l} \qquad (10\text{-}2)$$

这时简支梁被简化为具有 n 个自由度的体系。

（3）有限单元法

在利用计算机采用有限单元法对结构进行动力计算，一般是将杆件划分成若干个单元，然后借助于位移函数，用结点位移来表达单元上任意点的位移。

例如在图 10-8（a）中，梁被划分成五个单元。取中间四个结点的八个位移参数 y_1，θ_1，y_2，θ_2，y_3，θ_3，y_4、θ_4 作为广义坐标。

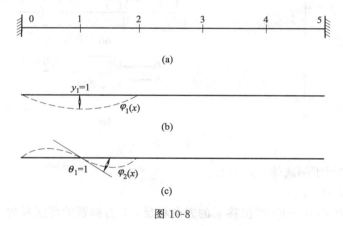

图 10-8

每个结点位移参数只在相邻两个单元内引起挠度，在图 10-8（b）、（c）中分别给出结点位移参数 y_1 和 θ_1 相应的形状函数 $\varphi_1(x)$ 和 $\varphi_2(x)$。

梁的挠度可用八个广义坐标及其形状函数表示如下

$$y(x) = y_1 \varphi_1(x) + \theta_1 \varphi_2(x) + \cdots + y_4 \varphi_7(x) + \theta_4 \varphi_8(x) \qquad (10\text{-}3)$$

通过以上步骤，梁即转化为具有八个自由度的体系，实际上，有限单元法可以看作是广义坐标法的一种特殊应用。两者的区别是有限元法可以是通过有限数量的分段来描述变形，从而使位移函数更容易符合结构变形的实际情况。

10.2 单自由度体系运动方程的建立

在结构动力学中，将用以描述体系质量运动随时间变化的方程，称为体系的运动方程。建立体系运动方程一般是根据达朗贝尔原理引入惯性力的概念，认为质体在运动的每一瞬时，除了实际作用于质体上的所有外力之外，再加上假想的惯性力，则在该瞬时质体将处于一种假想的平衡状态，或者称为动力平衡状态。这种将结构动力学的问题转化为静力学问题的方法，称为动静法。当采用动静法建立体系的运动方程时，可以从力系平衡的角度出发，称为刚度法，也可以从位移协调的角度出发，称为柔度法。

10.2.1 刚度法

刚度法是取运动质体为隔离体，分析质体上所受的全部外力，包括动荷载、惯性力、弹性恢复力和阻尼力，建立质体的瞬时动平衡方程。

图 10-9（a）所示悬臂柱顶端有一集中质量 m，并受到动力荷载 $F_P(t)$ 的作用。当柱本身的质量与集中质量 m 相比可以忽略时，可以采用图 10-9（b）所示分析模型，它由刚性质体、弹簧以及代表对运动产生阻力的阻尼器所构成的体系作为分析模型。现以质体的静平衡位置为坐标原点，以 y 表示质体的动位移，其速度 $\dot{y}$ 和加速度 $\ddot{y}$ 均取 y 方向相同为正。作出质体在任一瞬时的隔离体，如图 10-9 所示。

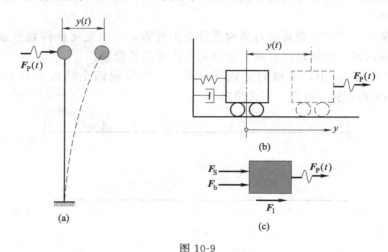

图 10-9

沿运动方向作用于隔离体上的力有：

① 动力荷载 $F_P(t)$；

② 弹性恢复力 $F_S = -ky$ 与位移 y 的方向相反，k 为弹簧的刚度系数；

③ 惯性力 $F_I = -m\ddot{y}$ 与加速度 $\ddot{y}$ 的方向相反；

④ 阻尼力 $F_b = -c\dot{y}$ 与速度 $\dot{y}$ 的方向相反，c 为黏性阻尼系数。

根据达朗贝尔原理，可列出图 10-9（c）所示隔离体的动力平衡方程

$$m\ddot{y} + c\dot{y} + ky = F_P(t) \tag{10-4}$$

这是单自由度体系运动的一般方程，它是一个二阶常系数线性微分方程。

10.2.2 柔度法

柔度法是以结构的整体为研究对象，假想加上惯性力和阻尼力并与动载一起在任一时刻 t 视作为静载，用结构静力方法计算出柔度系数 δ_{ij} 和 Δ_{iP}，然后按照位移协调原理导出体系运动方程，质体的动位移 $y(t)$ 可按叠加原理表示为

$$y(t) = \delta[-m\ddot{y} - c\dot{y} + F_P(t)]$$

即表示为

$$m\ddot{y} + c\dot{y} + \frac{1}{\delta}y = F_P(t) \tag{10-5}$$

由于刚度系数与柔度系数之间存在关系 $k = \dfrac{1}{\delta}$，所以式（10-5）与式（10-4）完全等价。

例 10-1 试用刚度法或柔度法列出图 10-10 所示体系的运动方程。

解

解法 1：柔度法

按位移协调原理列出方程

$$y(t) = \delta_{11}[-2m\ddot{y} + F_{\text{P}}(t)]$$

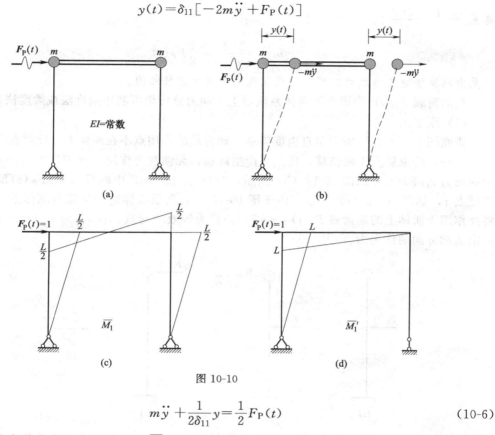

图 10-10

即

$$m\ddot{y} + \frac{1}{2\delta_{11}}y = \frac{1}{2}F_{\text{P}}(t) \tag{10-6}$$

按静力法绘出单位水平力作用下的 $\overline{M}_1$ 图 ［图 10-10（c）］。

由 $\overline{M}_1$ 图自乘

$$\delta_{11} = \frac{2}{EI}\left[\frac{1}{2}\times L\times\frac{L}{2}\times\frac{2}{3}\times\frac{L}{2} + \frac{1}{2}\times L\times\frac{L}{2}\times\left(\frac{2}{3}-\frac{1}{3}\right)\times\frac{L}{2}\right] = \frac{2}{EI}\left[\frac{1}{12}L^3 + \frac{1}{24}L^3\right] = \frac{L^3}{4EI}$$

或者选择一个静定基，作出单位水平力作用下的 $\overline{M}'_1$ 图 ［图 10-10（d）］

$$\delta_{11} = \frac{1}{EI}\left[\frac{1}{2}\times l\times l\times\frac{2}{3}\times\frac{l}{2} + \frac{1}{2}\times l\times l\times\left(\frac{2}{3}-\frac{1}{3}\right)\times\frac{l}{2}\right] = \frac{1}{EI}\left[\frac{1}{6}l^3 + \frac{1}{12}l^3\right] = \frac{l^3}{4EI}$$

将 δ_{11} 代入式（10-6）可得振动方程

$$m\ddot{y} + \frac{2EI}{l^3}y = \frac{1}{2}F_{\text{P}}(t) \tag{10-7}$$

解法 2：刚度法

取运动质体为研究对象，如图 10-11 所示，根据达朗贝尔原理

$$2I_{\text{F}}(t) - S(t) + F_{\text{P}}(t) = 0$$

即

$$-2m\ddot{y} - k_{11}y + F_{\text{P}}(t) = 0$$

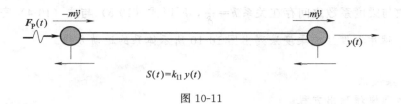

图 10-11

将 $k_{11} = \dfrac{1}{\delta_{11}} = \dfrac{4EI}{l^3}$ 代入上式，得

$$m\ddot{y} + \frac{2EI}{l^3}y = \frac{1}{2}F_P(t)$$

可见由刚度法建立的运动方程与柔度法建立的运动方程相同。

当动荷载 $F_P(t)$ 作用点不在体系质量上，动力分析仍可利用刚度法或柔度法进行。

（1）刚度法

研究图 10-12（a）所示单自由度体系，动荷载的作用点不在质体上。此时在质点 1 处加水平支杆，约束质点 1 的位移，使其不产生运动，无惯性力作用，可按静力方法求得支杆 1 中的反力 $r_{1P}F_P(t)$，如图 10-12（b）所示，将图 10-12（b）中的反力 $r_{1P}F_P(t)$ 反方向作用于质点 1，如图 10-12（c）所示，由于图 10-12（c）所示质体的动位移与原体系相同，通常将此作用于质体上的动荷载 $F_e(t) = r_{1P}F_P(t)$ 称为等效动荷载。且 r_{1P} 为 $F_P(t) = 1$ 时给质量 m 沿运动方向的作用力。

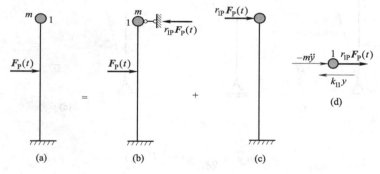

图 10-12

取质体 1m 为隔离体，如图 10-12（d）所示，列平衡方程

$$-m\ddot{y} - k_{11}y + r_{1P}F_P(t) = 0$$

即，
$$m\ddot{y} + k_{11}y = r_{1P}F_P(t) \tag{10-8}$$

式（10-8）就是动荷载作用点不在质体上作用时的强迫振动的运动方程。式中 $r_{1P}F_P(t)$ 称为等效干扰力或等效动荷载。

（2）柔度法

取图 10-12（a）整体为研究对象，质点位移由惯性力 $-m\ddot{y}$ 和动荷载 $F_P(t)$ 共同产生，即

$$y(t) = -m\ddot{y}\,\delta_{11} + \delta_{1P}F_P(t) \tag{10-9}$$

式中 δ_{1P} 为 $F_P(t) = 1$ 作用时沿质体 1 运动方向产生的位移，$\delta_{1P}F_P(t)$ 为动荷载 $F_P(t)$ 引起的质体 1 处的位移。注意：方程中的系数都已约定了方向，故均为正。

例 10-2　用刚度法和柔度法写出图 10-13（a）所示体系中的运动方程。

解

解法 1：刚度法

根据式（10-8）可得运动方程

$$m\ddot{y} + k_{11}y = F_{\mathrm{e}}(t)$$

其中等效动荷载 $F_{\mathrm{e}}(t)$ 按图 10-13（b）所示情况，并结合力法便可以求得，即

$$\delta_{11}F_{\mathrm{e}}(t) + \Delta_{1\mathrm{P}} = 0$$

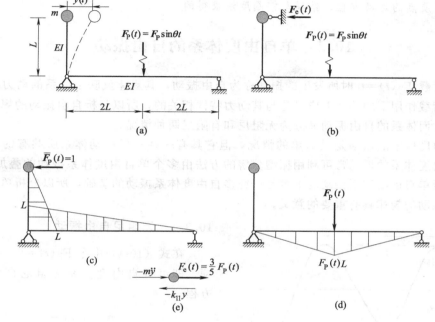

图 10-13

式中，δ_{11} 由 M_1 图 ［图 10-13（c）］ 自乘得到

$$\delta_{11} = \frac{1}{EI}\left(\frac{1}{2}\times L\times L\times\frac{2}{3}L + \frac{1}{2}\times 4L\times L\times\frac{2}{3}L\right) = \frac{5L^3}{3EI}$$

且根据刚度系数与柔度系数之间的关系，得

$$k_{11} = \frac{1}{\delta_{11}} = \frac{3EI}{5L^3}$$

由 M_1 图与 M_{P} 图 ［图 10-13（d）］ 互乘得到

$$\Delta_{1\mathrm{P}} = -\frac{1}{EI}\left(\frac{1}{2}\times 4L\times F_{\mathrm{P}}(t)L\times\frac{1}{2}L\right) = -\frac{F_{\mathrm{P}}(t)}{EI}L^3$$

所示等效荷载为

$$F_{\mathrm{e}}(t) = -\frac{\Delta_{1\mathrm{P}}}{\delta_{11}} = \frac{3}{5}F_{\mathrm{P}}(t)$$

将其反力作用在质体上 ［图 10-13（e）］，由动静法得

$$m\ddot{y} + \frac{3EI}{5L^3}y = \frac{3}{5}F_{\mathrm{P}}(t)$$

解法 2：柔度法

以图 10-13（a）为研究对象，按位移协调条件写出

$$y(t)=-m\ddot{y}\delta_{11}+\delta_{1P}F_P(t)$$

或 $$m\ddot{y}\delta_{11}+y(t)=\delta_{1P}F_P(t)$$

且 $$\delta_{11}=\frac{5L^3}{3EI},\delta_{1P}=\frac{1}{EI}L^3$$

将它们代入有 $$\frac{5L^3}{3EI}m\ddot{y}+y=\frac{L^3}{EI}F_P(t)$$

故 $$m\ddot{y}+\frac{3EI}{5L^3}y=\frac{3}{5}F_P(t)$$

为振动质点的运动方程，结果与按刚度法求得的一致。

10.3　单自由度体系的自由振动

当动荷载 $F_P(t)=0$ 时所发生的振动称为自由振动，其规律反映了体系的动力特性，而体系在动荷载作用下的动态响应又是与其动力特性相关的，所以分析自由振动的规律具有重要的意义，而体系的自由振动又分为无阻尼和有阻尼两种情况。

单自由度体系的振动是最简单的情况，但它具有一些一般振动体系所共有的特性。此外，多自由度体系的振动常可利用振型分解的方法由多个单自由度体系振动的叠加来表达。因此，对于单自由度体系振动的了解是研究多自由度体系振动的基础，所以分析单自由度体系的自由振动的规律具有重要的意义。

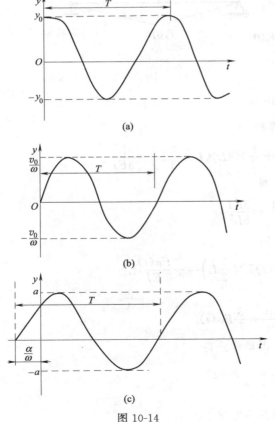

图 10-14

10.3.1　无阻尼自由振动

在式（10-4）中令 $F_P(t)=0$，并除去 $c\dot{y}$ 项，即可得自由度体系无阻尼自由振动的方程

$$m\ddot{y}+ky=0 \qquad (10\text{-}10)$$

令 $$\omega=\frac{k}{m}$$

则有 $$\ddot{y}+\omega^2 y=0 \qquad (10\text{-}11)$$

式（10-11）是一常系数齐次线性微分方程，其通解为

$$y(t)=c_1\sin\omega t+c_2\cos\omega t$$

其中系数 c_1 和 c_2 可由初始条件确定。设在初始时刻 $t=0$ 时，质点有初位移 $y(0)=y_0$ 和初速度 $v(0)=\dot{y}(0)=v_0$，则可求得

$$c_1=\frac{v_0}{\omega}，c_2=y_0$$

代入上式，即得动位移表达式

$$y(t)=y_0\cos\omega t+\frac{v_0}{\omega}\sin\omega t \qquad (10\text{-}12)$$

由式（10-12）看出，振动由两部分所组成：一部分是单独由位移 y_0 引起的，质点按 $y_0\cos\omega t$ 的规律振动，如图 10-14（a）所示；

另一部分是单独由初速度引起的，质点按 $\frac{v_0}{\omega}\sin\omega t$ 的规律振动，如图 10-14（b）所示。

式（10-12）还可改写为

$$y(t)=a\sin(\omega t+\alpha) \tag{10-13}$$

其图形如图 10-14（c）所示。其中参数 a 称为振幅，α 称为初相角。参数 α、a 与参数 y_0、v_0 之间的关系可推导如下。

现将式（10-13）右边展开得

$$y(t)=a\sin\alpha\cos\omega t+a\cos\alpha\sin\omega t$$

再与式（10-12）比较，即得

$$y_0=a\sin\alpha \;,\; \frac{v_0}{\omega}=a\cos\alpha$$

或

$$a=\sqrt{y_0^2+\frac{v_0^2}{\omega^2}}, \quad \alpha=\arctan\frac{y_0\omega}{v_0} \tag{10-14}$$

式（10-12）的右边是一个周期函数，其周期为

$$T=\frac{2\pi}{\omega} \tag{10-15}$$

T 称为体系的自振周期，不难验证

$$y(t+T)=y(t)$$

自振周期的倒数称为频率，记作 f

$$f=\frac{1}{T}=\frac{\omega}{2\pi} \tag{10-16}$$

频率 f 表示单位时间内的振动次数，其单位为振次/秒（s^{-1}）或赫兹（Hz）。此外 ω 可称为圆频率或角频率（习惯上称为自振频率）

$$\omega=\frac{2\pi}{T}=2\pi f \tag{10-17}$$

ω 表示体系在 2π 秒内振动的次数。

由式 $\omega=\frac{k}{m}$ 可得 ω 的计算公式

$$\omega=\sqrt{\frac{k}{m}}=\sqrt{\frac{1}{m\delta}}=\sqrt{\frac{g}{W\delta}}=\sqrt{\frac{g}{\Delta_{st}}} \tag{10-18}$$

式中，Δ_{st} 表示在质点上沿振动方向加数值为 W 的荷载时质点沿振动方向所产生的静位移。

自振频率是结构重要的动力特性之一，由以上分析可以看出：

① 自振频率仅取决于体系本身的质量和刚度，与外界引起振动的因数无关。它是体系本身所固有的属性，所以又称为固有频率。

② 由式（10-18）可知：刚度越大或质量越小，则自振频率越高，反之越低。因体系在动力荷载作用下的响应与自振频率有关，所以在结构设计时可以利用这种规律调整体系的自振频率，达到减振的目的。例如：建筑物的自振周期应尽量避开场地的卓越周期，防止共振现象发生而加重建筑物的震害。另外，在抗震设计时，构件（柱子和墙）刚度大，对抗震不一定有利。

例 10-3　图 10-15（a）所示为一等截面简支梁，截面弯曲刚度为 EI，跨中处装有弹性垫，垫上安置有集中质量 m。设弹性垫的刚度系数为 $k_1=\dfrac{12EI}{l^3}$，忽略梁和弹性垫的质量，

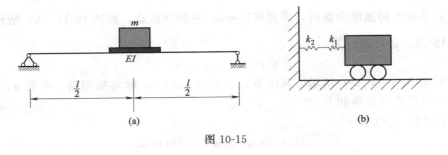

图 10-15

试求体系的振动频率和周期。

解： 弹性垫和梁受力相同，而质量的总位移就等于两者变形所引起的位移之和。因此，可以将弹性垫和梁视为两个串联的弹簧，分析模型如图 10-15（b）所示。

弹性垫的柔度系数 $\delta_1 = \dfrac{1}{k} = \dfrac{1}{12EI}$，简支梁跨中的柔度系数 $\delta_2 = \dfrac{l^3}{48EI}$。于是，两种串联后的柔度系数为

$$\delta = \delta_1 + \delta_2 = \frac{l^3}{12EI} + \frac{l^3}{48EI} = \frac{5l^3}{48EI}$$

故体系的自振频率和周期为

$$\omega = \sqrt{\frac{1}{m\delta}} = \sqrt{\frac{48EI}{5ml^3}} , \quad T = \frac{2\pi}{\omega} = 2\pi\sqrt{\frac{5ml^3}{48EI}}$$

例 10-4 试求图 10-16 所示排架的自振频率。设两横梁为无限刚性，质量分别为 m，忽略柱子的质量。

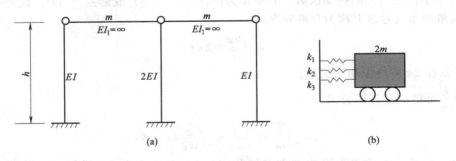

图 10-16

解： 横梁为无限刚性时各排架柱的水平侧移相同，而横梁所受的水平力等于各柱顶剪力之和。因此，可以将排架柱视为三个并联的弹簧，分析模型如图 10-16（b）所示。

排架边柱的侧移刚度系数 $k_1 = k_3 = \dfrac{3EI}{h^3}$，中柱 $k_2 = \dfrac{6EI}{h^3}$。三弹簧并联后的侧移刚度系数为

$$k = k_1 + k_2 + k_3 = 2 \times \frac{3EI}{h^3} + \frac{6EI}{h^3} = \frac{12EI}{h^3}$$

由式（10-18）可求得
$$\omega = \sqrt{\frac{k}{2m}} = \sqrt{\frac{6EI}{mh^3}}$$

从以上的例题可以看出：一般来说，静定结构因单位荷载作用下的内力容易求获得，柔度系数 δ 相对较容易求得；而对于超静定结构，大多数情况下求刚度系数 k 比较方便。

10.3.2　有阻尼自由振动

无阻尼自由振动时由于体系的能量无耗散，其振动将按照简谐函数的变化规律无休止地延续。但这只是一种理想化的情况。实际结构的振动不可避免地会受到阻尼的作用，从而使体系在自由振动过程中能量不断耗散，最终趋于停止。

振动中阻尼力有许多种来源，如周围介质的阻力，结构与支承之间的摩擦，材料分子之间的摩擦和黏着性等等。

由于准确地估计阻尼的作用是一个很复杂的问题，有关阻尼的理论有很多种，在作结构振动分析时常采用黏滞阻尼理论，即近似地认为振动中质点所受的阻尼力与其振动速度成正比，称为黏滞阻尼力，即 $F_b = -c\dot{y}$。

单自由度体系运动方程中的阻尼力就是按黏滞阻尼理论来计算的，在式（10-4）单自由度体系运动的一般方程中令 $F_P(t)=0$，即得到具有黏滞阻尼的振动方程为

$$m\ddot{y} + c\dot{y} + ky = 0 \tag{10-19}$$

记

$$\xi = \frac{c}{2m\omega}$$

且注意：$\omega = \sqrt{\dfrac{k}{m}}$

式（10-19）可改写为

$$\ddot{y} + 2\xi\omega\dot{y} + \omega^2 y = 0 \tag{10-20}$$

其中，ξ 反映了阻尼的大小，称为阻尼比。

式（10-20）是一个常系数齐次线性微分方程，它的特征方程为

$$\lambda^2 + 2\xi\omega\lambda + \omega^2 = 0 \tag{10-21}$$

其特征根为

$$\lambda = \omega\left(-\xi \pm \sqrt{\xi^2 - 1}\right) \tag{10-22}$$

按照常微分方程的理论可知，式（10-20）的解将按其特征根的性质不同，具有以下三种形式。

（1）$\xi < 1$，即低阻尼的情况

令：

$$\omega_d = \omega\sqrt{1 - \xi^2} \tag{10-23}$$

则

$$\lambda = -\xi\omega \pm i\omega_d$$

此时，特征根为两个共轭的复根，微分方程（10-20）的通解为

$$y(t) = e^{-\xi\omega t}(c_1\cos\omega_d t + c_2\sin\omega_d t)$$

式中积分常数 c_1、c_2 可由初始条件确定，即得

$$y(t) = e^{-\xi\omega t}\left(y_0\cos\omega_d t + \frac{v_0 + \xi\omega y_0}{\omega_d}\sin\omega_d t\right) \tag{10-24}$$

式（10-24）也可以表示成

$$y(t) = e^{-\xi\omega t}a\sin(\omega_d t + \alpha) \tag{10-25}$$

其中常数

$$\left.\begin{array}{l} a = \sqrt{y_0^2 + \dfrac{(v_0 + \xi\omega y_0)^2}{\omega_d^2}} \\[2mm] \alpha = \arctan\dfrac{y_0\omega_d}{v_0 + \xi\omega y_0} \end{array}\right\} \tag{10-26}$$

由式（10-25）可作出低阻尼自由振动的 y-t 曲线，或者称为位移时程曲线，如图 10-17 所示为一条逐渐衰减的波动曲线。

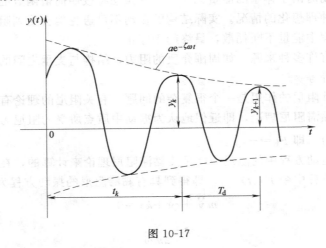

图 10-17

从上述分析可以看出，有阻尼自由振动具有以下特点。

① 首先，看阻尼对自振频率的影响，对于一般的建筑结构，阻尼比 ξ 的值很小，约在 0.01～0.1 之间，由式（10-24）可知，此时有阻尼自由振动的频率和周期与无阻尼时的十分接近，在实际计算中，可近似地取

$$\omega = \omega_{\mathrm{d}}, \quad T_{\mathrm{d}} \approx T$$

② 其次，看阻尼对振幅的影响，每经过一个周期 T_{d} 后，相邻两个振幅 y_{k+1} 与 y_k 的比值为

$$\frac{y_{k+1}}{y_k} = \frac{\mathrm{e}^{-\xi\omega(t_k+T_{\mathrm{d}})}}{\mathrm{e}^{-\xi\omega t_k}} = \mathrm{e}^{-\xi\omega T_{\mathrm{d}}}$$

可见振幅是按公比为 $\mathrm{e}^{-\xi\omega T_{\mathrm{d}}}$ 的几何级数递减的，将上式等号两边取对数，有

$$\ln\frac{y_k}{y_{k+1}} = \xi\omega T_{\mathrm{d}} = \xi\omega \frac{2\pi}{\omega_{\mathrm{d}}} \approx 2\pi\xi$$

因此有

$$\xi \approx \frac{1}{2\pi}\ln\frac{y_k}{y_{k+1}} = \frac{1}{2\pi}\delta \tag{10-27}$$

这里 $\delta = \ln\dfrac{y_k}{y_{k+1}}$，称为振幅的对数递减率。

在经过 n 次波动后有

$$\ln\frac{y_k}{y_{k+n}} = \frac{\omega}{\omega_d} 2n\pi\xi \approx 2n\pi\xi$$

于是，阻尼比 ξ 可表达为

$$\xi \approx \frac{1}{2n\pi}\ln\frac{y_k}{y_{k+n}} \tag{10-28}$$

这样，只要从实验中测得振幅 y_k 和 y_{k+n}，即按式（10-28）确定阻尼比 ξ。

（2）$\xi = 1$，即临界阻尼的情况

此时，特征方程的根是一对重根 $\lambda_1 = \lambda_2 = -\omega$，微分方程（10-22）的通解为

$$y = (c_1 + c_2 t)\mathrm{e}^{-\omega t}$$

再引入初始条件，得

$$y = [y_0(1+\omega t) + v_0 t] e^{-\omega t} \tag{10-29}$$

其相应的 y-t 曲线如图 10-18 所示。可见，此时体系的运动已不具有波动性质。

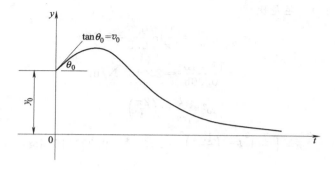

图 10-18

若将 $\xi = 1$ 时所对应的阻尼系数称为临界阻尼系数，记为 c_{cr}

$$c_{cr} = 2m\omega = 2\sqrt{mk} \tag{10-30}$$

由式（10-20）和式（10-30）可导出阻尼比为

$$\xi = \frac{c}{c_{cr}} \tag{10-31}$$

阻尼比 ξ 为一无量纲数，它等于实际阻尼系数与临界阻尼系数之比。阻尼比的大小是反映阻尼情况的基本参数，用它可以确定振动的形态。

（3）$\xi > 1$，即过阻尼的情况

此时特征方程的根是两个负实数，式（10-20）的通解为

$$y = e^{-\xi\omega t}(c_1 \sinh\sqrt{\xi^2-1}\,\omega t + c_2 \cosh\sqrt{\xi^2-1}\,\omega t)$$

上式也不含有简谐振动的因子，说明体系在受到初始干扰后，其能量在恢复平衡位置的过程中全部消耗于克服阻尼，不足以引起体系的振动。在实际工程中一般不会发生 $\xi > 1$ 的情况。

例 10-5　图 10-19 所示为一排架结构，设横梁为无限刚性体，屋盖系统和柱子的部分质量可认为集中在横杆处。为了确定排架水平振动时的动力特性，在横杆处施加一水平力

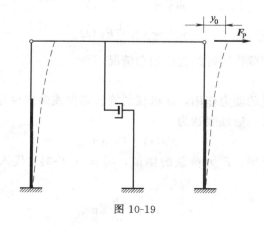

图 10-19

$F_P = 12\text{kN}$，排架发生侧移 $y_0 = 0.6\text{cm}$，然后突然卸载，测得 $T_d = 1.4\text{s}$，一周期后横杆摆回时的侧移为 $y_1 = 0.5\text{cm}$。试计算排架的阻尼比、阻尼系数以及振动后 10 周的振幅。

解： 根据 (10-25)，阻尼比

$$\xi = \frac{1}{2\pi}\ln\frac{y_0}{y_1} = \frac{1}{2\pi}\ln\frac{0.6}{0.5} = 0.029$$

又因为

$$k = \frac{12\times10^3}{0.006} = 2\times10^6 \text{ N/m}$$

根据

$$\omega^2 = \frac{k}{m} = \left(\frac{2\pi}{T}\right)^2$$

所以

$$m = \left(\frac{T}{2\pi}\right)^2 k = \left(\frac{1.4}{2\pi}\right)^2\times2\times10^6 = 9.93\times10^4 \text{ kg}$$

阻尼系数为

$$c = \xi\times2m\omega = 0.029\times2\times9.93\times10^4\times\frac{2\pi}{1.4} = 2.58\times10^5 \text{ kg}\cdot\text{s}^{-1}$$

因为

$$y_0 = ae^{-\xi\omega\cdot0} = a \;,\; y_1 = ae^{-\xi\omega T_d}$$

所以

$$\frac{y_1}{y_0} = e^{-\xi\omega T_d}$$

且

$$\frac{y_{10}}{y_0} = \frac{ae^{-\xi\omega10T_d}}{a} = (e^{-\xi\omega T_d})^{10} = \left(\frac{y_1}{y_0}\right)^{10}$$

因此，振动 10 周后的振幅为

$$y_{10} = \left(\frac{y_1}{y_0}\right)^{10}y_0 = \left(\frac{0.5}{0.6}\right)^{10}\times0.6 = 0.097\text{cm}$$

10.4　单自由度体系的强迫振动

体系在动荷载作用下产生的振动称为强迫振动，研究强迫振动的规律是结构动力学的主要目的。以下首先讨论无阻尼强迫振动，然后再分析阻尼对振动的影响。

10.4.1　无阻尼强迫振动

在式 (10-4) 中除去代表阻尼力的项 $c\dot{y}$，即可得单自由度无阻尼强迫振动的运动方程。

$$m\ddot{y} + ky = F_P(t) \tag{10-32}$$

或写成

$$\ddot{y} + \omega^2 y = \frac{1}{m}F_P(t) \tag{10-33}$$

下面讨论几种常见的动荷载作用时结构的振动情况。

(1) 简谐荷载

简谐荷载是一种常见的动力作用，如机械的旋转部件或多或少存在着偏心所产生的离心力即为一例。简谐荷载可一般地表达为

$$F_P(t) = F\sin\theta t \tag{10-34}$$

其中 θ 为简谐荷载的圆频率，F 为荷载的幅值，将式 (10-34) 代入式 (10-33)，得运动方程为

$$\ddot{y} + \omega^2 y = \frac{F}{m}\sin\theta t \tag{10-35}$$

设特解为

$$y(t) = A\sin\theta t \tag{10-36}$$

代入式（10-32），并消去 $\sin\theta t$ 后得

$$A=\frac{F}{m(\omega^2-\theta^2)}\sin\theta t$$

故特解为

$$y(t)=\frac{F}{m(\omega^2-\theta^2)}\sin\theta t \qquad (10\text{-}37)$$

于是，方程式（10-35）的通解可表达为

$$y(t)=c_1\sin\omega t+c_2\cos\omega t+\frac{F}{m(\omega^2-\theta^2)}\sin\theta t \qquad (10\text{-}38)$$

其中积分常数 c_1 和 c_2 可由初始条件确定，分别为

$$c_1=\frac{1}{\omega}\left[v_0-\frac{F\theta}{m\omega^2}\times\frac{1}{1-\frac{\theta^2}{\omega^2}}\right],c_2=y_0 \qquad (10\text{-}39)$$

代入式（10-38）即得运动方程的全解

$$y(t)=\frac{v_0}{\omega}\sin\omega t+y_0\cos\omega t-\frac{F}{m(\omega^2-\theta^2)}\frac{\theta}{\omega}\sin\omega t+\frac{F}{m(\omega^2-\theta^2)}\sin\theta t \qquad (10\text{-}40)$$

式（10-40）中的前三项都是频率为 ω 的自由振动。其中第一、二两项是由初始条件引起的，第三项与初始条件无关，是伴随激励力的作用而产生的，称为伴生自由振动。第四项则是由激励力所引起并与其频率相同的振动，称为纯强迫振动。由于实际振动过程中存在着阻尼力，因此，前三项所代表的自由振动都将迅速衰减。最后只有余下按荷载振动的纯强迫振动。由于它的振幅和频率都是恒定的，因而称为稳态强迫振动。由此可见，单自由体系在简谐荷载作用下的稳态响应为

$$y(t)=\frac{F}{m(\omega^2-\theta^2)}\sin\theta t=\frac{1}{1-\frac{\theta^2}{\omega^2}}\times\frac{F}{m\omega^2}\sin\theta t=\beta y_{st}\sin\theta t \qquad (10\text{-}41)$$

式中，y_{st} 即为将动力荷载幅值作为静力荷载作用于体系时所引起的静位移，而

$$\beta=\frac{y_{max}}{y_{st}}=\frac{1}{1-\frac{\theta^2}{\omega^2}} \qquad (10\text{-}42)$$

代表了动位移幅值与静位移之比，称为动力系数。

由式（10-42）可知，动力系数 β 是频率比值 $\frac{\theta}{\omega}$ 的函数，二者之间的关系如图 10-20 所示。图中纵坐标取为 β 的绝对值，当动力荷载作用于质体时，β 正负号的实际意义并不大。

由图 10-20 可看出如下特性。

① 稳态强迫振动的频率与荷载的变化频率相同，动位移、惯性力以及体系的动力均与干扰力同时达到幅值。

当 $\theta<\omega$ 时，$\beta>0$，动位移与干扰力方向相同；$\theta>\omega$ 时，$\beta<0$，动位移与干扰力方向相反。

② 当 $\theta\ll\omega$，$\left(\frac{\theta}{\omega}\right)^2\to0$ 时，$\beta\to1$，这种情况相当于静力作用，通常当 $\left(\frac{\theta}{\omega}\right)\leqslant\frac{1}{5}$ 时，即可按

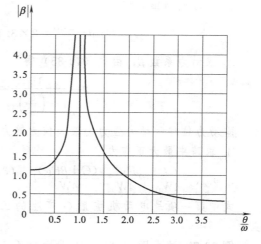

图 10-20

静力方法计算振幅。

③ 当 $\theta \gg \omega$，$\left(\frac{\theta}{\omega}\right)^2 \to \infty$ 时，$\beta \to 0$，表明当干扰力频率远大于自振频率时，动位移将趋于零。

④ 当 $\theta \to \omega$ 时，$\beta \to \infty$，即振幅将趋于无穷大。实际结构由于阻尼的存在，振幅不可能趋于无穷大，但它仍将远大于静位移的值，这种现象称为共振。在工程设计中应尽量避免共振现象的发生。一般应控制 $\frac{\theta}{\omega}$ 的值避开 $0.75 < \frac{\theta}{\omega} < 1.25$ 共振区段。

最后需要指出的是：当质点振动的方位与干扰力振动的方位一致时，质点位移的放大系数与各截面位移、内力的放大系数相同；而当质点振动的方位与动荷载作用的方位不一致时，质点位移的动力系数仍与原动力荷载作用于该质点上时相同，但体系其他部位的位移以及内力的动力系数通常不再相同，即不能采用统一的动力系数。此时，动内力幅值可以视为在干扰力幅值、惯性力幅值共同作用下按静力方法求得。

例 10-6 如图 10-21 所示，设有一简支钢梁，跨度 $l = 4\text{m}$，采用型号为 I28b 的工字钢，惯性矩 $I = 7480\text{cm}^4$，截面系数 $W = 534\text{cm}^3$，弹性模量 $E = 2.1 \times 10^5\text{MPa}$，在跨中有一电动机，重量 $G = 35\text{kN}$，转速 $n = 500\text{r/min}$。由于具有偏心，转动时产生的离心力 $F_P = 10\text{kN}$，其竖向分力为 $F_P \sin\theta t$，忽略梁本身的质量，试求钢梁在上述简谐荷载作用下强迫振动的动力系数和最大正应力。

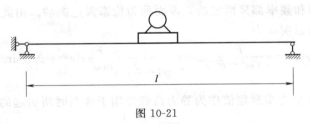

图 10-21

解： ① 简支钢梁的自振频率

$$\omega = \sqrt{\frac{g}{\Delta_{st}}} = \sqrt{\frac{48EIg}{Gl^3}} = \sqrt{\frac{48 \times 2.1 \times 10^4\text{kN/cm}^2 \times 7480\text{cm}^4 \times 980\text{cm/s}^2}{35\text{kN} \times (400\text{cm})^3}} = 57.4\text{s}^{-1}$$

② 荷载的频率

$$\theta = \frac{2\pi n}{60} = 2 \times 3.1416 \times \frac{500}{60} = 52.3\text{s}^{-1}$$

③ 求动力系数 β，由式（10-35）得

$$\beta = \frac{1}{1 - \left(\frac{\theta}{\omega}\right)^2} = \frac{1}{1 - \left(\frac{52.3}{57.4}\right)^2} = 5.88$$

即动力位移和动力应力的最大值为静力值的 5.88 倍。

④ 求跨中最大正应力

$$\sigma_{max} = \frac{Gl}{4W} + \beta\frac{F_P l}{4W} = \frac{(G + \beta F_P)}{4W}l = \frac{(35\text{kN} + 5.88 \times 10\text{kN}) \times 400\text{cm}}{4 \times 534\text{cm}^3} = 175.6\text{MPa}$$

式中第一项是电动机重量 G 产生的正应力，第二项是动荷载 $F_P \sin\theta t$ 产生的最大正应力。

例 10-7 试求图 10-22（a）所示体系 1 点的位移动力系数和 o 点的弯矩动力系数，它们与动荷载通过质点作用时的动力系数是否相同？不同在何处？

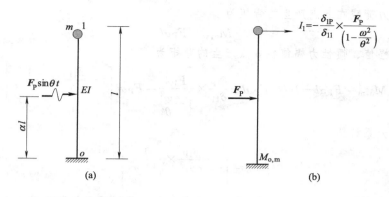

图 10-22

解：当动力荷载作用方位与质点振动方位不一致时，动内力幅值可以视为在干扰力幅值、惯性力幅值共同作用下按静力方法求得，如图 10-22（b）所示。

首先按柔度法写出动力方程为

$$y = -m\ddot{y}\,\delta_{11} + \delta_{1P}F_P\sin\theta t$$

式中，δ_{1P} 为 $F_P(t)=1$ 作用时沿质量 1 运动方向产生的位移；$\delta_{1P}F_P\sin\theta t$ 为动荷载 $F_P\sin\theta t$ 引起的质点 1 处的位移。

设 $\omega^2 = \dfrac{1}{m\delta_{11}}$，上式变化为

$$\ddot{y} + \omega^2 y = \omega^2 \delta_{1P} F_P \sin\theta t$$

设 $y^* = Y\sin\theta t$ 为稳态强迫振动式的解，代入上式消去公因子得

$$-\theta^2 Y + \omega^2 Y = \omega^2 \delta_{1P} F_P$$

解得　$Y = \dfrac{\delta_{1P}}{1 - \dfrac{\theta^2}{\omega^2}} F_P$，所以 $y^* = \dfrac{\delta_{1P}}{1 - \dfrac{\theta^2}{\omega^2}} F_P\sin\theta t$

1 点位移放大系数

$$\beta_{\Delta,1} = \left| \frac{Y}{y_{st}} \right| = \left| \frac{\dfrac{\delta_{1P}F_P}{1 - \theta^2/\omega^2}}{F_P \delta_{1P}} \right| = \left| \frac{1}{1 - \dfrac{\theta^2}{\omega^2}} \right|$$

1 点位移放大系数与原动荷载作用于该质点上时的位移放大系数相同。

且　　　$$y^{*\prime\prime} = -\frac{\delta_{1P}}{1 - \dfrac{\theta^2}{\omega^2}} \theta^2 F_P\sin\theta t = \frac{\delta_{1P}}{\left(1 - \dfrac{\omega^2}{\theta^2}\right)} \omega^2 F_P\sin\theta t$$

惯性力为　$$I = -m y^{*\prime\prime} = -m\frac{\delta_{1P}}{\left(1 - \dfrac{\omega^2}{\theta^2}\right)} \times \frac{F_P\sin\theta t}{m\delta_{11}} = -\frac{\delta_{1P}}{\delta_{11}} \frac{1}{\left(1 - \dfrac{\omega^2}{\theta^2}\right)} F_P\sin\theta t$$

故惯性力幅值为

$$I_1 = -\frac{\delta_{1P}}{\delta_{11}} \times \frac{1}{\left(1 - \dfrac{\omega^2}{\theta^2}\right)} F_P$$

o 点的弯矩放大系数为

$$\beta_{m,o} = \left| M_{o,m}/M_{o,st} \right|$$

其中，静力荷载在 o 点产生的弯矩为

$$M_{o,\text{st}} = F_P \alpha l$$

动力荷载幅值、惯性力幅值在 o 点产生的弯矩为

$$M_{o,\text{m}} = F_P \alpha l + I_1 l = F_P \alpha l - \frac{\delta_{1P}}{\delta_{11}} \times \frac{F_P l}{1 - \dfrac{\omega^2}{\theta^2}} = F_P \alpha l \left[1 - \frac{\delta_{1P}}{\alpha \delta_{11}} \times \frac{1}{1 - \dfrac{\omega^2}{\theta^2}} \right]$$

故动力放大系数为

$$\beta_{\text{m,o}} = \left[1 - \frac{\delta_{1P}}{\alpha \delta_{11}} \times \frac{1}{1 - \dfrac{\omega^2}{\theta^2}} \right]$$

单自由度体系强迫振动当动力荷载不在质点上时，此时质点位移的动力系数仍与原动力荷载作用于质点上时的相同，但体系其他部位的位移以及内力的动力系数通常不再相同，即不能采用统一的动力系数。

（2）一般动荷载

现在讨论在一般动荷载 $F_P(t)$ 作用下所引起的动力反应。分两步走：首先讨论瞬时冲量的动力反应，然后在此基础上讨论一般动荷载的动力反应。

图 10-23（a）所示为一瞬时荷载，其形成的瞬时冲量 $ds = F_P dt$ 如图阴影部分所示。根据动量定律，质体在时间 dt 内动量的变化等于作用于质体的冲量。设体系原处于静止状态，则有

$$m dv = F_P dt$$

即

$$dv = \frac{F_P dt}{m}$$

式中，dv 为瞬时冲量引起的速度增量，但初速度仍为零。

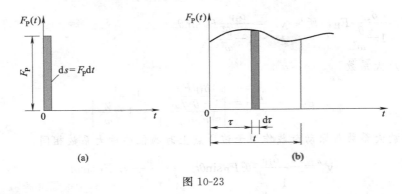

图 10-23

因此，瞬时冲量作用所引起的微分响应 $dy(t)$ 即为以 dv 为初速度的微幅自由振动。由式（10-12）可得

$$dy(t) = \frac{F_P dt}{m\omega} \sin \omega t \tag{10-43}$$

对于一般的动力荷载［图 10-23（b）］而言，若在 $t = \tau$ 时作用瞬时冲量 ds，则在以后任意时刻 t（$t > \tau$）的位移为

$$dy(t) = \frac{F_P(\tau) d\tau}{m\omega} \sin \omega (t - \tau)$$

整个加载可看成由一系列瞬时冲量所组成，根据叠加原理对上式进行积分，可得在任意

动荷载作用下的位移响应为

$$y(t) = \frac{1}{m\omega}\int_0^t F_P(\tau)\sin\omega(t-\tau)\mathrm{d}\tau \qquad (10\text{-}44)$$

式（10-44）称为杜哈梅（Duhamel）积分，在数学上称为卷积。这就是初始处于静止状态的单自由度体系在任意动荷载 $F_P(t)$ 作用下的位移公式。如初始位移 y_0 和初始速度 v_0 不为零，则总位移应为

$$y(t) = y_0\cos\omega t + \frac{v_0}{\omega}\sin\omega t + \frac{1}{m\omega}\int_0^t F_P(\tau)\sin\omega(t-\tau)\mathrm{d}\tau \qquad (10\text{-}45)$$

下面应用杜哈梅积分导出几种常见动荷载作用下的位移公式。

① 突加荷载　突加荷载是指以某一定值突然施加于结构且保持不变的荷载，其荷载形式如图 10-24（a）所示。若 $t=0$ 时体系处于静止状态，将 $F_P(t)=F_{P0}$ 代入式（10-44）积分，得位移响应如下

$$\begin{aligned} y(t) &= \frac{1}{m\omega}\int_0^t F_{P0}\sin\omega(t-\tau)\mathrm{d}\tau \\ &= \frac{F_{P0}}{m\omega^2}(1-\cos\omega t) \\ &= y_{st}(1-\cos\omega t) \qquad (10\text{-}46) \end{aligned}$$

式中，y_{st} 表示在静载 F_{P0} 作用下所产生的静位移。

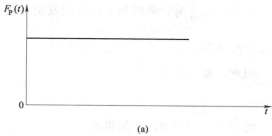

(a)

根据式（10-46）可作出位移时程曲线如图 10-24（b）所示。由图看出，当 $t>0$ 时，质点是围绕其静力平衡位置 $y=y_{st}$ 作简谐运动，动力系数为

$$\beta = \frac{y_{max}}{y_{st}} = 2 \qquad (10\text{-}47)$$

由此可见，突加荷载所引起的最大动位移是静位移的 2 倍。

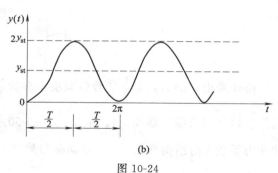

(b)

图 10-24

② 短时荷载　荷载 F_{P0} 在时刻 $t=0$ 突然加上，在 $0<t<u$ 时段内，荷载数值保持不变，在时刻 $t=u$ 以后荷载又突然消失。这种荷载可表示为

$$F_P(t) = \begin{cases} 0, & \text{当 } t<0 \\ F_{P0}, & \text{当 } 0<t<u \\ 0, & \text{当 } t>u \end{cases} \qquad (10\text{-}48)$$

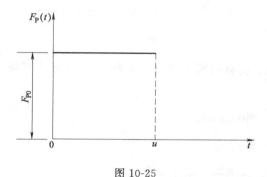

图 10-25

其荷载形式如图 10-25 所示。

下面分两个阶段分别计算。

阶段 I（$0 \leqslant t \leqslant u$）：此阶段的荷载情况与突加荷载相同，故动力位移仍由式（10-46）给出，即

$$y(t) = y_{st}(1-\cos\omega t)$$

阶段 II（$t \geqslant u$）：此阶段已无荷载作用，体系作自由振动，以阶段 I 终了时刻（$t=u$）的位移 $y(u)$ 和速度 $v(u)$ 作起始位移和起始速度，

即可得动力位移公式。

此外，也可以直接由杜哈梅积分式（10-44）来求动位移，将式（10-48）代入后得

$$y(t) = \frac{1}{m\omega}\int_0^u F_{P0}\sin\omega(t-\tau)\mathrm{d}\tau = \frac{F_{P0}}{m\omega^2}\left[\cos\omega(t-u)-\cos\omega t\right]$$

$$= y_{st}\times 2\sin\frac{\omega u}{2}\sin\omega\left(t-\frac{u}{2}\right) \tag{10-49}$$

此时，质点的最大动位移与荷载作用的时间 u 有关，讨论如下。

a. 当 $u\geqslant\dfrac{T}{2}$ 时，从图 10-25 可知，加载持续时间大于半个自振周期，此时最大反映发生在阶段 I，动力系数为

$$\beta=2$$

b. 当 $u<\dfrac{T}{2}$ 时，此时最大动反映发生在阶段 II，由式（10-49）知动力位移的最大值为

$$y_{max}=y_{st}\times 2\sin\frac{\omega u}{2}$$

因此，动力系数为

$$\beta=2\sin\frac{\omega u}{2}=2\sin\frac{\pi u}{T}$$

综合上述两种情况的结果得

$$\beta=\begin{cases}2\sin\dfrac{\pi u}{T} & \dfrac{u}{T}<\dfrac{1}{2}\\ 2 & \dfrac{u}{T}>\dfrac{1}{2}\end{cases} \tag{10-50}$$

由此看出，动力系数 β 的数值取决于参数 $\dfrac{u}{T}$，即短时荷载的动力效果取决于加载持续时间的长短（与自振周期相比）。根据式（10-50），可画出 β 与 $\dfrac{u}{T}$ 间的关系如图 10-26 所示。这种动力系数 β 与结构参数（T）和动荷参数（u）间的关系曲线，称为动力系数反应谱。

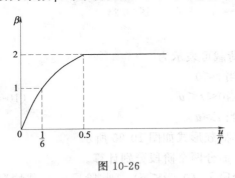

图 10-26

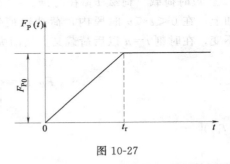

图 10-27

c. 线性渐增荷载　在一定时间内（$0\leqslant t\leqslant t_r$），荷载由零增至 F_{P0}，然后荷载保持不变（图 10-27）。荷载表示为

$$F_P(t)=\begin{cases}\dfrac{F_{P0}}{t_r} & 当 0\leqslant t\leqslant t_r\\ F_{P0} & 当 t\geqslant t_r\end{cases}$$

这种荷载引起的动力反应同样可利用杜哈梅公式求解，结果如下

$$y(t) = \begin{cases} y_{st} \dfrac{1}{t_r} \left(t - \dfrac{\sin\omega t}{\omega} \right) & \text{当 } t \leqslant t_r \\[3mm] y_{st} \left\{ 1 - \dfrac{1}{\omega t_r} \left[\sin\omega t - \sin\omega(t-t_r) \right] \right\} & \text{当 } t \geqslant t_r \end{cases} \tag{10-51}$$

对于这种线性渐增荷载，其动力反应与升载时间 t_r 的长短有很大关系。图 10-28 所示曲线表示动力系数 β 随升载时间与周期的比值 $\dfrac{t_r}{T}$ 而变化的情况，即动力系数反应谱曲线。

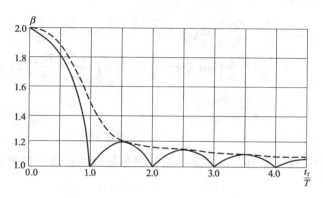

图 10-28

由图 10-28 看出，动力系数 β 介于 1 与 2 之间。如果升载时间很短，如 $t_r < \dfrac{T}{4}$，则动力系数 β 接近 2.0，即相当于突加荷载的情况。如果升载时间很长，如 $t_r > 4T$，则动力系数 β 接近 1.0，即相当于静载的情况。

在设计工作中，常以图 10-28 中所示外包线作为设计依据。

例 10-8　设有一个单自由度的体系，其自振周期为 T，所受荷载为

$$F_P(t) = F_{P0} \sin \frac{\pi t}{T} \quad \text{当 } 0 \leqslant t \leqslant T$$

$$F_P(t) = 0 \qquad \text{当 } t > T$$

试求质点的最大动位移及其出现的时间。

解：此题属于短时加载，由于阶段Ⅰ所持续的时间 t 大于半个自振周期（为一个周期），因此，最大动位移发生在阶段Ⅰ，在阶段Ⅰ质点受简谐荷载作用，其动位移由 (10-33) 式得到

$$y(t) = y_{st} \frac{1}{\left(1 - \dfrac{\theta^2}{\omega^2}\right)} \left(\sin\theta t - \frac{\theta}{\omega} \sin\omega t \right) \tag{a}$$

由于 $\theta = \dfrac{\pi}{T}$，$\omega = \dfrac{2\pi}{T}$，$\dfrac{\theta}{\omega} = \dfrac{1}{2}$，且 $y_{st} = F\delta = \dfrac{F}{k}$

代入上式得：

$$y(t) = \frac{F}{k} \times \frac{4}{3} \left(\sin \frac{\pi t}{T} - \frac{1}{2} \sin \frac{2\pi}{T} t \right) \tag{b}$$

根据 $\dfrac{dy(t)}{dt} = 0$，可以求得质点发生最大位移所对应的时间。

即

$$\frac{4}{3} \frac{F_{P0}}{k} \left(\frac{\pi}{T} \cos \frac{\pi}{T} t_m - \frac{1}{2} \times \frac{2\pi}{T} \cos \frac{2\pi}{T} t_m \right) = 0$$

即

$$\frac{\pi}{T} \left(\cos \frac{\pi}{T} t_m - \cos \frac{2\pi}{T} t_m \right) = 0$$

有
$$\frac{\pi}{T} \times \sin\frac{3\pi}{2T}t_{\mathrm{m}} \times \sin-\frac{\pi}{2T}t_{\mathrm{m}} = 0$$

则
$$\sin\frac{3\pi}{2T}t_{\mathrm{m}} = 0, \quad \text{或} \quad \sin-\frac{\pi}{2T}t_{\mathrm{m}} = 0$$

解得
$$t_{\mathrm{m}} = \frac{2}{3}T, \quad \text{或} \quad t_{\mathrm{m}} = -2T$$

因此，最大动位移发生在阶段 I，$t = \frac{2}{3}T$ 时，相应的最大动位移

$$y_{\max} = \frac{4}{3} \times \frac{F_{\mathrm{P0}}}{k}\left[\sin\left(\frac{\pi}{T} \times \frac{2}{3}T\right) - \frac{1}{2}\sin\left(\frac{2\pi}{T} \times \frac{2}{3}T\right)\right]$$

$$= \frac{F_{\mathrm{P0}}}{k} \times \frac{4}{3}\left(\sin\frac{2}{3}\pi - \frac{1}{2}\sin\frac{4}{3}\pi\right) = \frac{4}{3} \times \frac{F_{\mathrm{P0}}}{k}\left(\frac{\sqrt{3}}{2} + \frac{1}{2} \times \frac{\sqrt{3}}{2}\right)$$

$$= \frac{F_{\mathrm{P0}}\sqrt{3}}{k}$$

10.4.2 有阻尼强迫振动

采用黏滞阻尼理论时，单自由度体系有阻尼强迫振动的运动方程如式（10-4）所示，为

$$m\ddot{y} + c\dot{y} + ky = F_{\mathrm{P}}(t)$$

或写成
$$\ddot{y} + 2\xi\omega\dot{y} + \omega^2 y = \frac{F_{\mathrm{P}}(t)}{m} \tag{10-52}$$

由常微分方程的理论可知，式（10-52）的通解是由相应齐次方程的通解与非齐次方程的特解之和构成的。齐次方程的通解前已求得，对应于有阻尼自由振动；而非齐次方程的特解则仍可表示为杜哈梅积分的形式。

首先，由式（10-25）可知，单独由初速度 v_0（初位移 y_0 为零）所引起的振动为

$$y(t) = \mathrm{e}^{-\xi\omega t}\frac{v_0}{\omega_{\mathrm{d}}}\sin\omega_{\mathrm{d}}t$$

由于冲量 $s = mv_0$，故在初始时刻由冲量 s 引起的振动为

$$y(t) = \mathrm{e}^{-\xi\omega t}\frac{s}{m\omega_{\mathrm{d}}}\sin\omega_{\mathrm{d}}t$$

其次，任意荷载 $F_{\mathrm{P}}(t)$ 的加载过程看成由一系列瞬时冲量组成。在 $t=\tau$ 到 $t=\tau+\mathrm{d}\tau$ 时间段内荷载的微分冲量为 $\mathrm{d}s = F_{\mathrm{P}}(t)\mathrm{d}\tau$，此微分冲量引起如下的动反应

$$\mathrm{d}y(t) = \frac{F_{\mathrm{P}}(\tau)\mathrm{d}\tau}{m\omega_{\mathrm{d}}}\mathrm{e}^{-\xi\omega(t-\tau)}\sin\omega_{\mathrm{d}}(t-\tau)$$

于是，在任意动力荷载作用下的位移响应为

$$y(t) = \frac{1}{m\omega_{\mathrm{d}}}\int_0^t F_{\mathrm{P}}(t)\mathrm{e}^{-\xi\omega(t-\tau)}\sin\omega_{\mathrm{d}}(t-\tau)\mathrm{d}\tau \tag{10-53}$$

上式即为开始处于静止状态的单自由度体系在任意动力荷载 $F_{\mathrm{P}}(t)$ 作用下所引起的有阻尼的强迫振动的位移公式。

$$y(t) = \mathrm{e}^{-\xi\omega(t-\tau)}\left(y_0\cos\omega_{\mathrm{d}}t + \frac{v_0 + \xi\omega y_0}{\omega_{\mathrm{d}}}\sin\omega_{\mathrm{d}}t\right)$$

$$+ \frac{1}{m\omega_{\mathrm{d}}}\int_0^t F_{\mathrm{P}}(t)\mathrm{e}^{-\xi\omega(t-\tau)}\sin\omega_{\mathrm{d}}(t-\tau)\mathrm{d}\tau \tag{10-54}$$

这就是运动微分方程（10-52）的全解。由于阻尼的存在，上式中由初始条件所引起的自由振动部分将随时间很快地衰减而消失。

（1）突加荷载

将作用于质点上的突加荷载 $F_P(t)=F_{P0}$ 代入式（10-53），经积分得

$$y(t)=\frac{F_{P0}}{m\omega^2}\left[1-e^{-\xi\omega t}\left(\cos\omega_d t+\frac{\xi\omega}{\omega_d}\sin\omega_d t\right)\right] \tag{10-55}$$

式（10-55）表明，质点 m 的动位移是由荷载引起的静位移和以静平衡位置为中心的含有简谐因子的衰减振动两部分组成。若不考虑阻尼的影响，则式（10-55）可退化为式（10-46）。

根据式（10-55）可作出动位移图（图 10-29）。由图看出，具有阻尼的体系在突加荷载作用下，最初所引起的最大位移可能接近静位移的 y_{st} 的两倍。然后经过衰减振动，最后停留在静平衡位置上。

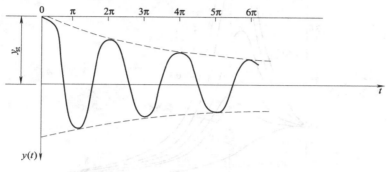

图 10-29

（2）简谐荷载 $F_P(t)=F\sin\theta t$

在式（10-52）中令 $F_P(t)=F\sin\theta t$，即得简谐荷载作用下有阻尼体系的振动微分方程

$$\ddot{y}+2\xi\omega\dot{y}+\omega^2 y=\frac{F}{m}\sin\theta t \tag{10-56}$$

设方程（10-56）的特解为

$$y=A\sin\theta t+B\cos\theta t$$

代入式（10-56），比较系数可得

$$A=\frac{F}{m}\frac{\omega^2-\theta^2}{(\omega^2-\theta^2)^2+4\xi^2\omega^2\theta^2}, \quad B=\frac{F}{m}\frac{-2\xi\omega\theta}{(\omega^2-\theta^2)^2+4\xi^2\omega^2\theta^2}$$

叠加方程的齐次解，即得方程的全解如下

$$y(t)=\{e^{-\xi\omega t}(c_1\cos\omega_d t+c_2\sin\omega_d t)\}+\{A\sin\theta t+B\cos\theta t\}$$

上式中的大括号中的两部分，表示体系的振动由两个不同频率（ω_d 和 θ）的振动所组成。由于阻尼的作用，频率为 ω_d 的第一部分将逐渐衰减而消失。频率为 θ 的第二部分由于受到荷载的周期影响而不衰减，这部分振动称为平稳振动。

下面讨论平稳振动，任意时刻的动力位移可改用下式表示

$$y(t)=y_P\sin(\theta t-\alpha) \tag{10-57a}$$

其中振幅为

$$y_P=y_{st}\left[\left(1-\frac{\theta^2}{\omega^2}\right)^2+4\xi^2\frac{\theta^2}{\omega^2}\right]^{-1/2} \tag{10-57b}$$

初相角

$$\alpha=\arctan\frac{2\xi\left(\frac{\theta}{\omega}\right)}{1-\left(\frac{\theta}{\omega}\right)^2} \tag{10-57c}$$

动力系数如下

$$\beta=\frac{y_{\mathrm{P}}}{y_{\mathrm{st}}}=\left[\left(1-\frac{\theta^2}{\omega^2}\right)^2+4\xi^2\frac{\theta^2}{\omega^2}\right]^{-1/2} \tag{10-58}$$

上式表明：动力系数 β 不仅与频率比值 $\frac{\theta}{\omega}$ 有关，而且与阻尼比 ξ 有关。对于不同的 ξ 值，可画出相应的 β 与 $\frac{\theta}{\omega}$ 之间的关系曲线，如图 10-30 所示。

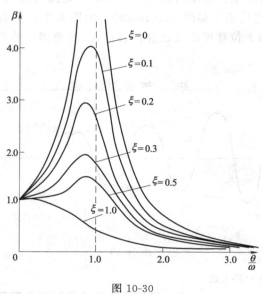

图 10-30

由以上分析可见，简谐荷载作用下有阻尼稳态振动的主要特点如下。

① 阻尼对简谐荷载作用下的动力系数影响较大，动力系数 β 随阻尼比 ξ 的增大而迅速减小。特别是在 $\frac{\theta}{\omega}$ 值趋近于 1 时，β 峰值因阻尼作用的下降最为显著（图 10-30）。

② 在 $\frac{\theta}{\omega}=1$ 的共振情况下，由式（10-58）可得

$$\beta=\frac{1}{2\xi} \tag{10-59}$$

实际上，动力系数 β 的最大值并不是发生在 $\frac{\theta}{\omega}=1$ 处，而是发生在 $\frac{\theta}{\omega}$ 的值接近于 1 处。由式（10-58）通过求极值可得动力系数的最大值

$$\beta_{\max}=\frac{1}{2\xi}\times\frac{1}{\sqrt{1-\xi^2}} \tag{10-60}$$

实际工程中 ξ 值很小，可以近似地按式（10-52）计算 $\beta_{\max}$。

③ 有阻尼时质量的动位移比动荷载滞后一个相位角，可由式（10-57c）求得。

a. 当 $\frac{\theta}{\omega}\to0$，即 $\theta\ll\omega$ 时，$\alpha\to0$，说明 $y(t)$ 与 $F_{\mathrm{P}}(t)$ 趋于同向，此时，体系因振动速度慢，惯性力和阻尼力不明显，动荷载主要由恢复力平衡，与静载作用时的情况相似。

b. 当 $\frac{\theta}{\omega}\to\infty$，即 $\theta\gg\omega$ 时，$\alpha\to\pi$，说明 $y(t)$ 与 $F_{\mathrm{P}}(t)$ 趋于反向。此时，由式（10-58）可知 $\beta\to0$，即体系的动位移趋于零，因而，弹性力和阻尼力都较小，动荷载主要与惯性力平衡。

c. 当 $\dfrac{\theta}{\omega} \rightarrow 1$，即 $\theta \approx \omega$ 时，$\alpha \rightarrow \dfrac{\pi}{2}$，此时，动位移 $y(t)$ 与动荷载 $F_P(t)$ 相差的相位角为 $90°$。当荷载为最大时，位移和加速度等于零，弹性力和惯性力趋于零，此时，动荷载主要由阻尼力平衡，阻尼力起着重要的作用，它的影响不容忽略。

例 10-9 试求作图 10-31（a）所示门式刚架在动荷载 $F_P(t) = F_P \sin\theta t$ 作用下的动弯矩图，并求荷载作用点的最大位移。柱子质量忽略不计。已知：$\theta^2 = \dfrac{8EI}{ml^3}$。

解： 由柔度法，列出其动力方程

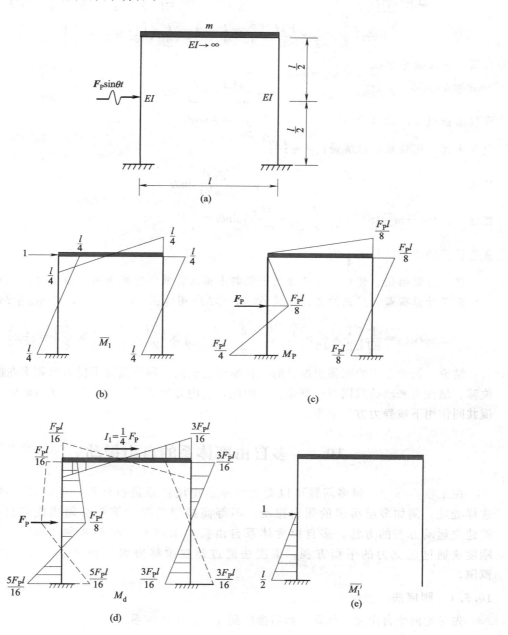

图 10-31

$$y(t) = -m\ddot{y}\,\delta_{11} + \Delta_{1P}\sin\theta t$$

或

$$\delta_{11}m\ddot{y} + y = \Delta_{1P}\sin\theta t$$

用位移法或反弯点法作 $\overline{M}_1$ 和 M_P 图，如图 10-31（b）、（c）所示。式中系数 δ_{11} 和自由项计算如下

$$\delta_{11} = \frac{l^3}{24EI}$$

$$\Delta_{1P} = \frac{2}{EI}\left[\frac{1}{2}\times l\times\frac{1}{8}F_P l\left(\frac{2}{3}-\frac{1}{3}\right)\times\frac{l}{4}\right] + \frac{1}{EI}\left(\frac{1}{2}\times\frac{l}{2}\times\frac{F_P l}{8}\times\frac{1}{3}\times\frac{l}{4}\right)$$

$$+ \frac{1}{EI}\left(\frac{1}{2}\times\frac{l}{2}\times\frac{F_P l}{4}\times\frac{2}{3}\times\frac{l}{4} - \frac{1}{2}\times\frac{l}{2}\times\frac{F_P l}{8}\times\frac{1}{3}\times\frac{l}{4}\right) = \frac{F_P l^3}{48EI}$$

所以，振动微分方程

$$\ddot{y} + \frac{24EI}{ml^3}y = \frac{F_P}{2m}\sin\theta t$$

设稳态强迫振动的解：

$$y^* = A\sin\theta t$$

代入上式，比较系数后解得：$A = \dfrac{F_P l^3}{32EI}$

所以

$$y^* = \frac{F_P l^3}{32EI}\sin\theta t$$

惯性力：$I = -m\ddot{y} = -m\left(-\dfrac{F_P l^3}{32EI}\times\dfrac{8EI}{ml^3}\right)\sin\theta t = \dfrac{1}{4}F_P\sin\theta t$

故惯性力的幅值：$I_1 = \dfrac{1}{4}F_P$

将动荷载幅值、惯性力幅值作用于刚架上得动荷载幅值弯矩图［图 10-31（d）］。

为了计算荷载作用点的最大位移 $\Delta_{\max}$，作 $\overline{M}'_1$ 图［图 10-31（e）］，将 M_d 与 $\overline{M}'_1$ 相图乘

$$\Delta_{\max} = \frac{1}{EI}\left[\frac{1}{2}\times\frac{5}{16}F_P l\times\frac{l}{2}\times\frac{2}{3}\times\frac{l}{2} - \frac{1}{2}\times\frac{F_P l}{8}\times\frac{l}{2}\times\frac{1}{3}\times\frac{l}{2}\right] = \frac{l^3}{48EI}$$

结论：振动处于稳态强迫振动时，初始解已衰减，即质点按干扰力的频率在振动，由于位移、惯性力和动荷载同时达到幅值。因此，动内力幅值可以视为在干扰力幅值、惯性力幅值共同作用下按静力方法求得。

10.5　多自由度体系的自由振动

在工程实际中，很多问题可以简化成单自由度体系进行计算，但也有一些问题不能这样处理，例如多层房屋的侧向振动、不等高排架的振动等都必须当成多自由度体系。按建立运动方程的方法，多自由度体系自由振动求解的方法有两种：刚度法和柔度法，刚度法通过建立力的平衡方程，柔度法通过建立位移协调方程求解，二者各有其适用范围。

10.5.1　刚度法

先讨论两个自由度的体系，然后推广到 n 个自由度体系。

（1）两个自由度的体系

刚度法是根据隔离体的动力平衡条件导出体系的运动方程。

图 10-32（a）所示为一具有两个自由度的体系，取质量 m_1 和 m_2 作隔离体，如图 10-32（b）所示，根据达朗贝尔原理可列出动力平衡方程如下

$$\left.\begin{array}{r} m_1\ddot{y}_1+r_1=0 \\ m_2\ddot{y}_2+r_2=0 \end{array}\right\} \tag{10-61}$$

弹性力 r_1、r_2 是质量 m_1、m_2 与结构之间的相互作用力。即在图 10-32（b）中的 r_1、r_2 是质点所受到的力，在图 10-32（c）中的 r_1、r_2 是结构所受到的力，二者的方向彼此相反。并且，结构所受的力 r_1、r_2 与结构的位移 y_1、y_2 之间应满足刚度方程

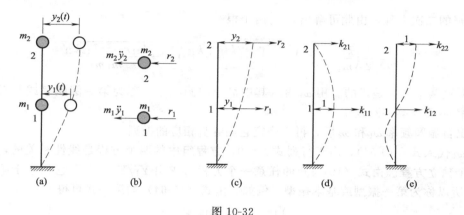

图 10-32

$$\left.\begin{array}{r} r_1=k_{11}y_1+k_{12}y_2 \\ r_2=k_{21}y_1+k_{22}y_2 \end{array}\right\}$$

可得

$$\left.\begin{array}{r} m_1\ddot{y}_1(t)+k_{11}y_1(t)+k_{12}y_2(t)=0 \\ m_2\ddot{y}_2(t)+k_{21}y_1(t)+k_{22}y_2(t)=0 \end{array}\right\} \tag{10-62}$$

这是按刚度法建立的两个自由度无阻尼体系的自由振动微分方程。

假设两个质点作简谐振动，式（10-62）的解设为如下形式

$$y_1(t)=Y_1\sin(\omega t+\alpha)$$
$$y_2(t)=Y_2\sin(\omega t+\alpha) \tag{10-63}$$

式（10-63）所表示的运动具有以下特点。

① 在振动过程中，两个质点具有相同的频率 ω 和相同的相位角 α，Y_1 和 Y_2 是位移幅值，它们分别就像一个单自由度体系振动一样。

② 在振动过程中，两个质点的位移在数值上随时间变化，但二者的比值始终保持不变，即

$$\frac{y_1(t)}{y_2(t)}=\frac{Y_1}{Y_2}=常数$$

这种结构位移形状保持不变的振动形式称为主振型或振型。

将式（10-63）代入式（10-62），消去公因子 $\sin(\omega t+\alpha)$ 后，得

$$\left.\begin{array}{r} (k_{11}-\omega^2 m_1)Y_1+k_{12}Y_2=0 \\ k_{21}Y_1+(k_{22}-\omega^2 m_2)Y_2=0 \end{array}\right\} \tag{10-64}$$

式（10-64）为 Y_1、Y_2 的齐次方程。$Y_1 = Y_2 = 0$ 是方程的解，对应于静止状态。为了要得到 Y_1、Y_2 不全为零的解，应使其系数行列式为零。即

$$D = \begin{vmatrix} k_{11} - \omega^2 m_1 & k_{12} \\ k_{21} & k_{22} - \omega^2 m_2 \end{vmatrix} = 0 \tag{10-65a}$$

上式称为频率方程或特征方程。将上式展开

$$(k_{11} - \omega^2 m_1)(k_{22} - \omega^2 m_2) - k_{12} k_{21} = 0 \tag{10-65b}$$

整理后得

$$(\omega^2)^2 - \left(\frac{k_{11}}{m_1} + \frac{k_{22}}{m_2}\right)\omega^2 + \frac{k_{11}k_{22} - k_{12}k_{21}}{m_1 m_2} = 0$$

上式是 ω^2 的二次方程，由此可解出 ω^2 的两个根

$$\omega^2 = \frac{1}{2}\left(\frac{k_{11}}{m_1} + \frac{k_{22}}{m_2}\right) \pm \sqrt{\left[\frac{1}{2}\left(\frac{k_{11}}{m_1} + \frac{k_{22}}{m_2}\right)\right]^2 - \frac{k_{11}k_{22} - k_{12}k_{21}}{m_1 m_2}} \tag{10-66}$$

可以证明这两个根都是正的。用 ω_1 表示其中最小的圆频率，称为第一圆频率或基频。另一个圆频率 ω_2 称为第一圆频率。

求出自振圆频率 ω_1 和 ω_2 后，再来确定它们各自相应的振型。

将 ω_1 代入式（10-64），由于行列式 $D = 0$，方程组中的两个方程是线性相关的，实际上只有一个独立方程。由式（10-64）的任意一个方程可求出 Y_1/Y_2，由于它相应于第一圆频率 ω_1，所以称为第一振型或基本振型。例如，由式（10-64）的第一式可得

$$\frac{Y_{11}}{Y_{21}} = -\frac{k_{12}}{k_{11} - \omega_1^2 m_1} \tag{10-67}$$

这里，Y_{11} 和 Y_{21} 分别表示第一振型中质点 1 和 2 的振幅 [图 10-33（b）]。

同理，将 ω_2 代入式（10-64），可以求出 Y_1/Y_2 的另一个比值。这个比值所确定的另一个振型称为第二振型。由式（10-64）的第一式可得

$$\frac{Y_{12}}{Y_{22}} = -\frac{k_{12}}{k_{11} - \omega_2^2 m_1} \tag{10-68}$$

这里，Y_{12} 和 Y_{22} 分别表示第二振型中质点 1 和 2 的振幅 [图 10-33（c）]。

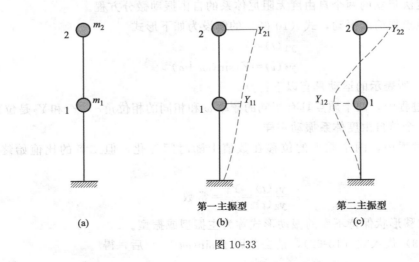

图 10-33

多自由度体系如果按某个主振型振动，由于它的振动形式保持不变，因此，这个多自由度体系就像一个单自由度体系那样在振动。发生的条件是：只有在质量的初位移和初速度与

某个主振型相一致的前提下，体系才会按该主振型作简谐振动。

在一般情况下，两个自由度体系的振动可看成是两种频率及其主振型的组合振动，即

$$\left. \begin{aligned} y_1(t) &= A_1 Y_{11}\sin(\omega_1 t + \alpha_1) + A_2 Y_{12}\sin(\omega_2 t + \alpha_2) \\ y_2(t) &= A_1 Y_{21}\sin(\omega_1 t + \alpha_1) + A_2 Y_{22}\sin(\omega_2 t + \alpha_2) \end{aligned} \right\} \tag{10-69}$$

这是微分方程（10-62）的全解。其中待定常数 A_1、α_1 和 A_2、α_2 可由初始条件来确定。

从上面的分析可以归纳出多自由度体系的振动的以下重要特性。

① 多自由度体系自振频率的个数与体系的自由度相等；

② 自振频率及其相应的主振型均为体系固有的动力特性，即只与体系本身的质量和刚度有关，与外界因数无关；

③ 多自由度体系的自由振动可看成是不同自振频率对应的主振型的线性组合；或者说，体系的自由振动可以分解为按各自自振频率下主振型进行的简谐振动。在一般情况下，由式（10-68）确定的体系的自由振动不再是简谐振动。

例 10-10　求图 10-34（a）所示结构的自振频率并绘出相应的主振型，其中刚性杆单位长度具有均布质量 $\overline{m}$，而弹性杆的质量可以忽略不计。

解：这是一个具有两个自由度体系的自由振动，令 $i = \dfrac{EI}{l}$，且 $m_1 = m_2 = l\,\overline{m}$。用刚度法求解，首先按下面的方法求刚度系数，质体 1 沿振动方位发生单位位移时，作出相应的 $\overline{M}_1$ 图，如图 10-34（b）所示。

进而求出杆端剪力后，可求得刚度系数为

$$k_{11} = 3 \times \frac{12i}{l^2} = \frac{36i}{l^2}, \qquad k_{21} = -2 \times \frac{12i}{l^2} = -\frac{24i}{l^2}$$

同理，当质体 2 沿振动方位发生单位位移后，作出相应的 $\overline{M}_2$ 图［图 10-34（c）］，求出杆端剪力后，进一步可求得刚度系数。

$$k_{12} = -\frac{24i}{l^2}, \qquad k_{22} = 3 \times \frac{12i}{l^2} = \frac{36i}{l^2}$$

根据式（10-57）得

$$\omega^2 = \frac{1}{2}\left(\frac{k_{11}}{m_1} + \frac{k_{22}}{m_2}\right) \pm \sqrt{\left[\frac{1}{2}\left(\frac{k_{11}}{m_1} + \frac{k_{22}}{m_2}\right)\right]^2 - \frac{k_{11}k_{22} - k_{12}k_{21}}{m_1 m_2}} = \frac{36i}{\overline{m}l^3} \pm \frac{24i}{\overline{m}l^3}$$

所以，$\omega_1 = \sqrt{\dfrac{12i}{\overline{m}l^3}}$，$\omega_2 = \sqrt{\dfrac{60i}{\overline{m}l^3}}$

根据求出的固有频率，求相应的主振型。

第一主振型（ω_1）：$\dfrac{Y_{11}}{Y_{21}} = -\dfrac{k_{12}}{k_{11} - \omega_1^2 m_1} = -\dfrac{-\dfrac{24i}{l^2}}{\dfrac{36i}{l^2} - \dfrac{12i}{\overline{m}l^3}\overline{m}l} = 1$

第二主振型（ω_2）：$\dfrac{Y_{12}}{Y_{22}} = -\dfrac{k_{12}}{k_{11} - \omega_2^2 m_1} = -\dfrac{-\dfrac{24i}{l^2}}{\dfrac{36i}{l^2} - \dfrac{60i}{\overline{m}l^3}\overline{m}l} = -1$

如图 10-34（d）、（e）所示为 ω_1、ω_2 对应的第一、第二主振型。

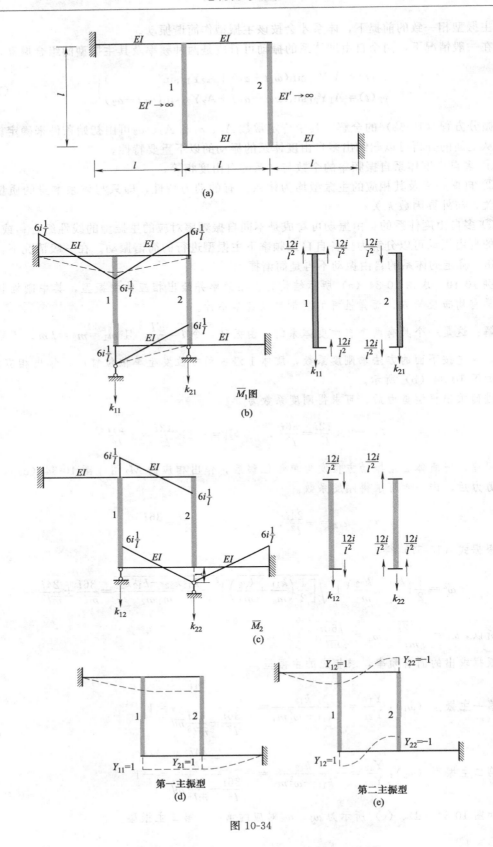

$\overline{M}_1$图

(b)

$\overline{M}_2$

(c)

第一主振型
(d)

第二主振型
(e)

图 10-34

例 10-11　图 10-35（a）所示两层刚架，其横梁为无限刚性。设质量集中在楼层上，第一、二的质量分别为 m_1、m_2。层间侧移刚度分别为 k_1、k_2，即层间产生单位相对侧移时所需施加的力，如图 10-35（b）所示，试求刚架水平振动时自振频率和主振型。

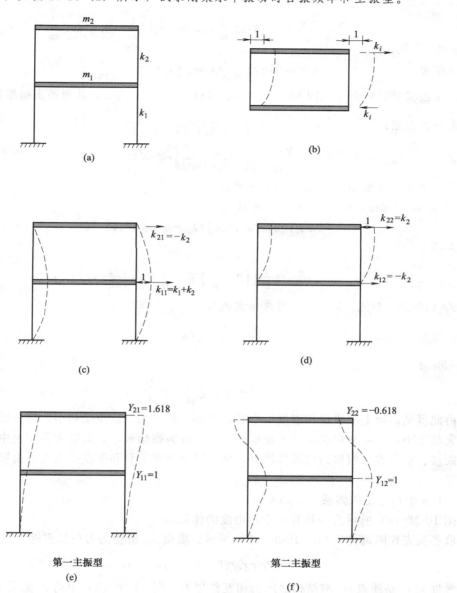

图 10-35

解： 由图 10-35（c）、（d）可求出结构的刚度系数如下

$$k_{11}=k_1+k_2, \quad k_{21}=-k_2$$
$$k_{12}=-k_2, \quad k_{22}=k_2$$

将刚度系数代入式（10-65b），得

$$(k_1+k_2-\omega^2 m_1)(k_2-\omega^2 m_2)-k_2^2=0 \tag{10-70}$$

分两种情况讨论。

① 当 $m_1=m_2=m$，$k_1=k_2=k$ 时，此时式（10-65b）变为

$$(2k-\omega^2 m)(k-\omega^2 m)-k^2=0$$

由此求得

$$\omega_1^2=\frac{3-\sqrt{5}}{2}\frac{k}{m}=0.38197\frac{k}{m}, \quad \omega_2^2=\frac{3+\sqrt{5}}{2}\frac{k}{m}=2.61803\frac{k}{m}$$

两个频率为

$$\omega_1=0.61803\sqrt{\frac{k}{m}}, \quad \omega_2=1.61803\sqrt{\frac{k}{m}}$$

求主振型时，可由式（10-67）和式（10-68）求出振幅比值，从而画出振型图。

第一主振型：

$$\frac{Y_{11}}{Y_{21}}=\frac{k}{2k-0.38197k}=\frac{1}{1.618}$$

第二主振型：

$$\frac{Y_{12}}{Y_{22}}=\frac{k}{2k-2.61803k}=\frac{1}{0.618}$$

两个主振型如图 10-35（e）、（f）所示。

② 当 $m_1=nm_2$，$k_1=nk_2$ 时，此时有

$$[(n+1)k_2-\omega^2 nm_2](k_2-\omega^2 m_2)-k_2^2=0$$

由此求得

$$\omega_{1,2}^2=\frac{1}{2}\left[\left(2+\frac{1}{n}\right)\mp\sqrt{\frac{4}{n}+\frac{1}{n^2}}\right]\frac{k_2}{m_2}$$

代入式（10-58）和式（10-59），可求出主振型

$$\frac{Y_2}{Y_1}=\frac{1}{2}\pm\sqrt{n+\frac{1}{4}}$$

如 $n=90$ 时

$$\frac{Y_{21}}{Y_{11}}=\frac{10}{1}, \quad \frac{Y_{22}}{Y_{12}}=-\frac{9}{1}$$

由此可见，当上部质量和刚度很小时，顶部位移很大。建筑结构中，这种因顶部质量和刚度突然变小，在振动中引起巨大反响的现象，称为鞭梢效应。地震灾害调查中发现，屋顶的小阁楼、女儿墙等附属结构破坏严重，就是因为顶部质量和刚度的突变，由鞭梢效应引起的结果。

（2）n 个自由度的体系

图 10-36（a）所示为一具有 n 个自由度的体系。

取各质点作隔离体，如图 10-36（b）所示。质点 m_i 所受的力包括惯性力、弹性力，即

$$m_i\ddot{y}_i+r_i=0 \quad (i=1,2,\cdots n) \tag{10-71}$$

弹性力 r_i 是质点 m_i 与结构之间的相互作用力。图 10-36（b）中的 r_i 是质点 m_i 所受的力，图 10-36（c）中的 r_i 是结构所受的力，二者的方向彼此相反。在图 10-36（c）中，结构所受的力 r_i 与结构位移 y_1，y_2，$\cdots y_n$ 之间应满足刚度方程

$$r_i=k_{i1}y_1+k_{i2}y_2+\cdots+k_{in}y_n \quad (i=1,2,\cdots,n)$$

将上式代入式（10-71），即得自由振动微分方程组如下

$$\left.\begin{array}{l}m_1\ddot{y}_1+k_{11}y_1+k_{12}y_2+\cdots+k_{1n}y_n=0\\m_2\ddot{y}_2+k_{21}y_1+k_{22}y_2+\cdots+k_{2n}y_n=0\\\vdots \qquad \vdots \qquad \vdots \qquad \qquad \vdots\\m_n\ddot{y}_n+k_{n1}y_1+k_{n2}y_2+\cdots+k_{nn}y_n=0\end{array}\right\} \tag{10-72a}$$

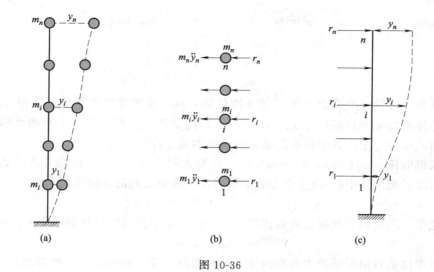

图 10-36

式 (10-72a) 可用矩阵形式表达为

$$\begin{bmatrix} m_1 & & & \\ & m_2 & & \\ & & \ddots & \\ & & & m_n \end{bmatrix} \begin{Bmatrix} \ddot{y}_1 \\ \ddot{y}_2 \\ \vdots \\ \ddot{y}_n \end{Bmatrix} + \begin{bmatrix} k_{11} & k_{12} & \cdots & k_{1n} \\ k_{21} & k_{22} & \cdots & k_{2n} \\ \vdots & \vdots & & \vdots \\ k_{n1} & k_{n2} & \cdots & k_{nn} \end{bmatrix} \begin{Bmatrix} y_1 \\ y_2 \\ \vdots \\ y_n \end{Bmatrix} = \begin{Bmatrix} 0 \\ 0 \\ \vdots \\ 0 \end{Bmatrix} \tag{10-72b}$$

或简写为

$$\boldsymbol{M}\ddot{\boldsymbol{y}} + \boldsymbol{K}\boldsymbol{y} = \boldsymbol{0} \tag{10-72c}$$

式中 M 和 K 分别为体系的质量和刚度矩阵，有

$$\boldsymbol{M} = \begin{bmatrix} m_1 & & & \\ & m_2 & & \\ & & \ddots & \\ & & & m_n \end{bmatrix}, \quad \boldsymbol{K} = \begin{bmatrix} k_{11} & k_{12} & \cdots & k_{1n} \\ k_{21} & k_{22} & \cdots & k_{2n} \\ \vdots & \vdots & & \vdots \\ k_{n1} & k_{n2} & \cdots & k_{nn} \end{bmatrix}$$

在集中质量体系中，以上 K 式对称方阵，M 是对角矩阵。

下面求方程 (10-72c) 的解答，设解答为如下形式

$$\boldsymbol{y} = \boldsymbol{Y}\sin(\omega t + \alpha) \tag{10-73}$$

其中，Y 是位移幅值向量，即

$$\boldsymbol{Y} = \begin{Bmatrix} Y_1 \\ Y_2 \\ \vdots \\ Y_n \end{Bmatrix}$$

将式 (10-73) 代入式 (10-72c)，消去公因子 $\sin(\omega t + \alpha)$，即得

$$(\boldsymbol{K} - \omega^2 \boldsymbol{M})\boldsymbol{Y} = \boldsymbol{0} \tag{10-74}$$

方程式 (10-74) 是位移幅值 Y 的齐次方程。为了得到 Y 的非零解，应使系数行列式为零，即

$$|\boldsymbol{K} - \omega^2 \boldsymbol{M}| = \boldsymbol{0} \tag{10-75a}$$

方程式 (10-75a) 为多自由度体系的频率方程，其展开形式如下

$$\begin{vmatrix} k_{11}-\omega^2 m_1 & k_{12} & \cdots & k_{1n} \\ k_{21} & k_{22}-\omega^2 m_2 & & k_{2n} \\ \vdots & \vdots & \ddots & \vdots \\ k_{n1} & k_{n2} & \cdots & k_{nn}-\omega^2 m_n \end{vmatrix}=0 \qquad (10\text{-}75\text{b})$$

将行列式展开，可得一个关于频率 ω^2 的 n 次代数方程。求出这个方程的 n 个根 ω_1^2，ω_2^2，$\cdots$ ω_n^2，即可得体系的 n 个自振频率 ω_1，ω_2，$\cdots\omega_n$。把全部自振频率按照由小到大的顺序排列称为频率谱或频率向量。其中最小的频率称为基本频率或第一频率

将所求得的任一 $\omega_i^2(i=1，2，\cdots n)$ 代入振型方程式（10-74），因为方程系数的行列式等于零，所以只能由其中的 $n-1$ 个方程解得各质量振幅之间的一组比值

$$y_1^{(i)}:y_2^{(i)}\cdots y_n^{(i)}=Y_1^{(i)}:Y_2^{(i)}\cdots Y_n^{(i)}$$

因为上述比值不随时间而变化，所以体系按某一自振频率振动的形状是不变的。而

$$Y^{(i)\mathrm{T}}=(Y_{1i} \quad Y_{2i}\cdots Y_{ni})$$

称为多自由度体系自由振动的主振型向量，简称振型向量。对应 n 个自振频率，可以求得 n 个线性无关的主振型向量。

为了使主振型向量的元素具有确定的值，可令其中某一个元素的值等于 1，则其余元素的值可按照上述比值关系求得，这样求得的主振型称为标准化主振型。另一种标准化的做法是规定主振型满足条件。

$$Y^{(i)\mathrm{T}}MY^{(i)}=1$$

例 10-12 试求图 10-37 所示刚架的自振频率和主振型，设横梁的变形略去不计，第一、二、三层的层间刚度系数分别为 k，$\dfrac{k}{3}$，$\dfrac{k}{5}$。刚架的质量都集中在楼板上，第一、二、三层楼板处的质量分别为 $2m$、m、m。

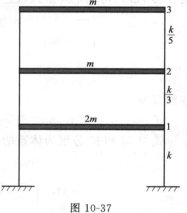

图 10-37

解 ① 求自振频率

刚架的刚度系数如图 10-38 所示，刚度矩阵和质量分别为

$$K=\frac{k}{15}\begin{bmatrix} 20 & -5 & 0 \\ -5 & 8 & -3 \\ 0 & -3 & 3 \end{bmatrix}，M=m\begin{bmatrix} 2 & 0 & 0 \\ 0 & 1 & 0 \\ 0 & 0 & 1 \end{bmatrix}$$

因此

$$K-\omega^2 M=\frac{k}{15}\begin{bmatrix} 20-2\eta & -5 & 0 \\ -5 & 8-\eta & -3 \\ 0 & -3 & 3-\eta \end{bmatrix} \qquad (10\text{-}76)$$

其中：

$$\eta=\frac{15m}{k}\omega^2 \qquad (10\text{-}77)$$

频率方程为

$$|K-\omega^2 M|=0$$

其展开式为

$$\eta^3-42\eta^2+225\eta-225=0$$

用试算法求得方程的三个根为

$$\eta_1=1.293，\quad \eta_2=6.680，\quad \eta_3=13.027$$

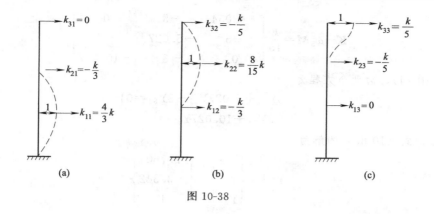

图 10-38

求得

$$\omega_1^2 = 0.0862\frac{k}{m}\ ,\ \omega_2^2 = 0.4453\frac{k}{m}\ ,\ \omega_3^2 = 0.8685\frac{k}{m}$$

因此，三个自振频率为

$$\omega_1 = 0.2936\sqrt{\frac{k}{m}}\ ,\ \omega_2 = 0.6673\sqrt{\frac{k}{m}}\ ,\ \omega_3 = 0.9319\sqrt{\frac{k}{m}}$$

② 求主振型

主振型 $\boldsymbol{Y}^{(i)}$ 由式（10-74）求解，在标准化主振型中，在此规定第三个元素 $Y_{3i}=1$。

首先，求第一主振型，将 ω_1 和 η_1 代入式（10-76）得

$$\boldsymbol{K}-\omega_1^2\boldsymbol{M}=\frac{k}{15}\begin{bmatrix} 17.414 & -5 & 0 \\ -5 & 6.707 & -3 \\ 0 & -3 & 1.707 \end{bmatrix}$$

代入式（10-74）中并展开，保留后两个方程，得

$$\left.\begin{array}{r} -5Y_{11}+6.0707Y_{21}-3Y_{31}=0 \\ -3Y_{21}+1.707Y_{31}=0 \end{array}\right\} \tag{10-78}$$

由于规定 $Y_{31}=1$，故式（10-78）的解为

$$\boldsymbol{Y}^{(1)}=\begin{Bmatrix} Y_{11} \\ Y_{21} \\ Y_{31} \end{Bmatrix}=\begin{Bmatrix} 0.163 \\ 0.569 \\ 1 \end{Bmatrix}$$

其次，求第二主振型，将 ω_2 和 η_2 代入式（10-76）得

$$\boldsymbol{K}-\omega_2^2\boldsymbol{M}=\frac{k}{15}\begin{bmatrix} 6.640 & -5 & 0 \\ -5 & 1.320 & -3 \\ 0 & -3 & -3.680 \end{bmatrix}$$

代入式（10-74），后两个方程为

$$\left.\begin{array}{r} -5Y_{12}+1.320Y_{22}-3Y_{32}=0 \\ -3Y_{22}-3.680Y_{32}=0 \end{array}\right\} \tag{10-79}$$

令 $Y_{32}=1$，式（10-79）的解为

$$\boldsymbol{Y}^{(2)}=\begin{Bmatrix} Y_{12} \\ Y_{22} \\ Y_{32} \end{Bmatrix}=\begin{Bmatrix} -0.924 \\ -1.227 \\ 1 \end{Bmatrix}$$

最后，求第三主振型，将 ω_3 和 η_3 代入式（10-76）得

$$\boldsymbol{K}-\omega_3^2\boldsymbol{M}=\frac{k}{15}\begin{bmatrix} -6.054 & -5 & 0 \\ -5 & -5.027 & -3 \\ 0 & -3 & -10.027 \end{bmatrix}$$

代入式（10-74），后两个方程为

$$\left. \begin{array}{r} -5Y_{13}+5.027Y_{23}+3Y_{33}=0 \\ 3Y_{23}+10.027Y_{33}=0 \end{array} \right\} \tag{10-80}$$

令 $Y_{33}=1$，式（10-80）的解为

$$\boldsymbol{Y}^{(3)}=\left\{ \begin{array}{c} Y_{13} \\ Y_{23} \\ Y_{33} \end{array} \right\}=\left\{ \begin{array}{c} 2.760 \\ -3.342 \\ 1 \end{array} \right\}$$

三个主振型的大致形状如图 10-39 所示。

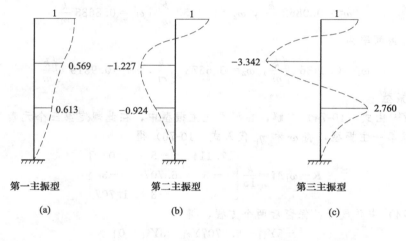

图 10-39

10.5.2 柔度法

现在改用柔度法来讨论多自由度体系的自由振动问题，仍以图 10-40（a）所示两个自由度体系为例进行讨论。

按柔度法建立自由振动微分方程的思路是：在自由振动过程中的任一时刻 t，质量 m_1、m_2 的位移 $y_1(t)$，$y_2(t)$ 应等于体系在当时惯性力 $-m_1\ddot{y}_1(t)$、$-m_2\ddot{y}_2(t)$ 作用下所产生的静力位移，据此可列出方程如下

$$\left. \begin{array}{l} y_1(t)=-m_1\ddot{y}_1(t)\delta_{11}-m_2\ddot{y}_2(t)\delta_{12} \\ y_2(t)=-m_1\ddot{y}_1(t)\delta_{21}-m_2\ddot{y}_2(t)\delta_{22} \end{array} \right\} \tag{10-81}$$

这里，δ_{ij} 是体系的柔度系数，如图 10-40（b）所示。

下面求微分方程式（10-81）的解，仍设解为如下形式

$$\left. \begin{array}{l} y_1(t)=Y_1\sin(\omega t+\alpha) \\ y_2(t)=Y_2\sin(\omega t+\alpha) \end{array} \right\} \tag{10-82}$$

这里，假设多自由度体系按某一主振型像单自由度体系那样作自由振动，Y_1、Y_2 是两个质点的振幅 [图 10-40（c）]。

由式（10-82）可知两个质点的惯性力为

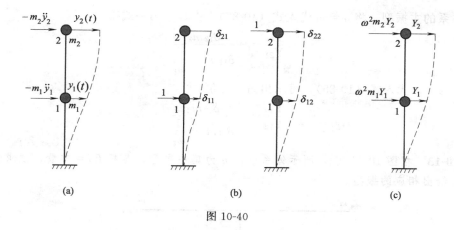

图 10-40

$$\left.\begin{array}{l} -m_1\ddot{y}_1(t)=m_1\omega^2 Y_1\sin(\omega t+\alpha)\\ -m_2\ddot{y}_2(t)=m_2\omega^2 Y_2\sin(\omega t+\alpha)\end{array}\right\} \tag{10-83}$$

因此，两个质点的惯性力幅值为 $\omega^2 m_1 Y_1$、$\omega^2 m_2 Y_2$

将式（10-82）和式（10-83）代入式（10-81），消去公因子 $\sin(\omega t+\alpha)$ 后得

$$\left.\begin{array}{l} Y_1=(\omega^2 m_1 Y_1)\delta_{11}+(\omega^2 m_2 Y_2)\delta_{12}\\ Y_2=(\omega^2 m_1 Y_1)\delta_{21}+(\omega^2 m_2 Y_2)\delta_{22}\end{array}\right\} \tag{10-84}$$

上式表明：在主振型的情况下，当惯性力达幅值时，相应的位移也达幅值，如图 10-40（c）所示。

式（10-84）还可以写成

$$\left.\begin{array}{l} \left(\delta_{11}m_1-\dfrac{1}{\omega^2}\right)Y_1+\delta_{12}m_2 Y_2=0\\[3mm] \delta_{21}m_1 Y_1+\left(\delta_{22}m_2-\dfrac{1}{\omega^2}\right)Y_2=0\end{array}\right\} \tag{10-85}$$

为了得到 Y_1、Y_2 不全为零的解，应使系数行列式等于零，即

$$D=\begin{vmatrix} \delta_{11}m_1-\dfrac{1}{\omega^2} & \delta_{12}m_2\\[4mm] \delta_{12}m_1 & \delta_{22}m_2-\dfrac{1}{\omega^2}\end{vmatrix}=0$$

这就是用柔度系数表示的频率方程或特征方程，由它可以求出两个频率 ω_1 和 ω_2。

将上式展开：

$$\left(\delta_{11}m_1-\frac{1}{\omega^2}\right)\left(\delta_{22}m_2-\frac{1}{\omega^2}\right)-\delta_{12}m_2\delta_{21}m_1=0$$

设：

$$\lambda=\frac{1}{\omega^2}$$

则上式化为一个关于 λ 的二次方程

$$\lambda^2-(\delta_{11}m_1+\delta_{22}m_2)\lambda+(\delta_{11}\delta_{22}m_1 m_2-\delta_{12}\delta_{21}m_1 m_2)=0$$

由此可以解出 λ 的两个根

$$\lambda_{1,2}=\frac{(\delta_{11}m_1+\delta_{22}m_2)\pm\sqrt{(\delta_{11}m_1+\delta_{22}m_2)^2-4(\delta_{11}\delta_{22}-\delta_{12}\delta_{21})m_1 m_2}}{2} \tag{10-86}$$

于是求得圆频率的两个值为

$$\omega_1=\frac{1}{\sqrt{\lambda_1}}\ ,\ \ \omega_2=\frac{1}{\sqrt{\lambda_2}}$$

下面求体系的主振型，将 $\omega=\omega_1$ 代入式（10-85），由其中第一式得

$$\frac{Y_{11}}{Y_{21}}=-\frac{\delta_{12}m_2}{\delta_{11}m_1-\dfrac{1}{\omega_1^2}}\qquad\qquad(10\text{-}87a)$$

同样，将 $\omega=\omega_2$ 代入式（10-85），可求出另一比值

$$\frac{Y_{12}}{Y_{22}}=-\frac{\delta_{12}m_2}{\delta_{11}m_1-\dfrac{1}{\omega_2^2}}\qquad\qquad(10\text{-}87b)$$

例 10-13 在图 10-41（a）所示体系中，m 为集中质量，各杆 $EI=$ 常数，试求体系的自振频率并绘出相应的振型。

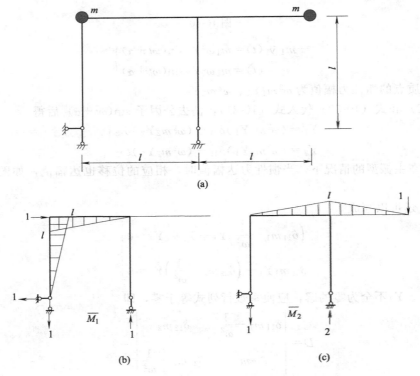

图 10-41

解：这是两个自由度体系的自由振动，其中 $m_1=2m$ ，$m_2=m$。

用柔度法求解，为求柔度系数，作 $\overline{M}_1$、$\overline{M}_2$ 图，如图 10-41（b）、（c）所示。柔度系数为

$$\delta_{11}=\delta_{22}=\frac{2l^3}{3EI}, \quad \delta_{12}=\delta_{21}=-\frac{l^3}{6EI}$$

然后代入式（10-86）后得

$$\lambda_{1,2}=\frac{ml^3}{EI}\pm\frac{1}{2}\sqrt{\frac{2}{3}}\frac{ml^3}{EI}$$

所以，$\lambda_1=1.408\dfrac{ml^3}{EI}$，$\lambda_2=0.592\dfrac{ml^3}{EI}$

从而求得两个自振圆频率如下：

$$\omega_1=\frac{1}{\sqrt{\lambda_1}}=0.842\sqrt{\frac{EI}{ml^3}}, \quad \omega_2=\frac{1}{\sqrt{\lambda_2}}=1.30\sqrt{\frac{EI}{ml^3}}$$

最后求主振型，由式（10-87a、b）得

$$\frac{Y_{11}}{Y_{21}}=-\frac{\delta_{12}m_2}{\delta_{11}m_1-\dfrac{1}{\omega_1^2}}=-2.226,\quad \frac{Y_{12}}{Y_{22}}=-\frac{\delta_{12}m_2}{\delta_{11}m_1-\dfrac{1}{\omega_2^2}}=0.225$$

两个主振型大致形状如图 10-42（a）、（b）所示。

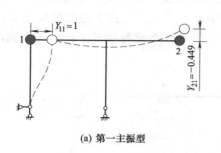
(a) 第一主振型

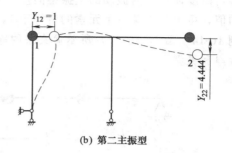
(b) 第二主振型

图 10-42

现在讨论 n 个自由度体系的一般情况。柔度法的一般方程的建立可采用两种方法。一种是像式（10-81）那样直接用柔度法推导，另一种是利用刚度法的方程间接地导出，现采用后一种方法。

首先利用刚度法导出的方程（10-74），即

$$(K-\omega^2 M)Y=0$$

然后用 K^{-1} 乘以上式，并利用刚度矩阵与柔度矩阵之间的关系

$$\delta=K^{-1}$$

即得

$$(I-\omega^2 \delta M)Y=0$$

再令：$\lambda=\dfrac{1}{\omega^2}$，可得：

$$(\delta M-\lambda I)Y=0 \tag{10-88}$$

即式（10-88）为 n 个自由度体系的振型方程。

由此可得出频率方程如下

$$|\delta M-\lambda I|=0 \tag{10-89a}$$

其展开形式如下：

$$\begin{vmatrix} (\delta_{11}m_1-\lambda) & \delta_{12}m_2 & \cdots & \delta_{1n}m_n \\ \delta_{21}m_1 & (\delta_{22}m_2-\lambda) & \cdots & \delta_{2n}m_n \\ \vdots & \vdots & \ddots & \vdots \\ \delta_{n1}m_1 & \delta_{n2}m_2 & \cdots & (\delta_{nn}m_{nn}-\lambda) \end{vmatrix}=0 \tag{10-89b}$$

由此得出关系 λ 的 n 次代数方程，可解出 n 个根 λ_1、λ_2、$\cdots\lambda_n$，因此，可求出 n 个频率 ω_1、ω_2、$\cdots\omega_n$。

最后，将所求得的 $\lambda_i=\dfrac{1}{\omega_i^2}$ 代入振动方程式（10-88），因为方程的系数行列式等于零，所以只能由其中的 $n-1$ 方程解得各质点动位移或振幅之间的一组比值

$$y_1^{(i)}:y_2^{(i)}:\cdots:y_n^{(i)}=Y_1^{(i)}:Y_2^{(i)}:\cdots:Y_n^{(i)}$$

由于上述比值不随时间而变化，所以体系按某自振频率振动的形状是不变的，而

$$\boldsymbol{Y}^{(i)} = \begin{bmatrix} Y_{1i} \\ Y_{2i} \\ \vdots \\ Y_{ni} \end{bmatrix}$$

称为多自由度体系自由振动的主振型向量。与刚度法类似，为了使主振型向量中的元素具有确定的值，可令其中某一个元素的值等于 1，则其余元素的值可按上述比例关系求得。

例 10-14 图 10-43（a）所示简支梁的等分点上有三个相同的集中质量 m，试求体系的自振频率和振型。

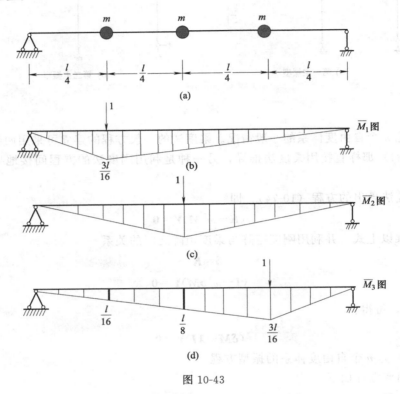

图 10-43

解： 该体系有三个振动自由度。为求柔度系数，分别作出各单位弯矩图 $\overline{M}_1$、$\overline{M}_2$ 和 $\overline{M}_3$，如图 10-43（b）、（c）、（d）所示，用图乘法计算柔度系数为

$$\delta_{11} = \delta_{33} = \frac{9l^3}{768EI}, \quad \delta_{22} = \frac{16l^3}{768EI}$$

$$\delta_{12} = \delta_{21} = \delta_{23} = \delta_{32} = \frac{11l^3}{768EI}, \quad \delta_{13} = \delta_{31} = \frac{7l^3}{768EI}$$

相应的柔度矩阵以及质量矩阵分别为

$$\boldsymbol{\delta} = \frac{l^3}{768EI} \begin{bmatrix} 9 & 11 & 7 \\ 11 & 16 & 11 \\ 7 & 11 & 9 \end{bmatrix}, \quad \boldsymbol{M} = \begin{bmatrix} m & 0 & 0 \\ 0 & m & 0 \\ 0 & 0 & m \end{bmatrix}$$

将以上柔度矩阵和质量矩阵代入式（10-88），可求得振型方程

$$\begin{bmatrix} 9-\lambda & 11 & 7 \\ 11 & 16-\lambda & 11 \\ 7 & 11 & 9-\lambda \end{bmatrix} \begin{Bmatrix} Y_1 \\ Y_2 \\ Y_3 \end{Bmatrix} = \begin{Bmatrix} 0 \\ 0 \\ 0 \end{Bmatrix}$$

式中：$\lambda = \dfrac{768EI}{ml^3\omega^2}$

由振型方程的系数行列式等于零的条件，得频率方程为

$$D = \begin{vmatrix} 9-\lambda & 11 & 7 \\ 11 & 16-\lambda & 11 \\ 7 & 11 & 9-\lambda \end{vmatrix} = 0$$

展开后得

$$\lambda^3 - 34\lambda^2 + 78\lambda - 28 = 0$$

求得方程的三个根为

$$\lambda_1 = 31.556, \quad \lambda_2 = 2.000, \quad \lambda_3 = 0.444$$

据此可求得体系的自振频率

$$\omega_1 = \sqrt{\frac{768EI}{ml^3\lambda_1}} = 4.933\sqrt{\frac{EI}{ml^3}}, \quad \omega_2 = 19.569\sqrt{\frac{EI}{ml^3}}, \quad \omega_3 = 4.1.590\sqrt{\frac{EI}{ml^3}}$$

将以上三个特征值 $\lambda_i (i=1,2,3)$ 分别代入前已求得的振型方程，并令 $Y_{1i}=1$，则由三个方程中的任意两个可分别求得其相应的标准化主振型。

将 $\lambda = \lambda_1$，$Y_{11} = 1$ 代入振型方程中的前两个方程，可得

$$\left.\begin{aligned} 11Y_{21} + 7Y_{31} - 22.556 &= 0 \\ -15.556Y_{21} + 11Y_{31} + 11 &= 0 \end{aligned}\right\}$$

解得：
$$Y_{21} = 1.414, \quad Y_{31} = 1$$

于是第一主振型向量为

$$\boldsymbol{Y}^{(1)} = \begin{bmatrix} Y_{11} \\ Y_{21} \\ Y_{31} \end{bmatrix} = \begin{bmatrix} 1 \\ 1.414 \\ 1 \end{bmatrix}$$

同理，可求得第二、三主振型向量分别为

$$\boldsymbol{Y}^{(2)} = \begin{bmatrix} Y_{12} \\ Y_{22} \\ Y_{23} \end{bmatrix} = \begin{bmatrix} 1 \\ 0 \\ -1 \end{bmatrix}, \quad \boldsymbol{Y}^{(3)} = \begin{bmatrix} Y_{13} \\ Y_{23} \\ Y_{33} \end{bmatrix} = \begin{bmatrix} 1 \\ -1.414 \\ 1 \end{bmatrix}$$

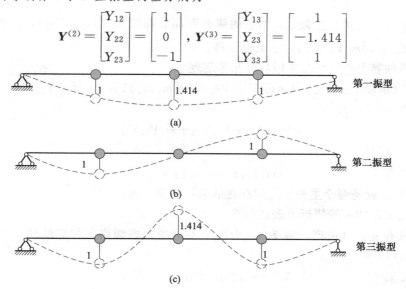

图 10-44

以上振型分别如图 10-44（a）、（b）、（c）所示。可见，第一、三主振型是对称的，而第二主振型是反对称的。

10.6　多自由度体系主振型的正交性和主振型矩阵

10.6.1　主振型的正交性

在多自由体系的自由振动分析中已知，具有 n 个自由度的体系必有 n 个自振频率，而这些自振频率又对应 n 个主振型。利用功的互等定律可以证明各主振型之间具有正交的特性，利用这一特性，可以将多自由体系的受迫振动问题转化为单自由度体系振动问题，从而使动力响应的计算大为简化。

图 10-45（a）为第一主振型，对应的频率为 ω_1，振幅为（Y_{11}、Y_{21}），其值正好等于惯性力（$\omega_1^2 m_1 Y_{11}$、$\omega_1^2 m_1 Y_{21}$）所产生的静位移。

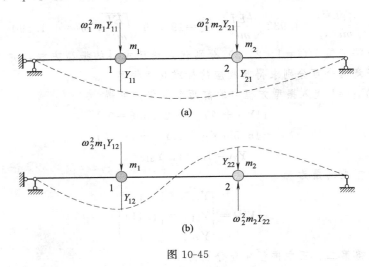

图 10-45

图 10-45（b）为第二主振型，对应的频率为 ω_2，振幅为（Y_{12}、Y_{22}），其值正好等于惯性力（$\omega_2^2 m_1 Y_{12}$、$\omega_2^2 m_2 Y_{22}$）所产生的静位移。

对上述两种静力平衡状态应用功的互等定理

$$(\omega_1^2 m_1 Y_{11})Y_{12} + (\omega_1^2 m_2 Y_{21})Y_{22} = (\omega_2^2 m_1 Y_{12})Y_{11} + (\omega_2^2 m_2 Y_{22})Y_{21}$$

移项后，可得

$$(\omega_1^2 - \omega_2^2)(m_1 Y_{11} Y_{12} + m_2 Y_{21} Y_{22}) = 0$$

如果 $\omega_1 \neq \omega_2$，则有

$$(m_1 Y_{11} Y_{12} + m_2 Y_{21} Y_{22}) = 0 \tag{10-90}$$

式（10-90）就是两个主振型之间存在的第一正交关系。

上述正交关系的一般情形可表述如下。

设体系具有 n 个自由度，ω_k 和 ω_l 为两个不同的自振频率，相应的两个主振型向量分别为

$$\boldsymbol{Y}^{(k)\mathrm{T}} = (Y_{1k} \quad Y_{2k} \quad \cdots \quad Y_{nk})$$

$$\boldsymbol{Y}^{(l)\mathrm{T}} = (Y_{1k} \quad Y_{2l} \quad \cdots \quad Y_{nl})$$

体系的质量矩阵为
$$M = \begin{bmatrix} m_1 & & & \\ & m_2 & & \\ & & \ddots & \\ & & & m_n \end{bmatrix}$$

则第一个正交关系为
$$Y^{(l)\mathrm{T}} M Y^{(k)} = 0 \tag{10-91}$$

即
$$\sum_{i=1}^{m} m_i Y_{il} Y_{ik} = 0$$

如式（10-90）一样，式（10-91）也可利用功的互等定律来证明，现用其他方法证明之。

在式（10-74）中分别令 i 等于 k 和 l，则得
$$KY^{(k)} = \omega_k^2 M Y^{(k)} \tag{10-92}$$
$$KY^{(l)} = \omega_l^2 M Y^{(l)} \tag{10-93}$$

式（10-92）两边前乘以 $Y^{(l)\mathrm{T}}$，式（10-93）两边前乘以 $Y^{(k)\mathrm{T}}$，则得
$$Y^{(l)\mathrm{T}} K Y^{(k)} = \omega_k^2 Y^{(l)\mathrm{T}} M Y^{(k)} \tag{10-94}$$
$$Y^{(k)\mathrm{T}} K Y^{(l)} = \omega_l^2 Y^{(k)\mathrm{T}} M Y^{(l)} \tag{10-95}$$

将式（10-95）两边转置，且注意到：$K^{\mathrm{T}} = K$，$M^{\mathrm{T}} = M$，即得
$$Y^{(l)\mathrm{T}} K Y^{(k)} = \omega_l^2 Y^{(l)\mathrm{T}} M Y^{(k)} \tag{10-96}$$

由式（10-94）与式（10-96）相减，即得
$$(\omega_k^2 - \omega_l^2) Y^{(l)} M Y^{(k)} = 0$$

如果 $\omega_k \neq \omega_l$，则得
$$Y^{(l)\mathrm{T}} M Y^{(k)} = 0$$

上式即为所要证明的第一正交关系式（10-91）。它表明，相对于质量矩阵 M 来说，不同频率相应的主振型是彼此正交的。

如果把第一正交关系代入式（10-96），则可导出第二正交关系如下
$$Y^{(l)\mathrm{T}} K Y^{(k)} = 0$$

上式表明，相对于刚度矩阵 K 来说，不同频率相应的主振型也是彼此正交的。

体系按上述两种振型作简谐振动时的动位移为
$$y^{(k)} = Y^{(k)} \sin(\omega_k t + \alpha_k)$$
$$y^{(l)} = Y^{(l)} \sin(\omega_l t + \alpha_l)$$

在任意时刻 t，相应于主振型 $Y^{(k)}$ 作自由振动时各质点的惯性力为
$$-\omega_k^2 M Y^{(k)} \sin(\omega_k t + \alpha_k)$$

在任意时刻 t，相应于主振型 $Y^{(l)}$ 作自由振动时各质点的动位移为
$$\frac{\mathrm{d}y^{(l)}}{\mathrm{d}t} \mathrm{d}t = \omega_l Y^{(l)} \cos(\omega_l t + \alpha_l) \mathrm{d}t$$

因此，在时间段 $\mathrm{d}t$ 内，第 k 振型的惯性力在第 l 振型的位移所做的功为
$$\mathrm{d}W = -\omega_k^2 \omega_j Y^{(l)\mathrm{T}} M Y^{(k)} \sin(\omega_k t + \alpha_k) \cos(\omega_l t + \alpha_l) \mathrm{d}t$$

由正交关系式（10-91）可知，$\mathrm{d}W = 0$。这表明在多自由度体系自由振动时，相应于某一主振型的惯性力不会在其他振型上做功，这就是第一正交性的物理意义。同理，第二正交性的物理意义是相应于某一主振型的弹性力不会在其他主振型上做功。这样，相应于某一主振型作简谐振动的振动的能量不会转移到其他振型上去。换句话说，当一个体系只按某一主振型振动时，不会激起其他主振型的振动。

两个正交关系是针对 $k \neq l$ 的情况下得出的，对于 $k = l$ 的情况，定义两个量 $\boldsymbol{M}_k$ 和 $\boldsymbol{K}_k$ 如下

$$\boldsymbol{M}_k = \boldsymbol{Y}^{(k)\mathrm{T}} \boldsymbol{M} \boldsymbol{Y}^{(k)} \tag{10-97a}$$

$$\boldsymbol{K}_k = \boldsymbol{Y}^{(k)\mathrm{T}} \boldsymbol{K} \boldsymbol{Y}^{(k)} \tag{10-97b}$$

$\boldsymbol{M}_k$ 和 $\boldsymbol{K}_k$ 分别称为第 k 个主振型相应的广义质量和广义刚度。以 $\boldsymbol{Y}^{(k)\mathrm{T}}$ 乘式（10-92）的两边，得

$$\boldsymbol{Y}^{(k)\mathrm{T}} \boldsymbol{K} \boldsymbol{Y}^{(k)} = \omega_k^2 \boldsymbol{Y}^{(k)\mathrm{T}} \boldsymbol{M} \boldsymbol{Y}^{(k)}$$

即

$$\boldsymbol{K}_k = \omega_k^2 \boldsymbol{M}_k$$

由此得

$$\omega_k = \sqrt{\frac{\boldsymbol{K}_k}{\boldsymbol{M}_k}} \tag{10-98}$$

这就是根据广义刚度 $\boldsymbol{K}_k$ 和广义质量 $\boldsymbol{M}_k$ 来求频率 ω_k 的公式。这个公式是单自由度体系频率公式（10-18）的推广，主振型正交性的应用如下。

① 利用正交关系来判断主振型的形状特点

以图 10-39 所示三个主振型为例。第一主振型的特点是各点水平位移都位于结构的同侧 [图 10-39（a）]。第二主振型的特点是位移图分为两区，各居结构一侧 [图 10-39（b）]。这样才能符合它与第一主振型彼此正交的条件。第三主振型的特点是位移图分为三区，交替位于结构的不同侧 [图 10-39（c）]。这样才能符合它与第一、第二主振型都彼此正交的条件。

② 利用正交关系来确定位移展开公式中的系数

在多自由度体系中，任意一个位移向量 $\boldsymbol{y}$ 都可按主振型展开，写成各主振型的线性组合，即

$$\boldsymbol{y} = \eta_1 \boldsymbol{Y}^{(1)} + \eta_2 \boldsymbol{Y}^{(2)} + \cdots + \eta_n \boldsymbol{Y}^{(n)} = \sum_{i=1}^{n} \eta_i \boldsymbol{Y}^{(i)} \tag{10-99}$$

待定系数 η_i 可由正交关系确定，即用 $\boldsymbol{y}^{(j)\mathrm{T}} \boldsymbol{M}$ 乘上式的两边，即得

$$\boldsymbol{y}^{(j)\mathrm{T}} \boldsymbol{M} \boldsymbol{y} = \sum_{i=1}^{n} \eta_i \boldsymbol{Y}^{(j)\mathrm{T}} \boldsymbol{M} \boldsymbol{Y}^{(i)}$$

上式右边为 n 项之和，其中除 j 项外，其他各项都因主振型的正交性质而变为零，因此上式变为

$$\boldsymbol{y}^{(j)\mathrm{T}} \boldsymbol{M} \boldsymbol{y} = \eta_j \boldsymbol{Y}^{(j)\mathrm{T}} \boldsymbol{M} \boldsymbol{Y}^{(j)} = \eta_j \boldsymbol{M}_j$$

由此可求出系数 η_j 为

$$\eta_j = \frac{\boldsymbol{Y}^{(j)\mathrm{T}} \boldsymbol{M} \boldsymbol{y}}{\boldsymbol{M}_j} \tag{10-100}$$

式（10-99）和式（10-100）合称为位移按主振型分解的展开公式。

例 10-15 验算例 10-12 中所求得的主振型是否满足正交关系，求出每个主振型相应的广义质量和广义刚度，并用式（10-98）求频率。

解： 由例 10-12 得知刚度矩阵和质量矩阵分别为

$$\boldsymbol{K} = \frac{k}{15} \begin{bmatrix} 20 & -5 & 0 \\ -5 & 8 & -3 \\ 0 & -3 & 3 \end{bmatrix}, \quad \boldsymbol{M} = m \begin{bmatrix} 2 & 0 & 0 \\ 0 & 1 & 0 \\ 0 & 0 & 1 \end{bmatrix}$$

又三个主振型分别为

$$\boldsymbol{Y}^{(1)} = \begin{Bmatrix} 0.163 \\ 0.569 \\ 1 \end{Bmatrix}, \quad \boldsymbol{Y}^{(2)} = \begin{Bmatrix} -0.924 \\ -1.227 \\ 1 \end{Bmatrix}, \quad \boldsymbol{Y}^{(3)} = \begin{Bmatrix} 2.760 \\ -3.342 \\ 1 \end{Bmatrix}$$

① 验算正交关系

$$\boldsymbol{Y}^{(1)T}\boldsymbol{M}\boldsymbol{Y}^{(2)}=(0.163\quad0.569\quad1)\begin{bmatrix}2&0&0\\0&1&0\\0&0&1\end{bmatrix}\begin{bmatrix}-0.924\\-1.227\\1\end{bmatrix}m$$

$$=m[0.163\times2\times(-0.924)+0.569\times1\times(-1.227)+1\times1\times1]$$

$$=m(1-0.9994)=0.0006m\approx0$$

同理，$\boldsymbol{Y}^{(1)T}\boldsymbol{M}\boldsymbol{Y}^{(3)}=-0.002m\approx0$

$\boldsymbol{Y}^{(2)T}\boldsymbol{M}\boldsymbol{Y}^{(3)}=0.0002m\approx0$

② 验算正交关系

$$\boldsymbol{Y}^{(1)T}\boldsymbol{K}\boldsymbol{Y}^{(2)}=(0.163\quad0.569\quad1)\frac{k}{15}\begin{bmatrix}20&-5&0\\-5&8&-3\\0&-3&3\end{bmatrix}\begin{bmatrix}-0.924\\-1.227\\1\end{bmatrix}m$$

$$=\frac{k}{15}(0.163\quad0.569\quad1)\begin{bmatrix}12.345\\-8.196\\6.681\end{bmatrix}$$

$$=\frac{k}{15}(6.681-6.676)=\frac{k}{15}\times0.005\approx0$$

同理，$\boldsymbol{Y}^{(1)T}\boldsymbol{K}\boldsymbol{Y}^{(3)}=\frac{k}{15}(24.75-24.77)=\frac{k}{15}(-0.02)\approx0$

$\boldsymbol{Y}^{(2)T}\boldsymbol{K}\boldsymbol{Y}^{(3)}=\frac{k}{15}(34.0720-34.0722)=\frac{k}{15}(-0.002)\approx0$

③ 求广义刚度、广义质量

$$K_1=\boldsymbol{Y}^{(1)T}\boldsymbol{K}\boldsymbol{Y}^{(1)}=(0.163\quad0.569\quad1)\frac{k}{15}\begin{bmatrix}20&-5&0\\-5&8&-3\\0&-3&3\end{bmatrix}\begin{bmatrix}0.163\\0.569\\1\end{bmatrix}=\frac{k}{15}\times1.780$$

$$K_2=\boldsymbol{Y}^{(2)T}\boldsymbol{K}\boldsymbol{Y}^{(2)}=\frac{k}{15}\times28.144$$

$$K_3=\boldsymbol{Y}^{(3)T}\boldsymbol{K}\boldsymbol{Y}^{(3)}=\frac{k}{15}\times356.995$$

$$M_1=\boldsymbol{Y}^{(1)T}\boldsymbol{M}\boldsymbol{Y}^{(1)}=(0.163\quad0.569\quad1)m\begin{bmatrix}2&0&0\\0&1&0\\0&0&1\end{bmatrix}\begin{bmatrix}0.163\\0.569\\1\end{bmatrix}=1.377m$$

$$M_2=\boldsymbol{Y}^{(2)T}\boldsymbol{M}\boldsymbol{Y}^{(2)}=4.213m$$

$$M_3=\boldsymbol{Y}^{(3)T}\boldsymbol{M}\boldsymbol{Y}^{(3)}=27.404m$$

④ 求频率

$$\omega_1=\sqrt{\frac{K_1}{M_1}}=0.2936\sqrt{\frac{k}{m}},\quad\omega_2=\sqrt{\frac{K_2}{M_2}}=0.6673\sqrt{\frac{k}{m}},\quad\omega_3=\sqrt{\frac{K_3}{M_3}}=0.9319\sqrt{\frac{k}{m}}$$

10.6.2　主振型矩阵

在具有 n 个自由度的体系，可将 n 个彼此正交的主振型向量组成一个方阵

$$\boldsymbol{Y}=(\boldsymbol{Y}^{(1)}\quad\boldsymbol{Y}^{(2)}\cdots\boldsymbol{Y}^{(n)})=\begin{bmatrix}Y_{11}&Y_{12}&\cdots&Y_{1n}\\Y_{21}&Y_{22}&\cdots&Y_{2n}\\\vdots&\vdots&&\vdots\\Y_{n1}&Y_{n2}&&Y_{nn}\end{bmatrix}\qquad(10\text{-}101)$$

这个方程称为主振型矩阵，它的转置矩阵为

$$
\boldsymbol{Y}^{\mathrm{T}} = \begin{bmatrix} Y_{11} & Y_{21} & \cdots & Y_{n1} \\ Y_{12} & Y_{22} & \cdots & Y_{n2} \\ \vdots & \vdots & & \vdots \\ Y_{1n} & Y_{2n} & & Y_{nn} \end{bmatrix} = \begin{bmatrix} \boldsymbol{Y}^{(1)} \\ \boldsymbol{Y}^{(2)} \\ \vdots \\ \boldsymbol{Y}^{(n)} \end{bmatrix}
\tag{10-102}
$$

根据主振型向量的两个正交关系，可以导出关于主振型矩阵 $\boldsymbol{Y}$ 的两个性质，即 $\boldsymbol{Y}^{\mathrm{T}}\boldsymbol{M}\boldsymbol{Y}$ 和 $\boldsymbol{Y}^{\mathrm{T}}\boldsymbol{K}\boldsymbol{Y}$ 都是对角矩阵。验证如下

$$
\boldsymbol{Y}^{\mathrm{T}}\boldsymbol{M}\boldsymbol{Y} = \begin{bmatrix} \boldsymbol{Y}^{(1)} \\ \boldsymbol{Y}^{(2)} \\ \vdots \\ \boldsymbol{Y}^{(n)} \end{bmatrix} \boldsymbol{M} \begin{pmatrix} \boldsymbol{Y}^{(1)} & \boldsymbol{Y}^{(2)} \cdots \boldsymbol{Y}^{(n)} \end{pmatrix}
$$

$$
= \begin{bmatrix} \boldsymbol{Y}^{(1)}\boldsymbol{M} \\ \boldsymbol{Y}^{(2)}\boldsymbol{M} \\ \vdots \\ \boldsymbol{Y}^{(n)}\boldsymbol{M} \end{bmatrix} \begin{pmatrix} \boldsymbol{Y}^{(1)} & \boldsymbol{Y}^{(2)} \cdots \boldsymbol{Y}^{(n)} \end{pmatrix}
$$

$$
= \begin{bmatrix} \boldsymbol{Y}^{(1)}\boldsymbol{M}\boldsymbol{Y}^{(1)} & \boldsymbol{Y}^{(1)}\boldsymbol{M}\boldsymbol{Y}^{(2)} & \cdots & \boldsymbol{Y}^{(1)}\boldsymbol{M}\boldsymbol{Y}^{(n)} \\ \boldsymbol{Y}^{(2)}\boldsymbol{M}\boldsymbol{Y}^{(1)} & \boldsymbol{Y}^{(2)}\boldsymbol{M}\boldsymbol{Y}^{(2)} & \cdots & \boldsymbol{Y}^{(2)}\boldsymbol{M}\boldsymbol{Y}^{(n)} \\ \vdots & \vdots & & \vdots \\ \boldsymbol{Y}^{(n)}\boldsymbol{M}\boldsymbol{Y}^{(1)} & \boldsymbol{Y}^{(n)}\boldsymbol{M}\boldsymbol{Y}^{(2)} & \cdots & \boldsymbol{Y}^{(n)}\boldsymbol{M}\boldsymbol{Y}^{(n)} \end{bmatrix}
$$

由正交关系式（10-70）可知，所有非对角线元素全都为零。因此得知 $\boldsymbol{Y}^{\mathrm{T}}\boldsymbol{M}\boldsymbol{Y}$ 确为对角矩阵：

$$
\boldsymbol{Y}^{\mathrm{T}}\boldsymbol{M}\boldsymbol{Y} = \begin{bmatrix} M_1 & 0 & \cdots & 0 \\ 0 & M_2 & \cdots & 0 \\ \vdots & \vdots & & \vdots \\ 0 & 0 & \cdots & M_n \end{bmatrix} = \boldsymbol{M}^*
\tag{10-103}
$$

称为广义质量矩阵，同样可得：

$$
\boldsymbol{Y}^{\mathrm{T}}\boldsymbol{K}\boldsymbol{Y} = \begin{bmatrix} K_1 & 0 & \cdots & 0 \\ 0 & K_2 & \cdots & 0 \\ \vdots & \vdots & & \vdots \\ 0 & 0 & \cdots & K_n \end{bmatrix} = \boldsymbol{K}^*
\tag{10-104}
$$

称为广义刚度矩阵。

式（10-103）和式（10-104）表明，主振型矩阵 $\boldsymbol{Y}$ 具有如下性质：当 $\boldsymbol{M}$ 和 $\boldsymbol{K}$ 为非对角矩阵时，如果前乘以 $\boldsymbol{Y}^{\mathrm{T}}$，后乘以 $\boldsymbol{Y}$，则可使它们转变为对角矩阵 $\boldsymbol{M}^*$ 和 $\boldsymbol{K}^*$。在 10.8 中，将利用主振型矩阵 $\boldsymbol{Y}$ 的这一性质，将多自由度体系的振动方程变为简单的形式。

10.7　多自由度体系在简谐荷载作用下的强迫振动

10.7.1　刚度法

仍以两个自由度的体系为例，如图 10-46 所示，在动力荷载作用下的振动方程为

$$
\left.\begin{array}{l}
m_1\ddot{y}_1(t)+k_{11}y_1(t)+k_{12}y_2(t)=F_{P1}(t)\\
m_2\ddot{y}_2(t)+k_{21}y_1(t)+k_{22}y_2(t)=F_{P2}(t)
\end{array}\right\}
\quad(10\text{-}105)
$$

如果荷载是简谐荷载，即

$$
\left.\begin{array}{l}
F_{P1}(t)=F_{P1}\sin\theta t\\
F_{P2}(t)=F_{P2}\sin\theta t
\end{array}\right\}
\quad(10\text{-}106)
$$

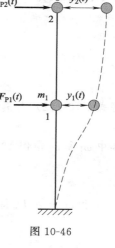

图 10-46

则在平稳振动阶段，各质点也作简谐振动

$$
\left.\begin{array}{l}
y_1(t)=Y_1\sin\theta t\\
y_2(t)=Y_2\sin\theta t
\end{array}\right\}
\quad(10\text{-}107)
$$

将式（10-106）和式（10-107）代入式（10-105），消去公因子 $\sin\theta t$ 后，得

$$
\left.\begin{array}{l}
(k_{11}-\theta^2 m_1)Y_1+k_{12}Y_2=F_{P1}\\
k_{21}Y_1+(k_{22}-\theta^2 m_2)Y_2=F_{P2}
\end{array}\right\}
$$

因此，解得位移的幅值为

$$
Y_1=\frac{D_1}{D_0},\ Y_2=\frac{D_2}{D_0}
\quad(10\text{-}108)
$$

式中

$$
\left.\begin{array}{l}
D_0=(k_{11}-\theta^2 m_1)(k_{22}-\theta^2 m_2)-k_{12}k_{21}\\
D_1=(k_{22}-\theta^2 m_2)F_{P1}-k_{12}F_{P2}\\
D_2=-k_{21}F_{P1}+(k_{11}-\theta^2 m_1)F_{P2}
\end{array}\right\}
\quad(10\text{-}109)
$$

将式（10-108）的位移幅值代回式（10-107），即得任意时刻 t 的位移。

式（10-109）中的 D_0 与式（10-65a）中的行列式 D 具有相同的形式，只是 D 中的 ω 换成了 D_0 中的 θ。因此，如果荷载频率 θ 与任意一个自振频率 ω_1、ω_2 重合，则

$$
D_0=0
$$

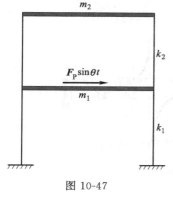

图 10-47

当 D_1、D_2 不全为零时，则位移幅值即为无限大，这时即出现共振现象。

例 10-16　设例 10-11 中的图 10-35 所示刚架在底层横梁上作用简谐荷载 $F_{P1}(t)=F_P\sin\theta t$（图 10-47），试画出第一、二层横梁的振幅 Y_1、Y_2 与荷载频率 θ 之间的关系曲线。设 $m_1=m_2=m$，$k_1=k_2=k$。

解：刚度系数为

$$
k_{11}=k_1+k_2,\ k_{12}=k_{21}=-k_2,\ k_{22}=k_2
$$

荷载幅值为

$$
F_{P1}=F_P,\ F_{P2}=0
$$

代入式（10-82）和式（10-81），即得

$$
\left.\begin{array}{l}
Y_1=\dfrac{(k_2-\theta^2 m_2)F_P}{D_0}\\[3mm]
Y_2=\dfrac{k_2 F_P}{D_0}
\end{array}\right\}
\quad(10\text{-}110)
$$

其中：

$$
D_0=(k_1+k_2-\theta^2 m_1)(k_2-\theta^2 m_2)-k_2^2
$$

再令：$m_1=m_2=m$，$k_1=k_2=k$，则得

$$\left.\begin{array}{l} Y_1=\dfrac{(k-m\theta^2)F_P}{D_0} \\[3mm] Y_2=\dfrac{kF_P}{D_0} \end{array}\right\}\tag{10-111}$$

其中：
$$D_0=(2k-\theta^2 m)(k-m\theta^2)-k^2\tag{10-112}$$

将式（10-112）与例 10-11 中的特征方程相比，得

$$D_0=m^2\theta^4-3km\theta^2+k^2=m^2(\theta^2-\omega_1^2)(\theta^2-\omega_2^2)$$

其中 ω_1 和 ω_2 由例 10-11 中求出

$$\omega_1^2=\frac{3-\sqrt{5}}{2}\frac{k}{m}，\quad \omega_2^2=\frac{3+\sqrt{5}}{2}\frac{k}{m}$$

将 ω_1 和 ω_2 代入 D_0 得出：

$$D_0=k^2\left(1-\frac{\theta^2}{\omega_1^2}\right)\left(1-\frac{\theta^2}{\omega_2^2}\right)$$

因此，式（10-111）可写成

$$Y_1=\frac{F_P}{k}\frac{1-\dfrac{m}{k}\theta^2}{\left(1-\dfrac{\theta^2}{\omega_1^2}\right)\left(1-\dfrac{\theta^2}{\omega_2^2}\right)}$$

$$Y_2=\frac{F_P}{k}\frac{1}{\left(1-\dfrac{\theta^2}{\omega_1^2}\right)\left(1-\dfrac{\theta^2}{\omega_2^2}\right)}$$

图 10-48 所示为振幅 $Y_1\Big/\dfrac{F_P}{k}$、$Y_2\Big/\dfrac{F_P}{k}$ 与荷载频率 $\theta\Big/\sqrt{\dfrac{k}{m}}$ 之间的关系曲线。

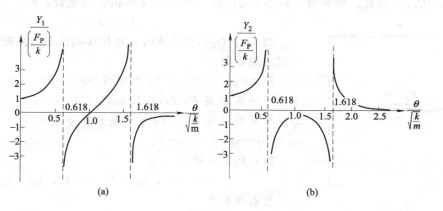

图 10-48

由图看出，当 $\theta=0.618\sqrt{\dfrac{k}{m}}=\omega_1$ 和 $\theta=1.618\sqrt{\dfrac{k}{m}}=\omega_2$ 时，Y_1 和 Y_2 趋于无穷大。可见在两个自由度的体系中，在两个情况下（$\theta=\omega_1$ 和 $\theta=\omega_2$），可能出现共振现象。

讨论：本题当 $\dfrac{k_2}{m_2}=\theta^2$ 时，由式（10-110）和式（10-111）可知

$$Y_1=0，\quad Y_2=-\frac{F_P}{k_2}$$

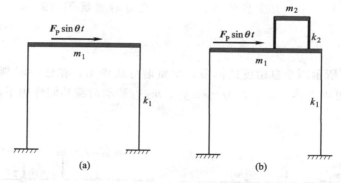

图 10-49

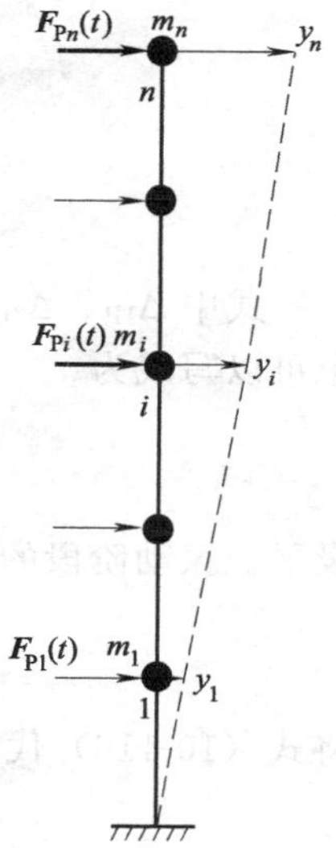

这说明，在图 10-49（a）的结构上，附加以适当的 m_2、k_2 系统［图 10-49（b）］可以消除 m_1 的振动，这就是动力吸振器的原理，设计吸振器时，可先根据 m_2 的许可振幅 $Y_2 = \dfrac{F_P}{k_2}$ 选定 k_2，再由 $m_2 = \dfrac{k_2}{\theta^2}$ 确定 m_2 的值。

对于 n 个自由度的体系（图 10-50），振动方程为

$$\left.\begin{aligned} m_1\ddot{y}_1 + k_{11}y_1 + k_{12}y_2 + \cdots + k_{1n}y_n &= F_{P1}(t)\\ m_2\ddot{y}_1 + k_{21}y_1 + k_{22}y_2 + \cdots + k_{2n}y_n &= F_{P2}(t)\\ \vdots \qquad \vdots \qquad \vdots \qquad\qquad \vdots \qquad &\\ m_n\ddot{y}_1 + k_{n1}y_1 + k_{n2}y_2 + \cdots + k_{nn}y_n &= F_{Pn}(t) \end{aligned}\right\} \tag{10-113a}$$

如写成用矩阵形式，则为

$$M\ddot{y} + Ky = F_P(t) \tag{10-113b}$$

如果荷载是简谐荷载，即

$$F_P(t) = \begin{bmatrix} F_{P1}\\ F_{P2}\\ \vdots\\ F_{Pn} \end{bmatrix}\sin\theta t = F_P\sin\theta t$$

图 10-50

则在平稳振动阶段，各质点也作简谐振动

$$y(t) = \begin{bmatrix} Y_1\\ Y_2\\ \vdots\\ Y_n \end{bmatrix}\sin\theta t = Y\sin\theta t$$

代入振动方程，消去公因子 $\sin\theta t$ 后，得

$$(K - \theta^2 M)Y = F_P \tag{10-114}$$

上式系数矩阵的行列式可用 D_0 表示，即

$$D_0 = |K - \theta^2 M|$$

如果 $D_0 \neq 0$，则由式（10-84）可解得振幅为 Y，即可求得任意时刻 t 各质点的位移。

由自由振动的频率方程式（10-75）知：如 $\theta = \omega$，则 $D_0 = 0$，这时式（10-114）的解 Y 趋于无穷大。由此看出，当荷载频率 θ 与体系的自振频率中的任一个 ω_i 相等时，就可能出

现共振现象。对于具有 n 个自由度的体系来说，在 n 种情况下（$\theta=\omega_i$，$i=1$，2，$\cdots$，n）都可能出现共振现象。

10.7.2　柔度法

图 10-51（a）所示两个自由度的体系，受简谐荷载作用，在任一时刻 t，质点 1、2 的位移为 y_1 和 y_2，可以由体系在惯性力 $-m_1\ddot{y}_1$、$m_2\ddot{y}_2$ 和动荷载共同作用下的位移，通过叠加写出 [图 10-51（b）]。

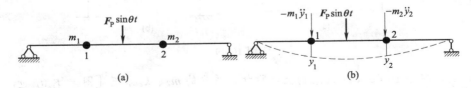

图 10-51

$$y_1=(-m_1\ddot{y}_1)\delta_{11}+(-m_2\ddot{y}_2)\delta_{12}+\Delta_{1P}\sin\theta t\Big\}$$
$$y_2=(-m_1\ddot{y}_1)\delta_{21}+(-m_2\ddot{y}_2)\delta_{22}+\Delta_{2P}\sin\theta t$$

式中 Δ_{1P}、Δ_{2P} 为荷载幅值在质点 1、2 产生的静位移。

也可以写成为

$$m_1\ddot{y}_1\delta_{11}+m_2\ddot{y}_2\delta_{12}+y_1=\Delta_{1P}\sin\theta t\Big\}$$
$$m_2\ddot{y}_1\delta_{21}+m_2\ddot{y}_2\delta_{22}+y_2=\Delta_{2P}\sin\theta t$$
$$\tag{10-115}$$

设平稳振动阶段的解为

$$y_1(t)=Y_1\sin\theta t\Big\}$$
$$y_2(t)=Y_2\sin\theta t$$
$$\tag{10-116}$$

将式（10-116）代入式（10-115），消去公因子 $\sin\theta t$ 后，得

$$(m_1\theta^2\delta_{11}-1)Y_1+m_2\theta^2\delta_{12}Y_2+\Delta_{1P}=0\Big\}$$
$$m_1\theta^2\delta_{21}Y_1+(m_2\theta^2\delta_{22}-1)Y_2+\Delta_{2P}=0$$
$$\tag{10-117}$$

由此可解得位移的幅值为

$$Y_1=\frac{D_1}{D_0},\ Y_2=\frac{D_2}{D_0}\tag{10-118}$$

式中

$$D_0=\begin{vmatrix}(m_1\theta^2\delta_{11}-1)&m_2\theta^2\delta_{12}\\m_1\theta^2\delta_{21}&(m_2\theta^2\delta_{22}-1)\end{vmatrix}$$
$$D_1=\begin{vmatrix}-\Delta_{1P}&m_2\theta^2\delta_{12}\\-\Delta_{2P}&(m_2\theta^2\delta_{22}-1)\end{vmatrix},\ D_2=\begin{vmatrix}(m_1\theta^2\delta_{11}-1)&(-\Delta_{1P})\\m_1\theta^2\delta_{21}&(-\Delta_{2P})\end{vmatrix}$$
$$\tag{10-119}$$

式（10-88）中的 D_0 与自由振动中的行列式 D 具有相同的形式，只是 D 中的 ω 换成了 D_0 中的 θ。因此，当荷载频率 θ 与任意一个自振频率 ω_1、ω_2 相等时，则 $D_0=0$。当 D_1、D_2 不全为零时，位移幅值将趋于无限大，即出现共振。

在求得位移幅值 Y_1、Y_2 后，可得到各质点的位移和惯性力。

位移：$y_1(t)=Y_1\sin\theta t$，$y_2(t)=Y_2\sin\theta t$

惯性力：$-m_1\ddot{y}_1(t)=m_1\theta^2Y_1\sin\theta t$，$-m_2\ddot{y}_2(t)=m_2\theta^2Y_2\sin\theta t$

因为位移、惯性力和动荷载同时达幅值，动内力也在振幅位置达幅值。动内力幅值可以在各质点的惯性力幅值及动荷载幅值共同作用下按静力分析方法求得。如任一截面的弯矩幅

值，可由下式求出

$$M(t)_{\max} = \overline{M}_1 I_1 + \overline{M}_2 I_2 + M_P$$

式中，I_1、I_2 分别为质点 1、2 的惯性力幅值；$\overline{M}_1$、$\overline{M}_2$ 分别为单位惯性力 $I_1 = 1$，$I_2 = 1$ 作用时，任意截面的弯矩值；M_P 为动荷载幅值按静力作用下同一截面的弯矩值。

例 10-17 试求图 10-52 (a) 所示结构 B 处质点的动位移幅值，并绘出动力弯矩图。已知：$F_P = 5 \text{kN}$，$\theta = 20\pi$，$m = 1000 \text{kg}$，$EI = 8 \times 10^6 \text{N} \cdot \text{m}^2$。

解： 该体系为两个自由度的强迫振动，采用柔度法求解，为此求作 $\overline{M}_1$、$\overline{M}_2$ 及 M_P 图，如图 10-52 (b)、(c)、(d) 所示。

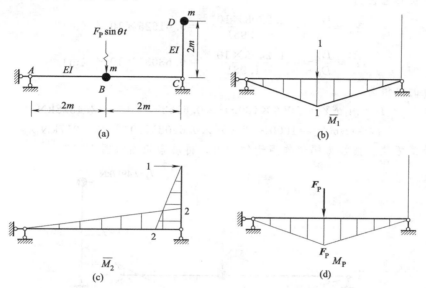

图 10-52

$$\delta_{11} = \frac{2}{EI} \left(\frac{1}{2} \times 2 \times 1 \times \frac{2}{3} \times 1 \right) = \frac{4}{3EI}, \quad \delta_{22} = \frac{1}{EI} \left(\frac{1}{2} \times 2 \times 2 \times \frac{2}{3} \times 2 + \frac{1}{2} \times 4 \times 2 \times \frac{2}{3} \times 2 \right) = \frac{8}{EI}$$

$$\delta_{12} = \delta_{21} = -\frac{1}{EI} \left(\frac{1}{2} \times 4 \times 1 \times 1 \right) = -\frac{2}{EI}$$

$$\Delta_{1P} = \frac{2}{EI} \left(\frac{1}{2} \times 2 \times F_P \times \frac{2}{3} \times 1 \right) = \frac{4F_P}{3EI}$$

$$\Delta_{2P} = -\frac{1}{EI} \left(\frac{1}{2} \times 4 \times F_P \times 1 \right) = -\frac{2F_P}{EI}$$

由公式（10-87）计算位移幅值

$$Y_1 = \frac{D_1}{D_0}, \quad Y_2 = \frac{D_2}{D_0}$$

且

$$\frac{F_P}{EI} = \frac{5 \times 10^3}{8 \times 10^6} = 0.625 \times 10^{-3} \ (\text{m}^{-2})$$

$$\frac{m\theta^2}{EI} = \frac{1000 \times (20\pi)^2}{8 \times 10^6} = 0.493 \ (\text{m}^{-3})$$

$$D_0 = \begin{vmatrix} (m_1\theta^2\delta_{11} - 1) & m_2\theta^2\delta_{12} \\ m_1\theta^2\delta_{21} & (m_2\theta^2\delta_{22} - 1) \end{vmatrix} = \begin{vmatrix} \left(\frac{4}{3} \times 0.493 - 1\right) & -2 \times 0.493 \\ -2 \times 0.493 & (8 \times 0.493 - 1) \end{vmatrix} = -1.981$$

$$D_1 = \begin{vmatrix} -\Delta_{1P} & m\theta^2\delta_{12} \\ -\Delta_{2P} & (m_2\theta^2\delta_{22}-1) \end{vmatrix} = \begin{vmatrix} -\dfrac{4}{3}\times 0.625\times 10^{-3} & -2\times 0.493 \\ 2\times 0.625\times 10^{-3} & (8\times 0.493-1) \end{vmatrix} = -1.2208\times 10^{-3}\,\text{m}$$

$$D_2 = \begin{vmatrix} (m_1\theta^2\delta_{11}-1) & -\Delta_{1P} \\ m_1\theta^2\delta_{21} & -\Delta_{2P} \end{vmatrix} = \begin{vmatrix} \left(\dfrac{4}{3}\times 0.493-1\right) & -\dfrac{4}{3}\times 0.625\times 10^{-3} \\ -2\times 0.493 & 2\times 0.625\times 10^{-3} \end{vmatrix} = -1.2496\times 10^{-3}\,\text{m}$$

且注意：$\dfrac{F_P}{EI}$ 和 $\dfrac{m\theta^2}{EI}$ 前面的数字的量纲为 m^3（图乘的结果），所以 D_0 为无量纲，D_1、D_2 量纲为 m。所以位移幅值为

$$Y_1 = \frac{D_1}{D_0} = \frac{-1.2208\times 10^{-3}}{-1.981} = 0.61625\times 10^{-3}\ (\text{m})$$

$$Y_2 = \frac{D_2}{D_0} = \frac{-1.2496\times 10^{-3}}{-1.981} = 0.63081\times 10^{-3}\ (\text{m})$$

惯性力的幅值为

$$I_1 = m_1\theta^2 Y_1 = 1000\times(20\pi)^2\times 0.61625\times 10^{-3} = 2.4328\text{kN}$$

$$I_2 = m_2\theta^2 Y_2 = 1000\times(20\pi)^2\times 0.6308\times 10^{-3} = 2.4917\text{kN}$$

将动荷载幅值、惯性力幅值作用于结构上，得动弯矩图（图 10-53）。

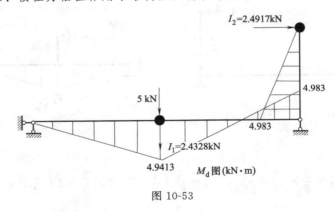

图 10-53

10.8 多自由度体系在一般动荷载作用下的强迫振动

以上在讨论多自由度体系的自由振动和强迫振动时，质点位移是以几何坐标 y_1，y_2，$\cdots y_n$ 来描述的。由于在通常情况下，弹性矩阵 K 和质量 M 并不都是对角矩阵，因此，振动方程是一组相互偶联的微分方程。当 n 较大时，求解一般动荷载作用下的动力响应将变得十分困难，为此本节采用振型分解法来讨论多自由度体系在一般动荷载下的振动问题。所谓阵型分解法是以体系自由振动时的主振型为基底来描述质量的动位移，利用主阵型关于质量矩阵和刚度矩阵的正交性，将振动微分方程组转变成 n 个相互独立的微分方程。其中，每一个方程只包含对应一个主振型的一种位移，相当于一个单自由度体系的振动，可以独立求解。这种可以使方程组解耦的坐标称为正则坐标，它是一种广义坐标。具体作法如下。

首先根据坐标变换的有关规则，正则坐标 $\boldsymbol{\eta}=(\eta_1\,\eta_2\cdots\eta_n)^T$ 与几何坐标 $\boldsymbol{y}=(y_1\,y_2\cdots y_n)^T$ 之间的关系可表示为

$$\boldsymbol{y}=\boldsymbol{Y\eta} \tag{10-120}$$

式中
$$Y = (Y^{(1)} Y^{(2)} \cdots Y^{(n)}) \tag{10-121}$$
称为主阵型矩阵，它是正则坐标与几何之间的转换矩阵。将式（10-121）代入式（10-122）得
$$y = Y^{(1)} \eta_1 + Y^{(2)} \eta_2 + \cdots + Y^{(n)} \eta_n \tag{10-122}$$
式（10-122）的意义就是将质量的动位移向量按主阵型进行分解，而正则坐标 η_i 就是实际位移 y 按主阵型分解时的系数，其值按式（10-100）确定。

其次，在一般动荷载作用下，n 个自由度体系的振动方程由式（10-113）给出，即
$$M\ddot{y} + Ky = F_P(t) \tag{10-123}$$
将式（10-121）代入式（10-123），再前乘以 Y^T，即得
$$Y^T M Y \ddot{\eta} + Y^T K Y \eta = Y^T F_P(t) \tag{10-124}$$
利用式（10-103）和式（10-104）定义的广义质量矩阵 M^*、广义刚度矩阵 K^*，再把 $Y^T F_P(t)$ 看作广义荷载向量，记为
$$F(t) = Y F_P(t) \tag{10-125a}$$
其中元素
$$F_i(t) = Y^{(i)T} F_P(t) \tag{10-125b}$$
称为第 i 个主振型相应的广义荷载，于是式（10-123）写成
$$M^* \ddot{\eta} + K^* \eta = F(t) \tag{10-126}$$

由于 M^* 和 K^* 都是对角矩阵，故方程组（10-126）已经成为解耦的形式，即其中包含 n 个独立方程
$$M_i \ddot{\eta}_i(t) + K_i \eta_i(t) = F_i(t) \qquad (i = 1, 2, \cdots, n)$$
上式两边除以 M_i，再考虑到 $\omega_i^2 = \dfrac{K_i}{M_i}$，故得
$$\ddot{\eta}_i(t) + \omega_i^2 \eta_i(t) = \frac{1}{M_i} F_i(t) \qquad (i = 1, 2, \cdots, n) \tag{10-127}$$
这就是关于正则坐标 $\eta_i(t)$ 的运动方程，与单自由度体系的振动方程式（10-34）完全相似。原来的运动方程组（10-123）是彼此耦合的 n 个联立方程，现在的运动方程式（10-127）是彼此独立的 n 个一元方程。由耦合变为不耦合，这就是上述解法的主要优点。该解法的核心步骤是采用了正则坐标变换［式（10-121）］，或者说，把位移 y 按主振型进行了分解［式（10-122）］，因此，这个方法称为正则坐标分析法，或称为振型分解法。

与单自由度问题一样，方程式（10-127）可用杜哈梅积分求得正则坐标 $\eta_i(t)$ 的响应。在初位移和初速度为零的条件下，其解为
$$\eta_i(t) = \frac{1}{M_i \omega_i} \int_0^t F_i(\tau) \sin \omega_i (t - \tau) d\tau \tag{10-128}$$
如果初位移和初速度给定为
$$y(t = 0) = y^0, \quad \dot{y}(t = 0) = v^0$$
则在正则坐标中对应的初始值 $\eta_i(0)$ 和 $\dot{\eta}_i(0)$ 可根据式（10-100）求解，由式（10-100）得
$$\eta_i(0) = \frac{Y^{(i)T} M y^0}{M_i} \tag{10-129a}$$
$$\dot{\eta}_i(0) = \frac{Y^{(i)T} M v^0}{M_i} \tag{10-129b}$$
而式（10-127）的通解
$$\eta_i(t) = \eta_i(0) \cos \omega_i t + \frac{\dot{\eta}(0)}{\omega_i} \sin \omega_i t + \frac{1}{M_i \omega_i} \int_0^t F_i(\tau) \sin \omega_i (t - \tau) d\tau \tag{10-130}$$

正则坐标 $\eta_i(t)$ 求出后，再代回式（10-122），即得出几何坐标 $y(t)$。而且从式（10-122）来看，这是将各个主振型分量加以叠加，从而得出质点的总位移，所以本方法又称为主振型叠加法。

例 10-18 试求图 10-54（a）所示等截面简支梁在突加荷载作用下的位移。这里：

$$F_{P1}(t)=\begin{cases}F_{P1}, & \text{当 } t>0\\ 0, & \text{当 } t<0\end{cases}$$

解：① 确定自振频率和主振型

为求柔度系数，为此作 $\overline{M}_1$、$\overline{M}_2$ 图，如图 10-54（b）、（c）所示。由图乘法求得

$$\delta_{11}=\delta_{22}=\frac{4l^3}{243EI},\quad \delta_{12}=\delta_{21}=\frac{7l^3}{486EI}$$

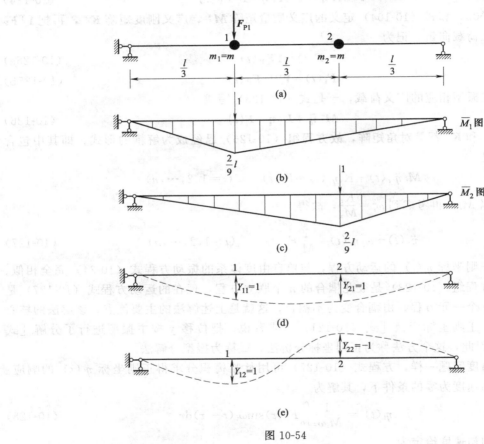

图 10-54

然后代入式（10-86）得

$$\lambda_1=(\delta_{11}+\delta_{12})m=\frac{15}{486}\frac{ml^3}{EI}$$

$$\lambda_2=(\delta_{11}-\delta_{12})m=\frac{1}{486}\frac{ml^3}{EI}$$

从而求得两个自振频率如下

$$\omega_1=\frac{1}{\sqrt{\lambda_1}}=5.69\sqrt{\frac{EI}{ml^3}},\quad \omega_2=\frac{1}{\sqrt{\lambda_2}}=22\sqrt{\frac{EI}{ml^3}}$$

两个主振型如图 10-54（d）、（e）所示，即

$$Y^{(1)}=\binom{1}{1},\ Y^{(2)}=\binom{1}{-1}$$

② 建立坐标变换关系

主振型矩阵为
$$Y=\begin{pmatrix}1 & 1\\ 1 & -1\end{pmatrix}$$

正则坐标变换式（10-120）为

$$\binom{y_1}{y_2}=\begin{pmatrix}1 & 1\\ 1 & -1\end{pmatrix}\binom{\eta_1}{\eta_2} \tag{10-131}$$

③ 求广义质量

由式（10-97a）得

$$M_1=Y^{(1)\mathrm{T}}MY^{(1)}=(1\quad 1)\begin{pmatrix}1 & 0\\ 0 & 1\end{pmatrix}\binom{1}{1}m=2m$$

$$M_2=Y^{(2)\mathrm{T}}MY^{(2)}=(1\quad 1)\begin{pmatrix}1 & 0\\ 0 & 1\end{pmatrix}\binom{1}{-1}m=2m$$

④ 求广义荷载

由式（10-125b），得

$$F_1(t)=Y^{(1)}F_P(t)=(1\quad 1)\begin{bmatrix}F_{P1}(t)\\ 0\end{bmatrix}=F_{P1}(t)$$

$$F_2(t)=Y^{(2)}F_P(t)=(1\quad -1)\begin{bmatrix}F_{P1}(t)\\ 0\end{bmatrix}=F_{P1}(t)$$

⑤ 求正则坐标

由式（10-128），得

$$\eta_1(t)=\frac{1}{M_1\omega_1}\int_0^t F_{P1}(\tau)\sin\omega_1(t-\tau)\mathrm{d}\tau=\frac{1}{2m\omega_1}\int_0^t F_{P1}\sin\omega_1(t-\tau)\mathrm{d}\tau$$

$$=\frac{F_{P1}}{2m\omega_1^2}(1-\cos\omega_1 t)$$

$$\eta_2(t)=\frac{1}{M_2\omega_2}\int_0^t F_{P1}(\tau)\sin\omega_2(t-\tau)\mathrm{d}\tau=\frac{F_{P1}}{2m\omega_2^2}(1-\cos\omega_2 t)$$

⑥ 求质点位移

根据坐标变换式（10-131），得

$$y_1(t)=\eta_1(t)+\eta_2(t)=\frac{F_{P1}}{2m\omega_1^2}\left[(1-\cos\omega_1 t)+\left(\frac{\omega_1}{\omega_2}\right)^2(1-\cos\omega_2 t)\right]$$

$$=\frac{F_{P1}}{2m\omega_1^2}\left[(1-\cos\omega_1 t)+0.067(1-\cos\omega_2 t)\right]$$

$$y_2(t)=\eta_1(t)-\eta_2(t)=\frac{F_{P1}}{2m\omega_1^2}\left[(1-\cos\omega_1 t)-0.067(1-\cos\omega_2 t)\right]$$

截面 1 的位移 $y_1(t)$ 随时间的变化曲线如图 10-55 所示，其中虚线表示第一振型分量，实线表示总结果。

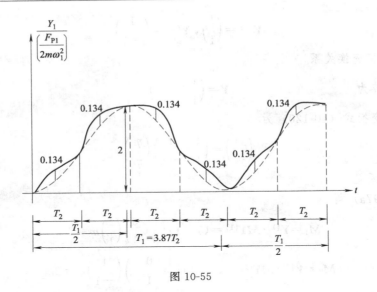

图 10-55

⑦ 讨论

从图 10-55 可以看出，第一主振型分量在总结果中所占的比重比第二主振型分量要大得多。对位移来说，第一、第二主振型分量的最大值分别为 2 和 0.134。由于第一和第二主振型分量并不是同时达到最大值，因此求位移时，不能简单地把两分量的最大值相加。

主振型叠加法可以将多自由度体系的动力反应问题变为一系列按主振型分量振动的单自由度的动力反应问题，当很大时，较低频率相应振型分量对体系动力响应的贡献远大于较高阶振型对动力响应的贡献。因此，在用振型分解法分析时，通常只考虑前 2～3 个振型对动力响应的贡献，就可以满足对实际工程问题的精度要求。

10.9 小 结

本章前一部分讨论单自由度体系的振动问题。根据达郎贝尔原理（动静法）按刚度法或柔度法建立质点振动的运动微分方程，特别是注意当动荷载 $F_P(t)$ 作用点不在体系质点上时，等效动荷载的求法。另外，刚度法是针对质点本身来建立振动微分方程，而柔度法则是针对整个体系来建立振动微分方程。前者适合于解超静定结构，而后者则适用于解静定结构。在自由振动中，强调了自振频率是结构的重要的动力特性之一，以及自振频率 ω 的不同表现形式和一些重要性质。在强迫振动中，先讨论简谐荷载，后讨论一般荷载。特别要注意的是，当质点振动的方位与动荷载作用的方位不一致时，质点位移动力系数仍与原动荷载作用于该质点上时的位移放大系数相同，但体系其他部位的位移及内力的动力系数通常不再相同，即不能采用统一的动力系数，此时动内力幅值可以视为在干扰力幅值、惯性力幅值共同作用下按静力方法求得。一般动荷载的影响是按照自由振动、冲量的影响、强迫振动的顺序，主要利用力学概念进行推导，从而更清楚地了解它们之间的相互关系。单自由度体系的计算是本章的基础。一方面，很多实际结构的动力计算可以简化为单自由度体系进行计算；另一方面，多自由度体系的动力计算问题也可归结为单自由度体系的计算问题。因而，对这一部分内容应加强练习，以求切实掌握。

本章后一部分讨论了多自由度体系的振动问题，在这一部分中，同时介绍了刚度法和柔度法。通过两个自由度的讨论推广到 n 个自由度体系。与自振频率一样，振型也是反映结构的重要动力特性之一，为此引入了主振型的概念，说明了多自由度体系按单自由度振动的可能性和发生的条件。在强迫振动中，除了简谐荷载外，对一般动荷载法，介绍了主振型分解法（或称为主振型叠加法）。它是将多自由度体系的振动问题转化为单自由度体系的计算问题。这个转化是这一方法的核心。从处理方法上看，它使复杂的问题分解为简单的问题，从力学现象上看它使我们从复杂运动中找出其主要规律。之所以将该方法命名为振型分解法是指这一解法的核心是动位移 y 按主振型进行了分解，而将该方法称之为振型叠加法是强调了最终的位移是由各主振型分量叠加得出的。

本章的内容仅介绍了结构动力学的一个初步知识，对于无限自由度体系，大型复杂的结构进行动力计算，可以采用近似的能量法或有限单元法进行分析。本章的知识是进一步学习高等结构动力学和工程抗震设计的一个基础。

习　题

10-1　试确定图示各体系的动力自由度。

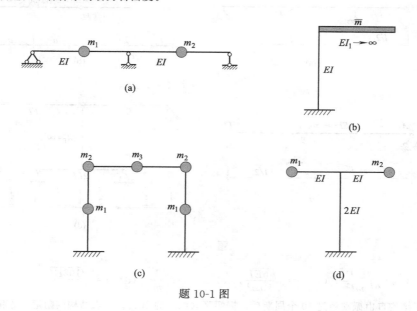

题 10-1 图

答案：(a) 2，(b) 2，(c) 3，(d) 3。

10-2　试建立图示结构的运动方程，设横梁的刚度为无穷大，支座 B 的弹簧刚度为 k_B。

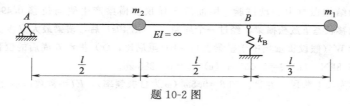

题 10-2 图

答案：振动方程：$\left(\dfrac{16}{9}m_1 + \dfrac{1}{4}m_2\right)\ddot{\phi} + k_B\phi = 0$。

10-3 试建立图示结构的运动方程。

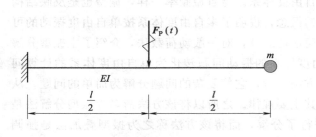

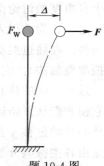

题 10-3 图   题 10-4 图

答案：$m\ddot{y} + \dfrac{3EI}{l^3}y = \dfrac{5}{16}F_P(t)$。

10-4 单自由度体系如图所示，$F_W = 9.8$kN，欲使顶端产生水平位移 $\Delta = 0.01$m，需加水平力 $F = 16$kN，计算该体系的自振频率。

答案：自振频率 $\omega = 40$s^{-1}。

10-5 试求图示各系统的自振频率。忽略杆件自身的质量。

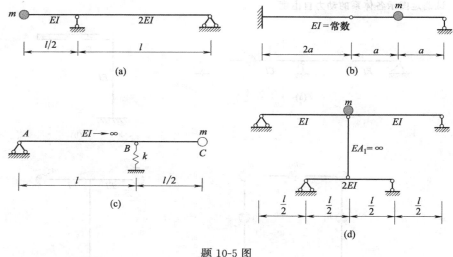

题 10-5 图

答案：(a) $\omega = \sqrt{\dfrac{12EI}{ml^3}}$，(b) $\omega = \sqrt{\dfrac{6EI}{5ma^3}}$，(c) $\omega = \dfrac{2}{3}\sqrt{\dfrac{k}{m}}$，(d) $\omega = \sqrt{\dfrac{102EI}{ml^3}}$。

10-6 某结构自由振动经过 10 个周期后，振幅降为原来的 10%。试求结构的阻尼比 ξ 和在简谐荷载作用下共振时的动力系数。

答案：$\xi = 0.0367$，$\beta = 14$。

10-7 通过图示结构做自由振动试验。用油压千斤顶使横梁产生侧向位移 0.49cm 时，需加侧向力 90.698kN。在此初位移状态下放松横梁，经过一个周期（$T = 1.40$s）后，横梁最大位移仅为 0.392cm。试求：

(a) 结构的重量 W（假设重量集中于横梁上）；(b) 阻尼比；(c) 振动 6 周后的位移振幅。

答案：(a) 9005.8kN；(b) $\xi = 0.0355$；(c) $y_6 = 0.1285$cm。

10-8 图示体系为稳态阶段，并且已知 $\theta = 0.5\omega$（ω 为自振频率），$EI =$ 常数，不计阻尼，杆长为 l。求 A 点的位移幅值。

答案：$y_{max} = \dfrac{F_P l^3}{18EI}$。

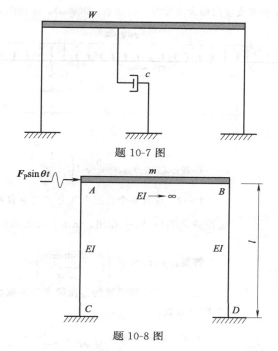

题 10-7 图

题 10-8 图

10-9 设 $\theta = 0.5\omega$（ω 为自振频率），$EI =$ 常数，不计阻尼，求图示体系的最大动位移。

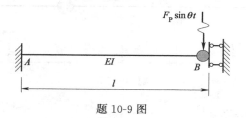

题 10-9 图

答案：$y_{\max} = \dfrac{F_P l^3}{9EI}$。

10-10 图示结构在柱顶有电动机，试求电动机转动时的最大水平位移和柱顶弯矩的幅值。已知数据：电动机和结构的重量集中于柱顶，$W = 20\text{kN}$，电动机水平离心力的幅值 $F_P = 250\text{N}$，电动机转速 $n = 550\text{r/min}$，柱的线刚度 $i = \dfrac{EI_1}{h} = 5.88 \times 10^8\,\text{N} \cdot \text{cm}$。

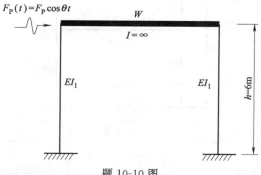

题 10-10 图

答案：$y_{\max} = -0.0878\text{mm}$（与 F_P 方向相反），$M_{\max} = 0.52\text{kN} \cdot \text{m}$。

10-11 试求图示体系中弹簧支座的最大动反力。已知 q_0、$\theta(\neq\omega)$、m 和弹簧系数 k，$EI=\infty$。

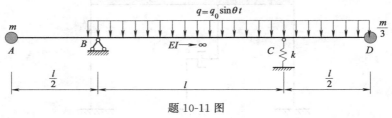

题 10-11 图

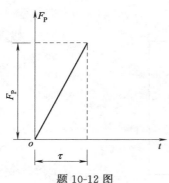

题 10-12 图

答案：$(F_{RC})_{max}=\dfrac{9}{8}q_0 l\left(\dfrac{1}{1-\dfrac{\theta^2}{\omega^2}}\right)$。

10-12 设有一个自振周期为 T 的单自由度体系，承受图示直线渐增荷载 $F_P(t)=F_P\dfrac{t}{\tau}$ 作用。试求 $t=\tau$ 时的振动位移值 $y(\tau)$。

答案：$y(\tau)=y_{st}\left[1-\dfrac{T\sin\dfrac{2\pi}{T}\tau}{2\pi\tau}\right]$。

10-13 试求图示梁的自振频率和主振型。梁的自重忽略不计，其中 $EI=$ 常数。

答案：$\omega_1=3.0618\sqrt{\dfrac{EI}{ml^3}}$，$\dfrac{Y_{11}}{Y_{21}}=-\dfrac{1}{0.1602}$，

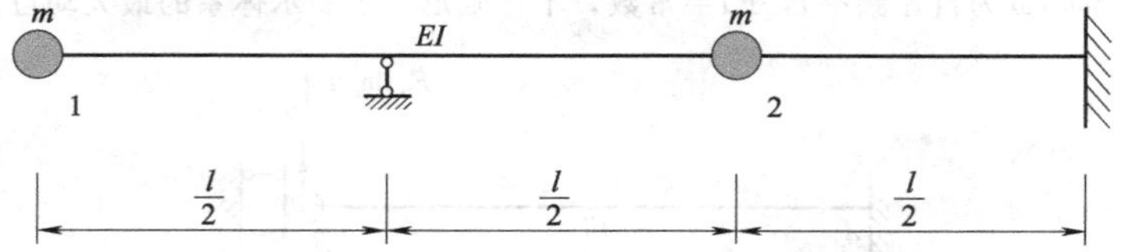

题 10-13 图

$\omega_{21}=12.298\sqrt{\dfrac{EI}{ml^3}}$，$\dfrac{Y_{12}}{Y_{22}}=\dfrac{0.1602}{1}$。

10-14 试用刚度法求下列集中质量体系的自振频率和主振型。

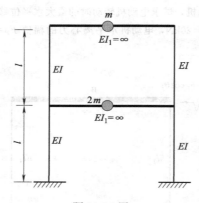

题 10-14 图

答案：$\omega_1=2.652\sqrt{\dfrac{EI}{ml^3}}$，$\omega_2=6.401\sqrt{\dfrac{EI}{ml^3}}$，$A^{(1)}=\begin{bmatrix}1\\0.707\end{bmatrix}$，$A^{(2)}=\begin{bmatrix}1\\-0.707\end{bmatrix}$。

10-15 试求图示刚架的最大动弯矩图。设 $\theta^2=\dfrac{12EI}{ml^3}$，各杆 EI 相同，杆的分布质量不计。

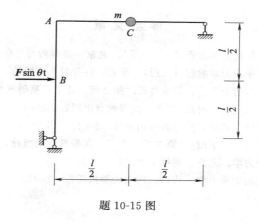

题 10-15 图

答案：

$M_A = 0.16Fl$（上部受拉），$M_B = 0.17Fl$（右边受拉），$M_C = 0.12Fl$（上部受拉）。

10-16 试求图示刚架的最大动弯矩图。设简谐荷载频率 $\theta = \sqrt{\dfrac{16EI}{ml^3}}$，各杆 EI 相同，且杆的分布质量不计。

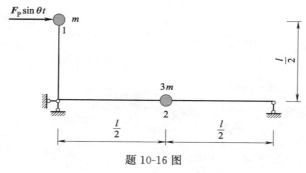

题 10-16 图

答案：$Y_1 = -\dfrac{F_P l^3}{16EI}$，$Y_2 = -\dfrac{F_P l^3}{24EI}$，$M_{2max} = -\dfrac{F_P l}{2}$（上部受拉）。

参 考 文 献

[1] 龙驭球，包世华主编. 结构力学教程（Ⅰ）、（Ⅱ）. 北京：高等教育出版社，2000.

[2] 龙驭球，包世华主编. 结构力学教程（上册）. 北京：高等教育出版社，1988.

[3] 龙驭球，包世华主编. 结构力学Ⅰ：基本教程. 第2版. 北京：高等教育出版社，2006.

[4] 朱慈勉主编. 结构力学（上、下册）. 北京：高等教育出版社，2004.

[5] 袁驷编著. 程序结构力学. 北京：高等教育出版社，2001.

[6] 李廉锟主编. 结构力学（上、下册）. 第3版. 北京：高等教育出版社，1996.

[7] 薛正庭主编. 土木工程力学. 北京：机械工业出版社，2003.

[8] 熊峰，李章政主编. 简明结构力学. 成都：四川大学出版社，2007.